군사교육과
지휘문화

Command Culture: Officer Education in the U.S. Army and the German Armed Forces, 1901–1940, and the Consequences for World War II
by Jörg Muth

This Korean edition was published by ILCHOKAK Publishing Co., Ltd. in 2021 by arrangement with Jörg Muth through KCC(Korea Copyright Center Inc.), Seoul.

군사교육과
지휘문화

COMMAND CULTURE

미국과 독일의 장교교육 그리고
제2차 세계대전에 미친 영향

외르크 무트 지음
진중근 옮김

일조각

일러두기

- 이 책에서 미군, 독일군은 각 국가의 육군을 가리키며, 공군과 해군은 구분해 표기하였다.
- Reichswehr는 그동안 '국가방위군', '제국군' 등으로 번역되었는데 둘 다 정확한 번역어라고 보기가 어렵다. Reichswehr는 1919년부터 1935년까지 바이마르 공화국 시대의 군대를 가리키는데 '제국군'이라고 옮기면 오해가 생길 수 있고, '국가방위군'은 히틀러 제3제국 시대의 '국방군Wehrmacht'과 혼동될 수 있다. 따라서 이 책에서는 Reichswehr를 '바이마르공화국군', Wehrmacht를 '국방군'으로 옮겼다.
- 국립국어원의 외래어표기법에 따라 인명과 지명을 표기하였으나, 오래 쓰여 표기법이 굳어진 경우에는 해당 표기를 따랐다(예: 롬멜).

감사의 글

석사과정을 탁월한 성적으로 마치고 한 권의 책을 성공적으로 출간한 나는 더 심도 있는 연구를 하기 위해 지원을 받고자 했으나 독일 학계에서 거절당했다. 연구 지원을 거부한 그럴듯한 이유들이 많았다. 그중 실질적인 이유는 독일 학계의 분위기였는데, 내가 이 연구에서 지적한 미 육군의 분위기와 마찬가지로 독일 학계는 '매버릭maverick'(매버릭은 외골수, 독불장군, 반체제 인사 등으로 해석되지만 독립 독행하는 사람, 이단아, 통념과 전통보다 혁신을 지향하는 사람 같은 의미로도 쓰인다. 맥락에 따라 여러 가지 의미를 나타내어서 이 책에서는 영어 단어를 그대로 사용했다. —옮긴이)을 매우 꺼렸고 이들을 유용하게 활용하지 않고 거부했다.

나는 미국에서 —이 책의 기초가 된— 박사 논문을 완성할 수 있도록 나를 초청해 준 로널드 스멜서 씨에게 큰 은혜를 입었다. 그가 초청해 주어 이 책이 탄생했다고 해도 과언이 아니다. 내가 그토록 오랫동안, 그토록 힘들게 연구하여 박사 학위를 취득할 수 있었던 것은 모두 스멜서 씨 덕분이다.

에드워드 데이비스는 오직 그만이 해줄 수 있는 환대를 베풀어 주었다. 내가 어려울 때 다른 일들을 제쳐 두고 곧장 달려와 고민을 경청하고 함께 해결하려고 노력해 주었다. 최종 마무리 단계에서 큰 힘이 되어 준 벤 코언과 군사사에 관해 의견을 나눈 존 리드에게도 감사를 표한다.

'초년생 시절' 독일 민간 대학의 엄격한 위계질서 때문에 힘들어하던 나는 대학 대신 포츠담의 독일 연방군 군사사연구소Militärgeschichtliches Forschungsamt, MGFA를 거의 매일 방문하면서 그 시간을 견뎌냈다. 그곳에서 나는 언제나 환대를 받았고, 민간인 학자들뿐만 아니라 소위 계급부터 처장급 현역 장교 학자들까지 군사사 전반에 걸쳐 나와 기꺼이 토론해 주고 대학생인 나를 동등한 학자로서 정중히 대우했다. 연구소의 편집장이자 박사과정 지도교수인 아르님 랑 박사는 내가 원하는 방식대로 박사 논문을 마무리하고 첫 번째 저서를 출간하는 데 큰 도움을 주었다. 수년간 이어진 그의 격려가 내게 큰 힘이 되었다.

이 책이 세상에 나와 빛을 볼 수 있도록 직접 추천서를 작성해 준 베아트리체 호이저 박사에게 큰 은혜를 입었다.

내가 첫 연구를 위해 미국 땅에 도착했을 때부터 도움을 준 로저 시릴로에게 감사를 표한다. 그가 알려 준 조언, 참고문헌, 인맥 등의 귀중한 도움을 영원히 기억할 것이다.

게르하르트 바인베르크와 에드워드 코프먼은 내가 도움을 요청할 때마다 전문적이고도 가치 있는 조언을 아낌없이 해 주고 나를 위해 기꺼이 진심 어린 추천서를 작성해 주었다. 추천서를 쓴 사람과 받는 사람이 개인적으로 아는 사이가 아니라면 이런 경우는 학계에서 골칫거리이자 전혀 소용없는 일이라 매우 드물다. 하지만 두 사람은 항상 내게 관대했으며 나를 그들과 동등한 사람으로 대해 주었다.

한 권의 책을 출간하는 데 큰 도움을 준 사람들 중에 완성본을 살아서 접하지 못한 이가 있다는 것은 실로 슬픈 일이다. 내 훌륭한 친구 롤프 비머가 내 첫 번째 책이 출간되기 직전에 세상을 떠났고, 나와 활발히 이메일을 주고받으며 의견을 교환해 온 미 육군 및 장교단에 관한 전문가 찰스 커크패트릭이 이 책이 출판되기 직전에 돌연 요절했다. 찰스는 내게 귀중한 조언을 아끼지 않았고, 내가 궁금해하는 모든 문제에 대해 만족할 때까지 기꺼이 해답을 찾아 주었으며, 각별한 열정으로 내가 박사 학위를 취득하기까지 이끌어 준 은인이다. 내 연구에 기여한 모든 이가 내 책을 읽을 수 있도록 내가 집필에만 몰두하는 환경이 조성되는 것이 나의 최고의 소망이자 바람이다.

포트 리븐워스에서 보증인이 되어 내가 자리 잡을 수 있도록 도와준 월터 허드슨에게 특별히 감사를 표한다.

이 책의 사진 자료를 삽입하는 데 도움을 준 로버트 블랙, 달라 톰슨, 엘리자베스 메리필드, 폴 배런, 페기 스텔플러그, 앨런 아이몬, 아이리스 톰슨, 올리버 샌더, 윌슨 히프너, 케이시 매드릭, 티노 톨로넌, 루이스 솔리, 알리시아 몰딘, 린 빔에게 감사드린다.

과거와 현재의 친구들과 H-War 자문위원회의 동료들, 편집자들에게 고마움을 표한다. 이들은 최고의 전문적 견해와 정중함, 친절을 베풀어 주었다. 이들의 배려는 다른 곳에서는 만나기 어려운 특별하고 귀중한 것이었다.

블루코트 시스템스에서 근무할 때 직장 상사였던 크레이그 베이커에게도 빚을 졌다. 그는 업무와 전혀 관련 없는 내 집필 작업을 이해해 주었고, 최대한 융통성을 발휘해 내가 일할 수 있도록 배려해 주었다. 내 박사 논문에 여섯 번째 명예위원으로 선정할 만큼 그는 이 책을 완성하는 데 중요한 도움을 주었다.

독특한 독일인 동료에게 진정한 다문화적 이해심을 발휘하고 여러 가지 기회를 제공해 준 좋은 친구 재닛 밸런타인에게 고마움을 전한다.

키스 피니, 줄리 스콧, 그리고 크로스컬처 클럽의 직원들은 유타 대학교의 외국인 교환학생들에게 귀중한 자산으로서, 학생들이 잘 적응할 수 있도록 돕고 있다. 나 역시 그곳에서 즐겁게 생활한 데 대해 그들에게 무척 감사한다.

가장 힘들고 어려웠던 시기에 변함없이 내게 전화를 걸어 나를 웃게 해준 가장 절친한 친구 마이클 '베이커맨' 새니트라에게 감사의 인사를 전한다.

안네마리 무트와 에른스트 무트, 4년 반 동안 찾아뵙지 못한 부모님께 이 책을 바친다.

독일역사연구소German Historical Institute, GHI의 도움으로 메릴랜드주 칼리지파크의 제2국립문서기록관리청National Archives Ⅱ, 캔자스주 애빌린의 드와이트 D. 아이젠하워 대통령 도서관Dwight D. Eisenhower Presidential Library, 미주리주 인디펜던스의 해리 S. 트루먼 도서관Harry S. Truman Library, 캔자스주 포트 리븐워스의 합동군사연구소 도서관Combined Arms Research Library에서 연구를 수행했다.

제2국립문서기록관리청에서는 티머시 네닝어, 로빈 쿡슨, 래리 맥도널드와 레스 와픈에게서 훌륭한 지원과 도움을 받았다.

아이젠하워 도서관에서는 데이비드 헤이트가 해박한 지식과 헌신적인 태도로 '개인' 기록연구사 역할을 해 주었다. 임무 수행을 능가하는 그의 도움과 투지가 없었다면 '민간인'인 내가 절대로 다른 도서관에서 특별문서에 접근하여 열람하지 못했을 것이다.

미국육군사관학교의 역사학부는 영광스럽게도 나를 연례 하계 군사사 세미나에 연구원으로 초대해 주었다. 내가 받은 충분하고 자비로운 수당으로 박식한 앨런 아이몬의 도움을 받아 웨스트포인트 도서관의 특별문서보관소Special Archives Collection를 이용할 수 있었다.

유타 대학교 역사학부는 감사하게도 내 마지막 논문 학기에 버튼 펠로십 장학금을 수여하고 나를 조교로 채용해 주었다. 재정적으로 몹시 힘겨웠던 때, 익명의 사람들이 기부한 장학금 덕분에 추가 자료 수집 여행과 연구를 할 수 있었다. 장학금을 기부하신 분들께 대단히 감사드린다.

나는 미육군군사사연구소United States Army Military History Institute에서 받은 매슈 B. 리지웨이 연구장학금으로 펜실베이니아 칼라일에 위치한 연구소 시설에서 계속 연구할 수 있었다. 리치 베이커는 연구 생산성을 높이는 데 중요한 역할을 했다. 의도한 바는 아니었지만, 딱 들어맞게 리지웨이 장군의 사진이 이 책의 표지가 되었다.

가장 놀라운 재정적 지원을 해준 곳은 명망 있는 조지 C. 마셜/바루크Baruch 연구비를 수여해 준 조지 C. 마셜 재단George C. Marshall Foundation이다. 이 연구비로 수많은 자료를 수집하고 단 한 번의 재정적 압박 없이 연구 조사를 다닐 수 있었다. 체류기간 중에 받은 폴 배런의 정성 어린 지원과 조지 C. 마셜 재단의 전임 회장 웨슬리 테일러의 아낌없는 조언에 감사를 표한다.

내가 열심히 연구하는 데 도움을 준 모든 이를 최대한 거명하고자 노력했다. 이 프로젝트가 오랫동안 이어지고 이곳저곳을 옮겨 다니는 바람에 누락된 내용도 있을 것이다. 본문이나 미주에서 미흡한 부분을 발견한 독자께서는 다음 판에서 보완할 수 있도록 jmuth@gmx.net으로 연락해 주시기 바란다.

머리말

"독일인과 싸워 보지 않으면 전쟁을 모른다."
–영국군의 격언[1]

제2차 세계대전이 한창 치열하게 전개되고 있을 때 연합군 총사령관 드와이트 데이비드 아이젠하워Dwight David Eisenhower(육사 1915년 졸업)는 직접 이 전쟁에 대한 기록을 남기지 않고 역사가들과 자신의 행동을 정당화하려는 이들이 글을 쓰도록 내버려 두었다. 종전 직후 수많은 연합군 지휘관들이 언론의 주목을 받았다. 특히 언론은 미국의 전쟁 노력과 미군 장교단의 리더십을 미국인들이 지겨워할 정도로 강도 높게 비판했다. 아이젠하워의 절친한 친구이자 전임 참모총장 월터 비델 스미스Walter Bedell Smith는 그에게 회고록을 쓰라고 설득하는 한편, 일간지에 기고한 글들을 통해 전쟁 중에 그가 결정한 몇몇 사항들을 직접 설명하고 정당화했다.[2] 이 글들은 훗날 책으로 출간되었다.[3]

직접 부대를 지휘해 본 경험이 없는 한 장교가 전쟁 중에 일부 미군 장교들의 행동과 리더십 부족을 비판하는 책을 집필했다. 저자인 예비역 해군 대령 해리 C. 부처Harry C. Butcher의 비난 대상은 아이젠하워의 친구이자 이탈리아 전역의 제5군사령관 마크 웨인 클라크Mark Wayne Clark(육사 1917년 졸업) 장군이었다.[4] 참모총장 조지 캐틀렛 마셜George Catlett Marshall(버지니아 군사학교 1901년 졸업) 장군은 부처를 연합군 총사령관 아이젠하워의 '해군 보좌관'에 임명했다. 마셜은 아이젠하워에게 지휘계통을 벗어나 마음을 터놓고 대화할 상대가 필요하다고 생각했고, 실제로 아이젠하워는 무거운 책임감 때문에 무척 힘들어하고 있었다. 전선에서 부처는 지휘관들에게 귀찮은 존재였는데,

실제 권한이 없는데도 돌아다니면서 지휘권을 가진 사람처럼 행동해 '아이젠하워의 귀'라고 불리었다. 훗날 부처는 아이젠하워의 '조언'에 따라 격한 어조의 비평을 일부 삭제했지만 여전히 몇몇 지휘관들을 혹독하게 비판했다.[5]

이에 더해 전시 미군의 전쟁 지휘 능력과 리더십을 비판한 조지 스미스 패튼George Smith Patton(육사 1909년 졸업)의 글이 출간되었다. 패튼은 이 글을 원고 형태로 공개하기를 원하지 않았지만 1945년에 교통사고로 사망하는 바람에 원고가 수정이나 편집 없이 그대로 발표되었다.[6] 패튼의 아내는 고인이 된 남편의 원고가 그대로 공개되어야 한다고 생각했던 것이다. 패튼은 동료와 연합군 지휘관들의 무능을 부처만큼 신랄하게 보여 주었고 전투지휘관으로서 자신의 성공과 여러 미군, 연합군 지휘관들 간의 관계를 부각함으로써 비판의 설득력을 높였다. 이렇게 예전 지휘관들 사이에 논쟁이 벌어지자 아이젠하워는 자신의 해석을 담은 책을 써야겠다고 생각하게 되었다. 아이젠하워의 회고록은 작전적·전략적 수준에서 미군의 입장이 반영된 제2차 세계대전 역사서 중 가장 객관적 관점으로 기술된 책 중 하나이다.[7]

1946년 3월 미 하원 군사위원회는 제36보병사단에 하달한 라피도강Rapido River 도하 명령을 문제 삼아 마크 웨인 클라크 장군을 소환했다. 이탈리아 전역에서 1944년 1월 20일부터 22일까지 적군의 압박을 받는 곤란한 상황에서 안지오Anzio 교두보를 되찾기 위해 시행되었으나 결국 큰 피해만 입고 실패한 작전이었다. 하원 군사위원회는 "마크 클라크 장군처럼 무능하고 자질이 부족한 장교가 고급 지휘관이 되는 군의 인사체계"[8]를 바로잡아야 한다고 강력히 주장했다.

같은 해에 국가방위 계획을 조사한 의회 상원 특별위원회는 지난 전쟁 시 국가동원 체계에 관한 보고서를 발표했다. 대중에 널리 공개되지 않은 이 보고서에는 혹독한 비판이 담겨 있는데 특히 육군 인사 선발 체계의 결함을 다음과 같이 단정적으로 표현했다. "기민하고 총명하며 현명하게" 처리한 일에는 보상을 하고, "경솔하고 어리석으며 비효율적인" 일에는 처벌을 가하는

"시스템이 특히 육군의 고위급 인사에 필수적이다."[9]

미군 장군들은 미국이 승전하는 데 자신들이 큰 공을 세웠으며 의무를 다했다고 자화자찬하는 에피소드들을 공개했으나 그에 대해 격렬한 항의나 비판을 전혀 받지 않았는데, 어쨌든 미군이 전쟁에서 승리했기 때문이다.[10]

1958년, 영국 육군 원수 버나드 로 몽고메리Bernard Law Montgomery가 자신의 능력을 부각하고 미군 장군들의 리더십을 문제 삼은 회고록을 출간하자 분위기가 반전되었다.[11] 1981년에 저명한 군사사학자 러셀 웨이글리Russel Weigley의 유명한 고전 『아이젠하워의 부관들*Eisenhower's Lieutenants*』이 나올 때까지 어떤 군사사학자도 미군 지휘관의 리더십을 그처럼 철저히 파헤치고 비판적으로 다룬 적이 없었던지라 저널리스트와 예비역 장군들에게까지 논란이 확산되었다.[12] 웨이글리는 미군 지도부의 신중함 때문에 군사작전들이 지연되었고, 작전계획에 공세적 관념이 더 반영되었다면 조기에 전쟁 목적을 달성할 수 있었을 것이라고 기술했다.[13] 그는 미군 지휘관들이 부하들에게 공격적 기질이 부족하다며 불만을 토로했다고 언급했지만, 이를 미 육군의 공세적 리더십이 부족한 상황과 연결 지어 노골적으로 비판하지는 않았다. 부대는 지휘관이 이끄는 대로 싸운다. 이 군사사학자는 "강렬한 필승의 의지"나 적에 대한 무자비한 압박을 추구하는 지휘관이라면 "상급 지휘부의 어떠한 반대를 무릅쓰고서라도"[14] 자신이 원하는 것을 반드시 실행했어야 한다고 정확히 논평했다. 설상가상으로 이따금 "신중한 미군 장군들은 적에게도 동일한 수준의 신중함을 기대했다."[15] 웨이글리는 미군 지휘관들이 전쟁 물자의 월등한 우위에 주로 의존했고 "대담한 리더십이 있었다면 더 빨리 전쟁을 종결했을 것"[16]이라고 결론지었다. 이 군사사학자의 결론은 지휘관들의 전투 보고서를 면밀히 분석한 결과물이었고 고급 지휘관들의 "지휘 능력 부족"을 비난한 미군 장교들에게 큰 공감을 얻었다.[17]

1년 후 마틴 반 크레벨드Martin van Creveld는 독일과 미군의 전투 능력을 비교한 『전투력*Fighting Power*』을 출간했다.[18] 반 크레벨드는 당시로서는 독창적인 방법으로 연구 결과를 제시했는데, 그의 가설 중 몇 가지는 최근 연구를 통해 오류로 밝혀졌지만 그의 논리는 대부분 인정받았다. 그는 "제2차 세계대전 때 미군 장교단의 수준은 보통 이하였다."[19]라고 명시했다. 그리고 "공식적인 역사 기록에서 명백히 알 수 있고 사상자의 숫자가 보여 주듯 최전선에서 지휘한 자들의 리더십은 매우 저급했다."[20]라고 언급했다. 반 크레벨드의 결론 중 일부는 이 책을 통해 입증하겠지만, 미군 장교들과 "그들의 상대인 독일군 장교들을 비교하는 것 자체가 불가능하다."라는 그의 주장도 틀렸음을 이 책에서 증명해 보일 것이다.[21]

1984년에 존 엘리스John Ellis는 1944년 이탈리아 전역의 초반을 다룬 저서를 출간했다. 이 책에서 그는 수많은 영국군과 미군 지휘관들에게 전시에 필수적인 공세적이고 효율적인 리더십이 현저히 부족했음을 통렬하게 지적했다.[22] 6년 후 그는 제2차 세계대전에서 연합군이 수행한 작전을 다룬 후속 작품을 발표했다.[23] 『무차별 폭력*Brute Force*』이라는 제목만으로도 책의 내용을 짐작할 수 있다. 엘리스는 "전시 연합군 지휘관들이 스스로 싸워야 할 지형에 따라 자신들의 전술을 적용할 줄 몰랐다."[24]라고 기술했다. 그리고 연합군이 "전술적 능력 면에서 독일군에 비해 매우 열세"했고 "현저히 전투력이 소진된 적을 완전히 소멸하기 위해 어느 정도의 속도와 결단력이 필요했을 때에도" 연합군 지휘관들, 특히 미군 지휘관들은 그런 능력이 '없음'을 스스로 보여 주었다고 엘리스는 지적했다.[25]

1980년대 말에 앨런 R. 밀릿Allan R. Millett과 윌리엄슨 머리Williamson Murray가 군사적 효율성을 정교하게 정리한 세 권의 시리즈물을 편집했다. 이 시리즈는 심도 있는 내용으로 인해 오늘날까지 크게 호평받고 있다. 그러나 미군 장교 교육과 장교단의 임무수행 능력을 비판적으로 평가하지도, 맥락을 다루지도 않았음이 드러났다.

로널드 스펙터Ronald Spector는 전간기interwar에 미군의 군사적 효율성에 관한 글에서 "장교단의 일원이 되기 위한 경쟁이 —각 군의 사관학교를 포함해서

— 매우 치열했고 선발된 자들의 수준이 매우 높았다."[26]라고 기술했다. 뒤이어 두 번째 아래 문단에는 정확한 평가를 썼다. "1940년 육군 장교단의 질적 문제가 심각한 수준에 이르렀고, 미군 재무장과 육군의 병력 확충으로 수많은 정규군 장교들이 전시 현역이나 상급 지휘관으로 참전하기 미심쩍을 만큼 역량과 신체적 조건이 좋지 않았다."라고 밝혔다. 문제의 장교들 중 대부분이 사관학교와 리븐워스의 학교들을 성공적으로 졸업했으므로 두 진술은 명백하게 모순된다. 그들은 웨스트포인트West Point의 미국육군사관학교United States Military Academy, USMA와 리븐워스의 지휘참모대학의 교관단이 시종일관 탁월했다고 주장하지만 그 최종 산물의 수준은 평범했다. 이 책을 통해 수십 년간 미 육군에서 대두된 이러한 문제들을 해결할 실마리를 찾을 수 있을 것이다.

이 시리즈의 마지막 권에서 앨런 R. 밀릿은 제2차 세계대전 때 미 육군의 군사적 효율성을 평가했다. 그는 전투에서 미군 병사들을 "조직하고 장비하고 훈련하고 지휘하는 장교들의 기량"을 문제시했다."[27] —통상 지휘참모대학이 발전시키고 가르친— 전술교리가 "몇 가지 측면에서 결함이 있음"을 증명했다.[28] 밀릿이 보기에 평균 이하의 장교단 때문에 벌어진 "작전적 문제들은 종종 풍족한 군수물자로 간신히 해소할 수 있었다."[29] 그뿐만 아니라 "육군 전투사단은 수적 우세에만 의존"했으며 통상 보병은 독일군을 공격할 때 4:1의 "국지적 우세"를 점해야만 승리할 수 있었다고 주장했다.[30]

그로부터 7년 후 리처드 오버리Richard Overy가 지금까지도 유명한 『연합군이 왜 승리했는가*Why the Allies Won*』[31]를 출간했다. 오버리는 엘리스의 기본 틀을 따르고, 자신의 주장을 증명하기 위해 엘리스의 글을 일부 인용해 요점을 제시했다. 그러나 훨씬 간결한 책을 썼다. 오버리는 수적 우세가 연합군 승리의 유일한 요인이 아니라고 명확히 진술하고, "과학기술"의 우수성을 평가했다.[32] 놀랍게도 그는 —당시 한창 논란이 된— 연합군의 전투 효율성을 중요한 요인으로 보았다. 오버리는 그것이 연합국의 강력한 경제력에서 기인했다고 지적했다.[33] 그러나 연합군 수뇌부와 그들의 지휘 능력은 부각하지 않았고 독일군에 관해서는 "최고 인재들이 후방이 아니라 전방에 있었다."[34]라고 비교적 정확하게 기술했다.

찰스 커크패트릭Charles Kirkpatrick은 여러 인물들의 일대기를 간략하게 쓴 글에서 미군 장군들의 "총체적" 훈련 수준과 경험이 "보통 수준"이었다고 서술했다.[35] 그는 당시 미군의 선발 및 진급 기준이 너무 자주 바뀌었다고도 언급했다.[36] 같은 해에 발표한 또 다른 글에서는 다소 긍정적으로 표현했지만, 미군 군사학교들은 "다소 상상력이 떨어지는" 전통적인 군인을 만들어 냈다고 주장했다.[37]

카를-하인츠 프리저Karl-Heinz Frieser는 『전격전의 전설*The Blitzkrieg Legende*』에서 제2차 세계대전 때 독일군의 전술적—종종 작전적— 리더십이 월등히 우세했으나 결국 "제1차 세계대전 때와 마찬가지로 전장이 아닌 후방의 산업 능력이 승패를 결정했다."[38]라고 지적했다. 프리저는 미겔 데 세르반테스의 돈키호테에 비유하며 "독일군 기갑부대의 작전인 전격전은 우월한 산업 잠재력이라는 풍차에 맞선 장창 공격이었을 뿐이다."[39]라고 기술했다.

다른 저자들은 프리저보다 조심스럽게 서술했으나, 그 누구도 미군 장교들의 리더십과 지휘 능력을 전승의 결정적 요인은 물론 중요한 요인으로도 평가하지 않았다. 그 대신 미군 장교들의 전문성에 대한 비판이 넘쳐났다.

마틴 블루멘슨Martin Blumenson의 연구를 비롯해 전문적 연구들에서는 한층 더 직설적인 평가가 쏟아졌다.[40] 그는 북아프리카에서 독일군과의 첫 번째 충돌 후 "아군 지휘관들의 전투 수행 준비가 얼마나 부족했고, 전쟁 지도자를 양성하는 체계가 얼마나 엉성했는지가 적나라하게 드러났다. 가히 충격적이었다."[41]라고 썼다.

미군에 장교 진급과 보직을 위한 체계적 선발 제도가 명확히 존재하지 않았다는 사실은 역사가들뿐만 아니라 장교들까지도 혼란에 빠뜨렸다.[42] 장교들도 어떤 보직에 누군가로부터 임명되는 사람들이었기 때문에 임명권자에게 자신의 능력을 개인적으로 보여 주어야 했으나, 서류상에 기록된 탁월한 능력과는 상관없이 개인적 친분이 있는 동료 장교의 추천이나 고위급 인사와의 연줄에 의해 보직이 결정되었다.[43] 장교들은 웨스트포인트의 육군사관학교에서 생도 시절을 함께했기에 서로를 잘 알았고, 전시의 몇 개 기수를 제외하면 4년간 동기생뿐만 아니라 선후배들을 사귈 수 있었다. 사관생도가 웨스트포인트에서 '동료'를 만들어 가는 과정은 제2장에서 다루겠다.

제2차 세계대전 때 사단장급 지휘관과 사단 작전참모의 대부분은 포트 리븐워스Fort Leavenworth(캔자스주 리븐워스에 있는 미 육군 시설을 가리킨다. 1827년에 세워졌으며 현재 미육군제병협동센터U. S. Army Combined Arms Center, 지휘참모대학Command and General Staff College, 제15헌병여단15th Military Police Brigade이 있다.—옮긴이)에서 고등 군사교육 과정을 수료한 자들로서, 이 교육기관의 명칭은 1920년대 초반까지 수차례 변경되었지만 대개 지휘참모대학Command and General Staff School, CGSS[44](현재 정식 명칭은 미육군지휘참모대학United States Army Command and General Staff College, CGSC이다. CGSC는 네 개의 학교로 이루어져 있는데 그중 하나가 Command and General Staff School이다. 그러나 이 책에서 말하는 20세기 초중반의 CGSS는 지금의 CGSC와 비슷한 역할을 한 기관임을 고려하여 '지휘참모대학'이라고 옮겼다.—옮긴이)이라고 널리 알려져 있다.

미국은 제2차 세계대전에서 명백히 승리했으며, 그 핵심 위치에 있는 자들의 대부분이 지휘참모대학 졸업생이었으므로 지휘참모대학이 미군 장교단에 전승의 결정적인 지적 기반을 제공했다는 주장이 공감을 얻었고, 이 주장은 퇴역한 지휘관들이 쓴 전쟁에 관한 발언이나 글에도 반영되었다.[45] 지휘참모대학을 다룬 몇몇 탁월한 학술 연구서들도 기본적으로 이 결론을 지지했다.[46] 그러나 미국의 승리와 결부해 군 수뇌부에 지휘참모대학 졸업생들이 존재했다는 것이 지휘참모대학이 우수한 군사 전문성을 가르쳤다는 결론을 자동적으로 이끌어내지는 않는다. 또한 지휘참모대학의 교육이 제2차 세계대전 승리의 군사적 핵심 능력을 함양했다고 추정할 수 없다.

미군의 교육훈련 체계를 다룬 수많은 연구서들은 종종 조지아주 포트베닝

Fort Benning에 위치한 보병학교Infantry School를 간과한다. 이곳은 미국의 어떤 군사교육 기관보다도 군사적 문제에 있어서 확실한 기량을 키워 주었으므로 여기에서 이 학교를 간략하게 다루고자 한다.

이 책에서는 미군 장교단의 '지휘 문화'를 검토하고, 이들이 독일군의 '지휘 문화'를 수용하는 과정을 살펴보면서 두 군대를 비교해 본다. 미국 독립전쟁 이후 미군 장교들에게 독일군은 항상 대단히 매혹적인 조직이었으므로 이런 과정은 특히 흥미로울 것이다. 오늘날까지 미군과 미국 사회에서 국방군Wehrmacht—제2차 세계대전 때 독일군—, 특히 국방군 장교단은 대단히 흥미롭고 매력적이며 심지어 낭만적인 대상으로 여겨진다.[47] 제2차 세계대전 초기부터 미군 장교들은 독일군 장교들을 상대하기 어려운 적으로 간주했으며, 때로는 존경의 대상으로, 때로는 공포의 대상으로 바라보았다.

학자들은 "문화란 공동의 결정 규칙, 결정 방안, 표준 행동절차, 개인적·집단적 개념들에 일정 정도 질서를 부여하는 결정 관례로 구성된다."[48]라고 주장한다. 더욱 중요한 점은, "문화가 행동에 영향을 미치는 한, 그로 인해 제한된 선택이 존재하고 이런 문화권의 구성원들이 상호작용하며 배우는 데에 영향을 미친다."[49]는 것이다. 이러한 정의를 활용해 이 책을 기술했지만, 여기서 연구대상이 된 장교들이 사회화와 교육의 결과로서 선택지가 제한되었음에도 불구하고 그 수가 무수히 많았다는 것을 강조하고자 한다.

장교단의 지휘 원칙은 머나먼 과거부터 형성되어 왔으며, 한 군대의 '집단적 동질성corporate identity'을 이룬다.[50] 이 책에서 '지휘 문화'란 지휘에 대한 장교의 인식을 의미한다. 즉 장교가 최전선에서 직접 진두지휘하는 방식과 지휘소에서 참모가 작성한 명령으로 지휘하는 방식을 말한다. 또한 지휘 문화는 장교가 전쟁과 전투의 대혼란과 위기에 대처하는 방법을 의미한다. 그에 따라 지휘관이 혼란을 타개하기 위해 교육기관에서 배운 교리를 적용할 것인가, 아니면 대담하게 행동해 혼란스런 상황을 역으로 이용할 것인가가 결정된다. 그러므로 이 연구에서는 장교단의 지휘 문화가 개인의 창의성을 강조하는가 아니면 규정과 방침에 따를 것을 강요하는가라는 문제도 다룬다. 나아가 지휘 문화에 따라 장교들이 이해한 지휘의 실체, 지휘의 목적, 전시 지휘의 중요성 등을 살펴본다.

지휘 문화는 동료들 간에 그리고 —앞에서 기술한 대로— 군사학교에서 정립되고 교육되므로 이 책에서는 두 나라 군대의 군사교육 체계를 비교한다.[51] 이 두 가지—동료관계와 교육체계—가 군대 문화를 형성하는 견인차라고 해도 과언이 아니다.[52]

장교 교육을 받으려면 우선 후보생으로 선발되고 임관되어야 하므로 독일과 미국에서 어떤 사회 계층의 청년들이 선발되었는지, 그들이 임관 후 고위급으로 진출하기 위해 어떤 길을 선택해야 했는지에 관해서도 논한다.

이 연구에서 사례로 든 인물들은 전문 직업군인으로서 성공한 정규군 소속 육군 출신 장교이다. 그러므로 이 연구에서 중점적으로 다룬 시기에 항공단 Air Corps 같은 병과도 미 육군 소속이었지만 여기에서 '미 육군U.S. Army'은 통상 지상군을 의미한다.[53] 독일 육군은 1919~1935년 바이마르 공화국 시대에는 '바이마르공화국군Reichswehr'이라는 용어로, 1935년부터 1945년까지는 그 후신인 '국방군Wehrmacht'이라는 용어로 지칭되었다.

앞으로 주로 아이젠하워, 패튼, 구데리안, 폰 만슈타인 같은 인물을 따라가 볼 텐데, 오늘날에는 이처럼 걸출한 인물을 찾기가 어렵다. 이 책의 연구 대상이 된 장교들은 제2차 세계대전 때 적어도 대령 이상이며 대부분 장군이다.[54] 이들은 1901년 이후, 대개 1909~1925년에 임관했다.

미국의 군사교육은 독일의 군사교육에 비해 훨씬 덜 체계적이었기 때문에 이 책의 논의 대상인 미군 장교들 중 대부분을 조지아주 포트베닝의 보병학교와 캔자스주 리븐워스의 지휘참모대학 졸업자들로 한정했으며, 그중 일부는 1902~1939년에, 대부분은 1924~1939년에 이 학교들을 수료했다. 독일군 측의 연구 대상은 1912~1938년에 전쟁대학Kriegsakademie 또는 그 이하의 교육기관을 다닌 장교들이다.

군사학교, 대학, 각종학교와 관련해서 수업 시간이나 학교명의 변천, 설립 시기와 이유 등은 이 책의 주요 논제가 아니다. 장교 교육 기간도 그다지 중요하게 다루지 않았다. 하지만 고등 군사학교의 교육 기간이 1년, 2년, 또는 3년이어야 했던 점, 가르치는 데 있어서 '무엇'과 '언제'보다 '어떻게'와 '왜'가 훨씬 더 중요하다는 실질적 사실 등은 상세히 논의할 것이다. 우리는 학창 시절에 따분한 과목임에도 불구하고 우리에게 영감을 준 선생과, 반대로 대단히 흥미로운 과목인데도 수업을 다 망쳐 버리고 만 선생들을 기억한다.

이 책은 미국과 독일의 고등 군사학교의 역사를 다루지 않는데, 그런 연구들이 이미 존재하기 때문이다.[55] 이 책은 다른 관점과 문화적 요소를 더하여 기존 연구들을 보완했으며, 그 과정에서 놀라운 결과가 도출되었다. 나는 고등 군사학교들에서 수학한 이들과 이들이 따라야 했던 과정들을 집중적으로 파헤쳤다. 또한 이 학교들의 교육철학, 교수법과 교육학, 교수진의 사고방식에 초점을 맞추었는데, 학교가 학생장교들에게 주입한 지휘 문화를 밝혀내는 것이 이 책의 핵심 주제이기 때문이다. 이 책에서는 대체적으로 시간 순서를 따르지만 가끔은 여기에서 벗어나 군사학교들의 어두운 그림자를 드러낸 중요한 사건들과 그 연관성을 부각할 것이다.

이 책은 미군과 독일군의 장교단이 자신들만의 지휘 문화를 형성한 중간 단계의 전문적 군사교육에 대한 검토로 끝맺는다. 미군에서는 육군대학Army War College이나 국방산업대학Industrial College이, 독일군에서는 고위급 장교들이 참여한 전쟁연습Kriegsspiel이 최고급 단계의 교육이었는데, 이것이 장교들의 전문성 함양에 큰 도움을 준 것은 분명하지만 장교단의 지휘 문화에는 별 영향을 미치지 못했다.

미군에는 '독일군의 유산'이 존재하고 두 군대는 수 세기에 걸쳐 밀접한 관계를 맺었으므로 이 책에서는 독일군이 이상적인 군대였는가라는 점을 검토한다. 제1장에서는 1901년 이전에 두 나라 군대 간의 관계와 제1차 세계대전 시의 몇 개 국면을 다룬다. 또한 독일군의 교육기관, 기동훈련과 전쟁을 시찰

및 참관한 미군 장교들의 오도된 인식을 짚어 본다. 1901년 이후 미군은 독일군을 면밀히 연구한 후 —잘못 이해한 채— 주요 부문의 개혁에 착수했다. 이 책은 미국이 전쟁을 본격적으로 준비하면서 그동안 유지한 교육 패턴들을 없애기 시작한 1940년에서 끝난다. 독일은 그보다 1년 먼저 폴란드 침공을 준비하면서 유사한 변화를 경험했다.

제2장에서는 웨스트포인트의 육군사관학교와 생도들을 선발하고 교육한 방법을 검토한다. 이 책에서 웨스트포인트 또는 사관학교는 모두 육군사관학교를 의미한다. 거의 신비스러울 정도인 이 학교의 역사를 다룬 연구가 이미 많기 때문에 여기에서 또다시 새로운 역사를 쓸 생각은 없다.[56] 이 책에서는 사관학교가 생도들에게 어떤 문화적 영향을 미쳤는지, 생도들이 무엇을 어떻게 학습했는지를 살펴본다. 생도 선발 제도는 교수진 선발 제도만큼 중요할 뿐만 아니라, 사관학교가 미래의 장교들의 전문적 지휘 문화를 형성하는 데 기여한다. 영향력 있는 장교들 중 소수는 버지니아주 렉싱턴Lexington의 버지니아 군사학교Virginia Military Institute, VMI, 사우스캐롤라이나주 찰스턴Charleston의 더 시타델The Citadel을 나왔는데, 2장에서는 이 학교들에 대해서도 간략하게 다룬다. 두 학교는 미군의 공식 교육기관은 아니지만 조직 및 교육과정이 웨스트포인트와 매우 유사하다.

웨스트포인트 졸업생들이 주요 지휘관 보직을 맡고 서로 오랫동안 끈끈한 관계를 맺었음을 보여 주기 위해 본문에서 적어도 한 번은 이름 뒤에 졸업 연도를 표기했다〔예: 드와이트 아이젠하워(육사 1915년 졸업)〕.

제3장에서는 미국의 기관과 대비하여 독일의 예비 교육기관으로 10세 정도의 소년들이 입교해서 군사적 소양을 갖추는 유년군사학교Kadettenschule와 14세 전후의 소년들이 수학한 베를린-리히터펠데Berlin-Lichterfelde의 중앙군사학교Hauptkadettenanstalt를 알아본다. 웨스트포인트는 17세 이상 22세 미만의 청년을 생도로 수용했다.

유년군사학교는 독일군에서 중요한 역할을 담당했는데, 하인츠 구데리안,

에리히 폰 만슈타인 같은 출중한 장교들 대부분이 몇 년간 이 학교를 다녔다. 생도들은 서로를 존중하고 익히 잘 아는 사이였지만 이들 사이에 웨스트포인트에서처럼 정신적으로 끈끈하게 연결된 동기애는 존재하지 않았다. 그 이유로 몇 가지가 있다. 각지의 유년군사학교를 거쳐 같은 해에 중앙군사학교에 입교한 수많은 생도들은 동기생이 통상 100~150명인 웨스트포인트와 달리 수백 명이 함께 수업을 들었다. 따라서 생도들에게는 졸업 기수란 것이 없었다.

게다가 독일군 장교에게는 중앙군사학교를 졸업한 연도보다 그가 속한 연대의 장교단이 훨씬 더 중요했다. 연대 단위로 장교들 간의 응집력이 매우 강해서 때로는 특정 연대의 파벌이 몇 년간 독일 육군 지도부를 장악했다.[57]

제3장에서는 독일 장교후보생Fähnrich의 복잡한 임관 과정을 간략히 살펴본다. 미국과 달리 독일에서는 군사학교를 성공적으로 수료하더라도 자동적으로 소위 계급으로 임관되지 않았다. 졸업생은 모두가 열망하는 장교단의 일원이 되기 전에 연대와 전쟁학교Kriegsschule에서 장교후보생으로서 자질을 입증해야 했다. 물론 1871년 이전은 독일 제국이 성립하기 전이며 미국인의 주요 관심 대상은 프로이센과 그 군대지만, 본문에서는 가독성 차원에서 '독일'이라고 표기했다.

제4장에서는 미국의 중간 단계의 고등 군사교육, 특히 지휘참모대학이란 이름으로 더 잘 알려진 리븐워스의 학교를 중점적으로 다룬다. 이 학교의 명칭이 수차례 변했기 때문에 혼동을 피하고자 이 책에서는 리븐워스—사실 이 지역에는 몇 개의 학교들이 더 있다.— 또는 지휘참모대학이라고 지칭한다.

지휘참모대학만큼 상세히 다루지는 않지만 조지아주 포트베닝에 위치한 보병학교, 특히 조지 C. 마셜이 1927년부터 1932년까지 부학교장으로 재직하며 교과과정과 교수법을 책임진 시기에 대하여 알아본다. 이 장에서는 미군의 전문 군사교육 체계의 핵심적 문제와 그것이 전체 육군에 어떤 영향을 주었는지를 조명할 것이다.

그다음 장에서는 너무나도 유명한 독일 전쟁대학을 검토한다. 전쟁대학은 독일 군국주의의 근원으로 인식되어 1919년 베르사유 조약에 의거해 폐교되었지만, 1935년에 공식적으로 재개교하기까지 극비리에 외부적으로는 다른 형태로, 내부적으로는 동일한 교육철학을 유지하면서 지속적으로 장교들을 교육했다. 따라서 전쟁대학은 전간기에도 거의 동일한 교과과정을 추진했던 명실상부한 대표적 장교 교육기관이라고 할 수 있다.

독일은 일찍부터 베르사유 조약의 많은 항목을 위반했는데, 특히 장군참모장교General Staff officer 교육 금지 조항을 주도면밀하게 "피해 나갔고", 총참모부를 "일련의 위장술로 생존시킬" 수 있었다.[58] 제1차 세계대전 때 처음 3년 동안 독일군 고위급 지휘관의 대부분이 총참모부 출신이었으므로 그들의 선발과 교육과정을 면밀히 살펴볼 필요가 있다.

제6장에서는 이 책의 결론을 제시하고, 두 국가의 장교단 사이의 중요한 상이점과 공통점을 지적한다. 여기에서 교육체계에 의해 강조되거나 보완되어 온 양국 장교단의 문화적 특징이 드러난다. 그중 일부가 제2차 세계대전 시 전쟁 수행 방식에 영향을 미쳤다. 끝으로 미 육군의 교육체계가 오늘날 장교단에 어떤 역사적·문화적 영향을 미쳤는지, 그리고 오늘날의 전쟁에 어떻게 투영되었는지를 간단히 논한다.

차 례

독일과 미국 육군의 장교 계급 일람표

바이마르공화국군 / 국방군		미 육군	
Generalfeldmarschall	원수. 히틀러가 제도화하기 전까지 정규 육군 계급이 아닌 명예직이었다. 제2차 세계대전 시 집단군 사령관의 계급이다.	Field marshal	원수.
Generaloberst	상급대장. 집단군이나 야전군 사령관 계급.	General of the Army	육군 5성 장군, 전구사령관이나 집단군 사령관.
General	대장. 야전군 사령관.	General	육군 4성 장군, 야전군 사령관.
Generalleutnant	중장. 사단장 또는 군단장.	Lieutenant General	중장, 3성 장군, 군단장.
Generalmajor	소장. 사단장.	Major General	소장, 2성 장군, 사단장.
해당 계급 없음.		Brigadier General	준장, 1성 장군, 여단 또는 지원사단장. 역사적 문헌에 종종 Generalmajor와 동일하다는 설명이 나오지만 오류이다.
Oberst	대령. 연대장 또는 군단 참모장교.	Colonel	대령. 연대장.
Oberstleutnant	중령. 대대장.	Lieutenant Colonel	중령. 대대장.
Major	소령. 사단 참모장교, 대대장.	Major	사단 또는 연대 참모장교.
Hauptmann	대위. 중대장.	Captain	중대장
Oberleutnant	중위. 중대장 또는 소대장.	First Lieutenant	중위. 소대장.
Leutnant	소위.	Second Lieutenant	소위. 소대장.

Degen-Fähnrich	글자 그대로 옮기면 검을 찬 사관후보생이란 뜻으로, 'Degen'은 계급이 아니라 charakterisierter Portepee-Fähnrich와 구분되는 제복과 관련한 단어이다. 연대급에 근무하는 미군 상사 Master Sergeant보다 낮은 지위로, 미래의 장교로 대우받는 장교 지원자이다. (이 책에서는 '상급 장교후보생'이라고 옮겼다.-옮긴이)	Ensign	미 육군에 해당 계급 없음.
Charakterisierter Portepee-Fähnrich	통상 장교후보생Fähnrich 시험에 통과한 생도에게 수여한 명예 계급. 실제 받는 급여가 거의 없고 하사Sergeant보다 높은 지위로, 미래의 장교로 대우받는 장교 지원자이다. (이 책에서는 '중급 장교후보생'이라고 옮겼다. 포르테페Porteppe는 군도를 잃어버리지 않도록 손목에 거는 고리 형태의 작은 수술 끈이다.-옮긴이)	Ensign	미 육군에 해당 계급 없음.
Fahnenjunker	상병Corporal 계급에 준하는 지위로, 미래의 장교로 대우받는 장교 지원자이다. (이 책에서는 '장교후보생'이라고 옮겼다.-옮긴이)	미 육군에 해당 계급 없음.	

제1장

서론

미국과 독일의 군사적 관계와 독일군 총참모부에 대한 환상

"독일 육군은 전쟁 이전에나 이후에나
항상 새로운 무기 또는 옛것의 새로운 응용,
새로운 전술과 훈련 방법을 개발하느라 분주했다."[1]
–20세기에 들어서며, 토머스 벤틀리 모트Thomas Bentley Mott, 프랑스 주재 미국 무관

"이러한 전쟁술 교육체계, 그리고 오늘날 점진적으로
우리 군만의 방식을 작동하게 된 것은 독일인들 덕분이다."[2]
–1906년 미 육군 보병·기병학교장의 연례보고서

"미군이 라인강을 넘어 최후의 공세를 시작할 무렵, 미군은 역사상 어느 군대도 이처럼 적군에 관해 정통한 적이 없을 만큼 독일군에 대해 잘 알고 있었다."[3]라는 주장이 있다. 미군이 많이 알았다는 것은 사실일 수 있지만 제대로 이해한 것은 거의 없었다.

독일군—이전의 프로이센군—이 존재한 이래로, 특히 통일전쟁에서 승리한 후 독일군은 미군에게 영감과 교육의 원천이자 더 나아가 본보기였다.[4] 그러나 미국인들이 독일의 전쟁 문화를 지금까지 잘못 이해해 왔기 때문에 미군이 독일군에게서 얻은 교훈은 여전히 결함이 있거나 실행되지 않고 있다. 문화와 전통, 역사는 전쟁 양상Warfare에 큰 영향을 미치므로 한 군대의 전쟁 수행 문화를 다른 군대가 습득하고 실행에 옮기기란 어쨌든 매우 어려운 일이며, 그 문화를 잘못 이해한다면 이러한 일은 불가능에 가깝다고 해도 과언이 아니다.[5]

미군이 프로이센의 전쟁 방식을 최초로 접하고 매우 긴밀한 관계를 맺은 이는 프리드리히 빌헬름 폰 슈토이벤Friedrich Wilhelm von Steuben 대위—훗날 장군—로, 프로이센군에서 평범한 장교로 여겨졌던 그는 외국에서 군사 문제에 자문하는 역할을 맡았다.[6] 스스로 탁월한 군인이었던 프리드리히 대왕에게도 군사 문제, 특히 장교 인사 문제에 대해서만큼은 판단력에 결함이 있었던 것이다(슈토이벤은 매우 훌륭한 장교였지만 프리드리히 대왕이 그의 능력을 알아보지 못하고 프로이센군에서 방출했다.—옮긴이). 슈토이벤은 식민지(미국—옮긴이)에서 자신의 임무를 완벽히 수행했고 프로이센의 전쟁 수행 방식을 변형해 완전히 새롭게 재창조하여 미군에게 가르쳤다.

또 다른 프로이센군 대위 욘 에발트John Ewald는 미국인 동료들이 군사 서적을 부지런히 탐독할 뿐만 아니라 번역된 프로이센 군사문서들, 특히 프리드리히 대왕이 장군들에게 하달한 훈령을 숙독하는 모습을 "백 번 이상 목격"했다고 기록했다.[7]

영국은 —식민지 사람들(미국인—옮긴이)은 잘 몰랐지만 슈토이벤은 익히 알았던 사실인— 프로이센군의 복제품—헤센 군인들—을 '임대'해(미국인들은 헤센 군인을 '용병'으로 이해했으나 당대의 규범에 따르면 개인적 고용은 용병, 국가가 빌려주는 경우는 '보조부대'였다고 한다.—옮긴이) 혁명군과의 전투에 투입했다. 당시 전 유럽의 국가들이 프로이센군을 앞 다투어 모방했고 헤센의 군대는 특히 더 그러했다.[8] 유럽에서 인구 대비 군인의 비율이 가장 높았던 헤센은 프로이센군의 규정, 교범, 군복, 훈련방식을 모방했으며, 헤센 군대는 수많은 "불만에 가득 찬"—대체로 무능한— 프로이센 장교 출신자들의 집결지나 다름없었다.[9] 헤센 군인들은 흔히 잘못 알려진 것처럼 단순한 용병이 아니었다. 헤센 육군의 징집병이자 정규 군인이었다는 사실을 감안하면 그들은 역사적·현대적 관점에서 용병의 정의에 부합하지 않았다.[10]

미국 독립전쟁 기간 중에도, 이미 전 세계적으로 명성을 떨친 전설적인 프로이센의 통치자 프리드리히 대왕과 미국인들의 관계는 매우 긴밀했다. 미군이 몇몇 뛰어난 프로이센 출신 장교들에게 좋은 인상을 받은 후 한동안 군사 문제와 관련해 프로이센을 주목한 것은 그리 놀랄 만한 일이 아니다.

최근에 학계에서는 미 육사가 프로이센의 유년군사학교를 본보기로 삼아 설립되었다는 견해를 전혀 찾아볼 수 없다.[11] 그러나 20세기 초에 일부 미군 장교들은 웨스트포인트가 "프로이센군을 기반으로 창설"되었다고 주장했다.[12] 다음 장에서는 웨스트포인트와 프로이센의 유년군사학교가 —만약 곡해되었다면— 실제로 유사한가에 대해 논의할 것이다.

미군 장교들은 전쟁에 끊임없이 휘말린 유럽의 군대들을 관찰하고 기록하며 배우기 위해 구대륙을 누볐다. 나폴레옹 시대와 그 여파가 남았던 시대, 짧았던 제1차 세계대전 시기를 제외하면 미군 장교들이 주로 체류한 곳은 프로이센 또는 독일이었다.[13] 1812년 전쟁(미국-영국 전쟁을 말한다. 1812년 6월 18일에 미국이 영국에 선전포고를 하며 시작되어 32개월간 이어졌다.—옮긴이)과 남북전쟁(1861~1865—옮긴이) 사이에만 105명의 미군 장교들이 앞에서 언급한 목적으로 대서양을 건넜고, 몇 년씩 체류하기도 했다.[14] 미군 내에서 유럽의 사고방식을 적용하자는 의견이 힘을 얻어 다른 군사 문화들이 물밀듯이 유입되는 가운데, 이런 분위기를 탐탁지 않게 여긴 필립 헨리 셰리든Philip Henry Sheridan(육사 1853년 졸업) 장군은 "유럽 국가들이 전쟁을 치를 때마다 우리는 승자의 모자를 가져다 쓴다."[15]라고 비꼬았다. 그의 말대로 실제로 프랑스군의 전투모를 사용하던 미군은 1881년에 독일군의 피켈하우베Pickelhaube(정수리에 쇠뿔이 달린 투구—옮긴이)로 전투모를 교체했다.[16] 비단 전투모뿐만이 아니었다. 미군은 해외에서 만들어진, 즉 1859년 유럽에서 발표된 문헌들을 열성적으로 살펴보았으며, 그중 "약 절반이 독일에서 최초로 발행된"[17] 것들이었다.

1839년에 전술과 군의 구조에 관한 자료를 수집하던 미군 장교들은 여전히 프랑스군에 관심이 많았다. 그해에 미군 장교 필립 커니Philip Kearny 소위는 프랑스 기병부대를 방문한 후 프랑스군이 훌륭하다고 평가하면서도 군기軍

紀와 청결함이 결여된 모습에 대해서는 "만일 독일군의 마구간을 순시한다면 완벽한 상태로 관리된 마구간과 말들을 볼 수 있을 것"[18]이라고 말했다. 독일군이 최고의 모범적 군대라는 통념은 19세기 전반기에 이미 확고했다.

미국 남북전쟁 기간 중에 독일 출신 장교들과 그들로 구성된 연대는 인기가 많았고 통상 후한 대접을 받았다. 남북전쟁 때 주로 사용된 나폴레옹 전쟁 당시의 전술은 이내 그 비효율성을 드러냈고 수많은 무의미한 사상자만 낳았다.[19] 전쟁 중에 남군과 북군을 시찰한 프로이센군 장교들은 중요한 국면에서 미숙하게 행동하는 미군에게 그다지 좋지 않은 인상을 받았다.[20] 독일군 총참모부가 남북전쟁을 무장한 폭도들의 싸움판과 별반 다르지 않다고 평가했다는 정보—혹은 소문—가 흘러나올 정도였다.[21] 급기야 프로이센군 총참모장 헬무트 카를 베른하르트 그라프 폰 몰트케Helmuth Karl Bernhard Graf von Moltke가 그렇게 말했다는 소문까지 나돌았다. 윌리엄 티컴시 셔먼William Tecumseh Sherman(육사 1840년 졸업) 장군은 1872년 유럽 시찰 중에 기자들로부터 몰트케에게 그 말의 진위 여부를 물어보았느냐는 질문을 받자 화난 목소리로 쏘아붙였다. "그가 그런 말을 할 정도로 멍청하다고 보지 않기에 안 물어봤소."[22]

독일군 총참모부가 매년 출간하는 세계 군사력 현황 보고서에서 1896년까지 미군은 빠져 있었다. 그 후 미군이 포함된 것은 세계적으로 미군이 중요한 역할을 해서라기보다는 수많은 미군 장교들이 유럽을 방문하면서 인지도가 높아졌기 때문이다. 1900년까지도 미군은 수많은 유럽 열강에게 "여전히 조롱거리"일 뿐이었다.[23] 1912년 러시아 주재 미국 무관은 러시아 장교단과 유럽 각국의 무관들 사이에 "미군은 진지하게 대할 만한 가치가 없다."[24]라는 믿음이 널리 퍼져 있다고 보고했다.

독일군 총참모부의 의견도 다르지 않았다. 독일군 고위급 장교들은 역사적으로 항상 미군을 경시했는데, 이런 풍조는 두 차례의 세계대전에서 매우 심각한 결과를 초래했다.

미군 시찰단은 유명한 후장식 소총needle rifle 같은 눈부신 기술 혁신의 의

미와 개인 화기의 중요성을 간과했다. 프로이센의 엄중한 비밀 유지 때문에 미군 시찰단이 후장식 소총의 존재를 인지하지 못했다는 견해도 있다. 이 총은 1841년에 개발되어 몇 년 뒤에 프로이센군에 도입되었다. 처음에는 근위 연대의 최정예 저격중대에만 보급되었고, 병사들은 훈련 후에 반드시 소총을 무기고로 반납해야 했다. 미군 시찰단은 15년 넘게 이 총에 대해 전혀 몰랐고 콜트Colt, 샤프스Sharps, 스프링필드Springfield의 시찰단 역시 현대식 소총에 그다지 관심을 보이지 않았다는 점도 놀라운 일이다. —후장식 소총이 발명된 지 30년 후인— 프로이센-프랑스 전쟁에서 후장식 소총이 두 번째로 세상에 공개되자 마침내 미군 시찰단의 일원이 "우리가 보유한 후장총breechloader의 방식과 유사하다."[25]라고 언급했다. 그러나 그는 이 소총의 성능을 정확하게 기술하지는 않았다.

1866년 7월 프로이센 동맹군이 쾨니히그레츠Königgrätz 전투에서 완벽히 승리하자 미국의 시선은 나폴레옹에서 프로이센으로 옮겨 갔다. 이 전투에서 프로이센군은 미국 남북전쟁이 끝난 지 불과 1년 후 미국인들이 4년 동안이나 고군분투하면서 얻은 것, 즉 몇 개 군단을 광대한 지역에 급속히 이동시키고 질서 정연한 가운데 결정적 전투를 수행하기 위해 특정 지점에 1개 군을 집결하는 방안을 실현했다.[26] 프로이센군이 거의 50년 동안 전쟁을 수행하지 않았다는 사실을 고려하면 이는 더더욱 놀라운 일이었다.[27]

존 그로스 바너드John Gross Barnard와 허레이쇼 거버너 라이트Horatio Gouverneur Wright 육군 소장 같은 미군의 근시안적인 인물들은 프로이센과 비교해 "우리도 전혀 손색이 없다."라고 썼지만 필립 헨리 셰리든처럼 식견이 높은 장교들의 평가는 달랐다.[28] 셰리든은 미군의 미래를 다음과 같이 예견했는데, "프로이센의 정신적 배경 대신 세세한 제도만을 모방하는 행동"은 실수라는 것이다.[29] 훗날 미군은 프로이센군을 모델로 삼아 개혁에 착수할 때 정확히 똑같은 실수를 저질렀다.

미군뿐만 아니라 대부분의 군사 강국 시찰단들도 프로이센의 승리가 우수한 총참모부 때문이라고 착각했다. 실제로는 외형적 조직이 아니라 총참모장 몰트케의 리더십과 천재성, 프로이센 장병의 전문적 훈련 수준이 전승의 주 요인이었다. 후장식 소총도 유익했지만 결정적 요인은 아니었다.

이후의 총참모부와 달리 몰트케의 총참모부는 최상위 통수기구였다.[30] 이것이 그들의 최대 강점이었다.

한 인터뷰에서 몰트케는 장교와 군사학자들에게 저주이자 은혜가 된 유명한 책이 탄생하는 계기를 마련했다. 가장 유익하고 도움이 된 책들이 무엇이냐는 질문에 그중 하나로 카를 폰 클라우제비츠Carl von Clausewitz의 『전쟁론 *Vom Kriege*』을 꼽았던 것이다.[31] 초급 장교 몰트케가 1823~1826년에 전쟁학교 Kriegsschule—당시 프로이센 전쟁대학War College—를 다닐 때 클라우제비츠는 교장이었다.[32] 교장은 공식적으로 높은 직위였지만 아직 젊고 열정이 넘치는 클라우제비츠에게는 학교의 교육과정을 바꿀 만한 힘이 없었기에 그로서는 매우 실망스런 직책이었다.[33] 훗날 전쟁학교는 그 유명한 전쟁대학Kriegsakademie으로 개칭되는데, 이 학교에 관해서는 제3장에서 자세히 다룰 것이다.

『전쟁론』은 클라우제비츠가 사망한 지 수년 뒤인 1831년에 그의 부인에 의해 출간되었지만 한동안 대중에게 잊혀졌다.[34] 이 저작이 대중에게 인기가 없었던 한 가지 이유는 도저히 이해할 수 없는 독일어—물론 19세기 표준어였지만—로 쓰였다는 것이었다. 클라우제비츠는 의심할 여지 없이 매우 명석한 장교였으며 군사이론가로서 명성을 얻었으나 작가적 능력은 거의 없었다고 해도 과언이 아니다. 처음으로 이 책을 평가한 프랑스 평론가가 "번역할 수 없는 책"이라고 할 정도였다.[35] 동시대의 독일 비평가들은 『전쟁론』이 "읽어서 이해하기는 불가능하며 연구해야 하는 책"[36]이라고 평가했다. 클라우제비츠가 원고를 교정할 시간도 없이 세상을 떠났다는 것이 『전쟁론』을 이해하기 어려운 주요 이유 중 하나이다. 그러나 이 프로이센 장군의 생각이 기본적으로 종이에 완벽하게 기록되었다는 것만은 틀림없는 사실이다.[37] 단지 가독성을 높이기 위해 반드시 편집이 필요했을 뿐이다. 다른 일곱 권—『전쟁론』은 클라우제비츠가 남긴 대표 저작 열 권 중 세 권으로 구성됨—은 읽기에 용이하며 다양한 전역, 특히 나폴레옹 전역을 다루고 있다.[38] 이 책들은 클라우제비츠가 직접 전투에 참가했거나 근접한 곳에서 관찰하면서, 또는 친분이 있는 장교들에게서 수집한 내용을 담은 저술로서 매우 가치가 높다. 오늘날 클라우제비츠의 지성이 빛나는 전역 분석은 애석하게도 그의 철학적 역작에 가려져 그 빛을 잃어버렸다. 최근에 이루어진 클라우제비츠 연구의 한 가지 문제점은 그가 쓴 여러 권의 전역 분석을 철학적 설명이 담긴 『전쟁론』과 연계하지 못한 것이다.

클라우제비츠의 까다로운 문체 때문에 간결하게 축약한 영어 편집본이 장황한 원본보다 —오늘날까지도 여전히— 훨씬 더 인기가 많았다.[39] 그 과정에서 프로이센 장군의 사상과 철학을 해석하는 데 일부 오해가 발생했다.

이 책에서 다루고 있는 수많은 미군 장교들이 클라우제비츠의 『전쟁론』을 읽고 동료와 친구들에게 추천했으며 지휘참모대학의 강의에서도 클라우제비츠의 글이 자주 인용되었다.[40] "『전쟁론』이야말로 미군에게 진실로 성스러운 책이다."[41]라고 여겨졌다.

몰트케가 『전쟁론』을 애독했다고 말한 후 독일에서는 한동안 클라우제비츠의 숭배자들이 대거 등장했고, 클라우제비츠는 "쾨니히그레츠 전투를 승리로 이끈 스승"[42]으로 급부상했다. 그러나 그런 분위기는 오래가지 않았다. 『전쟁론』은 독일의 군사학교 및 군사대학에서 절대로 필독서가 되지 못했고, 그 결과 히틀러를 도와 제2차 세계대전을 일으킨 장교들은 현상에 대한 더 폭넓고 독립적이며 철학적인 관점—클라우제비츠는 항상 프로이센군의 매버릭이었다.—을 익힐 수 없었다.[43] 독일군 장교 중 단 한 명만이 1921년에 군관구 시험Wehrkreis-Prüfung을 준비하기 위해 클라우제비츠의 역작을 읽어야 한다고 주장했다.[44] 군관구 시험에 관해서는 다음 장에서 자세히 다룰 것이다.

20세기 초에 『전쟁론』은 독일의 군사 전문 조직인 장교단에게 홀대받았지만 이 저작은 역사상 가장 성공적인 지휘관 중 한 명(몰트케—옮긴이)의 승리와 영원히 결부될 것이다.[45] 몰트케는 독일 통일전쟁 중에 비스마르크Otto Eduard Leopold von Bismarck와 사사건건 갈등을 빚었다. 천부적인 전략가 몰트케는 전쟁 중에는 정치적 지도가 우위에 있다는 클라우제비츠의 원칙을 위배하고 이 군사이론가의 논리를 부드럽게 재해석하여 비스마르크를 그의 영역에서 쫓아내는 데 성공했다.

> 정치는 그 목적을 달성하기 위해 전쟁을 이용한다. 정치는 전쟁의 개시와 종결에 결정적 영향을 미치지만 전쟁 수행 중에 전쟁의 목적을 축소하거나 확장하는 데도 영향을 미칠 수 있다. 이러한 불확실성 때문에 전략은 달성 가능한 것 가운데 가장 큰 목표를 추구할 수밖에 없게 된다. 이처럼 전략은 정치의 목적 달성만 고려할 뿐 정치와 완전히 독립적으로 수행됨으로써 정치에 가장 크게 기여할 수 있다.[46]

비스마르크는 『전쟁론』을 절대로 읽으려 하지 않았는데 그 이유 중 하나가 정치가와 대전략가 사이의 마찰이었다.[47] 1888년 몰트케가 88세의 나이로 퇴역하자 독일군 총참모부는 다시는 예전의 능력을 보여 주지 못했다. 몰트케의 후임자들은 위대한 전략가의 외양과 습관을 모방했을 뿐, 몰트케의 폭넓은 교육관, 리더십 성향과 작전적 · 전략적 능력을 습득하지 못했던 것이다.

제1차 세계대전이 발발하고 —총참모부가 잘못 예측해서— 프랑스가 아닌 러시아가 주적임이 명백해지자 빌헬름 2세는 총참모장 소몰트케Helmuth von Moltke the Younger(이 책에서는 대몰트케는 몰트케로, 그의 조카인 몰트케는 小자를 붙여 구분한다. —옮긴이)에게 군사력을 동부로 전환해야 하지 않겠느냐고 물었다. 위대한 지휘관의 조카는 "서류 작업에만 1년이 걸리기 때문"[48]에 불가능하다고 대답했다. 그가 자신의 휘하에 신뢰할 만한 참모들이 있다고 자신감을 보이자 황제는 냉랭한 목소리로 "당신의 숙부라면 다르게 대답했을 거요."[49]라고 말했다.

소몰트케의 숙부는 부하들과 매우 짧은 문장으로 대화하고 이유 없이 잡담하지 않는 사람으로서 '위대한 침묵자'라고 불리었다. 빌헬름 1세가 왕세자였던 1855년, 부관 몰트케와 왕세자는 아무 말 없이 몇 시간 동안 함께 말을 타곤 했다.[50] 그러나 몰트케는 반드시 자신이 나서야 할 시점에는 황제 앞에서나 의회에서 능숙한 연설가의 면모를 보여 주었다. 하지만 훗날 몰트케의 후임자들이 그의 내향성을 지나치게 모방한 나머지 참모들이 지휘관의 의도를 파악할 수 없게 되었고, 이것은 제1차 세계대전 때 수많은 작전들, 특히 1916년 초에 운명적인 베르됭Verdun 공세를 실패로 귀결한 필연적 결점이었다.[51]

상급 지휘관의 의도를 파악하는 것은 그 유명한 임무형 전술Auftragstaktik을 성공적으로 이행하는 데 전제조건이자 독일군 문화의 핵심이었다는 점을 뒤에서 자세히 논할 것이다. 몰트케는 이 혁신적 개념을 초창기부터 지지한 사람이었다. 1858년, 매년 독일 영토에서 총참모부가 주관하는 전쟁연습에서 그는 "원칙적으로 명령에는 부하가 작전목적을 달성하는 데 스스로 결정할 수 없는 사항만 담겨 있어야 한다."[52]라고 말했다. 그 외에 모든 사항은 현장 지휘관에게 위임해야 한다는 것이다.

1870~1871년 전쟁에서 독일이 프랑스를 물리치자 미군 시찰단의 관심은 외국 군대들의 '보병의 행군용 장비, 적절한 말안장, 효과적인 공병 기술'에서 프로이센군의 총참모부와 장교 교육제도로 완전히 이동했다.[53] 독일군 수뇌부가 다시금 그 우월성을 보여준 것이다.

그즈음 두 명의 미군 장교가 독일군 장교 교육제도를 다룬 영향력 있는 결과물을 발표했다. 1872년 윌리엄 배브콕 헤이즌William Babcock Hazen이 『독일과 프랑스의 학교와 육군*The School and the Army in Germany and France*』을, 1873년 에머리 업턴Emory Upton이 『유럽과 아시아의 군대*The Armies of Europe and Asia*』를 출간했다.[54] 이 저작들은 미군 내외부에서 몇몇 진지한 논쟁에 불을 붙였지만 행동으로 옮겨진 것은 물론 전혀 없었다. 미군의 장교 교육과 계획 수립 능력 향상을 위해 어떤 조치가 필요하다는 합의에는 도달했지만 변화에 대한 열망이 없었기에 아무것도 달라지지 않았다. 재앙에 가까웠던 미국-스페인 전쟁과 연이어 발생한 필리핀 폭동을 겪고 나자 미군은 개혁의 필요성을 느끼게 되었다.[55] 해군부 차관보 시어도어 루스벨트Theodore Roosevelt가 전쟁부War Department(국방부는 제2차 세계대전 후에 등장했다. ―옮긴이)의 한 국장에게 의용기병연대(미국-스페인 전쟁을 위해 1898년에 창설된 3개의 기병연대와 12만 5,000명의 지원병으로 구성되었다. 미국-스페인 전쟁 시 1기병연대의 지휘관이 레너드 우드Leonard Wood였고 그 후임자가 시어도어 루스벨트이다. ―옮긴이) 창설을 지원해 달라고 졸라대자 국장은 버럭 고함을 질렀다. "이봐! 내가 이렇게 우리 부서를 잘 운영하고 있는데 전쟁이 일어났다고!"[56]

1년 후에도 야전부대 지휘관들의 상황은 전혀 나아지지 않았고, 한 대령은 전쟁부에서 작전계획서를 즉각 제출하라고 요구하자 냉소적인 유머를 담은 보고서를 제출했다. "말을 단 한 번도 본 적 없는 200명의 병사들과, 병사들을 본 적도 없는 말 100필을 이제 막 받았으며 그 둘 모두를 전혀 본 적 없는 소위 6명이 방금 전입했습니다. 내일 전투를 개시하겠습니다."[57]

전쟁부 장관 엘리후 루트Elihu Root가 개혁을 추진했으나 부임 초기에 그의 능력을 무시하는 자들이 많았다. 시어도어 루스벨트는 변호사에게 전쟁부의 운영을 맡긴 것은 "그야말로 바보 같은 짓이고 너무나 어이가 없어서" 윌리엄 매킨리William McKinley 대통령이 "전쟁부의 전면적 개혁을 원하지 않는다는 뜻으로 이해할 수밖에 없다."[58]라고 지적했다. 첫 번째 평가는 옳았을 수도 있지만 루스벨트는 엘리후 루트라는 인물을 과소평가했다. 훗날 미국 대통령이 된 후 루스벨트는 루트에 대한 인식을 완전히 바꾸었고 두 사람은 좋은 친구 사이가 되었다. 어찌 되었든 루스벨트는 군의 교육체계와 계획 수립 체계의 전면 개편보다는 필리핀을 안정적으로 통치하는 데 더 관심이 있었던 매킨리 대통령의 심중을 정확히 꿰뚫어 보았다.

전쟁부 육군사령관 넬슨 애플턴 마일스Nelson Appleton Miles 소장과 고위급 장교들은 민간인 출신인 루트를 수용했는데, 이들이 전임 전쟁부 장관 러셀

알렉산더 앨거Russell Alexander Alger와는 거의 말도 섞지 않았기 때문이다. 이 긴장된 상황의 원인은 민간인 장관과 군부 양쪽 모두에게 있었다.[59] 엘리후 루트는 경청하는 능력을 십분 발휘해 군부의 지지를 얻어 냈을 뿐만 아니라 직업적 윤리 면에서 양쪽 모두에게 존경받았다.

그때의 미군처럼 작은 규모의 군대는 비대한 관료주의에 휘말릴 수 있다는 사실에 주목할 만하다. 전쟁부에서 근무한 장교들에 대한 당시의 평가들을 살펴보면, 관료주의가 적어도 향후 50년간 계속될 것 같았으며 관료주의 때문에 미국이 필리핀과 그 외 지역에 군을 주둔하고 유지하기가 어려웠다고 한다. 전쟁부의 한 관계자는 "절반 정도의 인원은 유능했지만 나머지 절반은 그렇지 않았다."[60]라고 말했다. 더욱 안타까운 점은 무능한 인원의 절반이 항상 고위직을 차지했다는 사실이다.

루트는 취임 즉시 능력이 아닌 다른 이유로 장교단을 두 부류로 나누었다. 한쪽은 개혁을 지지하는 부류였고, 다른 한쪽은 여전히 남북전쟁 때의 사고방식에 사로잡혀 군인답지 못하다는 이유로 고등 교육을 경멸하는 부류였다. 신임 전쟁부 장관은 명석한 인물이었지만 '독창적 사상가'는 아니었다.[61] 그는 군에 반드시 필요한 두 가지 특성인 "단순화와 효율성을 지향"했다.[62] 각종 보고서와 서적에서 아이디어를 얻었으며 군대뿐만 아니라 민간 부문의 자료도 섭렵했다. 프로이센을 시찰하고 귀국한 미군 장교들, 특히 최근에 다녀와서 개인적으로 궁금한 점을 물어볼 수 있는 장교들이 쓴 보고서와 책들이 루트에게 큰 도움이 되었다. 가장 결정적으로 기여한 인물은 독일 태생 미군 장교 시어도어 슈완Theodore Schwan이다. 워낙 유명했던 업턴의 글보다는 인지도가 떨어졌지만, 슈완이 작성한 「독일군의 편성에 대한 보고서Report on the Organization of the German Army」는 군 내부에서 프로이센/독일군의 조직과 교육체계를 정확하게 다룬 보고서라는 정평을 얻었다.[63] 혹자는 슈완이 "전쟁부 행정관실에서 육군에 적절한 참모 제도와 군사교육 제도를 발전시키는 데 기여"했으며 그의 업적은 누구도 할 수 없는 일이었다고 언급했다.[64]

모든 보고서가 프로이센군, 특히 총참모부를 호의적으로 보고, 감탄하고, 심지어 숭배했다.[65] 이처럼 공개적인 표현은 "총참모부 설립의 주요 장애물 중 하나"[66]였다. 찬성하는 쪽과 반대하는 쪽은 미군의 프로이센화 또는 독일화가 이익이냐 재앙이냐, 효율적이냐 민주주의를 저해하는 요인이냐를 두고 각자 목소리를 높였다.[67] 예를 들어 존 매캘리스터 스코필드John McAllister Schofield(육사 1853년 졸업) 소장은 독일의 강점들을 미군에 도입하는 혁신을 추구하는 데 동의하면서, "우리가 독일을 본받으면 약간의 이점을 얻을 수 있다."라고 말했다.[68] 루트의 생각에 반대하는 —다소 어리석고 완고한— 이들은 미군이 총참모부 없이도 독립전쟁에서 승리했으니 미래에도 필요 없다고 주장했다.[69]

당시 고위급 장교들은 "루트는 자기가 하려는 일에 대해 명확한 계획이 없다."라고 말했지만 전쟁부 장관은 이후의 행보를 통해 그런 주장이 틀렸음을 입증했다.[70] 최초로 그리고 가장 수월하게 내디딘 첫발은 반대파를 물리치고 육군대학 창설 법안을 상정해 1900년에 육군대학을 설립한 것이었다. 1년 후 그는 총참모부 설치에 관한 법안을 제출했다. 의회의 결정에 대비한 총참모부의 과업 목록은 "파울 브론자르트 폰 셸렌도르프Paul Bronsart von Schellendorf가 기초한 독일군 총참모부의 과업을 거의 그대로 따라 작성되었다."[71]

그러던 중 루트를 크게 당황스럽게 만든 사건이 발생했는데, 동지라고 여겼던 넬슨 마일스 장군이 어느 날 갑자기 상원 군사위원회에 출석해 전쟁부 장관이 군사위원들을 설득하기 위해 진술한 내용을 모두 부정한 것이다. 루트는 마일스가 초래한 손실을 만회하고자 재빨리 전쟁부 행정관 헨리 C. 코빈Henry C. Corbin을 포함해 '그의 장군들'을 소집해서 1903년 '총참모부 설치 법안'이 표결에 들어가기 전까지 그해 내내 강도 높은 로비 활동을 펼쳤고 마침내 같은 해에 법안이 가결되었다.

정확히 표현하면 미군 총참모부는 프로이센 총참모부의 "모방과 개조의 혼합체"였지만 미군은 독일군 총참모부를 ① 제대로 이해하지 못했고 ② 독일군 총참모부가 모든 면에서 탁월한 조직도 아니었다.[72] 1937년 포트 리븐워스의 지휘참모대학 교관단이 발간한 「지휘와 참모의 원칙Command and Staff Principles」이란 지침서에는 독일군 총참모부가 "고도로 특화된 과업"만을 수행하는 장교들로 구성된 진정한 '장군의 참모General's staff' 조직이라는 완전히 잘못된 주장이 실려 있다.[73] 독일군 참모장교들은 결코 자기 분야에 특화된 사람들이 아니었으며, 지리 분석과나 철도과 등 총참모부의 주요 부서를 옮겨 다니며 주요 직책을 두루 거쳤다. 몰트케 시대 이후에는 '위대한' 총참모부가 국방군Wehrmacht 예하 전군—육·해·공군—의 통합 작전계획조차 수립할 수 없게 되었다. 더욱 놀라운 점은 독일 공군의 장군 대부분이 미군과 마찬가지로 육군 출신이란 사실이다. 따라서 "국방군은 진정한 의미의 총참모부를 보유하지 않았다."가 정확한 진술이다.[74]

몰트케 시대에는 열기구 몇 대 외에 공군이 없었고, 과대망상에 빠진 빌헬름 2세가 영국과의 함대 군비 경쟁을 승인할 때까지 프로이센/독일군의 해군력은 매우 미약했다. 전통적으로 프로이센군은 지상군 중심 군대였고 몰트케는 철도와 전신 등의 최신 과학기술을 접목해 육군의 작전계획을 수립했다. 몰트케의 후임자들은 이 같은 일을 하는 데 철저히 무능했다.

미군이 독일군의 일부 제도를 도입한 시기 전후로 과연 그 제도들이 미군에서 제대로 기능할지, 그 목적이 무엇인지를 두고 큰 논쟁이 있었다.[75] 제1차 세계대전 시 미국원정군American Expeditionary Forces, AEF 작전처장을 역임한 존 매콜리 파머John McAuley Palmer 장군은 "실질적으로 당시〔제1차 세계대전 이전〕 장군들 중 어느 누구도 총참모부의 역사적 기원을 전혀 몰랐다."[76]라고 정확히 지적했다. 물론 제2차 세계대전 동안 미군 장군들의 상황도 마찬가지였다.

제2차 세계대전이 종결된 후 군사사연구실과의 인터뷰에서 월터 크루거Walter Krueger 장군은 "독일군 총참모부에 비해 우리 전쟁부 총참모부War Department General Staff, WDGS는 매우 쓸모없으며" "오로지 언쟁만 일삼는 조직이다."[77]라고 단언했다. 크루거의 잘못된 발언은 계속 이어졌다. "독일의 총참모장은 오로지 총참모부의 장이다. 우리의 총참모장은 대통령의 참모장이기도 하다."[78] 그렇지만 실제로 독일군 총참모장도 역사적으로 황제나 제국 수상의 참모장이었다. 크루거는 전쟁계획처의 수장이었으므로 미국 기관 내외부의 분위기를 잘 알았겠지만 분명한 사실은 그가 독일 태생이지만 대부분의 동료들과 마찬가지로 독일에 대해서 잘 파악하지 못했다는 것이다.[79]

물론 고도의 전쟁 계획을 전담하는 조직이 현대의 군대에서 필수적이라는 데 이론異論의 여지가 없지만, 그 조직이 일종의 이원주의라는 결과를 초래하여 한쪽은 항상 깔끔한 차림으로 후방에서 근무하면서 '탁상 전술'을 쏟아내는 참모장교들로, 다른 한쪽은 오늘날의 미 육군에서도 '야전 경력이 과도하다'는 어이없는 이유로 진급에서 누락되는 전방 근무 장교들로 나누어져서는 안 된다.[80] 정도의 차이는 있지만, 학술적 결과물들은 유감스럽게도 독일군 총참모부를 찬양했을 뿐, 비판적 관점이 부족했다.[81]

이론적으로 장교는 독일군 총참모부의 일원일지라도 야전부대와 참모부에서 동등한 비율로 순환 근무하는 것이 원칙이었다. 실제로는 막강한 권력을 지닌 고위급 장교들이 이런 시스템을 만들었는데, 이들은 책상에서 업무를 보는 일 외에 어떤 부대도 지휘해 본 적이 없었으며, 제1차 세계대전 때 전투 경험이 전혀 없거나 있다고 해도 매우 단기간 동안 실전을 경험했으므로 최전선의 고충과 필수적 사항, 전장의 실상에 거의 무지했다.[82] 이들에게 수십만 병사의 생사가 달려 있는 상황에서 난관에 봉착하자 비극이 일어나고 말았다. 1942년 8월, 국방군이 절체절명의 위기를 맞자 육군 총참모장 프란츠 할더 Franz Halder 상급대장Generaloberst은 아돌프 히틀러에게 북부집단군의 철수를 승인해 달라고 건의했다. 독재자는 그것은 있을 수 없는 일이라며 "우리는 그 부대를 최대한 이용해서 버텨야 한다."[83]라고 말했다. 화가 난 할더는 히틀러의 고집 때문에 "전장의 용감한 수천 명의 소총수와 소위들을 헛되이 희생시킬 수 없습니다."라고 응수했다.[84] 이 말에 크게 분노한 독재자는 길길이 날뛰면서 총참모장에게 소리 질렀다. "할더! 뭐 하자는 건가? 1차 대전 때 지금처럼 회전의자에 앉아만 있던 당신 같은 자들이 감히 나에게 군대에 대해서 논해? 흑색 전상장(독일군의 상이훈장 중 하나로 적의 공격으로 2회 이상 부상당한 자에게 수여하는 훈장이다. —옮긴이)을 한 번도 달아 본 적 없는 자들이?!"[85] 히틀러의 격렬한 반응에 고위급 장교들은 모두 입을 다물 수밖에 없었는데, 전략적 문제에 관해서는 틀렸지만 할더의 과거 문제에 대해서만큼은 독재자의 말이 옳았기 때문이며, 제1차 세계대전 때 일병Obergefreiter[86]이던 히틀러가 자원해서 참전하여 부상을 입은 것은 사실이다. 그러나 히틀러의 용기와 인기는 지나치게 과장되었다. 그는 중대급의 전령처럼 극도로 위험한 임무를 맡은 적이 없으며 연대의 전령으로서 동료들에게 '후방의 돼지Etappenschwein'로 여겨졌다.[87] 대조적으로 할더는 평생 참모 직위에 있었지만 독일군 장교단의 구조상 그것이 할더만의 문제는 아니었다.

미국 전쟁부는 사회구조적 기반에서 독일군 장교단을 연구할 생각이 없었다. 그들은 수뇌부에 실전 경험이 있는 장교가 예상보다 훨씬 적다는 사실을 발견했을 것이다. 일부 국방무관들이 지속적으로 요청하자 전쟁부 정보처는 마침내 독일군 장교의 신상자료를 제작했다. 자료의 내용은 형편없는 것부터 완전히 틀린 것까지 다양했다. 온통 입증되지 않은 소문, 가십, 풍문으로 채워졌다. 빌헬름 카이텔Wilhelm Keitel 원수는 "멍청해 보이고", 지그문트 빌헬름 리스트Sigmund Wilhelm List 원수는 "복지부동 성향의 매우 따분한" 사람이며, 발터 모델Walter Model 원수는 "돼지 같은 성격의 인물", 친위대 사령관SS-Oberstgruppenführer 제프 디트리히Sepp Dietrich는 "못 배운 시골 촌놈", 게르트 폰 룬트슈테트Gerd von Rundstedt 원수는 짐작건대 거의 항상 술에 취해 있다고 기록되었다.[88] 모든 데이터가 검증되지 않았고, 가능한 군사적 역량 및 결정과 무관했을 뿐만 아니라 일부 자료는 완전히 터무니없어 보이는 것들로 가득 찬 명백히 틀린 내용이었다. 하인츠 구데리안Heinz Guderian 상급대장에 대해서는 사생활이 없고 일 중독자여서 동료들과 달리 미혼이라고 기록되었다. 그러나 구데리안은 20년 전에 결혼했고 두 아들이 기갑병과 장교로 근무 중이었다.

미군은 독일군 장교들의 배경을 연구하는 쪽보다 몇몇 전역을 살펴보는 쪽에 더 관심이 많았다. 제1차 세계대전 시 미군 장교들은 이미 자국에서 면밀히 검토한 지형에서 독일군과 싸웠으므로 프로이센/독일군의 명성과 전역을 연구하는 것이 어떤 측면에서 그들에게 대단히 유익했다.[89] 갑작스레 맞닥뜨린 "그 지역의 거의 모든 마을, 도시, 중요한 지형적 특성이 미군 장교들에게 낯설지 않았다."[90]

연합군에 표준화된 지도가 부재했고 어떤 형태로든 지도가 부족했다는 점을 생각하면 이 같은 사실을 과대평가할 수는 없다. 그러나 과거의 전쟁으로 쌓아 올린 프로이센/독일군의 명성은 다른 한편으로 그들이 몰락하는 원인이 되었다. 독일군이 패배하자 당연히 그들의 명성도 손상되었다. 많은 미군 장교들이 독일군의 전투력을 경시했으나, 미군이 배출한 대단히 명석한 어느 장교는 —종종 무시되었지만— 1917, 1918년의 독일군 장병이 1914년의 그들이 아니라는 점을 보여 주었다.[91] 조지 C. 마셜은 자신이 동시대인들보다 명확한 통찰력을 지녔다는 사실을 다시 한 번 입증했다.

제1차 세계대전 때 프랑스인은 '보슈Boche', 영국인은 '야만인Hun'이라는 별명으로 독일군을 비하해서 불렀고, '야만인'은 그다음 전쟁(제2차 세계대전—옮긴이) 때도 계속 쓰였다. 조지 스미스 패튼George Smith Patton(육사 1909년 졸업) 장군은 제2차 세계대전 당시 독일군 전사자들을 찍은 수많은 사진들에 "훌륭한 야만인"[92]이라고 적었다. 제1차 세계대전에 참전하지 않은 청년 장교들은 독일인을 비하하는 별명으로 '하이니Heini', '프리츠Fritz'를 사용했고, 병사들을 '크라우트Kraut'라고 부르기도 했다. '하이니'는 독일의 기독교식 이름인 '하인리히Heinrich'의 줄임말로 미군 병사들 사이에서 '프리츠'만큼 일반적으로 쓰였다. '크라우트'는 독일의 대표적 음식인 사워크라우트Sauerkraut와 소시지에서 따온 것이다. 미국인은 독일 하면 흔히 바이에른Bavaria을 떠올렸으므로 독일인을 바바리안Bavarian이라고도 불렀다.

제1차 세계대전에 참전한 미군 장교들에게 인기 있는 별명이었던 '보슈'는 프랑스어 '대가리caboche'에서 따온 말로 '얼간이', '멍청이'라는 뜻이다. 또 다른 별명인 '훈'은 1900년 7월 27일 브레머하펜Bremerhaven에서 독일 황제 빌헬름 2세가 중국 의화단의 난을 진압하고자 만든 동아시아 원정군단 출병식을 할 때 말한 '훈의 연설Hunnenrede'에서 비롯된 단어이다. 이 연설은 —빌헬름 2세답게— 호전성과 피비린내 나는 과장된 표현으로 꽉 차 있어서 허튼소리만도 못한 수준이었다. 그는 병사들에게 무자비하게 적을 몰살하고 천 년 전 에첼Etzel(아틸라Attila)왕과 훈족Huns이 오늘날 강대함의 상징이 된 것처럼 이름을 떨치라고 명령했다. 이런 식으로 어떤 중국인도 감히 독일인을 쳐다볼 수 없게끔 그들에게 천 년 동안 '독일'을 각인하고자 했던 것이다.[93]

14년 후(제1차 세계대전—옮긴이) 그리고 39년 후(제2차 세계대전—옮긴이) 세상의 다른 쪽에서와 마찬가지로, 중국에 주둔한 독일 병사들이 상관에게 전권을 위임받았을 때 비신사적으로 행동했고, 이것은 연합군이 다음 전쟁 때도 독일군을 오래된 별명으로 부르기에 충분한 이유가 되었다.

당시 중국에 체류한 미군 대위 페리 L. 마일스Perry L. Miles는 "독일 군인들이 몇몇 소규모 무장 단체를 급습해 해산시키는 과정에서 중국인 병사와 민간인을 닥치는 대로 죽였다."[94]라고 기록했다. "우리는 전시에 독일군이 얼마나 잔혹했는지를 이미 목격했고 그때를 제대로 기억했더라면 다음 전쟁에서 벌어진 사태를 접했을 때 조금 덜 놀랐을 것이다."라고 덧붙였다.[95] 미군의 짧은 기억력이 다시금 입증된 순간이었다.

제1차 세계대전 전후에 독일을 여행한 미군 장교들은 이구동성으로 독일과 독일인을 매우 긍정적으로 기술했다. 독일에 절대 푹 빠지지 않을 것 같은 드와이트 D. 아이젠하워도 그중 한 명이었다. 독일에 대한 그의 인식은 평생 여러 번 극과 극을 오고갔다. 아이젠하워는 1929년에 아내와 친구인 그루버 부부와 함께 독일을 여행할 때 한 주를 마무리하면서 9월 2일 월요일 일기에 이렇게 기록했다. "아름다운 풍경뿐만 아니라 독일과 독일 사람에게 푹 빠졌다. (…) 독일이 마음에 든다!"[96]

제1차 세계대전 후 독일의 일부 지역에 점령군으로 파견된 수많은 장교들의 글에서는 이 같은 열정적 호감을 찾아보기가 어려운 반면, 제2차 세계대전 후 점령 당시에는 부정적 견해보다 긍정적 목소리가 훨씬 더 컸다. 그에 대한 이유를 다음과 같이 설명할 수 있다. 제1차 세계대전 후 연합군은 독일 영토의 극히 일부만을 점령했으므로 경험이 제한적일 수밖에 없었으나 미군 장교들은 제3국이 붕괴된 후에 독일 곳곳을 자유롭게 둘러볼 수 있었다. 또 다른 중요한 차이가 독일인들의 태도에서도 나타났다. 제1차 세계대전 후 독일인들은 자국 군대가 전투에서 단 한 번도 패한 적이 없었다고 말했고, 진행 중인 베르사유 협상과 영토 점령에 대해 분노했다.[97] 그러나 제2차 세계대전 후에는 전쟁과 홀로코스트Holocaust의 영향으로 인해 받을 박해가 두려워 점령군에게 순종적이고 극도로 친절한 태도를 취했고, '평범한 독일인'들은 자신들이 '나치스트'가 아님을 보여 주고자 했다.[98] 미군 장교들이 "진실한 독일인에게만 밝은 햇빛을 볼 수 있게 해야 한다."[99]라고 빈정거릴 정도였다.

독일군의 명성을 깎아내리는 상황은 적어도 미군의 군사학교에서는 그리 오래가지 않았다. 프로이센과 독일의 전투와 관련한 수많은 자료를 직접 열람할 수 있게 되고 독일군과 싸운 제1차 세계대전에서 연합군이 참으로 아슬아슬하게 승리했음을 뒤늦게 인식했기 때문이다. 이로써 독일군의 작전이 연합군이나 미군의 작전보다 더 활발히 논의되는 기묘한 상황이 연출되었다. 1914년 8월 말 독일군은 타넨베르크Tannenberg 전투에서 압도적으로 우세한 러시아군을 상대로 섬멸적 승리를 거뒀는데, 특히 이 전투에 미군 교관들과 학생장교들이 매료되었다. 하지만 —지휘참모대학을 다룬 장에서 상세히 살펴보겠지만— 미군의 교육과 연구 결과물은 항상 전문성과는 거리가 멀었다.

미군에서는 프랑스어를 번역할 수 있는 장교, 특히 독일군 교범을 영어로 번역할 수 있는 장교가 특별대우를 받았다. 제1차 세계대전 후부터 독일이 군사력을 증강하기 시작한 1935년 사이에 미군이 예산 삭감으로 인해 난도질당해 '지긋지긋한' 시기를 보내던 때의 일이다. 활동적인 장교들은 따분하고 판에 박힌 업무에 정신적 스트레스를 받던 중에 번역거리를 찾아냈다. 이 작업은 엄청난 양의 업무 외적인 일이었지만 장교들은 지식을 얻을 수 있었고, 출판과 함께 때로는 해외시찰이라는 보상이 주어졌다.

1881년 독일에서 태어난 월터 크루거는 1922년에 미군 중령으로서 방대한 독일 기병 관련 문헌뿐만 아니라 미군에게 매우 긴요했던 연대급 전쟁연습 지침서를 번역했다.[100] 크루거는 제1차 세계대전 연구를 위해 포츠담Potsdam에 위치한 프로이센 육군 문서고의 서적 열람 승인까지 받아내 독일인 사서들에게 아낌없는 지원을 받았다.

영어로 번역된 프랑스와 독일의 교범은 미군 교범 발간의 기초자료로 자주 활용되었고, 수정되거나 때로는 거의 그대로 미군 교범으로 사용되었다.[101] 외국어 능력을 보유한 장교들을 활용해 외국군의 중요한 군사교범, 논문 또는 서적을 자국어로 번역하는 일은 흔하지만, 미군만큼 빈번하게 외국의 것을 가져다 쓴 군대는 매우 드물었다. 이러한 과정의 매우 큰 강점은 '외국의 정보'를 다양한 관점에서 평가하고 이를 통해 자국의 교범을 제작할 때 좀 더 융통성 있는 과정을 밟을 수 있다는 것이다. 반면 중대한 약점은 교리의 혼란과 모순이 쉽게 발생한다는 것이다.[102]

외국군의 교범을 그대로 수용하는 습관이 생긴 데에는 아마도 자신들의 군사적 —또는 학문적— 능력으로 교범을 생산할 수 없다는 불안감이 작용했던 것 같다. 미군 장교들은 스스로 어떤 교범도 만들지 못했고 그럴 생각조차 하지 못했다. 하지만 누군가 그 일을 해내면 예외 없이 크게 칭송받았다.[103] 미군 고위급 장교들은 젊은 장교들의 능력을 불신했는데, 이 문제는 다음 장에서 다루겠다.

독일군의 교범과 논문이 유입되고 수업 현장에서 프로이센과 독일군의 전투들이 지속적으로 교육 및 분석, 재연되면서 독일군은 미군 장교단에서 모범적인 군대로서 과거의 명성을 되찾게 되었다.

제2차 세계대전이 독일의 패망으로 종결된 후 미군 장교들은 전쟁 상대였던 독일군을 '종족적' 자질 측면에서 평가했다. 미군 장교들 사이에 나치스트였던 수많은 독일군 장교들을 침략 전쟁의 공범 또는 만행의 가해자로서 처벌해야 한다는 공감대가 형성된 반면, 이들은 자신들과 함께 일한 독일군 장교들만큼은 전범의 범주에서 제외했고 그 외의 인물들은 극도로 경계했다. 포로가 된 독일군 장교는 영어를 유창하게 구사한다는 이유만으로 좋은 대우를 받기도 했다. 이는 독일군 장교들에 대한 평가가 사실보다 감정적 요소에 기반을 두었음을 보여 준다.

제2차 세계대전 후 독일군과 미군 장교들은 전간기에 유사한 문제를 경험했기 때문에 단기간에 쉽게 유대감을 형성할 수 있었다. 이 사실은 1922~1923년에 미국 군사시설과 민간학교 및 대학들의 대규모 시찰을 추진한 독일군 장군참모장교 프리드리히 폰 보에티헤르Friedrich von Boetticher가 이미 언급한 바 있다.[104] 양쪽 군대 모두 훈련과 장비 면에서 엄중한 제재와 전반적인 군사력 감축에 직면해 있었다. 미군의 경우에 그러한 조처의 이유는 국내적인 것으로 주로 예산 문제였다. 오늘날의 관점에서 보면 우스워 보이지만, 상비군과 군국주의에 대한 역사적 거부감도 한몫했다. 물론 독일은 베르사유 조약이라는 외부적 압박과 제한에 따라 군 구조를 재편해야 했다.

두 군대의 장교단 규모는 비슷했지만 미군의 전체 병력은 독일 육군에 비해 훨씬 적었다. 독일은 베르사유 조약에 의거해 7개 보병사단과 3개 기병사단을 보유했다.[105] 독일에서 제1차 세계대전 후 국가 방위가 무방비 상태에 놓이고 독일이 불공정한 처우를 받고 있다는 여론이 광범위하게 형성되자 바이마르공화국군Reichswehr 지도부와 위정자들은 불법적으로 제한을 완화하자는 데 신속하게 합의했다. 그러나 바이마르공화국군은 위정자들과의 합의를 기다리지 않고 이미 음모를 꾸미고 있었다. 정치적 지지가 없었을지라도 바이마르공화국군은 매우 조심스럽게 베르사유 조약을 계속 위반했을 것이다. 흑색 바이마르공화국군Schwarze Reichswehr과 훗날 나치 돌격대Sturmabteilungen

를 감안하면 독일 육군의 규모는 소규모인 미국 육군에 비해 훨씬 컸다. 흑색 바이마르공화국군으로 알려진 이 조직은 무장 단체로 실제로 바이마르공화국군의 정규군 '소속'은 아니었지만 다소 느슨하게 독일군 총사령부의 통제권 안에 있었다.[106] 흑색 바이마르공화국군은 베르사유 조약에 대응하기 위해 단기간 훈련하고 전역시킨 단기 의용군으로 구성된 준군사조직인 자유군단 Freikorps과 국경수비대, 다양한 무장 조직을 보유했다.[107] 장기간 운용할 목적으로 제3군관구사령부Wehrkreiskommando Ⅲ가 조직한 것은 노동대Arbeitskommandos가 유일했다. 공식적으로는 군사시설에 인접한 건설대로 창설되었지만 대원들은 군복을 착용하고 공동 막사에서 생활했다. 1923년 이들의 숫자는 1만 8,000명으로, 중화기를 보유하지 않았지만 완편된 1개 보병사단에 버금가는 규모였다.[108]

1919년 동부에서 이리저리 옮겨 다니며 전투를 벌이던 자유군단의 병력만 약 20만 명이었는데 이는 공식적인 바이마르공화국군의 병력 수와 같았다.[109] 조직의 결속력이 매우 낮고 지휘 구조가 약했지만 자유군단까지 고려하면 가용한 병력 수는 과거 제국 정규군과 거의 같은 수준이었다. 그러나 당시 자유군단이 "독일에서 가장 중요한 단일 세력"[110]이라는 주장은 대단히 과장된 것이다. '자유군단'은 축소된 중대급부터 증강된 연대급까지 그 규모가 천차만별이었다. 통일된 지휘체계도 없었고 지휘관들의 리더십과 특성에 좌지우지되었다.[111] 그중 일부는 '군대의 무법자'라고 해도 무방한 사람들로서 "심리적으로 군을 떠날 의지도 능력도 없는" 사람들이었다.[112] 그들은 서로 협력할 수 없는 상태였으며 극히 일부만이 중화기를 보유했고 나머지는 소총이나 참호용 박격포로 무장했다.

미군은 제1차 세계대전 이후 훨씬 더 많은 병력을 감축해 1920년대부터 1930년대 초반까지 병력 수준이 "13만 5,000명을 넘은 적이 거의 없다."[113] 당시는 "미군 역사상 어느 때보다도 전투 준비가 부실한 시기"[114]였다. 그즈음 독일군과 미군의 장교들은 서로 동병상련을 느꼈을 것이다.

두 군대 모두 장교 진급 속도가 대단히 느렸다. 미군의 경우 소위에서 대위로 진급하는 데 13년이 걸렸고 어떤 이는 대위 계급으로 17년간 복무했다.[115] 바이마르공화국군의 경우 중위에서 대위로 진급하는 데 평균 14년이 걸렸다.[116] 특히 독일군에서는 소령 계급으로 진출하기가 너무 어려워서 가파른 오르막을 의미하는 '소령의 절벽Majors Ecke'이란 표현이 있을 정도였다.

제1차 세계대전 후 독일 군부는 독일이 불과 몇 년 전 러시아에 브레스트-리토프스크Brest-Litovsk '평화조약'을 강요할 때 어떤 동정심이나 자제력을 보여 주지 않았음에도 불구하고 미국이 프랑스와 영국, 러시아가 주도한 제재를 완화하고 동맹이 되어 주기를 바랐다. 그러나 독일의 희망은 산산조각 나고 말았다. 독일은 미국의 위정자들이 베르사유 조약에 대해 강력히 중재할 의도를 보이지 않자 뒤통수를 얻어맞은 기분이었다. 그러나 다른 한편에서 미군과 독일군 장교단이 상호 협력 관계를 형성하면서 불화는 그리 오래 가지 않았고 다시 예전의 우호 관계가 회복되었다. 베르사유 조약 제179조에 의거해 독일은 원칙적으로 외국에 국방무관이나 군사 특사를 파견할 수 없었으나 1922년부터 1933년까지 30여 명의 최고위급 독일군 장교들이 미국을 방문해 환대받았다.[117] 두 국가 간의 일반적인 관계에 대해 언급한 이들은 군사적 친밀도를 근거로 했음이 분명하다. "1930년대 초 세계열강 중 미국과 독일의 관계가 가장 좋았으며 상호 간에 난제가 거의 없었다."[118]

몇몇 고위급 독일군 장교들은 미 육사를 방문했지만 깊은 인상을 받지 못했다. 그 대신 포드 자동차 공장은 "미국을 방문하는 장교들의 필수 코스"였다.[119] 이들은 무엇보다 과학기술에 대한 관심과 미국의 동원 능력이 제1차 세계대전에서 미군이 승리하는 데 결정적 요소였다고 생각했다. 미국의 산업 잠재력을 직접 확인하고 이러한 지식과 깊은 통찰력을 얻었음에도 불구하고, 비록 한참 후의 일이지만, 다가올 미래에 상대할 적의 산업 잠재력을 전혀 파악하지 못했다는 것이 놀라울 따름이다. 전쟁에서 필승의 의지와 창의성 같은 무형적 정신력이 산업 능력보다 우위에 있다는 독일군의 문화적 고정관념이 그 원인으로 제시되기도 하는데, 이 점에 대해서는 다음 장에서 논의할 것이다.

베르사유 조약은 독일인에게는 일종의 가시였으나 군부 입장에서는 거대한 말뚝이었다. 매우 중대하게 그리고 면밀히 감시되는 베르사유 조약을 독일군 장교들이 비밀리에 어기려면 상당한 창의성과 범죄 능력까지도 필요했다. 이 두 가지 특징은 제2차 세계대전 때 장군과 원수 계급의 독일군 장교들에게서 다시금 표출되었다. 충분한 힘이 뒷받침되고 적절히 은폐된다면 무슨 일이든 할 수 있다는 '무소불위無所不爲' 행태는 다수 독일군 장교들의 신념이 되었고 그런 행동이 잘못된 것임을 알면서도 스스로 정당화하는 과정을 통해 그들의 "도덕적 양심은 서서히 사라져 버렸다."[120]

민주 국가에서만 생활하고 행동한 미군 장교들에게 그런 행동은 가능하지도 생각할 수도 없는 것이었다. 독일군의 창의력과 '고정관념을 탈피한 사고'는 감히 흉내조차 낼 수 없었다.

독일에서는 청년 장교들이 트럭으로 기갑부대 전술을 실험 및 고안했고 상관의 노여움과 동료들의 조롱을 대범하게 받아들였다. 미국에서는 유일하게 구형 전차를 보유한 부대가 고장과 마모를 유발하고 비싼 탄약을 소모한다는 이유로 전차포 사격이나 야지 기동훈련을 거의 실시하지 않았다. 상급자의 검열을 받기 위해 전차는 항상 깨끗해야 했고, 병사들은 언제나 단정하고 건강해야 했다. 깨끗한 전차와 '건강'한 병사의 수가 그 부대의 전투력을 측정하는 기준이었고 전차는 연료 사용이 제한되어 거의 기동하기 어려운 상태였다. 독일에서는 청년 장교들이 경력에 문제가 생길 수도 있는 위험을 무릅쓰고 새로운 전술과 무기 개발에 박차를 가한 반면, 미군에서는 상부가 그 같은 행동을 억제했고 광나는 갈색 군화의 군대—특히 기병대—라는 망령을 떨쳐버리지 못했다.

바이마르공화국군에서 육성된 매버릭 정신maverick spirit은 독일군에 큰 이익을 가져다주었으나 이상하게도 장교가 국방군의 육군 총사령부Oberkommando des Heeres, OKH와 국방군 총사령부Oberkommando der Wehrmacht, OKW의 고위직에 오르거나 야전군 및 집단군 사령관이 되면 그런 정신은 완전히 사라졌다. 혹자는 이런 해석을 내놓았다. "장군이 되겠다는 야망을 품은 젊은 장교들은 자신의 생각을 실행에 옮길 수 있는 고위직에 오를 때까지 그런 사상과 생각을 병 속에 담아 두기로 결심한다. 그것만이 안전한 출세를 보장받는 길이기 때문이다. 하지만 불행하게도 그동안 억제된 야망을 펼치기 위해 병마개를 뽑으면 그 내용물은 증발하고 없어진 지 오래였다."[121] 이 부분에 대해서는 결론에서 간단하게 논할 것이다. 한편으로 미국과 독일에서 젊은 청년들이 군인을 직업으로 선택한 동인을 알아보는 것이 중요하다. 이 점은 다음 두 개 장에서 살펴볼 것이다.

미군은 과거의 전쟁에서 승리한 프로이센/독일군을 면밀히 연구하기로 결정했지만, 미군 장교들은 잘못된 관점으로 현실을 왜곡하는 그들만의 색안경을 끼고 독일군을 바라보았다. 모든 군대에 계획 수립 기구가 필요하지만, 독일군이 가진 것은 그것뿐이었다. 몰트케가 이끌었을 때와 달리 평범한 후임자들이 장악한 시대의 총참모부는 서류더미에 파묻힌 관료 집단에 불과했고, 끊임없는 내분 또는 철저한 무능력으로 군사작전을 방해했다. 이를 증명하는 가장 확실한 사례가 몰트케의 후임자 중 한 명인 알프레드 그라프 폰 슐리펜Alfred Graf von Schlieffen이 작성한 슐리펜 계획이다.[122] 이것은 독일이 전쟁에 국가의 총력을 쏟아붓는 작전계획 행태를 만들어낸 불행한 역사의 시작이었으며, 1945년에 완전히 몰락할 때까지 이런 경향은 계속되었다. 몰트케는 만일의 사태에 대비해 적어도 2년마다 전쟁 계획을 수정한 반면, 그의 후임자(슐리펜—옮긴이)는 전임자의 탄력적이고 현실적인 방식을 더 이상 받아들이지 않았다. 슐리펜은 젊은 군주에게 감명을 선사하기 위해 매년 황제가 주관하는 대규모 기동훈련Kaisermanöver을 기획한 최초의 총참모장이기도 하다.[123] 사전에 계획된 시나리오에 따라 움직이는 기동훈련은 예하 지휘관과 부대의 능력을 평가하는 데 부적합했으며 이로 인해 젊은 장교들은 상급 지휘부를 불신하게 되었다.

향후 프랑스 침공을 목표로 한 슐리펜 계획은 그가 기획한 기동훈련과 동일한 방식으로 수립되었다.[124] 융통성이 전혀 없고, 존재하지도 않는 부대를 운용하는 엉터리 같은 수치가 사용되고, 군수 분야가 철저히 무시된 계획이었다. 총참모부의 난감한 상태를 가장 잘 보여 주는 것은 슐리펜의 후임자인 소몰트케의 행동이다. 그는 첫 번째 계획이 실패할 경우의 대안을 마련하지 않고 전임자의 계획을 약간만 고친 채 거의 그대로 채택했다. 최고 수준의 교육을 받은 엄선된 100명 이상의 참모장교들로 구성된 총참모부였음에도 불구하고 수장이 그들을 전혀 활용하지 못했던 것이다.

무능의 극치를 보여준 또 한 명의 총참모장은 소몰트케의 후임자인 에리히 폰 팔켄하인Erich von Falkenhayn으로, 1916년 그는 전략적 또는 작전적 계획을 내세우지 않고 자신이 택한 지역, 즉 베르됭에서 프랑스군을 몰살하겠다는 방책을 제안했다.[125] 프랑스군 장병들은 이 중요한 요새도시를 독일군에게 빼앗길 가능성 때문에 대거 살육의 땅으로 몰려들었다. 팔켄하인은 독일군이 항상 프랑스군과 싸워 이겼고 독일군의 사상자 수가 프랑스의 그것보다 적었으므로 궁극적으로 프랑스군이 전멸할 것이라고 믿었으나 이런 믿음에 대한 증거는 전혀 없었으며, 그것은 순전히 팔켄하인의 생각일 뿐이었다.[126] 결국 전체 '작전계획'은 파국적인 역효과를 낳고 말았다.

전간기 중에도 독일군 총참모부는 합동 작전계획을 수립할 수 없었을 뿐만 아니라 "사실상 재정적·경제적·정치적·군사적 요소들을 조정하지 못했다."[127] 프란츠 할더 상급대장이 이끈 총참모부는 1940년—슐리펜이 자신의 계획에 관한 마지막 비망록을 제출한 지 28년 후, 그리고 그 계획이 그릇된 것이었음이 증명된 지 25년 후— 프랑스 침공 계획을 수립할 때 슐리펜 계획을 극히 일부만 수정하여 그대로 내놓았다.[128] 이것은 몰트케 사후에 처음 있는 일도 마지막으로 발생한 일도 아니었지만 독일의 '위대한' 총참모부가 "상상력을 완전히 상실했음을 보여 주는" 사례였다.[129] 총참모부와 고위급 지도부가 그전과 그

후에 보여준 능력에 비추어 볼 때, 그런 아마추어 같은 계획이 히틀러의 침략적 계획에 대한 일종의 저항이었다는 견해는 이해할 수 없는 주장이다.[130] 독재자는 장군들의 의견을 무시하고 무장친위대를 창설 및 확장하고, 오스트리아와 체코슬로바키아를 합병했으며, 장군들이 폴란드 침공을 지원하도록 만들었다. 히틀러의 계획은 독일 군부의 "광범위한 합의에 의해 뒷받침되었다."[131] 그런 장군들이 그제야 형편없는 계획을 제안해 히틀러에게 반대했다는 것은 믿기 어려운 주장이다. 결국 독일은 사실상 프랑스와 전쟁에 돌입해 전투를 치러야 했다.

그 무렵 숙련된 장군참모장교인 A집단군 참모장 에리히 폰 만슈타인Erich von Manstein 소장이 새롭고 탁월한 프랑스 침공 계획을 제시했다. 아르덴Ardennes의 삼림지대를 통과해 공격하여 적을 전략적·전술적으로 기습한다는 계획이었다. 총참모장과 휘하의 고위급 장교들은 터무니없는 주장이라며 완강히 반대했다. 만슈타인의 두 참모장교, 권터 블루멘트리트Günther Blumentritt 대령과 헤닝 폰 트레스코프Henning von Tresckow 소령은 독재자에게 이 계획을 알리고자 계책을 짜냈다. 트레스코프가 제9보병연대에서 함께 근무한 바 있고 현재 히틀러의 부관인 루돌프 슈문트Rudolf Schmundt 대령에게 도움을 청했다. 이처럼 이전 소속 연대의 인맥이 국방군에서 고위급 장교들의 의사결정 과정에 매우 중요한 영향이 미쳤음을 시사하는 유사한 사례들이 많지만 이와 관련해 정식으로 연구된 바는 없다.[132]

만슈타인과 만난 슈문트는 계획의 견실함을 확인하고 즉시 계략을 꾸미기 시작했다. 그는 프랑스 침공에 참가하는 신임 군단장들을 베를린으로 초대하여 히틀러와 조찬을 함께한다는 "번뜩이는 아이디어"를 내놓았다.[133] 군단장으로 임명된 만슈타인도 그 자리에 참석했다. 만슈타인은 회고록에 자신이 —그의 부하 장교들과 함께— 집단군 참모장으로 남지 않고 군단장이 된 것을 '좌천'이라고 묘사했고, 자신의 계획에 반감을 가진 총참모장 프란츠 할더에게 중상모략을 당했다고 주장했다. 그러나 사실 만슈타인은 참모장 보직 기한이 끝나서 이미 오래전에 지휘관으로 나갔어야 했다. 그런 인사 정책이 할더의 옹졸한 능력과 잘 맞아떨어진다는 점을 인정할 수도 있겠지만, 총참모장이 군단장 임명을 배후에서 조종했다는 증거는 없다.

조찬 이후 만슈타인은 히틀러와 독대해 새로운 계획을 제시했고, 독재자는 이 계획을 열렬히 지지했다. 훗날 '지헬슈니트' 작전Operation Sichelschnitt(Sichel은 독일어로 '낫' 또는 '초승달'을 뜻한다. 서부전역에서 독일군의 진출 궤적이 낫 모양과 비슷하여 윈스턴 처칠이 이를 '낫질sickle cut' 또는 '기갑부대의 낫질armored scythe stroke'이라고 표현한 데서 유래한 명칭이다. —옮긴이)이라고 선전된, 독일군 쪽에서 황색계획Fall Gelb이라고 부른 이 작전은 엄청나게 성공한 역사적 대사건이었다. 이 계획은 몰트케 시대 이래로 유일하게 성공적이고 결정적이며 전략적인 독일군의 작전계획으로 남게 되었다. 그러나 이 일화는 제2차 세계대전 때 독일군 총참모부의 무능을 적나라하게 보여 준다. 숙련된 독일군 장군참모장교가 황색계획을 창안했지만 총참모부의 대부분—특히 전략적 계획수립부의 일원들—이 이 계획에 반대했고 토의할 자신감조차 보여 주지 못했을 뿐만 아니라 이 계획의 존재 자체를 은폐하려 했다.[134] 전체 전역은 총참모부의 전문성이나 창의성이 아니라 "수많은 역사적 사건들이 운 좋게 결합된 결과"였을 뿐이다.[135]

그 후 전쟁에서 방책을 세울 때 총참모부는 국방군이 여전히 훈련, 장비, 보급 면에서 취약함에도 불구하고 소련에 대한 자멸적 공격을 지지했다. 총참모부의 소위 군사 전문가들은 소련을 상대로 "현재 보유한 장비로도 싸울 수 있다."라고 노골적으로 말했다.[136] 고위급 참모장교들이 군사 문제에서만큼은 히틀러의 의견에 반대했다는 가설들도 거짓으로 밝혀진 지 오래되었다.[137] 독일은 전쟁을 할 때마다 계속 패배의 쓴잔을 마셨기 때문에 몰트케 이후의 독일군 총참모부는 더 이상 강력한 전쟁 전문가 집단도, 전승에 결정적 역할을 수행하는 조직도 아니었다.

조직의 성패는 최고지도부의 리더십에 달려 있다. 하부 조직이 많은 것을 보완해 주지만 —특히 군 조직의 경우에는— 견실한 수뇌부가 필수적이다. '군의 두뇌'에는 종양이 쉽게 발생할 수 있다.[138] 독일군을 관찰한 미군 장교들은 독일군 총참모부의 환상에 깊이 빠진 나머지 더 중요하고 훌륭한 독일군 장교단의 특성을 간과하고 말았다. 미군의 목적에 맞게 독일군 총참모부의 모방품은 심각한 관료주의와 그에 물든 수장들 때문에 내분으로 고초를 겪었고 이러한 분위기는 조지 C. 마셜이 조직을 장악해 리더십을 발휘하기 전까지 계속되었다. 미국은 독일의 체계적인 장교 선발, 교육, 임관 제도를 수용하려는 시도조차 하지 않았는데 웨스트포인트와 리븐워스의 교관단들이 수십 년 동안 결점과 문제점을 성공적으로 가려 왔기 때문이다. 이 사실에 관해서는 다음 장에서 자세하게 논하겠다.

미국의 군사학교와 사관학교들은 서로 교류하지 않았기 때문에 전문 군사교육을 어떻게 개혁하든 한정적일 수밖에 없었다. 반면 독일에서는 한 학교가 다음 단계 학업의 디딤돌이었으므로 교과과정이 상호 연계되었다. 독일군 장교단을 훌륭한 조직으로 성장시킨 다른 특성들과 마찬가지로 일종의 지휘철학—임무형 전술— 분야의 혁신에 관한 논의도 미군 장교 시찰단의 관심 밖에 있었다.

미군은 독일군의 체계적인 장교 임관 제도에 주목했으나 받아들이지는 않았다. 다음 장에서는 왜 그런 일이 벌어졌으며, 미군과 독일군의 장교 양성 과정이 어떻게 달랐는지를 살펴본다.

제
1
부

장교 선발과 임관

제2장

'전우'는 없다

미국육군사관학교 웨스트포인트의 생도

"당신이 누군가를 단 한 번이라도 인격적으로 비하하고 그에게 폭언한 적이 있다면
결단코 그는 당신의 전우가 되려 하지 않을 것이다. 〔…〕
전장에서 서로 신뢰할 수 있는 자유국가의 군인을 양성하려면
참다운 군기가 필요하다.
그러나 잔혹한 폭력과 억압으로는 진정한 군기를 확립할 수 없다.[1]
–존 매캘리스터 스코필드 John McAllister Schofield**(육사** 1853**년 졸업)**

"인간을 평가하는 가장 좋은 방법은 웨스트포인트에 입학시키는 것이다."[2]
–1922**년 육군 군의관, 찰스** E. **우드러프**Charles E. Woodruff

제1장에서 살펴본 바와 같이 독일군과 미군 간에는 '구조적' 측면에서 몇 가지 공통점이 있었지만 두 나라의 장교가 되는 길은 완전히 달랐다. 군사학교나 기존의 연대에서 근무하는 독일 청년들은 평생 직업군인을 목표로 장교가 되고자 했다.[3] 이와 대조적으로 웨스트포인트에 지원한 미국의 대다수 젊은이들에게 사관학교는 값비싼 사립대학 대신 선택하는 무상교육 기관이었다. 그러나 미국 청년들은 차츰 군인정신에 매료되어 군대에서 전문직업으로서 복무를 시작했다. 1900~1915년에 웨스트포인트를 졸업한 장교 중 85퍼센트 이상이 정년까지 복무했다.[4] 하지만 이들이 장기간 군에 남은 이유가 단지 군인정신이나 사명감 때문이라고 볼 수는 없으며, 그 시기에 두 차례의 세계대전이 발발했음을 고려해야 한다.

웨스트포인트 출신 장교들은 전체 미군 장교들 중 소수에 불과했지만 훗날 최고위급을 비롯한 대부분의 주요 직위를 독차지했다. 제1차 세계대전 기간에는 전체 장교단의 1.5퍼센트에 불과한 이들이 장군 총원 480명의 77퍼센트에 육박했다.[5] 1898년부터 1940년까지 준장을 포함해 장군이 된 이들 중 68퍼센트가 웨스트포인트 출신이었다. 그러한 연유로, 그리고 연구 대상 선정 기준을 단순화하기 위해 이 장에서는 미군 측의 연구 대상을 뉴욕주 웨스트포인트와 버지니아주 렉싱턴의 버지니아 군사학교 출신 장교들로 한정했다.

독립전쟁 이후 그리고 19세기까지도 미군에 충분히 교육받은 전문성을 갖춘 장교들이 부족했음은 널리 알려진 사실이다. 1802년 웨스트포인트에 육군사관학교를 설립한 주요 이유는 공병장교 양성이었다.[6] "프리드리히 대왕에게서 주된 영감"을 얻고 "프로이센의 전통을 기반으로 설립"[7]되었다는 주장도 있지만 정확한 근거는 없다. 만일 프리드리히 대왕에게서 영감을 얻었다는 것이 사실이라면 이 프로이센 왕에 대해서 —대개 미군 장교들이 그렇듯— 완전히 오해했다고 할 수 있다.[8]

미군이 공병을 매우 중시한 이유는, 독립전쟁 중에 순수 민간인이거나 군사교육을 제대로 받지 못한 공병들이 설계하고 건설한 요새나 포대가 전투 효율성과 위치의 적절성보다는 '그림처럼 멋진' 외관을 만드는 데 치중해 지어졌기 때문이다.[9] 문제가 끊임없이 발생하자 심각한 부실을 바로잡고자 미의회에 사실조사단들이 꾸려졌다. 따라서 "공병이 대륙육군(독립전쟁 당시의 미군—옮긴이)에서 가장 유능한 병과"라는 주장은 오류이다.[10] 어쨌든 결과적으로 신설된 사관학교의 교과과정에서 수학과 '기술과학' 과목이 중시된 점은 이해할 만하지만, 웨스트포인트는 남북전쟁 이전에도 육군의 신병 훈련장이었고 그때부터 줄곧 이런 교육과정은 변화되지 않았다.[11] 장교들에게 절실히 필요한 것은 전쟁 양상과 리더십에 대한 이해였고, 이것은 남북전쟁 당시에도 매우 필요했지만 웨스트포인트의 생도들에게는 이를 배울 기회가 없었다.

1900년에 4년간의 사관생도 교과과정 중 수학과 과학, 공학의 비율이 75퍼센트였다는 점은 매우 놀랄 만하다.[12] 구시대적 교육과정을 수정하자는 제안, 예를 들어 군사사나 현대 보병전술 과목을 도입하자는 목소리가 있었지만 육사 교육위원회academic board는 기존 교육이 '정신력 강화'에 도움을 준다는 논리로 거부했다.[13] 이러한 '기조'는 1세기 이상 지속되었고 심지어 현대 사료에도 등장하고 있다.[14]

당시 학자들에게 어떻게 정신력을 강화할 것인가라는 주제는 매우 큰 논쟁거리였다. 어떤 이는 고전이, 다른 이는 물리학이, 또 다른 이는 생물학이 중요하다고 주장했다.[15] 이런 발상들은 전부 다 젊은이들의 사고를 속박하기 위해 늙은이들이 지어낸 사이비과학이나 다름없다.

육사의 한 원로 교수는 "정신력 강화의 가치와 계발 차원의 교육이 교과과정에서 상당한 비중을 차지한다는 점에서 우리 사관학교가 민간 또는 군사학교들 가운데 실질적으로 유일한 기관이지만 실용적 가치는 전혀 없다."[16]라고 이 같은 사실을 간접적으로 인정했다. 장교 교육에 필수적인 과목인 군사사는 1946년에야 웨스트포인트에 독립 교과목으로 도입되었다.[17]

1919년에 누구보다 현대적 사고를 갖춘 신임 웨스트포인트 교장 더글러스 맥아더Douglas MacArthur(육사 1903년 졸업)는 육군의 젊은 장교에게 더 유용한 주제를 다루기 위해 —대개 성공하지 못했지만— 수학과 자연과학의 비중을 줄이고자 투쟁했다. 육군참모총장 페이튼 마치Peyton March(육사 1888년 졸업) 장군은 "웨스트포인트는 40년 이상 시대에 뒤떨어져 있어."[18]라고 하며 맥아더를 신임 육사교장으로 임명했다.

맥아더의 수많은 업적은 그가 웨스트포인트를 떠난 후 거의 다 폐기되었다. 특히 그가 싸워 바꾼 교과과정은 오래가지 못했다. 맥아더는 사관학교에서, 특히 교육위원회에 강경한 입장을 취했는데, 이는 생도 시절 자신을 가르친 교수들 대부분이 여전히 학교에 남아 있었기 때문이다. 맥아더라는 "존재 자체가 종신 교수들이 형성한 과두 체제의 비위에 거슬렸을 것"[19]이 분명하다. 39세의 젊은 장군이 웨스트포인트에서 수십 년간 가르친 71세 교장의 후임자가 된 것이다.

신임 교장이 생도들에게 과도한 부담을 준다는 이유로 원로 교수들에게 현대적인 교육과정 안을 제시하라고 요구하자 교수들의 편협한 사고방식이 적나라하게 드러났다. 그들은 동료들의 수업 시간을 4분의 1로 축소하고 자신의 과목 수업 시간을 두 배로 늘리기를 원했다.[20] 그러한 태도 때문에 타협이나 개혁은 사실상 불가능했다. 당시 상황을 직접 겪은 어떤 이는 평생 동안 웨스트포인트의 원로 교수들처럼 "독선적이고 지독히 보수적인" 집단을 본 적이 없다고 털어 놓았다.[21]

맥아더의 전임자들도 이와 유사한 갈등을 겪었고 그의 후임자들도 마찬가지였다. 그러나 원로 교수들과 자질이 부족한 교수들은 자신들만큼 오랫동안 근무하지 않는 교장들을 "물러나게 하거나 그들이 물러날 때까지 기다릴 수 있었다."[22] 교장 재임 기간은 대개 4년이었지만 원로 교수들은 평생 웨스트포인트에서 근무했다.

교육위원회 표결 과정에서 교장은 원로 위원들 사이에서 단 한 표만 행사할 수 있었으므로 그들의 의견을 뒤집기가 사실상 불가능했다. 그러나 웨스트포인트는 일종의 군사기관이었기에 행정명령으로 무엇이든 바꿀 수 있었다.[23] 메릴랜드Maryland주의 아나폴리스Annapolis 해군사관학교장은 세 표를 행사했다. 1905년에는 일시적으로 웨스트포인트 교장에게도 부가적으로 의결권이 주어졌으나 수많은 바람직한 개혁안들처럼 그런 권한들도 곧 폐지되고 말았다.

웨스트포인트의 원로 교수진 전부 또는 대다수가 예비역이나 현역 장교였기 때문에, 교장이 명령을 집행하는 데 왜 그렇게 많은 문제에 직면했는지가 논란거리가 되기도 한다.[24] 교육의 질적 수준을 높이기 위한 해결책으로 민간인 교수를 고용하는 방안이 제시되었지만 ―소수의 예외도 있다.― 원로 교수들은 완벽한 군사적 분위기를 보존한다는 이유로 그 의견을 거부했다. 1914년에 드디어 월 2회 정도 민간 대학의 교수들을 초빙하는 것이 정례화되었다.[25]

웨스트포인트를 나온 아버지들은 그곳에서 생도에게 요구하는 조건—특히 수학과 물리학 과목에 관해서—을 너무나 잘 알았기에, 아들이 입학시험에 합격하고 웨스트포인트에서 요구하는 학습 수준을 달성하여 생존할 수 있도록 이 두 가지 조건을 충족하기 위해 아들을 사설 예비학교에 입학시켰다.[26] 다른 과목에서 아무리 높은 성적을 획득해도 단 한 과목이라도 과락하면 퇴학 또는 유급을 당했다.[27]

전문적 군사교육을 위한 표준화된 체계는 존재해야 하지만, 생도에게 장차 장교로서 생활하면서 필요한 수학적 기술의 범위와 수준은 분명 매우 제한적일 것이다. 그보다 생도에게 필요한 것은 무한한 리더십이며, 조지 워싱턴George Washington의 말대로 생도는 "장기간의 고된 복무기간 중 다양한 환경을 통해 얻게 되는 〔…〕 지식"[28]을 익혀야 한다. 생도가 졸업 후 겪게 될 전쟁터에서 생도 시절 4년간 배운 공학과 수학적 훈련은 거의 사용할 일이 없어서 금세 잊힐 수밖에 없었다.[29] 리더십은 언제나 과학기술을 압도했다. 그러나 웨스트포인트에서는 과학기술이 리더십보다 훨씬 더 중시되었고 이것이 바로 교육체계상의 명백한 결함이었다. 매우 완고했던 수학 교수인 찰스 P. 에콜스Charles P. Echols가 고수한 수업 방식의 문제점들을 평가하기 위해 맥아더가 구성한 소위원회는 교육체계상의 문제점들을 지적하면서 "너무나 많은 훌륭한 생도들이 퇴교당했고 수학 과목이 이런 불합리한 문제의 가장 큰 원인이었다."[30]라고 말했다.

물론 육사에도 인성을 함양하는 교육이 분명히 존재했지만 독일 군사학교와 크게 대조적으로 육사 교수들은 "인성 개발에 가장 좋은 교육방법에 공감하지 않았다."[31] 인성 함양은 그보다 하위에 있는 강도 높은 훈련과 '정신력 강화' 때문에 무시되었다.

제26대 미국 대통령에 취임한 시어도어 루스벨트가 마침내 웨스트포인트의 편협한 교육제도를 개혁하고자 칼을 뽑았다. 그는 "공병이나 포병 장교가 될 생도에게 수학적 훈련은 분명 필요하다. 그러나 기병이나 보병 장교를 희망하는 생도에게 수학은 전혀 중요하지 않은 과목이다. 만일 내일 전쟁을 치르기 위해 중책을 맡길 정규 장교를 선발해야 한다면 나는 수학보다는 체스나 카드 게임에 소질 있는 생도를 뽑을 것이다."[32]라고 말했다.

웨스트포인트 교장 휴 스콧Hugh Scott 대령과 원로 교수들은, 수학적 훈련은 "생소한 임무를 단호하게 수행하기 위한 수단이며, 부여받은 어떤 종류의 임무든 불굴의 의지로 한 치의 오차도 없이 결과를 도출하는 수단이다."[33]라는 왜곡된 논리로 답했다.

대통령의 논리가 명백히 옳았고, 실제로 훗날 전 세계적으로 명성을 얻은 육사 출신 지휘관들 대부분이 보통 수준의 학과 성적으로 졸업했다.[34] 물론 통계적으로 사관학교의 성적과 군 생활의 성공 여부가 관련이 있지만, 우수한 졸업 성적이 출중한 장군이 되는 데 전제조건은 아니다.[35] 미군의 장교 진급 체계, 특히 장군 진급 선발 제도는 제2차 세계대전 이래로 항상 논란의 대상이었으며 최근 그러한 논란은 여러 가지 이유로 더 격해지고 있다.[36]

육사에 입교한 후 장군이 되기까지 갈 길이 멀었지만, 육사 출신 장교가 비육사 출신 장교보다 장군이 될 가능성이 훨씬 높았다. 웨스트포인트는 17~22세의 청년을 생도로 선발했는데, 극소수가 공문서를 위조해 입학하여 실제로 그보다 어리거나 나이가 더 많은 경우도 있었다.[37] 지원자들은 18세일 때 최소 신장 5.5피트(167.74cm—옮긴이)여야 했다.[38]

생도의 절대다수는 연방 하원의원의 추천을 받아 입학했다.[39] 각 의원은 자신의 선거구에서 매년 청년 한 명을 웨스트포인트에 추천할 수 있었고 이런 방식으로 각 주州에서 두 명이 선발되었다.[40] '민주적 보호 장치'로서 이러한 시스템을 통해 어떤 정당이나 파벌도 장교단을 지배할 수 없게 했으며 모든 주의 젊은이들이 육사에 입교할 기회를 보장받았다.[41]

생도들의 일기나 편지 등의 기록을 살펴보면 선발과정의 특혜 같은 것은 전혀 없었다. 대개 하원의원들은 그들이 출제한 선발시험을 거쳐 학교 또는 공무원 위원회에서 육사 입교대상자를 결정했다.[42] 이렇게 선발되었지만 웨스트포인트에 입교하지 않은 학생이 부지기수였다는 점은 시작부터 이들의 결단력과 신념이 부족했음을 반증한다. 개교 후 1세기가 넘을 때까지 이렇게 선발된 학생 중 2,316명이 입교를 포기했다.[43] 군에 장교가 필요한 시기, 특히 1914~1916년에 정치인들은 충분한 지원자를 얻지 못했고 65퍼센트 이상의 생도가 무시험으로 육사에 입교했다.[44]

육사에 입교하기가 별것 아닌 듯해 보였지만 그곳에서 살아남기는 매우 어려웠다. 신임 학교장도 이 사실을 잘 알았다. 당시 육군 최연소 준장이자 필리핀 전쟁과 제1차 세계대전에서 고급 무공훈장을 받은 맥아더는 웨스트포인트를 더 나은 방향으로 바꾸었고, 특히 1학년 생도를 위한 '맥아더의 1학년 교육체계MacArthur Plebe System'(현대에는 plebe가 사관학교의 1학년을 지칭하는 단어지만 원래는 로마 시대 평민을 의미한다. —옮긴이)를 도입했다.[45] 이를테면 가혹행위에 대해 적극적인 조치를 취하지 않는 이에게는 어떠한 표창도 주지 않았다. 직접 가혹행위를 하는 것뿐만 아니라 수수방관하는 태도도 용납하지 않았다.

맥아더는 스스로 "비정상적 감금"이라 묘사한 생도 생활을 총체적으로 개혁하고자 했다.[46] 또한 웨스트포인트가 "생도의 진실함과 정직함을 자랑"해왔지만 한편으로 "생도가 낡은 악습의 문을 박차고 나가리라고 믿지"[47] 않는다는 역설을 정확히 지적했다. 1899년 1학년 생도 시절에 맥아더는 감금과 가혹행위를 경험했다. 철봉에 매달리는 이른바 '독수리 매달리기eagled'와, 뒤에서 자세히 언급하겠지만, 22분 동안 '샤워shower'라는 얼차려를 당했다. 이 과정에서 그는 정신을 잃고 탈진했다. 생도들의 명예를 해친다는 잘못된 불문율 때문에 처음에 맥아더는 의회 청문회에서 자신을 괴롭힌 선배들에 대한 증언을 거부했다. 그러나 진정 명예로운 행동이 무엇인지 깨닫게 된 군사법정에서 자신을 괴롭힌 가해자들의 이름을 밝혔다.

이 장에서는 가혹행위를 심도 있게 논의할 터인데, 그러한 사고방식이 군대의 모든 리더십 원칙에 철저히 위배되지만 여전히 미국 사관학교에 남아 있기 때문이다.

웨스트포인트의 4년제 교육과정에서 '플립Plebe'이라 불리는 1학년 생도의 자퇴 비율이 가장 높았는데, 이들이 2학년인 '이어링Yearing'(1살 된 동물—옮긴이), 3학년인 '카우Cow', 가장 막강한 권력을 지닌 4학년인 '퍼스티Firsty'의 노리갯감이나 다름없었기 때문이다. 다른 사관학교에도 1학년 생도를 비하하는 별도의 호칭이 있었다. 버지니아 군사학교에서는 1학년을 '랫Rat'(생쥐—옮긴이), 찰스턴의 더 시타델The Citadel에서는 '납Knob'(음경의 비속어—옮긴이)이라고 불렀다〔고유명사처럼 사용되었으므로 영어 발음 그대로 표기했다. 미국과 비슷하게 한국의 육사에서도 1학년을 '두더지', 2학년을 '빈대', 3학년을 'DDT'(살충제), 4학년을 '놀부'라고 부른다.—옮긴이〕.

1학년 생도들은 입교 후 몇 주간 혹독한 괴롭힘과 인격 모독, 상식을 뛰어넘는 가혹한 육체적 훈련에서 살아남아야 했는데, 이 훈련은 소위 '짐승의 막사Beast Barracks'(입교 후 행해지는 기초 군사훈련—옮긴이)라고 불렸으며 이는 매우 적절한 표현인 듯하다. 이 과정 자체를 '가혹행위'라 부를 수 있을 정도였으며, 그 강도는 해마다 그리고 생도 중대마다 달랐다. 이것은 미국의 모든 사관학교에서 일상적으로 지속되어 왔다.[48] 이런 시련은 몇 주간의 '짐승의 막사' 후에도 끝나지 않았고, 정도는 덜했지만 '1학년 생도 생활' 내내 계속되었다. 1학년 생도들의 운명은 상급생도들의 손에 달려 있었다.

어떤 상급생도들은 그것이 '제도'이며, 자신들의 본분을 다해야 한다는 이유로 가혹행위를 일삼았고 또 다른 이들은 사디즘을 즐겼다. 육사에서 자행된 가혹행위 기술들을 모아 보면 마르키 드 사드Marquis de Sade가 쓴 책의 부록이라 할 만하다. 사실 이런 기술들은 극도로 수직적인 위계구조에 내몰린 청년들이 은밀한 시간대에 후배들에게 가한 학대와 수십 년간 지속되어 정교하게 다듬어진 가혹행위 기술을 집약해 놓은 것이라 할 수 있었다.

웨스트포인트에서 가혹행위가 언제 시작되었는지는 —남북전쟁 이후가 유력하다는 주장도 있다.— 분명하지 않지만, 가혹행위는 육사가 설립된 이래로 존재했던 것 같고 점점 더 잔인해졌다.[49] 일부 학자들은 1830년대에 실베이너스 세이어Sylvanus Thayer(육사 1808년 졸업) 교장 임기 말에 가혹행위가 생겨났다고 주장한다.[50] 생도들의 문란한 기강을 집요하게 바로잡으려 한 세이어는 생도들을 통제하는 포괄적 규정을 정립했다.[51] 그러나 군기를 잡는 데 가장 필요한 것은 리더십이다. 또한 군기는 오로지 솔선수범으로 바로 세울 수 있다. 다수의 교장—웨스트포인트의 은어로 'supes'—들은 생도들에게 제대로 된 본보기가 아니었다.[52] 이 장의 종반부에서 증명하겠지만, 가혹행위가 "'나이 먹은 졸업생들'과 교장들이 상급생도 편에 서는 경향에 따라 더욱 혹독해져서" "사디즘으로 변질"되는 현상이 용인되었다.[53]

남북전쟁 이후 1학년 생도에 대한 가혹행위로 인해 퇴교당한 생도 숫자가 증가했지만 이것만으로 특정 기간에 벌어진 가혹행위의 심각성을 판단할 수는 없다. 상급생도들은 징계권을 가진 장교들의 눈을 피해 가혹행위를 일삼았을 뿐만 아니라 퇴교당한 생도의 절반이 훗날 사면되어 생도대로 복귀했다. 1846년부터 1909년까지 퇴교자 또는 자퇴자를 포함해 —사안의 중대성이나 장기간의 가혹행위를 감안하면 비교적 적은 숫자인— 총 41명 중 18명이 생도 신분으로 돌아왔다.[54] 1학년 생도에 대한 가혹행위의 정도가 더 심한 기간일수록 재입교를 승인받은 퇴교자 수가 더 많았다.[55] 이는 사관학교 지도부에 이 문제를 심각하게 다룰 의지가 부족했음을 명확하게 보여 준다.

민간 대학에서 벌어진 가혹행위에 대한 서적들은 존재하는 반면, 필자가 아는 바에 따르면 사관학교에서 일어난 가혹행위의 역사를 다룬 학술서는 없다.[56] 불행하게도 가혹행위는 미국의 일류 민간 대학에 이미 존재했고 대학생들은 "가혹한 체벌을 통해 위계질서의 중요성"을 배워야 했다.[57] 존 애덤스John Adams는 "청년들이 남자가 되는 것이 무엇인지, 또는 어떻게 남자가 될 수 있는지를 이해하기 어려워진 사회에서 우리는 진정한 남자가 되는 통과의례로서 군 복무를 장려해야 한다."라고 말했는데 아마도 군이 이 말을 잘못 이해했던 것 같다.[58] 1학년 생도를 "사내아이 이하"[59]로 취급한 것을 보면 남자를 만든다는 생각이 시간이 지나면서 퇴색해 버린 듯하다. 각 사관학교에서는 시간이 지날수록 더욱 가혹한 통과의례가 널리 퍼지고 가혹행위의 강도가 높아져 갔는데, 이를테면 이 책에서 다룬 기간—1909~1927년에 졸업—에 행해진 가혹행위의 정도는 1960년대나 1970년대의 그것보다 덜 혹독했다.[60] 이것은 졸업생들의 일기, 회고록과 학자들의 연구를 비교하여 도출한 결과이다. 드와이트 D. 아이젠하워(육사 1915년 졸업)도 상급생도들을 비난했다.[61] 10대 생도로서 웨스트포인트의 교육체계에 대해 매우 비판적이었던 '수도사修道士' 벤저민 애벗 딕슨Benjamin Abbott Dickson(육사 1918년 졸업)은 극단적인 '차렷 자세'를 강요하는 소위 '버팀목'을 경험했다고 기술했다.[62] 훗날 비범한 정보장교가 된 그는 "웨스트포인트의 단조로운 생활에 진저리가 났다."[63]라고 털어놓았다. 딕슨은 사관학교 졸업 후 2년 만에 민간 대학 위탁교육 기회를 얻었으나 스스로 포기했는데, 웨스트포인트의 교육을 상기하면서 "내가 어렸을 때의 청소년들에 비해 대학생들의 교육적 소양이 낮다고"[64] 믿었기 때문이다.

위의 사례 외에 가혹행위의 강도가 덜했다는 또 다른 근거는, 딕슨이 생도생활을 했을 당시에는 가혹행위를 금지하는 엄격한 규정이 존재했다는 것이다. 다음 장에서 살펴볼 독일 군사학교 규정과 유사하게 그런 규정들에는 해석의 여지가 없었다.[65] 가혹행위를 다소 애매하게 정의해 놓았지만, 금지 행위 목록을 추가하고 상급생도들이 빠져나갈 구멍을 완전히 없애 버렸다.

실행 가능한 가혹행위의 시나리오에는 상상할 수 있는 모든 종류의 체력 단련이 포함되었으며, 1학년 생도가 쓰러지거나 의식을 잃었을 때만 체력 단련이 중단되었다. 가혹함이 도를 넘은 나머지 1학년 생도의 배 아래에 깨진 유리조각을 놓고 팔굽혀펴기를 시키기도 했다. 1학년 생도들의 머리에 걸쭉한 설탕 시럽을 바르게 한 뒤 그들을 개미집 근처에 묶어 놓거나, 캐비닛에 몇 시간 동안 감금했다. 강제로 과식하거나 과음하게 해 서로를 바라보면서 구토하게 만들기도 했다.[66] 일반 식사조차도 "고문 도구로 사용했다."[67] 가끔 1학년 생도에게 음식과 물을 못 먹게 해 체력 단련 중 탈수 현상을 겪게 하거나 영양실조 상태에 빠뜨렸다. 1학년 생도는 '신입생의 피부plebe skin'라 불리는 양모 재질의 동근무복과 우의를 입고 뒤통수로 유리 한 장을 누른 채 벽에 붙어 서 있는 소위 '샤워shower'를 당하기도 했다. 통풍되지 않는 우의와 심신의 스트레스로 인해 순식간에 땀으로 흠뻑 젖어서 '샤워'라고 불린 이 가혹행위를 당하면 급속도로 탈수 상태에 이르렀다. 만일 유리가 바닥에 떨어지면 더 심각한 상황이 벌어지지만 대개 1학년 생도들은 기절할 때까지 서 있어야 했다. 어떤 상급생도는 1학년 생도를 향해 소변을 보는 모욕적 행위를 일삼았다. 미국의 모든 사관학교에서 1학년 생도는 규정에 따라 상급생도의 하인처럼 행동해야 했고 완전히 상급생도들의 손아귀 안에 있었으며, 상관들(장교들—옮긴이)이 이런 상황을 보고도 눈감아 준다는 것을 잘 아는 상급생도들은 무한한 상상력을 발휘해 1학년 생도들을 학대했다.[68]

가혹행위는 사관학교의 운동 종목 순위도 위협했다. 체육 코치들은 상급학년 선수 생도들에게 가혹행위로 심신이 지쳐서 장기간 연습이나 경기에 참가할 수 없는 1학년 생도들을 보호하라고 지시했다. 하지만 사관학교 선수팀에 상급생도가 거의 없었으므로 그러한 보호는 매우 제한적이었고 종종 팀은 가혹행위와 관련된 자퇴로 인해 최고의 기량을 갖춘 1학년 선수 생도를 상실했다. 최고의 선수를 갑자기 잃은 민간인 코치는 사관학교에서 벌어지는 일을 전혀 몰랐기에 매우 당황스러워했고 그 이유를 궁금해 했다.[69]

제2차 세계대전과 한국전쟁 기간 중에 출중한 능력을 보여준 지휘관인 매슈 벙커 리지웨이Matthew Bunker Ridgway(육사 1917년 졸업)는 이러한 교육체계에 회의감을 드러냈고, "육체적으로나 정신적으로 고달팠던 한 사람으로서 도대체 왜 웨스트포인트에 들어온 건지 의구심을 품은 밤이 많았다."라고 회고했다. 그는 "아버지가 이런 상황을 참아냈고, 수천 명의 선배들도 포기하지 않고 견뎌냈다. 그들이 해냈다면 너도 할 수 있다."[70]라는 이유로 끝까지 살아남았다. "개인적 괴롭힘이 끝난" 다음 해부터 드디어 리지웨이는 웨스트포인트에서 자신의 인생을 즐기기 시작했다.[71]

그림 2-1. 1911년 가을, 웨스트포인트 1학년 생도 시절의 드와이트 D. 아이젠하워(우측)와 동기생 토미 앳킨스Tommy Atkins(좌측). 1학년 생도는 미소를 짓거나 크게 웃는 행위를 금지당했고 이를 어기면 상급생도의 체벌을 받았다. [Photo by Babe Weyand, Courtesy Dwight D. Eisenhower Library]

그림 2-2. 웨스트포인트 생도 시절의 벤저민 애벗 딕슨. 그는 이미 10대에 웨스트포인트 교육체계의 문제점을 인식했고 일기에 그 경험을 솔직담백하게 기록했다. 그는 가혹행위를 유치하고 군인답지 못한 행동이라고 생각했고 경멸했다. 육사 졸업 이후 2년 만에 민간 대학 위탁교육을 승인받았지만 스스로 그 기회를 포기했다. 웨스트포인트에서 그랬듯이 "내가 어렸을 때의 청소년들에 비해 교육적 소양이 낮다고" 믿었기 때문이다. [Courtesy U.S. Military Academy Library Archives]

그림 2-3. 1944년 벨기에에 설치된 미 제1군 전술지휘소에서 전황을 브리핑하는 모습. 군 참모장 윌리엄 B. 킨William B. Kean(좌측) 소장이 제1군사령관 코트니 H. 호지스Courtney H. Hodges 중장(좌측에서 두 번째)에게 지도에서 독일 남부의 한 지점을 가리키며 설명하고 있다. 작전처장 트루먼 C. 소슨Truman C. Thorson 준장(우측)과 화력처장 찰스 E. 하트Charles E. Hart 준장(우측에서 두 번째)이 동석했다. 중앙에 콧수염이 난 얼굴에 지루한 듯한 표정을 짓는 이가 제1군 정보처장 딕슨 대령이다. 딕슨은 킨이 웨스트포인트에서 1학년 생도를 대하듯 부하 참모장교들에게 행동하고, 자신이 독일 육군에 대해 간파한 바를 가로채 자기 업적으로 삼았기 때문에 킨을 몹시 싫어했다. 딕슨은 오늘날 벌지 전투로 알려진 1944년의 독일군 공세를 보고서에서 거의 정확히 예측했다. 하지만 오늘날 특출한 보고서로 유명한 제37호 정보보고서가 당시에는 공개되지 못했는데, 궁지에 몰린 독일군이 반격할 것이라는 말을 듣고 싶은 사람이 아무도 없었기 때문이다.
[Photo by U.S. Army Signal Corps, Courtesy Dwight D. Eisenhower Library]

장교들도 가혹행위를 제지하려고 했지만 10대들 사이에 흔한 학대를 대할 때 발휘할 결단력과 인내력이 부족했으므로 결국 실패하고 말았다.[72]

사관학교는 1990년대 초 이후 공식적으로 가혹행위를 금지해 왔다. 가혹행위와 관련된 수많은 스캔들이 '허드슨 하이Hudson High'(육군사관학교의 별칭—옮긴이)를 뒤흔들었지만 학대행위는 계속되고 있으며, 이는 곧 비인간적인 악습을 근절하겠다는 실제적 의지가 전혀 없음—맥아더가 교장으로 재직하던 시

그림 2-4. 웨스트포인트 4학년 생도 시절의 매슈 B. 리지웨이. 그는 1학년 생도 시절 당한 혹독한 가혹행위 때문에 생도 생활에 깊은 회의감을 느꼈다. 리지웨이의 아버지도 사관학교를 졸업했는데, 리지웨이는 아버지와 비교해 나약한 모습을 보이기 싫다는 이유 하나만으로 생도 생활을 견뎌냈다. [Courtesy U.S. Army Military History Institute, Carlisle Barracks, Pennsylvania]

그림 2-5. 유명한 제82사단장 시절 1943년 시칠리아 공습작전 중인 리지웨이. 항상 최전선에 있었던 리지웨이가 지휘용 지프에 장착된 무전기에 기대어 프랭크 모랭Frank Morang 상사와 대화하며 부대들이 진격하는 곳을 가리키고 있다. 왼손에 낀 웨스트포인트 졸업반지가 눈에 띈다. [Photo by U.S. Army Signal Corps, Courtesy Dwight D. Eisenhower Library]

그림 2-6. 버지니아 군사학교 중대장 생도 시절의 조지 캐틀렛 마셜. 버지니아 군사학교는 수학과 공학 등 일반학 수업의 부담이 그리 크지 않았으나 웨스트포인트와 마찬가지로 가혹행위가 성행했다. 마셜은 가혹행위를 당하던 중 위험천만한 사고로 치명적인 부상을 입었다. 하마터면 미국은 장차 탁월한 장교가 될 인재를 잃어버릴 뻔했다. [Courtesy George C. Marshall Foundation, Lexington, Virginia]

기를 제외하고—을 보여 준다. 생도대는 그들이 원할 때만 바뀐다는 지적이 수차례 제기되었다.[73] 그러한 주장들로 인해 사관학교 교장과 생도대장의 리더십 역량에 대해 의구심마저 갖게 된다.

미군은 가혹행위로 최고의 장교를 잃을 뻔했다. 버지니아주 렉싱턴에 위치한 버지니아 군사학교 출신인 마셜은 1학년 생도 시절에 혹독한 얼차려로 군생활을 시작하기도 전에 포기해야 할 만큼 심각한 부상을 입었다.[74] 대검을 엉덩이 아래에 세워 놓고 쪼그려 앉는 체벌을 받았는데 힘겹게 자세를 유지하던 중 극도로 지친 나머지 그대로 주저앉았고 엉덩이 일부가 찢어졌다.[75] 이렇게 대단히 위험한 가혹행위는 웨스트포인트에서도 흔했다. '남부의 웨스트포인트'라 불린 버지니아 군사학교의 설립자 프랜시스 헤니 스미스Francis Henney Smith(육사 1833년 졸업)는 수십 년간 교장으로 재직하면서 기본적으로 가혹행위를 육사의 그것과 동일하게 여김으로써 허용했다.[76] 1903년 버지니아 군사학교에 입교해 1학년을 다닌 후 다시 웨스트포인트로 옮겨 1학년 생도 생활을 경험한 패튼은 육사에서 "더 혹독한 얼차려"를 당했고, "1학년에게 가한 학대로 인해 수년 내에 육사가 파멸에 이를 것"[77]이라고 기록했다. 패튼은 수학 과목에서 낙제점을 받아 1학년을 한 해 더 다녔다.

공식적으로 웨스트포인트의 정신적 신조를 지탱해 온 '의무, 명예, 조국'이란 교훈이 가혹행위로 인해 훼손된 것은 분명하다. 1876~1881년에 육사 교장을 역임한 존 M. 스코필드John M. Schofield 소장은 가혹행위를 명예가 달린 문제로 인식하고, "장교와 신사에게 부적합한" 가혹행위를 완전히 뿌리 뽑고자 했다."[78] 스코필드의 노력은 아무 소용이 없었다. 거의 1세기가 지났지만 생도들은 여전히 "명예를 잘못 인식한 채 1학년 생도 생활 기간을 보냈다." 아이러니하게도 1학년 생도들에게 '명예'를 가르친 상급생도들이 나중에 내무실에서 1학년 생도들에게 잔혹한 짓을 저질렀고 "그들 역시 명예롭지 않은 인간이 되고 말았다."[79] 생도들은 "웨스트포인트의 명예에 대한 진실, 즉 자신들이 믿게 된 것처럼 명예가 실제로는 절대적이지 않고 상대적인 것"[80]임을 발견했다.

놀랍게도 그 이듬해에도 전혀 변한 것이 없었다. "가장 극심한 고통을 겪은 1학년 생도들 중 많은 이들이" 상급생도가 되면 "가장 악랄한 2학년 기수旗手 생도, 가장 잔인한 소대장 생도로 돌변했다."[81]

모교를 방문한 선배들은 생도들에게 얼차려에 대해 주의를 주거나 제지하기는커녕 '1학년 교육체계를 강화하라'고 고무했고 웨스트포인트의 분위기가 얼마나 부드러워졌는지, 자신들이 생도 시절에 얼마나 힘들고 남자다웠는지를 말해 주었다.[82] 그들은 '개자식들'DOGs(Disgruntled Old Grads, 심술궂은 늙은 졸업생들)이라는 별명으로 불릴 만했고, 거의 2세기 동안 학교장, 원로 교수들과 함께 그들에게 '1학년 교육체계'를 근절할 책임이 있었다고 할 수 있다.[83]

한 교수는 "프리드리히 대왕의 가혹하고 무자비한 통제 시스템을 바탕으로 한 웨스트포인트의 규정은 18세의 청소년에게 너무나 가혹했다."[84]라고 언급했는데 이는 미군 장교들이 프로이센과 독일의 군사문화와 역사를 판단할 때 흔히 범하는 완전히 틀린 역사적 인식이다. 뒤의 내용은 부정할 수 없는 사실

그림 2-7. 연병장에 도열한 자신의 중대 앞에 선 중대장 생도 조지 C. 마셜. 우측에 보이는 건물은 버지니아 군사학교 본관의 측면이다. 이 학교의 별칭은 '남부의 웨스트포인트'였는데 건축 양식도 웨스트포인트의 것과 유사하다. [Courtesy George C. Marshall Foundation, Lexington, Virginia]

그림 2-8. 해변에 등장한 최고위급 인사들. 노르망디에 상륙한 지 1주일 만에 연합군 총사령관 아이젠하워(좌측 맨앞)와 참모총장 마셜(중앙에서 위쪽을 보는 인물)이 해변에 나타났다. 먼 길을 달려온 두 장군은 미군 장교 교육체계에서 예외적인 인물이었다. [Courtesy George C. Marshall Foundation, Lexington, Virginia]

이나 앞의 내용은 철저히 잘못된 해석이다. 프로이센군은 신병 대우에 관해서는 세계에서 가장 진보적이며 현대적인 규율을 보유했을 뿐만 아니라 왕이 직접 나서서 장교나 장교후보생에 대한 체벌을 금지했다. '프로이센 왕국 보병 근무규정Reglement vor die Königlich Preußische Infantrie'이 유럽 전역의 다른 군대에 널리 전파된 것이 그에 대한 좋은 근거이다.[85] 프로이센 군대에서는 한 연대에 장교가 되려고 입대하는 귀족 아들들이 너무 많이 몰리면 간혹 심신이 약한 사람을 탈락시키기 위해 서로를 괴롭혔고, 남은 이들은 진급해서 조기에 장교후보생이 되었다. 소위 '물어뜯기ausbeißen'라 불린 이런 행태를 누구도 허용하거나 용인하지 않았다.[86] 프리드리히 대왕은 지휘관들에게 장교 지원자들을 초과 수용하지 말라고 지시했다.

웨스트포인트를 무사히 졸업하거나 자퇴한 이들의 글에 반복해서 등장하는 주제가 있다. 특히 유독 약자를 못살게 구는 자나 사디스트가 항상 적어도 한 명씩 —간혹 깡패 한두 명이 낀 그룹으로— 등장하는데, 이들은 상급생도로서 생도대 계급체계에서 낮은 축에 속했다.[87] 그와 그의 동조자들은 1학년 생도와 그 친구들을 길들이기 위해 밤낮으로 혹독하게 괴롭혔다. 이로 인해 훌륭한 자질을 지녔으나 비정상적인 체제를 견딜 수 없거나 싫어해서 육사를 떠난 이들이 많다. 그리고 탁월한 리더십을 갖추어 1학년 생도 생활 중 진심어린 조언으로 혹독한 첫 해를 잘 견디게끔 도와준 운동부 코치나 훈육관(tactical officer는 직역하면 '전술장교'이지만 역할로 보건대 한국 육사에서 같은 역할을 하는 직책 용어로 기술하는 것이 독자의 이해도를 높이는 데 더 좋다고 생각해 '훈육관'이라고 옮겼다. 한국 육사에는 소령 훈육관과 대위 훈육장교가 있다.—옮긴이)들이 있었다.[88] 훈육관은 생도 중대를 관리 감독하는 임무를 수행했다. 여기에서 쓰인 용어가 '지휘command'가 아니라 '감독supervise'이라는 데 주목할 필요가 있다. 사실 훈육관은 생도들의 생활에 "거의 무관심했다."[89] 어떤 이들은 "대형 마트의 경영자보다 더 접근하기 어려운" 탑에 사는 "도깨비 대장"으로 여겨졌다.[90] 많은 이들이 1학년 생도들에게 가해지는 혹독한 짓을 보고도 눈감았는데, 웨스트포인트 출신 선배로서 그런 행위에 동의했거나 단지 생도대의 일에 간섭하기를 꺼렸기 때문이다. 어떤 경우든 이 두 가지 이유 모두 그릇된 리더십의 전형이다.

1학년 생도들이 친하게 지냈고 존경했던 많은 선배 생도들이 장교로 임관하지 못한 반면, 후배들에게 악랄하고 혹독했던 선배들은 육사를 졸업해서 미군 장교가 되었고, 그에게 고통받았던 이들은 —웨스트포인트의 교육을 통해 고착화된— 그의 명예와 지휘 역량에 의구심을 품었다.[91] 대개 이들처럼 졸업한 이들에게서 전체 교육체계의 또 다른 문제점이 분명하게 드러난다. 졸업생들은 최소한 "생도대 내에서 명예규정의 의미와 유용성이 애매모호하다."[92]라는 점을 인정하면서 모호한 용어로 그 문제를 은폐하려는 경향이 심하다. "생도들이 윤리적 명예와 허세를 혼동하고 있다."[93]라는 진술이 좀 더 설득력이 있다. 이렇게 중요한 문제가 애매모호하게 다루어지고 있다는 데 모두가 동의한다.

성공한 졸업생들에 관한 문헌은 수없이 많으나 웨스트포인트가 상실한 이들, 훌륭한 장교가 될 잠재력을 가졌을 법한 이들, 그러나 우둔하고 잔혹한 교육체계와 그들이 어린아이처럼, '사내아이보다 못한' 대우를 받았다는 사실을 참지 못한 이들에 관한 연구는 사실상 존재하지 않았다. 제2차 세계대전 당시 제82공정사단장을 역임한 바 있는 출중한 전투지휘관 제임스 모리스 개빈James Maurice Gavin(육사 1929년 졸업)은 전쟁에서 돌아온 후 많은 부분에 의심을 품었고 육사 교육체계의 변화를 지지했다.[94]

칼 A. '투이' 스파츠Carl A. 'Tooey' Spaatz는 잔혹한 가혹행위 때문에 육사 입교 3주 만에 학교를 그만둘 뻔했다.[95] 동료들의 만류와 설득으로 그는 1924년에 무사히 졸업했다. 스파츠는 공중전 전문가가 되었고, 또한 제2차 세계대전 때 아이젠하워의 충실한 동료이자 출중한 지휘관 중 한 명이 되었다.

극소수의 진정 강한 의지를 지닌 이들은 웨스트포인트를 졸업하지 못했지만 군에 대한 애착만은 꺾이지 않아 다시 군에 입대하여 상위 계급으로 진출했는데, 이들은 웨스트포인트 또는 사관학교의 재목은 아니었지만 장교가 될 만한 인재임을 스스로 증명했다. 이 둘은 같아 보이지만 완전히 다르다.[96] 더글러스 맥아더는 "민간 사회에서 성공할 수 있는, 또는 일부 졸업생들보다 군에 돌아와서 좀 더 큰 성과를 낼 수 있는 너무나 많은 이들이 이 학교를 떠나고 있다."[97]라고 말한 바 있다. 그보다 15년 전, 참모총장 프랭클린 벨Franklin Bell 장군은 어느 편지에서 이와 유사한 걱정을 토로했다. 그는 "웨스트포인트의 교수들은 〔…〕 육군이 웨스트포인트를 위해 존재하는 게 아니라 웨스트포인트가 군을 위해 존재한다는 사실을 잊고 있어."[98]라며 우려했다. 벨의 발언은 결코 과장된 것이 아니었다. 전쟁부가 맥아더의 전임 교장인 새뮤얼 에

스큐 틸먼Samuel Escue Tillman(육사 1869년 졸업) 대령에게 제1차 세계대전에 투입하기 위해 장교가 많이 필요하니 생도들을 조기에 졸업시키라고 명령하자, 그는 "그들이 왜, 의도적으로 육사를 파괴하려는지 이해할 수 없다."[99]라고 말했다. 수십 년 후 다른 참모총장들의 생각도 전임자 벨과 같았다. 마셜보다 25년 후 참모총장이 된 크레이턴 윌리엄스 에이브럼스Creighton Williams Abrams(육사 1939년 졸업)도 그와 동일한 우려를 표했다. 에이브럼스는 "웨스트포인트와 야전의 괴리, 즉 웨스트포인트가 육군의 실상과 동떨어져 있고, 졸업생들이 졸업 및 임관 후 맞닥뜨릴 전문적 환경에 적응할 준비를 갖추지 못한 것을 걱정했다."[100] 주목할 만한 개혁을 이루지 못한 채 육사는 다시 50년의 세월을 허비했다.

통계 수치에서 문제점이 확실히 드러난다. 사관학교 개교 후 1세기 동안 퇴교자 수는 총 3,816명이었는데 리더십을 제외하고 장교로서 최고의 영역인 전술 과목에서 낙제한 사람은 극히 일부였다.[101] 순수한 데이터 조사만으로 이 같은 사실을 밝혀낸 조지프 P. 생어Joseph P. Sanger 소장은 "이것이야말로 군사학교라는 사관학교의 목적을 이례적으로 해친 행위라고 간주된다."[102]라고 정확히 지적했다.

웨스트포인트는 퇴교당한 자와 자퇴생 대부분에게 군 복무에 대한 애착까지 버리게 만들었다. 이들은 미처 발견하지 못한 잠재력을 영원히 상실했다. 사관학교에 남은 다수의 생도들까지도 자신들이 인내해야 했던 비인간적 행위 때문에 군에 부정적 감정을 품게 되었다.[103]

가혹행위를 합리화하려는 많은 이유가 있지만 그것은 '비공식적' 관행이었으므로 공식적인 언급은 존재하지 않는다. 가혹행위의 목적은 "인간 이하의 상황에서 세뇌될 여지가 크고 필수적인 결단력이 부족한 사람을 걸러내기 위한 것"[104]이라는 주장이 지배적이다. 어떤 졸업생들은 '최고 수준의 엄격한 규율'과 개개인의 개성 억제는 1학년 생도가 '웨스트포인트의 정신'을 '훼손'하지 않게끔 하는 데 필요하다[105]고 말함으로써 자신들의 이해력 부족과 정신

그림 2-9. 웨스트포인트 4학년 생도 시절의 크레이턴 윌리엄스 에이브럼스. 에이브럼스는 1학년 생도 시절에 "매우 잔혹한 경험을 했으며 가혹행위는 비열한 짓이고 인격 형성에 전혀 도움이 되지 않았다."라고 털어 놓았다. 에이브럼스는 미군 전투지휘관 중 손꼽힐 만한 인물로서 항상 최전선에서 지휘했고, 중령 계급으로 전차에 올라 직접 전투에 참가했다. 그는 마침내 육군 대장까지 올라갔다. [Courtesy U.S. Army Military Academy Library Archives]

적 혼란을 스스로 보여 주었다.

가르침과 교육을 세뇌로 대신해야 하고, 힘든 군사훈련 대신에 사디즘으로 결단력을 시험해야 하는 이유가 불분명하다는 것은 가혹행위 체계를 합리적이고 이성적으로 설명할 수 없음을 보여 준다.

미 육군에서 가장 출중한 전투지휘관들 중 한 명인 크레이턴 에이브럼스는 생도로서 최선을 다했지만, 몇 년이 지난 후에도 상급생도들이 자신에게 한 행동을 기억하며 불쾌해 했다. "1학년 생도 시절, 우리는 뭔가를 들어 올렸다가 내려놓고, 코트를 입었다가 벗기를 반복했으며, 상급생도는 쓰레기통에서 종이를 발견하면 얼차려를 시켰다. 쓰레기통은 종이를 버리라고 있는 물건이다. 어떻게 그런 바보 같은 짓을 할 수 있단 말인가?"[106] 그는 1학년 생도 시절에 대해 "상당히 잔혹한 경험이었다. 가혹행위는 품위를 떨어뜨리고 인격 형성과는 전혀 아무 상관이 없다."[107]라고 서술했다.

지금까지는 가혹행위가 일반적인 생도에게 미친 영향에 대하여 논의했다. '틀린' 종교, 피부색, 민족성, 얼굴 표정, 우스꽝스러운 걸음걸이, 두드러진

그림 2-10. 독일 국방군을 상대로 거둔 승전을 서로 축하하는 크레이턴 에이브럼스 중령(좌측)과 그의 절친한 전우 해럴드 코언Harold Cohen 소령(우측). 에이브럼스와 코언은 각각 제4기갑사단 예하부대인 제37전차대대장, 제10기계화보병대대장이었다. 그들의 절친한 관계와 장교, 전사로서 뛰어난 능력 덕분에 두 장교가 지휘하는 부대들 간의 협조 관계가 매우 긴밀했다. 독일 국방군 선전부가 '루스벨트가 고용한 최고의 청부 도살자'라는 별명을 붙일 정도로 두 대대장의 능력은 탁월했다. 코언이 잠시 야전병원에 있을 때 독일 무장친위대가 그곳을 기습 공격해 점령했는데 그때 에이브럼스는 유대인인 코언이 전사했으리라 생각했다. 며칠 후 미군이 야전병원을 다시 점령했고 포로수용소에 수감되었던 코언이 풀려나 두 친구는 재회했다. [Courtesy Harold Cohen Collection]

억양을 가진 1학년 생도는 더더욱 힘들었고 상급생도들은 앞서 기술한 이유들 중 하나 또는 전혀 다른 이유로 그들을 '자신들'의 생도대에 받아들일 수 없다고 결정했다. 그들은 "마음만 먹으면 원하는 1학년 생도를 제거할 수 있었다. 그들의 집단에 속할 수 없다고 생각하면 (…) 삼손과 헤라클레스도 제거"[108]할 수 있었다. 그들은 1학년 생도에게 과도한 가혹행위를 가하고 밤낮없이 고통을 주어 1학년 생도가 잔혹성과 스트레스를 더 이상 견딜 수 없어 스스로 떠나게 하거나 부담감 때문에 일반 교양 과목이나 체력적 요구조건을 달성하지 못하게 하여 결국 낙제하게 만들었는데, 즉 육사의 은어로 '이탈'시켰다. 지극히 드물지만, —자신들이 상급생도들의 표적이 될 수도 있는 극도의 위험을 감수하면서— 동기생들이 일치단결해 낙인 찍힌 1학년 생도를 도와주거나 상급생도들의 괴롭힘으로부터 보호해 주어 육사에서의 첫 해를 무사히 넘긴 경우도 있었다.

이러한 교육 방식을 옹호하는 이들은 내가 '짐승의 막사' 기간의 '세뇌식 훈련 과정'을 '공식적'으로 금지된 '가혹행위' 및 '괴롭힘'과 혼동하고 있다고 주장할 수도 있다.[109] 그러나 학자적 관점에서 보면 두 가지는 동일하다. 단지 겉모양만 다를 뿐이며, 과거의 한 생도와 오늘날 저명한 작가의 말처럼 "1학년 교육체계는 의무라는 혹독한 외피 안에 사디즘을 감추고, 잔학함에 좋은 이름을 붙인 것에 불과하다."[110]

훗날 시어도어 루스벨트가 웨스트포인트 교육체계의 문제점을 식별하고 바로잡으려고 했듯이 1896년에 그로버 클리블랜드Grover Cleveland 대통령이 1학년 생도를 괴롭힌 두 명의 상급생도를 퇴교시켜서 가혹행위를 근절하고자 했다.[111] 그러나 그의 노력도 루스벨트 때와 마찬가지로 물거품이 되고 말았다. 웨스트포인트 역사상 가혹행위와 관련된 수많은 스캔들이 벌어질 때마다 대중과 언론은 문제의 핵심, 즉 교장과 원로 교수진의 리더십 부족 문제를 정확히 짚었다.[112]

지난 몇 년간 나는 1952년부터 1996년까지 웨스트포인트를 졸업한 다수의 남녀 장교들과 대화를 나누고 가혹행위에 관한 경험을 취재했다.[113] 내 첫 번째 질문에 솔직하게 대답한 사람은 단 한 명도 없다. 인터뷰에 응한 다른 이들도 마찬가지였다.[114] 어떤 졸업생과 현역 장교들은 답변을 거부했다. 어떤 이들은 내가 정중히 설득해야 했다. 확실히 그 교육체계를 경험한 이들—피해자 또는 가해자로서 그리고 많은 이들이 두 입장에 모두 해당했듯이—은 당황한 기색이 역력했으며 수치심까지 드러냈다. 기억하기조차 힘들어하고 때때로 고통스러워했다. 정신의학자에 따르면 그런 반응은 부끄러움보다 어떤 기억과

연계된 극심한 스트레스 때문이다.[115]

대개 그들은 내 질문에 대답하기 전에 "대체 가혹행위가 어떤 겁니까?"라며 방어적으로 되물었다. 그에 대한 대답으로 내가 내린 정의는 비교적 간단하다. 사관학교의 가혹행위는 생도에게 굴욕감, 모욕감을 주고 고통과 상해를 입히는 육체적, 심리적, 정신적 행위이며 이는 현대적 군사훈련의 직접적 목적에 부합하지 않는다.

1970년대 육사에서 내린 공식적인 가혹행위의 정의는 다음과 같다. "한 생도가 다른 생도를 고통이나 잔혹함, 분노, 굴욕, 고충 또는 법적 권리의 억압, 박탈 또는 축소 등에 노출시킬 수 있는 권한의 독점이다."[116] 이러한 공식적 정의에는 분명히 대단히 큰 허점이 내재해 있다.[117] 가혹행위의 정의는 수세기가 지나는 동안 여러 차례 바뀌었는데, 이는 문제가 명확히 인식되지 못했음을 보여 준다. 여기에서 현재 상황까지 살펴보는 것은, 내가 연구 대상으로 삼은 많은 졸업생들에게도 가혹행위에 대한 책임이 있을 가능성이 높기 때문이다.

신입생도들은 가혹행위에 시달리는 동시에 단정한 외모와 금욕적 절제와 관련해 인위적으로 만들어진 엄격한 규칙을 통달해야 했다. '상급자'들과 소통하는 유일한 방법—오늘날에도 마찬가지로—은 '예, 그렇습니다Yes, Sir.' '아닙니다No, Sir', '죄송합니다No excuse, Sir', '이해하지 못했습니다I don't know, Sir.' 이 네 문장뿐이었다.

1학년 생도들은 지쳐서 녹초가 된 상태에서도 산더미 같은 무의미한 정보, 이른바 '1학년 생도 필수 암기사항Plebe poop'을 강제로 외워야 했다. 이를테면 "컬럼 홀Cullum Hall(웨스트포인트의 행사용 건물—옮긴이)에 전등이 몇 개인가?"라고 묻는다. 그러면 다음과 같이 정확하고 간단히 대답한다. "340개입니다." "러스크 저수지의 저수량은 얼마인가?"라는 황당한 물음에는 "수문까지 물이 차면 9,220만 갤런입니다."라고 대답했다.

"가죽의 정의가 무엇인가?"라는 질문을 받으면 "동물의 갓 벗긴 피부를 깨끗이 닦아내고 털과 지방, 외부의 이물질을 제거한 후 타닌산tannic acid을 희석한 용액에 담그면 화학반응이 일어납니다. 그 후 젤라틴으로 된 피부 조직은 부패하지 않고 물에 녹거나 물이 스며들지 않는 상태가 되는데 이것이 바로 가죽입니다."라고 답변해야 했다.[118]

대답이 정확하고 간결하지 않으면 어떤 형태로든 체벌이 뒤따랐다. 군사적 공로나 공적이 전혀 없는 겨우 몇 살 많은 상급생도에게도 말을 마칠 때마다 '서Sir'를 붙여야 했다. 앞의 예는 일부일 뿐이고 실제로는 암기사항을 가득 담은 팸플릿 한 권 분량을 외워야 했다. 지친 뇌에 불필요한 정보를 주입하는 행위를 정당화한 논리는 생도에게 스트레스를 받는 긴박한 상황에서도 정보를 재빨리 암기하는 훈련을 시켜야 한다는 것이었다. 물론 이것도 장교에게 필요한 능력이지만, 정보를 암기하는 데 사용할 다른 교육학적 방법이 분명히 존재하며, 1학년 생도들에게 군의 편성 및 편제표tables of organisation and equipment, TOEs나 무기 제원 등 군사적으로 유용한 정보를 가르칠 필요는 없었을까 하는 의문이 남는다. 오늘날까지도 웨스트포인트 생도들은 1학년 생도 필수 암기사항에 시달리고 있다. 2000년에 육사를 졸업한 후 아프가니스탄 산악지대에서 소총소대장으로 근무했던 한 장교는 자신이 '컬럼 홀의 전구 숫자'나 '육군의 상징인 당나귀 네 마리의 이름' 대신 "곡사포 사거리 또는 기관총 총열 손상을 방지하려면 분당 몇 발을 사격해야 하는지"[119]를 배웠다면 좋았을 것이라고 털어 놓았다.

웨스트포인트는 생도들에게 지나칠 만큼 정돈과 질서를 요구했고 자의든 타의든 실수를 저지르면 공식적으로 벌점을 주거나 비공식적으로 가혹행위를 가해 처벌했다. 4학년 생도들이 벌점을 줄 수도 있었다.[120] 그들 사이에 진정한 리더십이 존재하지 않았음을 보여 주는 사례로 "너무 오래 샤워" 한다거나 "군인답지 못한 방식으로 계단을 내려온다"[121]며 벌점을 주는 경우도 있었다. "승마 연습장에 너무 일찍 왔다"[122]는 이유로 벌점을 부여하기도 했다.

벌점 이후에도 '징벌 투어punishment tours'라 불리는 벌칙 보행이 뒤따랐다. 벌점을 받은 생도는 '보행해야 하는' 벌점에 상응하는 시간 동안 기상조건에 관계없이 완전군장을 하고 연병장을 돌아야 했다.

장교나 육사 졸업생의 아들, 동생들은 민간인 가정 출신 생도들에 비해 당연히 유리했다. 아버지의 강요로 웨스트포인트에 입교한 경우는 거의 없었는데, 대부분의 아버지들은 아들의 적극적 의지 없이는 그곳에서 살아남기 어렵다는 것을 너무나 잘 알았기 때문이다.[123] 특정 과목들을 공부하기가 대단히 힘들다는 것을 알고 있는 아버지는 아들을 예비학교에 보냈고, 이들은 입교 초기부터 해당 과목들에서 두각을 나타냈다.[124] 또한 아버지와 형들은 전체 생도 생활 시스템에 대한 정보와 사관학교에서 최고의 상태로 살아남는 방법을 아들과 동생에게 전수했다.[125] 나아가 아들들은 아버지와 형들이 그곳의 생활을 견뎌냈듯이, 자신도 중도 포기해서 졸장부로 전락하지 않겠다는 강한 의지를 갖고 있었다. 그들의 인내력과 적응력 때문에 상급생도들은 그들이 군 출신자의 아들임을 단번에 알아챘다.[126]

훗날 육군참모총장을 역임한 조 로턴 콜린스Joe Lawton Collins(육사 1917년 졸업)는 친형(육사 1907년 졸업)에게서 생도 생활과 관련해 중요한 조언을 받았다. 그도 1943년 아들 제리Jerry가 육사에 입교했을 때 자신의 경험을 전해 주면서 격려했다. 사관학교의 가장 큰 문제점을 잘 알고 있었기에 콜린스는 아들에게 다음과 같이 말했다. "너를 포기시키려는 2학년 생도들에게 지지 마라."[127] 1년 전에 1학년 생도였던 그들이 이제는 —1학년 교육체계에서 살아남아 자동적으로 신입생도에게 행사할 권력을 얻게 되어— 1학년 생도들에게 채찍을 휘두를 준비를 마쳤다.

웨스트포인트의 교육체계에서 생도들은 수학과 자연과학 과목의 과중한 부담뿐만 아니라 강사와 생도 선발에 있어 교수법과 교의敎義의 후진성 때문에 고통받았다. 선생과 생도가 서로 소통하는 수업은 거의 없었고, 수업이 끝난 후 생도들은 다음 수업 시간까지 수행해야 할 과제의 목록을 받았다.[128] 생도들은 정해진 문구만 이용해서 과제를 발표해야 했고 선생은 발표를 칭찬하거

그림 2-11. 1913년 하계 군사훈련 중인 1학년 조 로턴 콜린스(좌측)와 동기생 헨리 프라이어Henley Frier(우측). 제2차 세계대전 때 콜린스는 미군 지휘관들에게서 찾아보기 어려운 공격적 기질을 드러내 '번개 조Lightning Joe'라는 별명을 얻었다. [Courtesy Dwight D. Eisenhower Library]

나 교정해 주었다.[129] 문제에 대한 자유토론이나 의사를 교환하는 일은 전혀 없었다.[130] 한번은 어떤 생도가 교과서에 있는 애매한 문장의 의미를 궁금해 하자 강사는 이렇게 대답했다. "나는 귀관의 질문에 대답하기 위해서가 아니라 귀관을 평가하기 위해서 이 자리에 있는 거다."[131] 수업의 대부분은 암기한 내용을 반복하는 방법으로 진행되었고 "대부분의 졸업생들에게 매일 치른 수학 암기 시험은 웨스트포인트에서 '학문'과 동의어였다."[132] 윌리엄 H. 심슨William H. Simpson(육사 1909년 졸업)은 "누군가 틀린 답을 내놓아도 강사가 정확한 해답을 좀처럼 설명하지 못했다고 회상했다."[133] 군사사 같은 매우 중요한 —장차 장교로서 꼭 필요한— 수업에서조차 날짜와 명칭, 교과서 내용을 앵무새처럼 외우게 했다.[134]

교수 선발 제도도 당시 육사 교육체계의 다른 부분과 동일하게 편협하고 융통성이 없었다. 졸업 후 몇 년 만에 사관학교 교수로 돌아온 육사 출신 장교들은 자기 전공도 아니고 전문도 아닌 과목을 가르치라는 학교 측의 지시에 매우 당황했다.

1903년에 이공계 강사로 선발된 페리 L. 마일스Perry L. Miles(육사 1895년 졸업)가 담당한 과목은 "화학, 전기학, 광물학과 지질학"[135]이었다. 그는 당연히 "8년 전 웨스트포인트를 졸업한 후로 〔…〕 이런 과목들에 관한 책을 한 권도 읽지 않았기" 때문에 "무척 당혹스러웠다."[136]라고 표현했다. 그의 연대가 필리핀으로 출항했고 장교 숫자가 부족하다는 이유로 그는 즉각 전출 요청을 받아 육사에서 빠져나올 수 있었다. 그의 '탈출'이 경력에 남지는 않았다. 몇 년 후 그와 동일한 상황에 봉착한 후배 장교들은 그렇게 쉽게 빠져나올 수 없었는데, 웨스트포인트에서 생도대의 규모가 커지면서 과거보다 강사들이 더 많이 필요했기 때문이다.

1921년 8월, 웨스트포인트로 돌아와 강사가 된 조 로턴 콜린스는 "졸업 후 단 한 번도 생각해 본 적 없는"[137] 과목인 화학부의 강사로 임명되었을 때 당황스러웠다. 3년간 라틴어를 공부한 후 다시 3년간 프랑스어를 공부한 그는

1919년부터 1920년까지 독일에서 점령군 임무 수행을 할 때 프랑스를 몇 차례 방문했고 '프랑스어 발음을 연마'했기에 두 외국어 중 하나를 가르치고 싶었다.[138] 그는 "사관학교의 시대착오적인 교수 선발 제도의 희생양"[139]이 되고 말았다. 콜린스가 이에 대해 항의했는지와 관련한 기록은 없지만 똑같은 상황에 처한 동료 매슈 벙커 리지웨이는 불만을 드러냈다. 콜린스와 리지웨이는 수년 후에 육군참모총장을 역임했다. 리지웨이는 웨스트포인트에 대해 우호적인 감정이 덜했기 때문에 강하게 저항했는지도 모른다. 그는 웨스트포인트의 교수 보직이 '자신의 군 경력상 사형선고'—당시 여전히 중위였지만—라고 생각했을 뿐만 아니라 제1차 세계대전이 한창인 시기라 몹시도 유럽 전선에 나가 싸우고 싶어 했다.[140] 이 젊은 중위에게 유럽을 향한 열망은 단지 진급에 대한 욕망보다는 실전을 경험하고 싶다는 갈망에서 비롯된 것이었다. 전투병과 장교들은 전쟁 중에 후방, 즉 미국 본토에 남은 "게으름뱅이coffee cooler"들을 경멸했고 "진심으로 참전을 원하는 장교들은 그렇게 할 수 있는" 분위기였다.[141] 그래서 웨스트포인트에 보직된 리지웨이는 더욱더 씁쓸했다.

리지웨이는 영어 그리고 특별히 스페인어를 가르칠 수 있다고 생각했고 훗날 중요한 행사에서는 통역을 맡기도 했지만 이제 육사에서는 그 일을 중단할 수밖에 없었다. 놀랍게도 그는 프랑스어 강사로 임명되었고 2년간 프랑스어 수업을 받은 생도들, 즉 그보다 프랑스를 더 잘하는 생도들을 가르치게 되었다. 물론 그가 처한 상황에 대한 좌절감 때문이었겠지만, 리지웨이는 웨스트포인트의 현대 언어학부장이자 '군 내에서 프랑스어의 최고 권위자' 코르넬리스 드위트 윌콕스Cornelis deWitt Willcox 대령에게 자신의 실력이 "프랑스 레스토랑에서 에그 스크램블도 주문하지 못하는 수준"[142]이라며 불만을 표시했다.

윌콕스는 자신의 불어 수준에 충분히 만족했겠지만 생도들의 어학 능력 발전에는 그다지 관심이 없었음이 분명한데, 리지웨이의 타당한 주장에 대해 "귀관의 수업은 내일부터 시작한다."라며 실의에 빠진 청년 장교를 외면해 버렸기 때문이다.[143] 그때의 사건은 리지웨이에게 참으로 안타까운 일이었지

그림 2-12. 1944년 7월 프랑스 어느 지역에서 미소가 넘치는 행사가 열리고 있다. 아이젠하워가 조 로턴 콜린스의 가슴에 떡갈나뭇잎oak leaves 모양(2등급 훈장)의 청공무공훈장Distinguished Service Medal을 달아 주고 있다. 가운데 인물은 아이젠하워의 절친한 동료인 제5군단장 레너드 타운젠드 게로Leonard Townsend Gerow 소장이다. 오른쪽에서 열중쉬어 자세를 취한 인물은 미 제1군 참모장 윌리엄 B. 킨이다. 콜린스 소장은 태평양 전쟁에 파견된 제25보병사단장이었다. 유럽 전구戰區에 공격적 성향을 지닌 지휘관이 부족하다고 인식한 미군 지휘부는 콜린스를 차출해 유럽 전선의 제7군단장으로 보직했다. 제7군단은 대단히 막중한 임무를 성공적으로 수행했다. [Photo by U.S. Army Signal Corps, Courtesy Dwight D. Eisenhower Library]

만 다행히 그가 우려했던 경력상 사형선고는 아니었다.

놀랄 것도 없이 윌콕스와 그의 후임자들이 재직했던 시절에 어학 과정을 '성공적으로' 이수한 대부분의 생도들은 자신들이 배운 외국어를 제대로 구사할 수 없었다.[144] 이미 1899년에 육사 해외시찰단은, 미국은 세계 패권 국가이며 "현대의 외국어 습득에 대한 필요성이 증가하고 〔…〕 있다. 따라서 우리에게 필요한 어학 수준은 교실 수업 내용이나 더듬더듬 말하는 능력 정도가 아니라 웨스트포인트 졸업생들이 유창하게 의사소통을 할 수 있는 능력이다."[145]라고 기술했다. 당연한 평가였지만 수십 년이 지나도록 언어학부의 원로 교수진들은 이를 받아들이지 않았다.

다른 학부의 상황도 다르지 않았다. 리지웨이가 쓰라린 고통을 겪기 15년 전, 육사 개교 100주년 기념식에서 하버드 대학교 총장 찰스 엘리엇Charles Eliot은 공개 석상에서 "교육 방법 면에서 큰 변화가 있지만 이것이 웨스트포인트의 교육에는 그리 영향을 미치지 못한 듯하다."[146]라고 언급했다. 육사 졸업생들의 회고록에는 생도들에게 존경받은 몇몇 강사들이 특별히 언급되어 있지만 그런 이들은 매우 드물었다.[147]

핵심 과목의 수업 수준은 더더욱 형편없었다. '수도사' 딕슨은 자신이 생도 시절에 수학을 배우는 데 매우 더뎠다는 것을 인정하면서도 열의만은 매우 강했다며 일기장에 "수학 강사 헌틀리Huntley 대위는 형편없는 인간이고 정말로 나만큼 무식한 사람이다."[148]라고 기록했다. 딕슨의 평가는 당연했는데, 헌틀리 대위를 수학 강사로 선발한 사람이 교육학적 또는 교수 능력이 전혀 없는 웨스트포인트 최고의 '골칫거리' 찰스 P. 에콜스(육사 1891년 졸업)였기 때문이다. 그는 교육위원회의 많은 이들 가운데 최악의 자기중심적인 인물이었고 누군가로 인해 화가 나면 자신의 수업을 듣는 다수의 생도들에게 낙제점을 주는 경향이 있었다. 에콜스는 27년간 웨스트포인트에서 '군림'했고 한 생도는 그를 "살아 있는 사람들 중 가장 비열한 축에 속한"[149]다고 묘사했다.

육사 교수부에서 에콜스와 그의 동료들 같은 이들은 미래의 장교 양성을 위

그림 2-13. 1930년대 어느 날 공중에서 촬영한 뉴욕주 웨스트포인트의 미국육군사관학교 전경. 앞쪽의 길쭉한 건물이 승마훈련장이며 중앙의 사각형 건물이 생도 생활관이다. 언덕 위쪽의 웅장한 건물은 생도 교회이다. 1919년 하워드 세리그Howard Serig는 부모에게 보낸 엽서에 이렇게 썼다. "무사히 도착했습니다. 이곳에는 무척 사람이 많아요. 사진에서 본 것보다 그리 아름답지는 않네요. 하워드 드림." 세리그는 생도 생활을 견뎌냈고 1923년에 졸업했다.
[Courtesy U.S. Army Military Academy Library Archives]

한 교육의 발전보다 현상 유지에 더 관심이 있었던 것 같다. 그들은 강사들을 "특별한 자격에 관계없이 교환할 수 있는 부품"[150] 정도로 간주했다. 그들의 보고서를 보면 교수들은 서로를 부정하고 실패와 문제점의 책임을 다른 곳에 전가했다. 원로 교수의 일원이자 제도製圖학과 교수였던 찰스 윌리엄 라니드 Charles William Larned(육사 1870년 졸업)는 1904년 보고서에서 "〔강사로〕 선발된 자들의 교육자적 자질이 탁월한지를 보증하기란 전적으로 불가능하다. 실제로 이런 보직에 파견된 다수 장교들은 그러한 자질이 매우 부족했다."[151]라고 기술했다.

이러한 강사 선발은 동기나 상식이 부족할 뿐만 아니라 "심도 있는 지식을 〔…〕 가르칠 수 있는, 해당 과목에 탁월한 전문성을 갖춘 장교들을 선발"해야 하고 8년 이상 육사를 떠나 있었던 자를 선발하지 말라고 교장이 지시한 복무 규정에 위배되는 행위였다.[152]

원로 교수들은 육군의 초급 장교들 중에서 대부분 강사를 선발했고, 이러한 초급 장교들에게 교과목에 대한 지식과 강의 요령을 교육했다. 또한 가르칠 과목의 교수방법과 내용에 대한 기준을 정립했다. 수십 년간 그들의 의지대로 강사를 선발하고 퇴출했으며 강사의 능력은 대개 최우선 고려사항이 아니었다.[153]

한편 원로 교수들은 육사 출신 장교만 강사로 선발했으므로 선택의 폭이 좁았을 뿐만 아니라 이는 다른 학교 출신 장교들이 인식할 정도의 '파벌적 동문 채용'으로 이어졌다.[154] 이런 현상은 교장이 지시한 복무규정 때문에 벌어진 일이기도 하다.[155] 놀랍게도 교육위원회는 이런 경우에 반대하지 않았다.

1935년 웨스트포인트의 교수요원 중 97퍼센트가 동문이었고 그다음으로 해군사관학교가 73퍼센트였다. 근소한 차이로 노트르담Notre Dame 대학이 70퍼센트로 3위였다.[156] 미국에서 단과대학이나 종합대학의 동문 강사 채용 비율은 평균 34퍼센트에 불과했다.[157]

리지웨이가 고통스런 경험을 한 지 45년 후, 엘리엇이 공개 석상에서 비판

그림 2-14. 웨스트포인트 도서관(가운데)과 대학 전문 동관(오른쪽). [Courtesy U.S. Army Military Academy Library Archives]

한 지 60년이 흐른 후(1960년대—옮긴이)에도 여전히 교수단의 자질은 형편없었다. 교수들은 활발한 연구활동과 논문 집필을 장려하고 교육학 및 교수법 세미나에 참석하기보다는 교수와 강사들의 저급한 능력을 은폐하는 데 급급했다. 1963년에 교수부장 윌리엄 W. 베슬William W. Bessel은 교장에게 석사학위자의 수를 인위적으로 늘리기 위해서 후배 교수요원 30명을 '석사학위 소지자'로 선발한다고 선언해 달라고 제안했다.[158] 당시 교수요원 341명 중 겨우 4퍼센트만이 박사 학위 소지자였다.[159] 다행히 명예를 중시한 교장은 그의 제안을 수용하지 않았다.

교육의 황무지에서 유일한 발전은 1901년에 도서관장으로 임명된 에드워드 S. 홀든Edward S. Holden이 웨스트포인트의 도서관을 크게 확장한 일이었다. 그는 "생도들이 4년 동안 웨스트포인트에 갇혀 있기 때문에 양서로써 그들의 세계관을 확장할 수 있게끔 하는 것이 도서관의 임무"이므로 "해외에서 간행되는 모든 군사 관련 주요 서적과 미국에서 출간되는 모든 군사 서적"을 입수하기 위해 노력했다.[160]

짐작할 수 있듯이, 앞에서 논의한 교육제도만큼 생도들이 받은 군사훈련도 시대착오적이었다.[161] 대부분의 군사훈련 시간을 과도한 제식과 승마훈련에 낭비했고 웨스트포인트는 "승마 교습소"[162]라 묘사되곤 했다. 승마는 제1차 세계대전뿐만 아니라 제2차 세계대전 때에도 쓸모없는 기술이었다. 사격 훈련은 낡은 구식 소총과 하계 군사훈련 기간에 운용된 장비로 시행되었다. 생도들은 전장을 어설프게 재현한 군사훈련을 참관했지만 그 역시 시대에 뒤떨어진 것이었다. 병정놀이를 흉내 내듯 1학년 생도들은 전쟁 도구로 쓸모없게 될 정도로 총열을 지나치게 깨끗하게 청소하고 윤을 내도록 강요당했다.[163] 실제 사격 훈련 시에 생도들은 '보통'의 소총을 사용했는데, 광택이 나는 소총은 정확성이 떨어질뿐더러 사수에게도 위험했기 때문이다. 그와 동시에 "수영 훈련, 댄스 강습, 하루 두 번의 예복 열병식이 오전 세 시간의 제식훈련과 함께 하계 군사훈련의 대부분을 차지했다."[164]

그림 2-15. 1905년 웨스트포인트 생도 생활관 앞의 광장에서 신입생들을 맞이하는 모습. 뒤쪽의 건물은 생도 교회이다. 1학년 생도들은 줄을 서 있는 동안에도 경례 자세를 교육하는 4학년 생도에게 괴롭힘을 당했다. 입교 첫날부터 가혹행위가 시작되었고 그 다음 주부터는 강도가 더 세졌다. 당시 조지 S. 패튼은 동년배들보다 1년 일찍 버지니아 군사학교에서 웨스트포인트로 전학하여 신입생을 괴롭히는 2학년 생도가 되어 있었다. [Courtesy U.S. Army Military Academy Library Archives]

1900년대 초 웨스트포인트 졸업생은 4년간 군사교육을 받았으나 "소총이나 권총 사격 능력이 육군 자격기준에 부합하지 못했고, 최신 무기와 장비를 다루는 훈련도 받지 못한 상태였다."[165] 결과적으로 생도들의 능력은 텐트를 설치하고 말을 타는 정도였는데 이는 이전에 병사들이 도맡았던 하찮은 일이었다.[166]

제2차 세계대전이 발발한 후에야 생도들은 최신 무기들을 만져 보고 운용방법을 교육받았다.[167] 새로운 훈련 방식을 도입하면서 생도 교육비용이 상당히 증가했지만 충분히 가치 있는 투자였다.[168]

다른 측면에서 전시체제로의 변화에 단점도 있었다. 전시를 맞아 증강된 육군에 장교 재원을 공급하기 위해 생도 교육과정을 단축하고 생도들을 조기에 졸업시켜야 했기에 "공학 관련 과목들을 제외하고 거의 모든 과목의 교육이 중단되었다. 사회과학은 큰 폭으로 축소되었으며 영어는 폐지되었다."[169] 생도들을 이학사理學士로 졸업시키는 데 집중했고, 이미 평시에도 심각한 문제였던 폭 넓은 교육에 대해서는 거의 생각하지 않았다.

그렇다면 젊은이들이 장교라는 직업을 갖기 위해 4년을 투자해서 얻는 이점은 과연 무엇일까? 이를 명쾌하게 제시한 공식 자료는 찾지 못했지만, 이 같은 총체적 시스템이 계급 차별이 없다고 여겨지는 미국 사회에서 '장교 계급' 또는 일종의 '카스트'를 창출하는 사고방식을 만들어낸 것은 명백하다.[170] 생도가 금전을 소유하는 것은 금지사항이었으므로 부유한 생도가 가난한 생도에 비해 유리한 점이 없었다는 사실이 내 생각의 근거이다.[171] 심지어 부유함을 자랑할 수조차 없었다.

계급 관념이 당대의 논쟁거리로 부각되자 다시금 프로이센 군대가 잘못 활용되었다. 1919년 시사지 『뉴 리퍼블릭*The New Republic*』에서 군의 규율과 관련해 한 작가는 다음과 같이 지적했다. "그(웨스트포인트 출신 소위)의 머릿속에는 휘하의 병사들이 자신과 똑같은 살과 피를 가진 존재라는 생각이 전혀 없었다."[172] 그러자 한 독자가 "군대의 계급과 규율에 관한 웨스트포인트 또는 프

그림 2-16. 1908년 병기학 및 포술학 시험을 치르고 있는 4학년 생도들. 출입문 좌측에 앉아 있는 금발 생도가 조지 S. 패튼으로 추정된다. 웨스트포인트의 교실은 독일의 중앙군사학교 교실보다 더 컸다. [Courtesy U.S. Army Military Academy Library Archives]

로이센의 사상은 나태한 인간들을 억압적이고 혹독한 규율로 통제하기 위한 〔…〕 평시의 사상이며 이러한 카스트 제도가 유지되고 있다. 〔…〕 평범한 병사의 심리 상태를 진정으로 이해하는 능력 또는 부하들의 존경을 얻는 힘을 평가할 수는 없다."[173]라고 응수했다. 이런 교육체계를 만든 이들은 프로이센군의 체계를 완전히 오해한 나머지 장교단의 개인주의화를 우려했는지도 모른다.

웨스트포인트에서는 앨라배마의 가난해서 좋은 교육을 받지 못한 농부의 아들이든 매사추세츠의 부유한 변호사의 아들이든 똑같은 장교가 되었다. 그래서 매너와 단정함과 더불어 —백인, 기독교도, 앵글로색슨 남성이라는 틀 안에서— 평등이 강조되었다. 1802년 개교 당시의 목표는 매우 거창했으나 전체적인 교육체계를 현대식으로 개혁하는 데 실패했고, 오직 변화는 압력이나 외부의 힘에 의해서만 가능했다. 생도들은 수십 년 후에도 여전히 "웨스트포인트: 진보에 무관심한 120년의 전통"[174]이라는 냉소적인 표현을 사용했다.

패튼(육사 1909년 졸업) 장군의 일화는 계급에 대한 관념이 얼마나 뿌리 깊었는지를 잘 보여 준다. 패튼은 부관이자 비육사 출신 장교인 프랭크 그레이브스Frank Graves 중위를 심하게 꾸짖었는데 그가 동료이자 연합군 총사령관의 아들인 존 S. D. 아이젠하워John S. D. Eisenhower(육사 1944년 졸업) 중위의 옷가방을 날랐기 때문이다. 패튼이 보기에 그런 일은 운전병이 해야 할 일이었다.[175] 병사들은 장교 계급에 대한 이 같은 지나친 인식을 일종의 '카스트 제도'로 파악했고 크게 억울해했다.[176] 제2차 세계대전 시 미군에 관한 사회심리학 연구에서는 장교와 병사 간의 격차를 "크게 갈라진 사회적 균열"[177]이라고 묘사했다. 생도들이 '카스트 제도'를 쉽게 받아들인 이유는 그것에 의문을 품을 기회가 거의 없었고 외부 접촉이 제한적이었기 때문이다. '카스트 제도'는 웨스트포인트를 졸업한 후에도 그들의 내면에 깊숙이 스며들어 있었다.

대다수 생도들은 소위로 임관했지만 수도원같이 폐쇄된 생활에서 민간인, 특히 —임관 후 소대장으로서 지휘해야 할 대상인— 실제 병사들과 접촉할 기회가 극도로 제한적이거나 거의 없었다. 아버지가 현역 장교인 생도들은 병사들과 접촉한 경험이 있었지만 이들은 전체 생도의 20퍼센트에 불과했다.[178] 생도들은 다루고 사용해야 할 무기 또는 전술을 포함해서 —공병 병과를 선택하지 않는다면— 실제적 군사 문제에 대한 지식이 매우 부족했다. 그 결과, 4년의 생도 생활 후에도 그들에게 즉각 차후 부여받을 군사적 임무에 대한 준비가 부실했을 뿐만 아니라 야전실무에 적응하는 데 매우 더뎠다. 종종 그들은 불비한 심정을 오만함으로 얼버무리려 했고 이 거만함은 '웨스트포인트 출신'이라는 단어와 동의어가 되어 버렸다. 어떤 이들은 웨스트포인트의 1학년 교육체계에서 살아남은 자신을 특별한 존재로 여겼다. 자만심으로 가득 찬 사람들 일부는 전장에서 혹독한 시련을 겪은 후 자만심을 버리고 웨스트포인트로 돌아와 동료들에게 "실상 우리 육사 출신의 가장 큰 결점은 다른 이들을 무시하는 것이다."[179]라고 충고했다.

소위로서 자신의 단점을 기억하고 미래를 위한 전문 군사교육의 필요성을 기술한 매슈 리지웨이조차도 자서전에 "육사가 완성된 장교를 배출할 수는 없다."[180]라고 그릇된 내용을 썼다. 다른 졸업생들도 이와 유사하게 개혁 추진 대신에 "육사가 힘써야 할 일은 훗날 장교가 될 인재를 발굴하는 것이다."[181] 라고 언급하면서 불합리한 제도를 옹호했다.

사실상 그들은 —장교지만 완전한 자격을 갖추지 못한— 소위로 임관했고 대부분이 곧장 소대 또는 중대를 지휘했지만 직책을 수행하는 데 필요한 지식은 부족했다. 맥아더의 말에 따르면 "그들은 성인의 나이가 되어 세상에 내몰렸지만 경험치는 고등학생 수준이었다."[182]

웨스트포인트의 생도들은 항상 엄격한 감독 아래에서 생활했고, 생존하려면 규칙의 정글에서 노예처럼 순종하는 것 외에 달리 방도가 없었다. '개개인의 경미한 일탈행위'에도 어느 정도의 벌칙이 뒤따랐고, 창의적인 사고를 배우기는커녕 좌절할 수밖에 없었다.[183] "개인적 표현을 할 기회가 거의 없는"[184] 기관에서 교육받아 어떤 교리나 규정의 틀을 벗어난 행동을 감히 시도할 수조차 없는 편협한 사고방식을 지닌 장교가 양산된다는 것은 대단히 위험한 일이다.

당시에도 육사 졸업생들의 준비와 실무 군사지식이 부족하다는 지적이 있었다. 총참모부 예하 교육 및 특수훈련 평가단Committee on Education and Special Training 소속의 찰스 R. 만Charles R. Mann 박사는 1919년에, 특히 제1차 세계대전 기간 중 웨스트포인트 출신자들이 "새로운 생각을 대하는 지략, 진취성, 융통성" 면에서 "여러 가지 어려움"을 겪었다고 기록했다.[185] 육사 출신 장교들의 리더십 부족과 부하들에 대한 인격적 대우 측면에서 부족하다는 불만도 상당했다. 제1차 세계대전 후 전쟁부 장관에게 보고된 문서에도 "일차적으로 정규군 장교들에게 잘못이 있다."[186]라고 기록되어 있다. 그중 다수가 웨스트포인트 출신이었다.

조지 C. 마셜의 주요 관심사 중 하나는 언제나 장교에게 적합한 군사교육이었고, 그는 제2차 세계대전 이전, 가장 중대한 시기에 이런 측면에서 위대한 발전을 도모할 수 있는 최고의 적임자로서 변화를 이끌어낼 유일한 인물이었다. 버지니아 군사학교 출신으로서 그가 지적한 모교와 웨스트포인트의 중요한 차이점이 편견에서 비롯된 것이라고 할 수도 있겠지만, 학술적 관점에서 볼 때 몇몇 비판은 정곡을 찔렀다. 버지니아 군사학교의 커리큘럼이 좀 더 균형 잡혀 있다고 진술했다. 즉 생도들에게 수학과 자연과학 과목의 부담을 주지 않고 오히려 리더십 능력을 강조한다는 것이었다.

1924년에 마셜은 자신의 예전 지휘관이자 멘토이며 친구인 존 J. 퍼싱John J. Pershing(육사 1886년 졸업) 장군에게 이렇게 보고했다. 육군 감찰관 엘리 A. 헬믹Eli A. Helmick(육사 1888년 졸업) 소장이 웨스트포인트에서 리더십 훈련이 부족하다고 우려했고 학교가 "이 문제를 심각하게 인식하지 못하고 있다."[187]라고 지적했다는 것이다. 육사 교장 프레드 윈체스터 슬레이든Fred Winchester Sladen(육사 1890년 졸업) 소장과 그의 후임 머치 브래트 스튜어트Merch Bradt Stewart(육사 1896년 졸업) 대령도 정규 리더십 과정을 시행하기에는 교과과정이 지나치게 빡빡하니 대신 생도대장과의 '대화'로 대체해야겠다고 말했다.

물론 헬믹이나 마셜은 그 정도로 만족할 수 없었다. 그들은 '젊은 미국 청년들을 어떻게 다룰 것인가, 〔…〕 어떻게 충성심을 얻고 그들의 열의와 적극적인 협력을 확보할 것인가, 〔…〕 전투에서 어떻게 그들에게 용기를 불어 넣을 것이며 특히 적의 거센 저항 앞에 사상자가 속출하고 심신이 지친 상태에서 어떻게 공세적이고 결연한 전투의지를 유지할 것인가'라는 차원에서 '세밀하게 준비된 리더십 교육과정'을 원했다. 그러나 제2차 세계대전 이후까지도 그런 교육과정은 구체화되지 않았다.

미군 장병을 대상으로 한 사회심리학 연구서에 따르면 장교와 병사들 간의 관계는 파국적이었다. 연구에 참가한 학자들의 권고 중 한 가지는 바로 생도들과 장교후보생들이 "지휘 책임, 병력 관리와 인간관계에 대하여 훨씬 더 포괄적인 가르침을 받아야 한다"[188]는 것이었다.

마셜은 특유의 솔직한 성격대로 웨스트포인트의 리더십 교육에 대한 평가를 다음과 같이 요약했다. "지금까지 웨스트포인트는 지시하는 방법과 겉으로 강하고 거침없이 보이는 법 외에 생도들에게 거의 가르친 것이 없다고 생각한다. 그리고 이것이 바로 웨스트포인트의 결점 중 하나라고 나는 믿는다. 생도들은 대개 자신이 '1학년 생도' 때 경험한 규율에서 리더십과 지휘에 관한 지식을 발견했다. 〔…〕 이런 시스템의 결과가 우리 육군을 이끌 생도들에게서 나타났고, 군에서 장교들은 〔…〕 우리 미국 청년들의 마음을 얻는 데 실패했으며, 너무나 자주 지속적으로 그들의 반감을 불러일으켰다."[189] 그런 현상은 병사들을 "사람이 아닌 물건으로 다루는 법"[190]을 배운 육사 출신 장교들—특히 그들이 지휘한 부하들—에게서 주로 나타났다. 마셜의 진술은 제1차 세계대전 후 레이먼드 B. 포스딕Raymond B. Fosdick이 전쟁부 장관에게 올린 보고서에서 밝힌 생각과 일맥상통한다. 포스딕은 정규군 장교들의 리더십이 수준 이하인 상황이 '널리 퍼져' 있으며 이것이 미국원정군 병사들에게 엄청난 원성을 사는 이유라고 주장했다.[191] 그는 "장교 선발 및 양성 체계에 뭔가 근본적 폐단이 있음에 틀림없다."[192]라고 명확히 결론지었다.

뭔가 근본적인 폐단을 바로잡는 것은 쉽지 않다. 마셜의 비판이 나온 지 11년이 지난 시점까지도 달라진 것은 전혀 없었다. 마셜은 에드워드 크로프트Edward Croft 소장에게 보낸 편지에 이렇게 썼다. "웨스트포인트를 갓 졸업한 소위들에게서 —퇴보는 아니지만— 발전된 모습을 조금도 찾아볼 수 없으니, 솔직히 말해 대단히 실망스럽소."[193] 1년 후 마셜은 1937년부터 버지니아 군사학교장으로 재직 중이던 찰스 킬본Charles Kilbourne 소장에게 리더십이 출중한 경우에는 버지니아 군사학교 출신 장교를 웨스트포인트 교장으로 보직하거나 그 반대로도 할 수 있어야 한다고 제안했다.[194] —다시 한 번 시대를 초월한— 마셜의 제안은 합리적이었지만, 거의 신성모독 행위나 다름없다는 답변을 받았다. 가히 충격적인 것이었다.

1976년에 한 위원회는, 그전에 존재한 수많은 위원회들처럼, 원로 교수단에 치우친 권력을 비판했고 육사가 '전투지휘자를 양성'하기를 원하는지, 아니면 군의 모든 기본 병과의 '기초교육을 제공'하기를 원하는지를 결정해야 한다고 제안했다.[195]

1917년 이전까지 새로 임관한 소위들은 군복에 계급장을 달지 않았지만 확실한 두 가지 강점을 지니고 육사를 졸업했다. 그중 다수는 신체적으로 매우 건강했고 진정한 스포츠광이었다.[196] 제2차 세계대전 때 그들은 더 이상 청년이 아니었지만 그들의 신체적 능력은 격전장에서 엄청난 강점이 되었을 것이다. 웨스트포인트에서 보낸 오랜 기간 동안 그들은 동기들을 평가하고, 위아래 기수의 선후배들을 알게 되었으며, 훗날 계급과 보직이 정해질 때 주저하지 않았을 것이다.[197]

그러나 그런 강점들이 있다고 해서 최소한의 군사교육을 하는 시대착오적인 교육체계가 정당화되기는 어렵다. 다음 장에서는 대서양 반대편에 위치한 독일의 생도 양성 과정을 알아본다.

제3장

‘죽는 방법을 배운다’

독일의 생도

“귀관들은 이곳에서 죽음을 맞이하는 법을 배워야 한다!”[1]

–독일의 어느 유년군사학교장의 입교식 훈시에서

미국 사관학교가 독일 군사학교와 가장 크게 다른 점은 무상교육을 시행했다는 것이다. 독일 제국과 바이마르 공화국에서 청년들이 상위 계층의 일원이 되려면 통상 ‘장교가 될 자격이 있는 계층Offizier fähigen Schichten’ 출신이어야 했다. 일반적으로 중·고위급 공무원, 교수, 귀족과 현역 또는 예비역 장교가 이 계층에 속했고 그 아들들은 군부의 잠재적 지도자로 성장했다. 그러나 좋은 가문 출신이 아니더라도 장교가 되겠다는 야망을 품은 이들은 포병 같은 ‘기술’병과 장교로서 목표를 달성할 수 있었고 프리드리히 대왕 시대부터 전통적으로 ‘하층민’ 출신의 평민도 장교가 될 수 있었다. 프리드리히 대왕은 평민 출신 장교가 귀족 출신 장교처럼 능력을 발휘할 수 있음을 충분히 인정했다. 그러나 그는 귀족 집안의 아들들은 어릴 적부터 집안의 유산, 특히 아버지를 욕되게 하지 않겠다는 생각을 배우게 된다고 기대했다.[2] 오늘날까지도 장교 집안에서는 이를 고무하는 분위기가 살아 있다.[3]

원칙적으로 육군과 해군의 수뇌부에서는 ‘장교가 될 자격이 있는 계층’에서만 장교를 선발하려고 했다. 그렇지만 군사력 팽창으로 유능한 인재에 대한 수요가 증가하자 이들 계층만으로 수요를 감당하기가 어려워졌다. 결과적으로 장교단에 합류한 많은 이들이 '평민' 계급 출신이었다. 많은 상위계층 사람들에게 이러한 실상은 독일군에서 고위급을 보장받던 확고한 '규범'이 서서히 붕괴되고 있음을 뜻했다.[4] 1902년에는 신임 장교의 약 절반이 과거에 거의 장교가 될 수 없었던 '노동자 계층occupational circles' 출신[5]이라는 우려 섞인 논조의 보고서가 나왔다. 제1차 세계대전 후 신임 육군 총참모장 한스 폰 젝트Hans von Seeckt는 다른 고려사항들보다 '좋은 가문 출신'을 장교로 선발하는 과거의 규범을 복원했다.[6] 1920년 후반에는 정규군 장교의 약 90퍼센트가 '장교가 될 자격이 있는 계층' 출신자였고 장교 가문 출신자가 절반이 넘었으며 24퍼센트가 귀족이었다.[7] 그들은 장성 직위를 독차지했으며 그중 52퍼센트가 귀족이었다. 제2차 세계대전 직전에 군대 규모가 급격히 팽창했지만 장교 2만 4,000명 중 절반이 '장교가 될 자격이 있는 계층' 출신이었다. 특권층은 장성과 총참모부의 직위를 장악했다. 1942년에 마침내 정규 장교단에서 오래된 '규범'이 사라졌다. 그러나 특권층이 여전히 장교단의 최고위직, 특히 총참모부를 손에 쥐고 있었다.[8] 놀랍게도, 1950년대 초 독일연방공화국에서 새로이 창설한 연방군에서도 특권층 장교들이 군부의 핵심 직위를 차지했다.

독일에서 사회적 배경을 중시했음에도 불구하고 장교후보생의 평균 교육수준은 미국 장교후보생의 그것보다 상당히 높았다. 20세기 초까지 독일은 세계 최고 수준의 교육체계를 보유한 국가 중 하나였다.[9] 독일 중앙군사학교Hauptkadettenanhalt, HKA의 입학시험 문제가 훗날 웨스트포인트에서 수차례 시험 주제로 채택되었고 이는 프랑스의 생시르St. Cyr 육군사관학교에서도 마찬가지였다.[10]

독일의 청년 장교후보생은 아비투어Abitur(대학 입학 자격 시험—옮긴이)에 합격하거나 그와 동등한 수준의 증명서를 갖추어야 했고 이는 독일에서 민간 종합대학에 입학할 수 있는 자격요건이었다. 미국의 고등학교 졸업에 필요한 지식보다 훨씬 더 높은 지적 수준이 요구되었다.

한편 프로이센 군대에서는 아비투어보다 '그와 동등한 수준의 증명서'를 더 중시했는데, 다수의 귀족 출신 장교들이 양질의 교육을 받은 '푸줏간집 아들들'에게 자리를 빼앗길까 두려워했기 때문이다.[11] 그러나 이는 근거 없는 우려였다. ―뒤에서 살펴보겠지만― 특정한 교육은 장교 지원자를 평가하고 장교단에 들어올 수 있는지를 결정하는 한 가지 요소일 뿐 가장 중요한 요소는 아니었기 때문이다. 이 같은 생각은 당시 귀족 출신 독일군 고위 군부 지도자들의 심리 상태를 보여 준다.

독일에서는 본격적인 군사교육이 매우 이른 시기에 시작됐는데, 어린 소년들은 그 유명한 유년군사학교Kadettenschule들 중 한 곳에 입교했다. 20세기 초에는 이런 학교가 독일 전역에 널리 퍼져 있었다.[12] 이 학교들은 10세의 어린 소년들을 받아들였으므로 예비군사학교라고도 불리었다. 그러나 가장 중요한 교육기관은 베를린-리히터펠데Berlin-Lichterfelde에 있는 중앙군사학교Hauptkadettenanstalt로, 14세 정도의 10대 청소년을 수용했다.[13] 중앙군사학교를 졸업해야 장교후보생이 될 수 있었고 매우 드물게 소위로 임관하는 경우도 있었다.

전체 생도 수인 2,500명 중 절반가량이 베를린의 중앙군사학교를 다녔다.[14] 이렇게 많은 숫자는 언제든 전쟁에 나갈 준비가 된 징집 군대의 수요를 반영한 것으로, 전체 생도 수는 프로이센 전체 정규군 장교 수의 15퍼센트에 해당했으며, 장교 수는 1890년에 1만 6,646명, 1914년에 2만 2,112명이었다.[15] 웨스트포인트의 경우 1911년부터 1919년까지 평균 졸업생 수가 140명 수준이어서 생도 총원이 평균 560명이었는데, 여기에서 유년군사학교가 장교단의 유일한 인적 공급원이었음에 주목할 필요가 있다.

1920년, 군국주의의 양산지로 의심받던 모든 유년군사학교가 베르사유 조약에 따라 문을 닫았지만, 저명한 독일군 지휘관들이 이 군사학교들을 졸업했으므로 이 학교들에 대해 살펴볼 필요가 있다.[16] 1914년 독일군 장군 중 절반, 그리고 제2차 세계대전 때 프로이센 출신으로 원수 반열에 오른 이들 중

거의 50퍼센트가 유년군사학교에서 수학했다.[17] 미래 장교들을 사회화하는 데 이 학교들의 역할이 매우 중요했음에도 불구하고 오늘날 독일군 장교단에 대한 다수의 문헌들과 역사서에서는 이 학교들을 대부분 간과했다.[18]

미국에도 군사학교들이 존재했지만 이 학교들은 국가가 공인한 유년군사학교만큼 영향력이 없었다. 독일에서는 10세 전후의 어린 소년들이 중앙군사학교에 입교하기 전까지 엄격한 군 생활을 경험했다.

도대체 왜 예비군사학교가 존재했으며 왜 생도들이 곧장 중앙군사학교에 들어가지 않았을까라는 의문이 제기되어 왔다.[19] 이는 독일에서 미래 장교의 선발과 교육을 최고로 중시했다는 사실을 보여 준다. 예비군사학교를 통해 부모와 교관, 생도 스스로가 과연 군 생활이 생도 자신과 군에게 최선의 길인가를 결정하는 데 충분한 시간을 가졌다. 또한 미래의 지도자들을 조기에 발굴할 수 있었다. "프로이센 생도대의 주관적 평가체계를 통해 매우 신뢰도 높은 정확성으로 3년 후 중앙군사학교로 진학할 이들을 선발했다."[20] 그러나 14, 15세까지 민간학교에서 수학한 학생도 중앙군사학교에 진학할 수 있는 길도 열려 있었다.

유년군사학교는 실업계 고등학교Realgymnasium의 교과과정을 제공했고 그와 동일한 교육기관으로 인식되었다.[21] 기본적으로 실업계 고등학교에서는 난해한 고대 그리스어 과목을 배제했고 라틴어 수업 시간을 줄여 왔다. 미국의 상황과 대조적으로 유년군사학교의 지도부와 교관들은 현대화에 대한 공적 논쟁에 적극적으로 참여했다. 이런 토론에서 생도들의 시간표가 포화 상태라고 인식되면 교육과정이 바뀌었으므로 웨스트포인트에서처럼 단순히 수업 시간을 자꾸 늘리는 방법을 쓸 수가 없었다. 현대화에 대한 논쟁 중에 생도들의 부담이 크다는 점이 드러났다. 미국과 달리, 웨스트포인트처럼 동료들의 수업 시간을 4분의 1로 줄이고 자신의 수업 시간을 두 배로 늘리기를 원한 이기적인 교수가 토론을 방해하는 경우는 없었다.[22] 그 결과 제도학은 6시간, 자연과학은 3시간, 라틴어는 3시간, 종교학은 2시간씩 수업 시간이 줄어

그림 3-1. 베를린-리히터펠데에 설립된 중앙군사학교. 1900~1910년에 촬영된 사진이다. 중앙군사학교는 14~19세의 생도를 1,250명가량 수용했다. 꼭대기에 대천사 미카엘의 동상이 세워진 높은 첨탑이 있는 건물은 교회이다. 중앙군사학교 생도는 웨스트포인트 생도처럼 졸업과 동시에 자동으로 장교로 임관하는 게 아니라 전쟁학교와 원 소속 연대에서 능력을 인정받은 후 장교로 임관할 수 있었다. [Courtesy U.S. Military Academy Library Archives]

들었다.[23] 반면 독일어는 2시간, 프랑스어는 5시간, 영어는 3시간, 지리학은 4시간씩 늘어났다. 또한 일찍이 1890년에 공포스런 암기 과목(문자 그대로 암송을 의미하는 여러 가지 암기할 것들)을 축소하고 좀 더 현대적인 방식으로 수업을 진행했다.[24] 1899년 미 육사의 해외시찰단이(제2장 90쪽 참조—옮긴이) 웨스트포인트 교수들에게 졸업생이 자신감 있게 외국어를 사용할 수 있게끔 생도들에게 실질적인 지식을 제공해야 한다고 조언했다. 그러나 그보다 이미 10년 전부터 독일에서는 생도들이 '첫 번째 수업 시간부터 외국어를 실질적으로 구사'하는 데 필요한 격려와 지원을 받는 교육환경이 구축되어 있었던 것이다.[25] 두 차례의 세계대전 중 상당히 많은 수의 독일군 장교들이 적국 사람인 프랑스인, 영국인, 미국인 들과 때로 놀랄 만한 수준으로 소통할 수 있었다는 점은 독일군의 언어 교육 프로그램이 어느 정도 성공적이었음을 보여 준다. 이런 면에서 생도들은 인문계 고등학교Gymnasium에서보다 훨씬 더 진보적인 교육을 받을 수 있었으며 군사 과목과 훈련을 이수하고 민간 학교에서보다 훨씬 더 많은 체육 수업을 받았다.[26]

부모가 자녀를 이런 학교에 보내는 이유는 대략 세 가지였다. 첫 번째 이유는 에리히 폰 만슈타인Erich von Manstein의 사례에서 볼 수 있다. 만슈타인의 친부와 양부 모두 장군 반열에 올랐고 이모부가 파울 폰 힌덴부르크Paul von Hindenburg 원수였으므로 만슈타인의 부모는 가능한 한 일찍 아들을 군인이 되도록 유도하고 군 생활을 알려 주고자 했다. 만슈타인은 군인 이외에 다른 직업을 생각조차 할 수 없었다.[27]

두 번째 이유는 자식에게 지속적인 교육 여건을 보장하는 것으로서, 수년간 전국 각지에 거주해야 하는 현역 장교의 경우였다. 하인츠 구데리안Heinz Guderian의 아버지는 이 같은 이유 때문에 아들을 위해 유년군사학교를 선택했다. 아버지가 독일 전역을 돌아다니는 동안 기숙학교에 있는 자식은 동일한 교육환경에서 안정적으로 학습할 수 있었다.

세 번째 이유는, 군과 무관한 집안의 부모가 자식이 장교가 되어 출세하기

를 바라는 마음이었다.[28] 20세기 초 독일 사회에서는 장교가 최고의 직업으로 인식되었다.[29]

그러나 아들을 군사학교에 보내려면 부모가 수업료를 지불할 정도의 재력을 갖추어야 했다. 수업료 면제나 장학금 제도를 이용할 수 있었지만 아버지가 군 복무 중에 큰 공을 세우거나 궁핍한 현역 및 예비역 장교의 아들이 주로 혜택을 받았다.[30] 후자 때문에 프리드리히 대왕의 부왕(프리드리히 빌헬름 1세—옮긴이) 시대 이래로 학교의 부차적 기능은 '자선 기관'이었다.[31]

유년군사학교와 미국 사관학교 간의 차이점은 명확하다. 독일의 소년들은 어린애 취급을 받지 않았다는 점이다. 민간학교에서는 친구 사이가 아니라도 어린 아이들을 부를 때 쓰는 '너du'라는 호칭을 사용했지만 군사학교에서는 서로에 대한 존경의 의미를 담아 '당신Sie'이라고 불렀다. 황제조차도 생도들을 '나의 제군들Meine Herren'(Herr는 영어의 Mr.의 의미로 '씨', '님'에 해당하는 존칭이다. Herren은 Herr의 복수형이다.—옮긴이)이라고 불렀다.[32] 한편 군사학교의 교장과 장교들은 생도들의 혈기를 인정했고, 짓궂은 장난을 적발해도 매우 관대하게 처벌했다.[33] 독일 군사학교를 시찰한 미군 장교들은 생도들을 학생으로서 또한 생도로서 환경에 따라 성공적으로 대우할 수 있다는 것을 목격했다.[34] 독일의 생도들은 상급자를 본보기로 삼아 의무감과 동료애 사이에서 정도正道를 지키는 방법을 습득했던 것이다.

생도가 소유한 제복은 다섯 종류로, 가장 오래된 것은 평일용, 네 번째는 교회 예배용, 세 번째는 외출용, 두 번째는 퍼레이드 행사용, 그리고 첫 번째이자 가장 좋은 옷은 거의 입지 않았다.[35] 생도는 깨끗하고 단정한 복장을 갖출 책임이 있었지만, 그 외에 잡다한 일—구두 닦기, 침구 정리 등—은 대개 퇴역한 병사인 사환Aufwärter이 해주었는데, 이는 생도에게 학습과 여가 시간을 확보해 주기 위한 조치였다. 생도는 사환들을 정중히 대우해야 한다고 특별히 당부받았는데, 이러한 조치가 생도들이 장교로 임관했을 때 병사들을 대하는 자세에 영향을 미쳤을지도 모른다.[36] 수업은 민간인 교사와 군 교관이 담당했는데 —군사학교들의 관습대로— 전자는 생도와 군사학교의 군인들 사이에서 평판이 매우 낮았던 반면 후자는 깊이 존경받았다.[37]

프로이센군에서는 관례대로 생도가 지휘계통을 거치지 않고 곧장 고위급 장교에게 고충을 털어놓을 수 있었는데, 이는 괴롭힘을 당했을 때 가해자로부터 벗어나는 좋은 기회가 되었다.[38] 생도들은 이것을 '고자질' 또는 '아첨'이라고 불렀으며 물론 고충을 토로한 생도의 평판이 바닥에 떨어질 수도 있었다.[39] 그러나 동료에게 영향력을 행사하고 연줄을 이용하는 비열한 상급생에 대한 불만을 제기하는 행동은 불명예스러운 태도로 인식되지 않았고 오히려 결과가 좋은 경우가 잦았다.[40] 모든 신입 생도는 곰 훈련사Bärenführer 또는 유모Amme라는 애칭으로 불리는 선배 후견인을 각기 배정받았고, 이들은 유년군사학교의 규정과 규율을 담당 생도에게 소개하고, 괴롭히는 선배들로부터 신입 생도를 보호했다. 이러한 시스템은 어린 소년들이 선배들에게 대항하고 공포감을 느끼지 않도록 하기 위해 만들어졌다. 이 체계는 '유모'에서 시작되어 내무실 선임자로, 학교장으로 이어졌다.

훌륭한 지휘관이란 언제든 부하들이 다가갈 수 있는 존재이다. 유년군사학교 교장도 여기에 포함되었다. 이 원로 장교들은 생도들에게 시나 월터 스콧 경Sir Walter Scott(19세기 초 영국의 역사소설가, 시인, 역사가. '최후의 음유시인의 노래', '마미온', '호수의 여인'의 3대 서사시로 유명하다. 소설로 『웨이벌리』, 『아이반호』 등이 있다. —옮긴이)과 제임스 페니모어 쿠퍼James Feminore Cooper(미국의 소설가, 평론가—옮긴이)의 책을 읽어 주거나 전쟁 이야기를 들려주었다.[41] 학교장과 생도들이 직접 만날 때에 상급생도는 끼어들 수 없었다. 웨스트포인트 생도들의 경우 교장은 그저 멀리서 바라만 볼 수 있는 존재였고 거의 대면할 일이 없었는데 이는 "개교 이래 일종의 관습"이었다.[42]

훈육관Erzieher—대개 소위 또는 때로는 중위 계급—은 일반적으로 생도들에게 존경받았는데 회고록과 일기에 등장하는 웨스트포인트의 훈육관들은 엇갈린 평가를 받았다.[43] 훈육관들은 수업을 담당하고 생도들과 학교 지도부 사이에

그림 3-2. 중앙군사학교 생도대 광장에서 정오 사열을 받고 있는 제9중대 생도들. 웨스트포인트에 비해 분위기가 훨씬 부드럽다. 이런 사열에도 모든 장교가 참석했으므로 상급생도가 하급생도를 괴롭히는 행위 자체가 불가능해 편안한 분위기가 조성될 수 있었다. 생도들은 장교들에게 문제점이나 근심거리를 거리낌 없이 상의했다. 사진 중앙에 보이는 한 장교가 생도들에게 온 편지를 확인하고 있다. 여자친구에게 편지를 보내거나 받는 것은 금지되었다. [Bundesarchiv, Bild 146-2007-0134 / CC BY-SA 3.0]

서 가교 역할을 했다. 따라서 생도들은 훈육관을 단순히 상관이 아니라 동료로 인식했다.[44] 독일군 지도부는 훈육관의 위치를 가장 중시했으므로 훈육관을 엄격히 선발해야 한다고 생각했다.

많은 10대 청소년들이 괴롭힘—거친 행동과 위협적 행위—을 당하는 다른 곳들처럼 유년군사학교에도 동일한 문제가 있었지만 웨스트포인트에서처럼 '짐승의 막사'나 모욕적인 '교화 시스템' 또는 제재를 목적으로 한 가혹행위는 없었다.[45] 후배 생도를 괴롭힌 사람은 군 교관에게 처벌을 받고 생도대에서 체면을 잃는 상황을 감수해야 했다.[46] 더욱이 중대장 생도가 신입생도를 거칠게 대하면 그런 불합리와 비겁함을 비난하기를 두려워하지 않는 중대장 생도의 동료가 즉각 분노했다.[47] 다수의 유년군사학교 졸업생들은 재학 중에 어떠한 형태의 가혹행위도 경험한 적이 없다고 강조했고, 만일 다른 학년에서 그런 행위가 있었다고 해도, 장교들에게 발견될 경우 엄하게 처벌받았기 때문에 최대한 남들 모르게 이루어졌을 수도 있을 것이라고 언급했다.[48] 1850년부터 1890년대까지는 어느 정도 가혹행위가 존재했지만 사실상 19세기 말과 20세기 초 무렵에는 모든 조직적 가혹행위가 완전히 근절되었다. 뒤에서 살펴보겠지만, 당시 임무형 전술이 채택되고 다른 교육 분야가 개혁된 것은 우연이 아니었다. 좀 더 융통성 있고 독창적이며 창의성이 풍부해야 한다는 새로운 장교상이 생겨나자 모든 형태의 가혹행위가 개성을 중시하는 교육과 상충되었다.

공식 집계는 없지만 생도 생활을 한 사람들의 회고록을 살펴보면 군사학교의 군기 교육을 견디지 못해 학교를 뛰쳐나간 경우는 분명 흔치 않았다. 학교에서 생도가 '탈영'하면 직속상관이나 교장의 경력에 치명적이었으므로 그런 일은 매우 드물었던 듯하다.[49]

웨스트포인트와 가장 크게 대비되는 점은 유년군사학교의 상급생도가 학년이 높다는 이유만으로 하급생도에 대해 우월권 또는 지휘 권한을 자동적으로 얻을 수 없었다는 것이다.[50] 중대장 생도, 하사관 생도, 내무실 선임생도 또는 지도생도Aufsichtskadett 등 생도대에서 지휘권을 행사하는 극히 일부의 직책을 가진 생도들도 있었지만, 그런 직책을 탐내는 생도들이 많았을 뿐만 아니라 쉽게 그런 직책을 잃기도 했다. 전체 생도대는 중대 단위로 편성되었고 생도들은 다섯 개의 '도덕적 등급'으로 분류되었다.[51] 모범적으로 행동하고 좋은 성적을 받으면 등급이 올라가고 성격이나 행동에 문제가 있으면 등급이 떨어졌다. 등급이 올라갔을 때 얻는 세 가지 이점 중 가장 중요한 것은 더 많은 자유 시간과 극장 방문을 보장받는 것이었다.[52] 1등급 또는 2등급으로 승급된 생도는 친척 집을 방문하러 주말 또는 휴일에 추가로 외출할 수 있었고, 생도 전용 예약석이 따로 있는 극장에 다른 생도들보다 좀 더 자주 갈 수 있었다.[53] 두 번째 이익은 주변 동료들의 존경을 받는 것이었다. 추가 외출 덕분에 자유롭게 시가지를 거닐도록 허락받은 생도는 동료들 사이에서 더 원숙한 생도로 인식되었다. 등급을 올리지 못하면 진급 자체가 불가능했으므로 이것이 승급의 동기를 부여하는 세 번째 이유였다. 계급이 올라갈수록 왕이 하사하는 수당Königliche Zulage도 많아졌다.[54]

도덕적 등급이 하락하면 행동의 자유가 줄어들고 즉각 지위를 잃었다. 모든 생도는 평균 수준인 3등급으로 생도 생활을 시작했으며 통상적인 외출권을 보장받았다. 등급이 최저로 떨어지면 대부분의 시간을 학교에 남아 보내야 했고, 감시를 받았으며, 제복에 특별한 표식이 달렸다.

하급생도가 상급생도에게 휘둘리는 웨스트포인트와 달리 독일의 생도는 도덕적 등급으로 구분되었다. 따라서 나이가 많다고 해서 유리한 면은 전혀 없었고 하급생도도 모범적으로 행동한다면 상급생도를 부끄럽게 만들 수도 있었다. 독일에서는 하급생도가 자신보다 3년 먼저 입교한 선배 생도보다 더 높은 지위를 차지할 수 있었는데 이것은 신입생들에게 가혹행위를 할 수 없는 좋은 이유 중 하나였다.[55] 유년군사학교에서 모범적인 행동은 웨스트포인트에서처럼 처벌되지 않음을 의미하는 것이 아니라 10대들이 중요한 보상을 받는다는 것을 의미했다.[56] 토머스 벤틀리 모트Thomas Bentley Mott(육사 1886

년 졸업)는 생도대에서 자치근무(미국과 한국 육사에서는 생도들이 동급생 및 하급생을 지도하는 '자치근무제'를 시행하고 있다. —옮긴이) 직책을 맡은 데에 만족했다고 기록했지만, 다음과 같이 솔직하게 털어 놓았다. "엄청난 영광이지만 그것이 청춘의 즐거움과 약간의 자유에 대한 갈망을 대신할 수는 없다."[57] 모범적 행동을 통해 유년군사학교에서 얻을 수 있는 것은 바로 모두가 갈망하는 자유였다.

또 다른 분명한 차이점은, 독일에서는 생도가 휴일 또는 보장된 휴가와 외출 기간에 친척을 방문하는 동안 민간인과 접촉하면 '타락'할 것이라고 걱정하는 사람이 아무도 없었다는 것이다. 20세기 초 독일 사회는 미국 시민사회와 달리 철저히 '군국화'되어 있었다는 점에 주목할 필요가 있다. 독일에서 군대는 여러 가지 측면에서 본보기로 인식되었다. 1930년대 초반 사회의 군국화 촉진은 '제복의 유행'을 불러일으켰다.[58] 군대 용어와 표현방식이 일상화되었고 공무원도 제복을 착용했으며 다수의 대기업들이 근로자에게 제복 같은 복장을 지급했다. 1935년 수상관저에서 열린 국방군의 신형 군복을 논의하는 자리에서 히틀러의 부관 프리드리히 호스바흐Friedrich Hoßbach 소령은 "장차 우리 군인들이 민간사회와 구별되는 또 다른 민간 복장을 해야 할 것 같다."라고 농담할 정도였다.[59]

가장 민주적인 사회 중 하나인 미국의 웨스트포인트에서 1학년 생도는 휴가를 갈 만한 존재로 신뢰받지 못했지만 —미국의 생도보다 다섯 살 이상 어린— 독일의 생도는 정기 휴가와 휴일을 자유롭게 보장받았다. 이들은 아직 장교가 아니었지만 —그중 대부분은 장교후보생도 아니었지만— 각자가 생도대의 명예를 대표한다는 훈계가 어떤 형태의 압박보다 더 효과적이었던 것 같다.

하지만 생도들에 대한 신뢰는 생도들이 가족에게 편지를 쓸 때면 사라졌다. 소년들은 성인 대우를 받았지만 모든 유년군사학교에서 편지를 검열했다.[60] 상관들은 편지에 껄끄러운 내용이 쓰여 있다면 그 부분에 표시한 후 수취인을 위해 별도의 종이에 그에 대해 설명하는 글을 써서 편지에 동봉했다.

그림 3-3. 1900~1910년경 중앙군사학교 지리학 수업 시간의 광경. 독일군 학교와 대학의 교실 크기는 미국의 그것보다 훨씬 작았다. 수업의 중점은 학생들의 능력을 개발하는 것이었다. 지식 습득 속도가 빠른 학생들은 우수한 능력을 지닌 학생들과 함께 배웠고 학습 속도가 더딘 학생들은 동일한 수준의 학생들과 함께 그룹별로 공부했다. 이렇듯 진보된 교육 방식은 미국의 교육기관에서는 상상할 수도 없는 일이었다. [Bundesarchiv, Bild 146-2007-0133 / CC BA-SA 3.0]

졸업과 평가 제도는 매우 복잡했다. 생도는 '인성'과 학문적 능력으로 평가받았다. 그래서 학업 능력이 떨어져도 리더십이 탁월한 생도가 진급할 자격을 얻었고, 수학이나 프랑스어 과목에서 좋은 성적을 받은 동료보다 더 빨리 진급할 수 있었다. 한 졸업생이 자신들은 학자나 예술가가 아니라 장교가 되는 훈련을 받았다고 한 말에 주목할 필요가 있다.[61]

장교후보생의 군사심리학적 평가wehrpsychologische Untersuchung는 유년군사학교를 졸업하고 전쟁학교Kriegsschule에 입학한 후에 본격적으로 시행되었지만 이미 유년군사학교 생도 시절에서부터 '인성'을 평가했다는 측면에서 이 부분을 좀 더 깊이 살펴보도록 하자.[62] 외국 작가들은 독일군의 '인성' 개념을 끊임없이 잘못 이해해 왔다. 이것은 임무완수Pflichterfüllung, 복종Gehorsam, 명예심Ehrgefühl, 자립심Selbstständigkeit, 근검절약Sparsamkeit, 진리애Wahrliebe, 청결성Sauberkeit, 준법정신Ordnungsliebe 같은 성격 특성이나 습관 등을 의미하지 않는다.[63] 앞서 언급한 귀족 가문 출신이나 황제의 총애 등과도 관련이 없다.[64] 이것은 장교후보생이 특정한 상황에서 취하는 태도, 즉 행동 양식을 의미했다. 군사학교의 상관들은 마치 국방군의 심리학자처럼 생도나 장교후보생 개개인의 성격 특성과 이것이 장교 경력에 얼마만큼 유용할 것인가를 눈여겨보았다.[65] 그들은 '정형화된 장교'가 아니라 전쟁과 전투에서 장교다운 방식으로 임무를 완수하는 데 자신의 특성을 발휘할 수 있는 개인을 원했다.[66] 그런 능력들 가운데 가장 중요한 것은 의지력Willenkraft이었다. 즉 장교로서 본보기가 되겠다는 의지, 부여된 임무를 성공시키겠다는 의지, 단호하게 전술적 결심을 강행하겠다는 의지, 자신의 생각을 명확히 표명하는 의지, 어떤 압박 아래에서도 평정심을 유지하겠다는 의지를 포괄하는 것이었다.[67] 또 다른 인성 영역인 책임의식Verantwortungsbewußtsein은 장교단과 국방군의 일원으로서 자신의 행동에 대한 책임감을 인식하고 모든 상황에서 언제나 장교다운 자세를 견지하는 것을 의미했다. 또한 그것은 부하들에 대한 막중한 책임감을 의미했는데, 위기상황에서 냉철한 상관과 아버지처럼 부하들을 돌보는 인자한 상관 사이에서 정도正道를 선택함으로써 부하들과 전우이자 동료 관계를 형성하는 것을 뜻했다. 마지막으로, 자신의 일을 배우고 전문 분야에서 탁월해져야 한다는 책임감을 의미했다. 결국 장교후보생은 전투에 참가하기를 갈망하는 마음을 품고 최전선에서 지휘해야 하며, 필요하다면 죽음을 두려워하지 않는 전사적 기질, 전투의지를 발휘해야 했다.[68]

독일군 장교단은 상대인 미군 장교단과 마찬가지로 대부분 기독교인이었지만 종교적 신념은 공식적으로 인성 형성과 전혀 관계가 없었다. 그러나 미군에서는 종교적 신념이 기본 토대였다.[69] 독일에서는 종교적 주제가 장교 교육에 거의 등장하지 않았지만 미군에서 종교적 믿음은 새로운 인성 형성에 관한 주제와 직접 연관되었다.

독일에서는 인성 표출과 솔선수범이 동의어였다. 유년군사학교에서는 일반적으로 —특히 접적전진(공격과 방어가 아닌 이동 간에 적과 교전할 수 있는 상황을 의미—옮긴이)에서— 진두지휘의 필요성을 소년들에게 신조로 가르쳤다. 유년군사학교의 교장은 열 살짜리 생도에게조차 어떻게 죽을 것인지를 배워야 한다고 직접적으로 말했고, 전장에서 장렬히 전사하겠다는 태도가 독일 장교단에 깊이 뿌리내리게 되었다.[70]

어린 생도 시절 에른스트 폰 살로몬Ernst von Salomon이 열다섯 살의 형에게 형이 상상하는 가장 멋진 일이 무엇이냐고 묻자 그는 이렇게 답했다. "파리를 목전에 둔 어느 참호에서 스무 살의 소위로 뒈지는 게 가장 환상적이지."[71]

한 나이 든 장교는 장남이 프로이센-프랑스 전쟁 기간 중 생프리바St. Privat 전투(1870년 8월 16~18일 마르라투르Mars-la-Tour에서 벌어진 전투—옮긴이)에서 부상당해 극심한 고통 속에서 사망했다는 소식을 접했는데, 당시 그의 반응이 독일군의 '인성'을 정확히 묘사해 준다. "젊음이 더없이 부럽구나. 장교로서 전사하는 것보다 더 이상 아름다운 것이 없으니."[72]

장군, 때때로 원수도 전선에 모습을 드러냈고 결정적 국면에서 리더십을 발휘했다. 미군 병사들은 전선에서 사단장을 보면 놀라워했으며, 전선에 대대장이 나타나지 않아 자신들의 대대장이 누군지조차 몰랐다.[73] 1944년 초에 미군의 최정예 전투사단을 대상으로 조사한 바에 따르면 약 절반의 병사들이 전장으로 돌아가고 싶지 않다고 말했다고 한다. 그중 80퍼센트는 "중대 장교들이 병사들의 복지에 전혀 관심이 없다고 말했다."[74] 심지어 오랜 기간 진행한 인식 조사에서도 장교가 부하들에게 관심이 있다거나 부하들과 동고동락했다고 생각한 병사들은 극소수였음이 드러났다.[75] 그러나 정확히 말하자면, 이런 것들은 국적을 불문하고 모든 병사가 장교에게 바라는 특성이다.[76] 독일 병사들은 고향에 보내는 편지에서 장교들을 칭송하는 경우가 많았지만 미군에서는 이런 일이 드물었다.[77]

전쟁 이전에 미국 시찰단은 독일군의 전투 효율성이 높은 결정적 특징이 진두지휘의 리더십임을 인식하지 못했다.[78] 독일군 부대들은 종종 절체절명의 상황에서 탁월한 리더십을 통해 월등히 우세한 적을 상대로 공격 또는 방어에 성공했다. 제2차 세계대전이 진행되는 동안 —그때도 너무 늦었지만— 모든 미군 제대의 정보장교들이 이 같은 사실을 직접 확인했다. 한 보고서는 '독일군 장교들'이란 제목의 장에서 국방군 장교와 병사의 '아버지와 아들' 같은 관계와 초급 장교들의 탁월한 리더십 능력을 다루었다.[79] 1944년에는 소위나 중위가 부대의 유일한 장교로 남아 중대장 임무를 수행한 사례가 드물지 않았다. 이런 상황에서 전투력이 소진된 후에도 이 부대는 효율적이고 맹렬하게 싸웠다.

솔선수범하는 것은 —특히 전장에서, 죽음까지 감수하는 것은— 리더십의 핵심 원칙 중 하나였고 독일군 장교 교육에서 끊임없이 강조되었다. 독일 국방군의 장교 전사자 수와 미군의 장교 전사자 수를 비교해 보면 현격히 차이가 난다. 전장에서 목숨을 잃은 장성급 장교 숫자를 비교해 보면 더욱 놀랍다. 미군의 최고위급 전사자는 사이먼 볼리버 버크너 주니어Simon Bolivar Buckner Jr.(육사 1908년 졸업) 중장으로 오키나와 전투에서 일본군의 포탄 파편에 목숨을 잃었다. 그다음으로 고위급 전사자는 레슬리 맥네어Lesley McNair 중장으로 코브라 작전Operation Cobra(1944년 노르망디 상륙 이후 미군의 작전—옮긴이)에서 미군의 폭격으로 사망했다. 두 사람은 사후에 대장으로 추서되었다.

제2차 세계대전 때 미군 장군 20여 명이 전투 중에 사망했는데 이 중에는 육군항공단Army Air Corps 소속 장군들도 있었다.[80] 그들이 사상자의 약 50퍼센트를 차지했다. 해병대 장군들까지 포함해서 부상자는 34명에 불과했다. 독일군 숫자가 과장되었으며 통계상의 결함이 있다고 평가받지만 약 220명의 육군과 공군 장군을 포함하여 같은 기간 동안 전사한 독일군 장교 숫자는 미군의 그것보다 열 배가 넘는다는 것만은 확실하다.[81] 전쟁 당사국 중 소련 적군赤軍 장교단의 전사자 숫자가 독일의 숫자와 거의 동일하지만 그 높은 수치가 진두지휘에서 비롯된 결과인가는 다소 의심스럽다.[82]

미군 장군들은 전선으로 가는 길에서 또는 포화 속에서 '침착함'을 보여 주었다는 이유로 칭송되거나 보상을 받았으나, 독일 국방군에서는 '용맹'을 보여 주는 행동을 그리 대수롭지 않게 여겼다.[83] 독일군에서는 전투 시에 용기를 발휘하는 것을 장교의 임무로 여겼다. "단지 용기 있는 행동만으로는 아무리 탁월하더라도" 용맹을 상징하는 훈장을 받기에는 "충분하지 않았다."[84]

당혹감을 느낀 일부 미군 장군들은 훈장을 반납하려 했지만 받아들여지지 않았다.[85] 제1차 세계대전 때 더글러스 맥아더가 예하부대의 공격을 근접해서 관찰하던 중 엄청난 포탄이 떨어지자 부관이 그를 보호하기 위해 달려들었다. 맥아더는 부관의 손을 뿌리치며 "장군 하나가 전사하는 것만큼 미국원정군의 사기를 올리기 좋은 일도 없어."[86]라고 말했다.

야전부대의 중간계층, 즉 소령부터 대령까지의 장교들 중 독일군 전사자 숫자가 미군의 그것보다 훨씬 많은 것은 확실하다.[87]

나는 이 책의 표지로 쓸 사진을 찾고자 수많은 인터넷 데이터베이스와 사진집을 검색하며 제2차 세계대전 당시에 촬영한 수천 장의 전쟁 사진을 뒤졌다. 전장에서 지휘하는 독일군 장교의 사진을 찾는 데에는 아무 문제가 없었지만 미군의 사진을 찾기는 거의 불가능했다. 게다가 독일군의 경우에는 병사들이 휴식하거나 단순히 집결한 광경을 담은 사진에도 최소한 한 명의 장교가 있었다. 그러나 미군 병사들이 모여 있는 사진에서 가장 상위 계급은 대개 부사관이었다.

전쟁에서 상급 지휘관을 자주 보지 못한 미군 병사들과는 크게 대조적으로 많은 독일군 병사들은 전쟁이 끝나고 40년, 50년이 흘러도 직속상관이었던 장교들의 이름과 모습을 기억했다.[88] 독일군 연대장이 병사들과 함께 참호 속에서 소총을 쏘거나 수류탄을 던지는 일도 드물지 않았다.[89] 1942년에 장교 진급 제도가 개혁된 후 대령은 1년간 최전방에서 근무해야만 소장(당시 독일에는 준장 계급이 없었다. —옮긴이)으로 진급할 수 있다는 규정이 마련되었다.[90]

에르빈 롬멜Erwin Rommel로부터 아프리카 군단을 인수한 빌헬름 리터 폰 토마Wilhelm Ritter von Thoma 장군은 1942년 포로가 될 때까지 스무 번 이상 부상을 입었다. 그답게 어느 언덕에서 기습작전을 직접 지휘하다가 사로잡히기도 했다.[91] 독일 장군이 직접 수류탄이나 지뢰, 휴대용 폭약으로 전차를 파괴하거나 근접전투의 유공으로 훈장을 받은 사례가 드물지 않다. 독일군 장교들이 '전장의 치명성'이나 '방호 대책'에 관한 수업을 받지 않아 교육이 부족했다는 주장도 있다. 그러나 이와 같은 주제를 다룬 방대한 양의 문헌도 존재하지만, 이런 주장 자체가 미국에서 독일의 전쟁 문화를 거의 이해하지 못했다는 나의 진술을 뒷받침해 준다.[92] —계급 고하를 막론하고— 독일군 장교들이 처한 환경은 필요하다면 부하들과 함께 싸우다가 그들 앞에서 전사하는 것이었으며, 이것은 절체절명의 상황에서 독일군 병사들의 사기를 북돋는 가장 확실한 방법이었다. 독일군 장교들은 말 그대로 최전선에서 부하들을 이끌었고 결코 후방에서 '관리'하지 않았다. 그들은 "기본적으로 우리의 승리는 장교가 병사보다 더 적군 앞에 자신을 노출했다는 사실에 기인했다."[93]라고 주장했다. 독일군 장교들의 높은 사상자 발생률은 진정한 리더십의 증거였고 '당연한' 결과였다.[94] 리더십에 관한 독일군의 기본 교범인 『부대지휘*Truppenführung*』에는 사단장이 "예하부대원들과 함께" 있는 동안 군단장도 예하 사단들과 "개인적 접촉"을 유지해야 한다고 쓰여 있다.[95]

제2차 세계대전 중 미군 병사들은 교전국 군인들만큼 전투력과 의지가 충만했지만 그들의 능력을 발휘하게 해줄 리더십이 부족했다.[96] 이로 인해 평균적인 미군 장교들은 부하들에게 존경받지 못했다.[97] 대부분의 미군 병사들은 자신의 대대장이나 연대장을 어디에서도 본 적이 없었기 때문에 그들이 누구인지 전혀 몰랐다.[98] 그러나 미군 소총병들은 독일군 장교단이 발휘한 것과 똑같은 리더십을 장교들에게 기대했다. "후방에서 편히 책상머리에서 행정 업무를 보는 장교는 너무 많았고, 최전선에서 지휘하는 장교들은 너무 없었다."[99]

한 조사에서 참전한 미군 보병들에게 '최고의 전투원'의 특징을 묘사해 달라고 묻자 이들은 "항상 전장에서 부하들과 함께하고 솔선수범해 지휘"하는 장교라고 꼽았다.[100] 그러나 이런 사례는 대단히 드물었는데, 4분의 3가량의 병사들은 "대부분의 장교들이 임무를 성공적으로 수행하는 것보다 진급에 더 관심이 있었다."[101]는 데 동의했다. 보기 드문 어떤 장군은 부대원들에게 "내가 귀관들에게 약속할 수 있는 것은 젖은 몸으로 진창을 구르는 것뿐이지만 나는 항상 귀관들과 함께할 것이다."라 말했고 실제로 약속을 지켜 부대원들이 숭배하는 존재가 되었다.[102]

병사들에게 존경받은 예외적인 장교들은 전투부대를 이끈 중위와 소위들이었고 나이 많은 부대원들은 그들을 젊다는 이유로 종종 애송이로 여겼다.[103] 지휘의 본질적 특성상 초급 장교들은 전장 한복판에 있었고 항상 가장 먼저 죽는 경우가 반복되었다.

최전선의 리더십이라는 점에서 미군 공수부대는 예외적이었다.[104] 공수부대의 대령과 심지어 소장까지도 부대원들과 함께 낙하산을 타고 전장으로 뛰어들었으며 그중 많은 수가 —독일군처럼— 기초 공수훈련을 할 때부터 부대원들과 함께했다. 공수부대 장군과 '보통의' 장군 간의 태도 차이는 벌지 전투Battle of the Bulge(1944년 아르덴 지역 전투. 독일 측에서는 아르덴 공세Ardennes Offensive라고도 한다. —옮긴이) 기간에 극명하게 드러났다. 매슈 B. 리지웨이 장군은 (노르망디 상륙작전) D데이에 명성을 떨친 제82공정사단의 사단장으로서 부하들과 함께 적진 깊숙한 곳에 낙하했으며, 1944년 12월에 아르덴 일대를 방어하던 제18공정군단의 지휘권을 인수했다(Airborne은 공정, Airlift는 공수로 번역하고 Airborne Operation은 공정작전으로 옮겼다. 공수는 단순히 항공기로 물자를 이동하는 것을 의미한다. —옮긴이). 리지웨이는 예하부대 지휘관들의 리더십 부족에 경악하며 다수의 지휘관들을 불러모아 "사단장부터 말단까지, 강인하고 적극적인 리더십으로 작전을 지휘하지 못하는 건 지휘관들의 실책"[105]이라고 언급했다. 이탈리아 전선의 상황도 별반 다르지 않았고 미군은 공격성과 리더십 부족에 대한 비난에 시달렸다.[106]

미군은 비교적 소수의 사단과 군단만을 투입했고 적어도 평균적 능력을 보유한 사단장, 군단장은 충분했으나 연대장급의 리더십 문제는 매우 심각했다.[107] 카세린Kasserine에서부터 노르망디와 아르덴까지 연대장들은 전장의 압박감과 체력 부족, 무엇보다도 능력과 리더십 기술, 공세적 의지 부족 때문에 힘겨워했다.[108] 이러한 위기 상황 중에 제18공정군단장 리지웨이는 단호하게 말했다. "지금 내게 절실히 필요한 것은 고도의 리더십을 발휘하는 〔…〕 불안정한 연대들을 장악해 지금 당장 일으켜 세워서 최단시간 내에 행동할 수 있는 훌륭한 연대장급 인재들이다."[109] 그러나 다수의 연대장들이 학교 이름에 '지휘'라는 단어가 있지만 진정한 리더십을 가르치지 않는 리븐워스를 졸업했는데, 이와 관련한 문제는 다음 장에서 자세히 살펴보겠다.[110]

미군의 고위급 지휘관들은 그들만의 방식으로 더 효율적인 장교단을 새롭게 만들고자 했다. 그들은 복무에 부적합한 장교들을 해임하고 재분류하기를 극도로 꺼렸는데 이것은 평시에도 드러난 문제였다.[111] 미군이 특정한 형식으로 유지한 재분류란 대개 중요하지 않은 부대로 장교를 재보직하거나 적어도 한 계급 강등하거나 조기에 전역시키는 것을 의미했다. 따라서 지휘관으로 부적격한 장교는 애매한 이유로 구제되어 사단을 떠나 이 부대에서 저 부대로 옮겨 다녔다.[112] 결국 리지웨이처럼 합리적인 지휘관이 그들을 파면하지 않는 한 전쟁부에서는 그들의 부적격 사유를 인지하지 못했다. 간혹 고위급 장교가 전투에서 패배한 후 무사히 귀국하거나 심지어 승진한 사례도 있었다.[113] 프로이센과 독일군에서는 전통적으로 지휘 역량이 부족하다고 판명된 장교를 가혹하게 처리했다.[114]

추측건대 국방군의 전반적인 인성평가 제도는 장교로서 자질이 부족한 자들을 걸러내기 위해 도입되었으며 현대적 학문에 기반을 둔 것이라기보다는 한편으로 일종의 인종차별적 믿음과 관계있는 것이었다. 대부분 전역한 장교들이 과거 군에서 복무했던 민간인 심리학자들을 '지도'했다. 그러나 미군과는 철저히 대조적으로 국방군에서는 장교에게 필요한 인성, 자질과 능력, 장교후보생 선발 방법에 대한 공감대가 형성되어 있었다. 이를테면 유년군사학교에서 지휘관 생도 직책을 수행한 생도는 중앙군사학교에 진학해 같은 직책을 얻었고, 장교가 된 후에도 리더십 측면에서 탁월한 평가를 받았다.[115] 장교후보생의 교육과 선발에 고도의 일관성이 존재했다는 점에 주목할 필요가 있다.

유년군사학교에서 11학년Obersekunda을 마친 생도는 장교후보생 시험Fähn-richexamen을 치렀다.[116] 언어, 지리학, 수학, 기하학, 역사 등 전 과목의 일반지식과 기초적인 군사 관련 문제가 출제되었다. 이 시험은 민간에서 13학년 이후에 종합대학에 입학할 자격을 얻기 위해 치르는 아비투어보다 약간 쉬웠다.[117] 이 시험을 성공적으로 통과하면 생도는 중급 장교후보생charakterisierter Portepee-Fähnrich이 되었다.[118] 새로운 지위를 얻으면 해당 지위의 제복을 입고 하사보다 높은 대우를 받았다. 드디어 모두가 그를 진지한 장교후보생으로 인정했으나 연대장에게 총검을 수여받고 상급 장교후보생patentierter Fähn-rich, Degen-Fähnrich이 될 때까지는 지휘권이 전혀 없었다. 엄밀히 말하면 상급 장교후보생은 상사보다 낮으나 전시에 선임 장교가 전사하면 부대를 지휘할 정도의 권한을 가졌다. 제1차 세계대전이 발발하자 중앙군사학교에서는 16세 이상의 생도들을 즉시 상급 장교후보생으로 졸업시켰다. 그래서 17세의 소위가 드물지 않았다. 원래 이 계급에 이를 때의 일반적 연령은 19세였다.

인맥이 좋거나 대담성을 인정받은 생도는 장교후보생 시험을 치른 직후 중급 장교후보생으로서 연대에 배치되었고, 조기에 진급해 다른 사람들보다 좀 더 시간을 벌 수 있었다. 예를 들어 폰 만슈타인, 폰 슈튈프나겔von Stülpnagel, 폰 보크von Bock 가문의 인물들은 모두가 탐내는 근위연대에서 근무했고, 반면 하인리치Heinrici, 회프너Hoepner, 호트Hoth 가문의 인물들은 정규 연대 배치에 만족해야 했다.[119]

귀족 출신 생도는 평민 동료에 비해 또 다른 특권을 갖고 있었다. 겨울이 되면 그들 대부분이 황궁의 시종侍從 근무자로 선발되었다. 이러한 관례가 더더욱 부당했던 이유는, 도덕적 등급이나 학교 성적과 전혀 상관없이 귀족 출신 생도가 선발되었기 때문이다.[120] 그러나 '고귀한' 생도 숫자는 지속적으로 감소해서 1895년에 46.7퍼센트에서 1918년에는 23.1퍼센트까지 낮아졌다.[121] 자질과 상관없이 시종으로 선발되어 받는 훈육과 높은 지위로 인해 유년군사학교 내부에 귀족 파벌이 만들어지곤 했다. 평민 출신 상관과 생도들은 모든 수단을 총동원해서 즉시 그 문제를 타파해야 한다고 생각했다.[122]

어떤 근위연대에서 장교후보생이 되려면 엄격한 감시를 받았을 뿐만 아니라 화려한 행사용 제복을 살 만큼 충분한 여윳돈을 구할 수 있는 연줄이 필요했다. 어쨌든 장교후보생이 되려는 자는 보통의 동료들을 능가할 만큼의 상당한 재력을 갖고 있음을 증명해야 했다.

그러나 많은 장교후보생들은 연대에서 진급하기 전에 우선 전쟁학교Kriegsschule로 보내져 8개월에서 1년 반까지 현 계급으로 생활했다. 전쟁학교에서도 탄력적인 독일 군사교육 시스템이 작동했는데, 장교후보생들은 이전에 받은 훈련과 상관의 평가에 따라 각기 다른 학급에 편성되었다.[123] 06시에 일과를 시작해 중식 시간을 포함하여 08시부터 15시까지 수업을 진행했다. 교관들은 육군 편성부터 개인 사격술까지 총체적인 군사학을 가르쳤다.

장교후보생들에게는 오후 자유 시간도 어떤 목적이 있는 시간이었다. 이들은 교관과 동료들에게 개인별 인성을 평가받았다. 전쟁학교에 있는 동안 음주, 도박, 폭행에 휘말리거나 정치 집회에 참여하거나 연애 또는 부적절한 행동을 한 장교후보생은 장교가 될 자격이 없다고 판단되었다. 순수한 군사적 주제를 가르치기 전에 장교후보생들의 '정신력을 단련하는 것'이 독일 군사학교들의 사명이었다.[124] 일과 중뿐만 아니라 일과 후에도 장교후보생에 대한 평가가 중요하다는 점이 거의 모든 독일군 심리학 논문들에서 강조되었다.[125]

한편 유년군사학교에 남은 생도는 13학년Oberprima을 마친 후 졸업했고, 마지막 2년 동안 배운 군사학 과목의 수준이 '일반' 학교의 과목 수준을 능가했으며 아비투어에 상응하는 학력을 취득했다.[126] 그러나 마지막 졸업시험은 민간의 아비투어와 동일한 기준에 따라 민간인들로 구성된 위원회 앞에서 치러졌다.[127] 성적이 우수한 생도는 소위로 임관했고, 특출한 생도에게는 지위 또는 계급 연수를 소급해서 적용하도록 보장해 주었는데 이는 그들보다 먼저 학교를 졸업한 이들과 비교해 크게 유리한 점이었다. 따라서 유년군사학교에서 성공적으로 생활한다는 것은 장기적 관점에서 훗날 장교로서 큰 이점이 되었고, 생도들도 이 사실을 익히 잘 알고 있었다.[128]

남북전쟁의 영웅이자 군 개혁을 주도한 에머리 업턴Emory Upton(육사 1861년 졸업) 장군은 전 유럽 지역을 시찰한 후, 중앙군사학교의 수학 교과과정 전체를 미국육군사관학교에서는 단 1년 내에 교육한다고 언급했다.[129] 이러한 소견은 웨스트포인트 졸업생의 편협한 시각과 장교 교육에 대한 오해를 대단히 잘 보여 준다.

독일과 미국의 군사학교에서는 생도들이 모두 가혹하고 수직적인 규율에 복종했다. 독일 생도들은 군사학교 시절의 경험을 기술할 때 거의 모두가 '힘들다', '일방적이다'라는 단어를 사용했다.[130] 웨스트포인트의 생도들이 기본적으로 민간 학생들과 동일한 내용을 배웠다는 사실은, 반대로 그곳의 교육 수준이 얼마나 침체되었는가를 잘 보여 준다.

그러나 독일과 미국 생도들에게 가장 큰 문제는 가학적인 상급생도의 존재였던 것 같다.[131] 독일 군사학교에서 가혹행위를 일삼은 생도는 학교 생활을 하는 것은 사실상 불가능했다. 미성숙하고 문제 있는 세뇌교육 체계가 존재하지 않았을뿐더러 군사학교장이 시종일관 가혹행위를 엄격하게 금지했고 상급생도들에게도 가혹행위를 예방하고 근절해야 한다는 임무를 부여했기 때문이다.[132] 상급생도가 하급생도를 지도할 권한이 있는 지위를 맡을 수 있지만 독일 교육체계에서는 그런 권한이 자동적으로 보장되지는 않았다. 상급생도는 자신의 성숙함과 리더십 능력을 증명해야 했고 그렇지 못할 경우에는 강등당하거나 체면을 잃거나 도덕적 등급이 떨어졌다. '가혹행위자Schinder', 웨스트포인트에서는 '얼뜨기Flamer'—불필요하게 후배들을 괴롭히는 사람—라고 불린 이들은 독일군의 문화와 효율성—전우애Kameradschaft—을 훼손했다는 이유로 전 생도대의 경멸을 받았을 것이다.[133]

에리히 폰 만슈타인은 생도 시절에 혹독한 체력단련이 드물지 않았다고 인정했다.[134] 동시에 생도 생활 중 적어도 —만슈타인은 극도로 허약한 소년이었다.— "군 복무에 적합한 최저 기준"[135]에 도달하는 체력적 강인함을 얻었다. 물론 군 고위급 친척들이 그를 합격시키려고 압력을 넣었을 가능성도 있다.[136]

웨스트포인트에서는 생도들에게 구식 장비를 지급했지만 유년군사학교에서는 당시 제국군이 사용한 것과 동일한 장비를 지급했다. 전 생도는 총검술을 익혔고 상급학년이 되면 정기적으로 훈련을 받기 위해 야전부대로 파견되었다.[137] 제1차 세계대전 중에는 군사학교에서도 —생도가 지휘하는— 정규군의 중대급 공격훈련이 시행되었다.[138]

독일의 정교한 학년 및 진급 제도에서 생도의 '인성'과 학업 능력은 동일한 비중을 차지했다.[139] 전반적으로 학업 성적이 저조하고 졸업시험에서 낙제점을 받아도 유능한 지휘 능력을 인정받은 생도는 '황제의 자비Kaiser's Gnade'로 졸업할 수 있었다.[140] 1902~1912년에 황제는 자비를 1,000번 정도 베풀었는데, 수학 성적이 저조하다는 이유로 제국군이 탁월한 잠재력을 지닌 인재를 상실하는 상황을 바라지 않았기 때문이다.[141] 학업 기량이 부진해도 상급반으로 올라간 이들의 졸업장에는 라틴어로 '미개인에 가까운propter barbaram'—

그림 3-4. 1935년 드레스덴의 전쟁학교에서 기관총 사격술 훈련 중인 장교후보생들. 독일군 생도와 장교후보생들은 강도 높은 소화기小火器 운용술을 훈련받았고 모든 보병화기를 능숙히 다루고 전술적 측면에서도 탁월한 능력을 갖춘 후에야 비로소 장교로 임관할 자격을 얻었다. [Courtesy Bundesarchiv, photo 183-R43502, Photographer Wegner]

무식한 상태에 가까운—이라는 구절이 포함되었다.

소위 공부벌레Paukerärsche, 즉 학업 성적이 우수하지만 체력 측면에서 버티지 못하는 생도는 다른 생도들에게 멸시당했다.[142] 그러나 학업뿐만 아니라 운동에도 탁월하면 나이에 관계없이 생도대에서 "감히 범접할 수 없고 확고한" 지위를 보장받았다.[143] 학업 성적이 저조한 생도는 동료뿐만 아니라 튜터링 제도tutoring system의 도움을 받아 성적을 향상할 기회를 얻었다. 튜터링 제도란 후배 생도들의 학업에 책임을 지는 내무실 선임생도가 지휘계통상의 후배들을 직접 지도하는 것을 말한다.[144]

유년군사학교에서 생도는 상급자들의 모범을 통해 자신도 솔선수범으로 지휘해야 한다는 것을 배웠는데, 한 가지 사례를 통해 이 점을 살펴보자. 전 세계의 사관학교에서 가장무도회Kostümfest—문자 그대로 옮기면 '가장假裝 파티costume party'이지만 웨스트포인트에서는 '복장 대형clothing formation'이라고 불렀다.—는 전체 생도를 대상으로 한 흔한 얼차려였다.[145] 중대장 생도는 생도들에게 몇 분 내에 특정 제복으로 갈아입고 집합하라고 지시한다. 생도들은 계단을 뛰어 올라가 내무실에서 해당 복장을 착용한 후 연병장으로 집합한다. 중대장 생도가 간단히 복장 검사를 한 후 다시 다른 복장으로 환복하라고 지시하는 과정이 반복되고, 처벌이 충분했다고 생각하거나 전체 생도가 완벽하게 복장을 착용했다면 훈련을 중지한다. 웨스트포인트에서 중대장 생도는 후배 생도들이 뛰어다니는 모습을 하릴없이 지켜보지만 유년군사학교의 중대장 생도는 후배 생도들과 함께 환복하며 그들에게 얼마만큼 단시간 내에 완벽한 복장을 갖출 수 있는지를 직접 보여 주었다.[146]

웨스트포인트의 졸업생들과 달리 독일에서는 군사학교를 마친 생도 중 극소수만이 장교로 임관했고, 그들은 학업과 리더십 면에서 모두 탁월한 능력을 검증받았다. 나머지 졸업생들은 먼저 소위가 되기 전에 실무 현장에서 버텨내야 했고, 일정 기간 동안 장교후보생 신분으로 남았다.

유년군사학교가 최적의 교육 시스템 모델은 아니지만 장교 육성 측면에서는 미국육군사관학교보다 훨씬 더 우수했다. 여기에서 핵심은, 일반적인 청소년 교육에 더 적합한 조직을 가려내는 것이 아니라, 미국과 독일의 장교 교육제도를 비교하고 각 생도 교육기관의 강점과 약점을 살펴보는 것이다.

군사학교가 모든 사람을 위한, 특히 부모가 자식을 올바른 인간으로 성장시키고자 어린 아들을 보낸 곳이 아니었다는 데 주목해야 한다.[147] 응석받이Muttersöhnchen('어머니의 어린 아들', 마마보이, 즉 항상 어머니의 손길이 필요한 아이들을 일컫는 말이다. 영어로 '빙충이milquetoasts' 정도로 옮길 수 있다)와 '어리고 연약한tender and cuddly' 아이에게 군사학교는 무시무시한 곳이었다.[148] 그러나 이 시기 독일에서는 유년군사학교에 진학하려는 소년들이 드물지 않았다.[149]

독일에서는 생도 출신자라면 누구나 유년군사학교를 비판했는데, 이것 역시 자신의 경험을 미화한 웨스트포인트 졸업생들과의 극명한 차이점이었다.[150] 매우 드물게 한 졸업생이 —더욱이 군에서 성공한 인물이— 대담하게 웨스트포인트를 비판하는 글을 발표하자 그 글은 조롱의 대상이 되었고, 졸업생들은 비판 내용을 반성하고 숙고하기는커녕 후배 장교들에게 그의 책에 손도 대지 말라는 편지를 보냈다.[151]

미국인들은 한편으로는 독일인 이상으로, 프로이센인마저도 진부하다고 생각했던 방식으로 철저히 사관학교를 '프로이센화Prussianized'했다. 이로 인해 많은 측면에서 군대 교육도 아닌, 극도로 일방적이고 편협한 교육을 통해 완고한 소위들이 배출되었다. 그 결과물은 대개 교리, 복종, 명령과 단정함만을 중시하는 장교들이었고 이 모든 것은 전쟁과 전투의 혼란 속에서 오로지 방해물일 뿐이었다. 리더로서 잠재력을 보였으나 공학이나 수학에서 낙제한 이들을 붙잡고 보호해줄 제도적 장치는 없었다. '퇴교자'들이 개인적으로 결단해 병사로 입대할 때에만 군에 남을 수 있었다.

독일군의 불공정한 사전 선발 제도— '천한' 태생인 사람은 그렇지 않은 사람보다 장교단에 들어가기가 더 어려웠다. —에는 문제가 있었지만 그것을 만든 이들에게는 정교한 선발 방법이었다. 생도들은 겨우 10대에 미래의 리더로서 자신의 능력을 끊임없이 검증받아야 했다. 그들은 연공서열이 생도대 또는 장교단에서 자신의 지위를 결정하지 않는다는 것을 일찌감치 깨달았다. 나이 어린 생도도 탁월한 능력을 보여 준다면 상급생도를 뛰어넘어 상급자가 될 수 있었다. 이것이야말로 독일군 제도의 가장 큰 강점 중 하나였다. 웨스트포인트에서 4년제는 고정불변의 체계였다. 리더십을 발휘하기보다 순응하는 쪽이 생존하는 데 훨씬 더 도움이 되었다. 그러나 유년군사학교에서는 리더십이 가장 중요한 요소였다. 가혹행위가 엄격히 금지되었을 뿐만 아니라 진급제도와 학교장들의 솔선수범을 통해 가혹행위가 원천적으로 차단되었다. 상급생도는 1, 2년 내에 자신이 신입생도의 하급자가 될 수도 있었기 때문에 신입생도를 관대하게 대우했다. 군 교관들은 지속적으로 생도들의 일상생활을 함께 했고 그전 해에 상급생도들에게 괴롭힘을 당한 이들에게는 교육을 맡기지 않았다. 이것이 수세기 동안 웨스트포인트에서 졸렬하게 모방한 리더십 훈련의 실상이다.

유년군사학교에서 근무하는 장교는 생도가 다가가서 대화할 수 있는 존경받는 존재였다. 많은 졸업생들이 생도 생활 중에 군사학교장과 친밀하게 대화한 적이 있다고 기록했다. 반면 웨스트포인트 졸업생들이 쓴 글에는 학교장과 생도대장은 그저 멀리서 바라볼 수밖에 없는 존재였으며, 훈육관도 걱정스러운 생도만 면담했다고 기록되어 있다. 장교와 생도 간의 의사소통이 문서로 이루어졌다는 사실은 관료주의적 측면에서는 최선이었지만 리더십 측면에서는 최악이었다.

4년간 생존하기만 하면 미국의 생도는 장교로 임관할 수 있었다. 따라서 군사 문제와 리더십 교육을 제대로 받은 적이 없는 어린 소위들은 처음 지휘권을 받았을 때 자신감 부족 등으로 인해 고통스러워했다. 수학 공부와 1학년 생도에게 소리치는 것은 실제 군 생활을 준비하는 데 대단히 불충분한 과정이었음이 드러났다. 많은 이들이 경험 많은 부사관이나 이해심 많은 대령의 도움으로 군에서 살아남을 수 있었다.

그림 3-5. 연합군은 베르사유 조약에 의거해 군국주의의 온상이라고 여겨진 독일 군사학교의 운영을 중단시켰다. 히틀러 집권 후 그를 광적으로 추종한 무장친위대 예하 '아돌프 히틀러 경호대'가 과거 중앙군사학교 시설을 주둔지로 사용했다. 전쟁 중에 이 부대는 말메디Malmedy 대학살을 비롯해 유례없이 잔혹한 전쟁범죄를 많이 저질렀다. 이 사진은 독재자 히틀러가 1935년 12월 17일 과거 중앙군사학교 연병장에서 경호대를 사열하는 모습이다. 히틀러 오른쪽에서 조금 떨어져 걷고 있는 인물은 아돌프 히틀러 경호대 지휘관 요제프 '제프' 디트리히Josef 'Sepp' Dietrich이다. [Bundesarchiv, Bild 102-17311 / CC BY-SA 3.0]

독일의 군사학교를 졸업한 생도는 미군 생도보다 몇 살 어렸지만 능력은 훨씬 더 우수했다. 생도의 정규 교육 수준은 동년배 민간인 학생의 그것과 비슷했고 그들은 중대급을 지휘할 수 있는 전술과 리더십 지식을 보유했다. 그렇지만 생도들은 여전히 장교후보생 계급으로 자신의 능력을 계속해서 입증할 때까지 장교로 임관하지 못했다. 연대에서 받는 두 차례의 복무평가와 장교학교에서 받는 1회 평가로 장교 임관 여부가 결정되었다. 군사학교에서의 인위적인 생활이 아니라 실제 생활이 장교가 되는 데 결정적 요인이었다.

그러나 장교후보생이든 소위든 이제 막 군 경력을 시작한 것일 뿐이다. 다음 장에서는 독일과 미국의 전문 고등 군사교육을 비교해 보자.

제 2 부

고등 교육과 진급

제4장

교리의 중요성과 관리 기법

미국 지휘참모대학과 보병학교

"직업군인으로서 장교는 살아 있는 한
계속 학교 교육을 받아야 한다."[1]
-매슈 벙커 리지웨이 장군

1881년 5월, 미국 전문 군사교육 체계에서 또 하나의 초석이 윌리엄 티컴시 셔먼(육사 1840년 졸업) 장군의 주도로 캔자스주 리븐워스에 세워졌다. 당시 학교의 명칭은 '보병과 기병 운용 학교School of Application for the Infantry and Cavalry'였으며 그 후 —그다음 해부터— 수차례 학교명이 변경되었는데, 이는 "명확하게 정의된 설립 목적이 처음부터 결여"[2]되어 있었음을 증명한다. 수십 년이 지난 후에도 교육적 과업이 불분명하다는 점이 계속 문제로 대두되었다.[3]

설립 초기부터 이 학교는 평판에 큰 타격을 입힌 몇 가지 문제에 봉착했다. 미군은 전문적 참모 업무에 관한 지식을 갖춘 장교가 최우선적으로 필요했으나 초기 지휘참모대학(이하 편의상 '리븐워스'라고도 표기한다.)의 학생 중 대부분이 소위였다. 통상 소위 계급 장교는 소대를 지휘했으나 이 학교는 그보다 대부대의 참모 업무를 가르치는 곳이었다.

수업 시간에 학생들이 큰 소리로 낭독하고 암송하는 낮은 교육 수준 때문에 이 교육기관은 '유치원'이라고 불리기도 했다.[4] 졸업생, 특히 우수한 성적으로 졸업한 이들까지도 졸업 이후 몇 년 동안 동료들의 조롱거리가 되었는데, 그들의 기량이 뛰어나다고 생각되지 않았기 때문이다.[5]

셔먼을 비롯해 이 학교의 낮은 평판에 놀라고 또 학교에 관심을 가진 이들은 교육 수준을 향상하기 위해 노력했다. 일부 교장들은 참모와 교관들에게 의견을 묻는 지혜를 보여 주었다. 그 후 몇 년 동안 학교가 발전하는 가운데 유치원 수준에서 벗어나려는 노력이 어느 정도 성공했지만 그것만으로 지휘참모대학을 우수한 고등군사학교라고 할 수는 없었다. 예를 들어 매일 해야 했던 교리 암송을 최소화한 것 등 교장들이 적극적으로 단행한 조치는 1890년대 초에 존 M. 스코필드John M. Schofield 장군이 시작한 전 육군 진급제도 개혁의 일환이었다.[6] 겉보기에는 중학교 수준의 수업이었지만 그 교육적 가치는 0에 가까웠다. 그러나 학생들은 "교과서 한 단어 한 단어에 충실할수록 좋은 성적을 받는다."[7]라고 굳게 믿었다. 실제로 그런 믿음이 사실이었다는 점을 다음에서 증명할 것이다.

미군의 기준에서 봤을 때 선견지명이 있었던 아서 L. 와그너Arthur L. Wagner와 에번 스위프트Eben Swift 같은 원로 교관들은 전반적인 교육 수준을 높이는 데 기여한 반면 심각한 결함도 초래했다.[8] 와그너는 프로이센의 군사학교들을 방문한 여행 경험에서 분명히 영향을 받았다.[9] 그러나 마침내 응용 위주의 교육이 학생들에게 적용되었을 때 그는 다음과 같이 인정할 수밖에 없었다. "우리가 이제야 도입한 이 교육은 30년 전부터 잘 알려져 있었고 이미 사용되던 것이다."[10] 응용 위주의 교육이 도입됨에 따라 학생들은 교과서의 지식과 규칙을 반복해서 단순히 외우고 암송하는 대신에 예전에 이론 수업에서 배웠던 것을 실질적으로 적용해야 했다.[11] 응용 위주의 교육이 리븐워스에서 최고조에 이르렀을 때 독일 전쟁대학에서는 그런 교육이 단계적으로 폐지되고 강도 높은 직책수행훈련role-playing과 워게임으로 대체되고 있었다.[12]

넓게 보면 리븐워스의 발전은 상대적인 것일 뿐이었다. 웨스트포인트에서와 마찬가지로 교육 방식은 교육 내용만큼이나 시대에 뒤처져 있었다. 무기와 전투 방식이 빠르게 변하는데도 불구하고 "포트 리븐워스의 개혁가들은 놀라우리만치 이중적이었으며 때로는 전문적 지식과 과학기술적 해결책에 적대적 입장을 취했다."[13]

에번 스위프트는 학생장교들에게 워게임을 하게 했는데 이는 모든 수준의 독일 군사학교에서 흔히 행해지던 것이었다. 독일 군사교육 기관에서 가져온 수많은 본보기들처럼 이것도 미국식 교육목적에 의해 희석되고 말았다. 독일 학생장교들은 갑작스런 임무 변경과 전술적 기습을 포함해서 전체 교전을 통해 '전투'하는 훈련을 한 반면, 미국 학생장교들의 과업은 주력 부대들이 조우하면 끝나버렸다.[14] 그러나 이는 당시 미군의 통상적 관행이었던 듯하며, 더욱이 육군대학Army War College에서도 창의성과 융통성 없는 훈련을 시행했다.[15] 리븐워스의 교관단은 이런 부적절한 방식을 전혀 바꾸지 않았다.[16] 이론적 교전 상황을 일련의 연속적 상황으로 훈련한 적은 1939년 단 한 차례뿐이었다.[17]

스위프트는 현대적 무기로 인해 부대 전개 이후에 전투 결과를 충분히 예측할 수 있다고 생각했다. 이런 태도는 학생들로 하여금 정신적 도전을 포기하게 만들었을 뿐만 아니라 "복잡한 문제를 무시하는 핑계"[18]가 되었을 뿐이다. 1930년대에 들어서야 겨우 다각도의 워게임이 도입되었지만 이것 역시 기습적인 상황 변화가 전혀 없는 매우 정형화된 훈련이었다.[19] 평범한 미군 장교들에게 독일의 전술 관련 연구서적들은 "과도한 창의적 수준을 요구하는" 것이었기에 결국 미국 장교들이 이해할 수 있도록 '단순화'되고 말았다.[20] 개교 후 수십 년간 이러한 평가는 사실이었던 듯하며, 교관들은 학생장교들의 지적 능력을 내내 과소평가했다.

미국-스페인전쟁이 종결된 후 1902년에 학교가 다시 문을 열었고, 이 학교의 필요성을 가장 강하게 주장한 이들 중 한 명인 J. 프랭클린 벨J. Franklin Bell(육사 1878년 졸업)이 1년 후 학장으로 취임하자 학교에 '벨의 아방궁Bell's Folly'이라는 별명이 붙었다.[21] 주로 참모 업무 절차를 가르친 이 학교에는 대부분 중위가 다녔으며 소령이 극소수 있었다.[22] 특히 병과 간의 치열한 경쟁이 수년간 교육목표를 달성하는 데 장애요인이 되었고 그 결과 '편협한 교육과정'을 초래했다.[23] 장교 교육에 필수적인 군사사의 비중이 매우 적었던 "반면 몇 년간 야전 경험이 있는 장교라면 누구나 상식적으로 알 만한 기초과목에 상당한 시간이 할당되었다."[24]

1919년에 부학장 W. K. 테일러W. K. Taylor가 "공정성이라는 관점에서" 봤을 때, 가장 취약한 학생장교를 기준으로 교육수준을 결정하는 것이 타당하다는 논리로 위와 같은 교육과정이 승인되었다.[25] 뒤에서 더 확실한 증거를 제시하겠지만, 이러한 사례는 리븐워스에 교육적 유연성이 전혀 존재하지 않았음을 보여 준다. 장교후보생을 위한 전쟁학교에서와 마찬가지로 독일의 전쟁대학에서는 개인의 능력과 병과에 따라서 학급을 편성함으로써 모든 학생장교가 각 학교에서 개인별 최대한의 교육효과를 달성할 수 있었다. 기초적인 문제로 시간을 허비하지도, 명석한 이들을 지루하게 만들지도 않았다. 자격 미달인 장교들은 수준 높은 입학시험 때문에 전쟁대학에 입교할 수조차 없었는데 이는 다음 장에서 논할 것이다.

리븐워스에서 기초지식을 가르치는 데 지나치게 많은 시간을 허비하여 현대 전쟁에 관한 주제가 철저히 경시되었기에 1940년까지 계속 학교에 문제가 일어났다. 페리 레스터 마일스Perry Lester Miles는 리븐워스를 성공적으로 마친 직후 제1차 세계대전 때 부대를 지휘하기 위해 유럽으로 건너갔다. 그는 자신이 배운 내용과 "유럽의 전투원들이 참호에서 배우는 교훈은 서로 전혀 관계가 없었다. 그리고 〔…〕 우리가 배운 것은 허상이었다."[26]라고 털어놓았다. 통상 그렇듯 리븐워스의 교관들은 "자신들이 전장에서 혹독한 교훈을 경험하지 못해도 학생들을 가르칠 수 있다고 생각했다."[27] 그 결과 "미국원정군American Expeditionary Forces, AEF은 퍼싱이 주창한 '개활지 전투기술open warfare' 또는 전쟁 전에 리븐워스에서 적절한 전술교리를 설명해 주었기 때문이 아니라 실제 전투를 통해 전투 방법을 습득한 사실이"[28] 명확히 입증되었다.

제1차 세계대전 후 〔육군의〕 조직 개편과 더불어 1922년에 학교 명칭이 지휘참모대학Command and General Staff School, CGSS으로 변경되었다. 1919년부터 1923년까지 짧은 기간 동안 교육과정을 2년으로 정하고 최초 1년간은 '기본과정School of the Line'으로, 그다음 1년간은 고급 과정, 이른바 '장군참모 과정General Staff School'으로 운영했다. '기본 과정'의 성적이 우수한 이들만 2년차 과정으로 올라갈 수 있었다.[29]

1920년 지휘참모대학의 연례보고서에 따르면 기본 과정의 교육 과목 편성은 다음과 같다. "첫 번째는 부대 편성, 두 번째는 전술과 전투 기술, 병과별 및 제병협동 운용 능력, 세 번째는 전술원칙, 결심, 계획 수립, 명령 하달과 적용, 네 번째는 군수 보급의 원칙과 사단급 실습, 다섯 번째는 사단급 지휘관과 참모의 임무와 기능, 여섯 번째는 사단급 부대 지휘에 관한 세부사항"[30]으로 구성되었다. 대단히 중요한 과목인 리더십이 고등 군사교육의 중요도에서 맨 마지막에 있다는 것이 놀라울 따름이다. 이러한 커리큘럼은 이상한 우선순위가 반영된 결과이다.

책임자들은 아무리 유능한 참모 조직도 적절한 리더십이 필수라는 사실을 철저히 간과했던 것 같다. 리더십은 모든 영역에서 필요하므로 장교로서 가장 중요한 자질 중 하나라 할 수 있다.[31] 그래서 원로 장교들은 "지휘참모대학과 육군대학에서의 우수한 성적이 대부대급 지휘 능력의 척도가 될 수 없다. 대부분의 지휘관들이 이론에 탁월하지 않았다는 역사적 사실이 이를 증명한다. 그들은 대단히 실용적이었기에 성공했다."[32]라고 경고했다.

다음 세계대전 직전까지, 즉 제1차 세계대전을 치른 후 수십 년 동안 리븐워스에 대한 평가는 여전히 좋지 않았다.[33] 지휘참모대학의 커리큘럼에서는 "지휘관과 장군참모장교 간의 상호작용을 포함한 지휘 과정이 강조"되었지만 실제 그런 경우는 거의 없었다.[34]

다음에서는 리븐워스에서 대부분의 과목들이 지나치게 이론 교육에 치중했

그림 4-1. 캔자스주 리븐워스에 설립된 지휘참모대학 본부 건물인 그랜트 홀Grant Hall의 전경, 1939년. [Courtesy U.S. Army, Combined Arms Research Library]

그림 4-2. 이런 방식의 워게임은 지휘참모대학에서 매우 빈번히 시행되었다. 워게임이라기보다 오히려 도상훈련에 더 가까운 모습이다. [Courtesy U.S. Army, Combined Arms Research Library]

다는 점을 보여줄 텐데, "학교의 정책 결정자들은 리븐워스 교육과정을 성공적으로 수료하면 훌륭한 지휘관이 되는 데 필요한 자질을 갖추었다고 믿었던 것 같다."[35] 그러나 전쟁 기록들을 살펴보면 그런 개념이 타당하지 않았음이 드러난다.[36]

1939년 후반에 학생들을 대상으로 한 조사에 따르면 효과 측면에서 가장 비효율적인 과목이 '지휘관의 역할, 부대 지휘 방법, 기계화부대와 전차, 항공·보급·군수'였는데, 이것은 제2차 세계대전 시 장교에게 필수적인 지식이라는 논제와 정확히 일치했다.[37] 이 조사에서 학생장교들이 정보 수집, 평가와 전파 교육에 불만을 표하지는 않았지만, 전쟁은 이러한 주제에 대한 교육에 심각한 결함이 있음을 증명했다. 제2차 세계대전 때 연합군 총사령부 참모장 월터 비덜 스미스Walter Bedell Smith는 친구 루시언 K. 트러스콧Lucian K. Truscott에게 특유의 거칠고 무뚝뚝한 어조로 이렇게 말했다. "사실, 루시언, 이런 전쟁통에 휘말렸을 때 우리의 가장 큰 결점은 대부대급 계획 수립과 대부대급 정보 업무에 있었어. 총사령부 정보부장(G-2)은 항상 무관들이 준 쓸모없는 정보만 모아 오고 있고 우리 학교도 실전 계획 수립에 대해 우리에게 어떻게 말해야 할지를 몰랐어."[38] 스미스는 지휘참모대학을 졸업했다.

브루스 C. 클라크Bruce C. Clarke(육사 1925년 졸업)는 지휘참모대학의 정보 업무 과정에서 정보참모가 "정말 필수적인 몇 가지 대신에 〔…〕 지나치게 많은 '첩보기본요소Essential Elements of Information'"를 제시해야 한다고 가르치는 경향이 있으며, 정보 업무 담당자들이 "건의 또는 보고하기 전에 한 가지 징후만 더" 나타나기를 기다리는 바람에 지휘관의 의사 결정 과정을 지연시켰다고 털어놓았다.[39]

동료들로부터 "육군에서 어느 누구보다도 정보 업무에 정통하다고" 알려져 있으며 정보 분야의 소수 전문가들 중 한 명인 폴 M. 로비넷Paul M. Robinett은 평시부터 이렇게 중요한 영역의 교육에 전문성이 결여되어 있음을 분명히 인식했다.[40] 그는 '리븐워스에서 정보 업무 교육의 확대'를 끈질기게 주장했지만 지휘참모대학의 교관단은 끝내 수용하지 않았다.[41] 이 주제 범위뿐만 아니라 교의敎義 차원에서도 문제점을 정확히 간파한 로비넷은 전문가들이 집결한 학교의 교관단이 자신의 조언을 듣지 않자 한 동료에게 다음과 같은 글을 보냈다. "나는 자네가 교육과정을 좀 더 실용적으로 만들 가능성을 검토해 주기를 간곡히 부탁하네. 학교에서 통상적으로 가르치는 구시대적인 회의식 수업 방식에서 벗어나야 하네."[42]

그러나 리븐워스 교관단의 전형적인 '눈 가리고 아웅' 하는 방식은 1939년에 교관단을 대상으로 한 출간물의 「정보 업무 훈련」이라는 장에 다음과 같이 기술되어 있다. "현재의 교육방법이 매우 탁월하다고 평가한다."[43]

제1차 세계대전 후 몇 년 동안 동원령으로 인해 장교 숫자가 급증하면서 소위 이 기간을 '낙타의 혹'에 비유하는데, 즉 이 시기에 학교와 진급 경로에 정체 현상이 나타났다. 이런 병목 현상을 살펴보면, 1917년 4월에 5,960명이던 정규군 장교 수가 제1차 세계대전 종식 후에는 20만 3,786명으로 증가했다.[44] 물론 이들 모두가 군에 남거나 지휘참모대학에 입교할 자격을 갖추지는 않았으나 심각한 문제인 것만은 분명했다. 수년간 지휘참모대학 과정이 단 1년제로 운영되었고 제2차 세계대전 기간에는 10주로 단축되었다. 2년제 교육과정은 1929~1936년에 재도입되었다. 지휘참모대학에 다니는 학생의 계급 구조도 바뀌었다. 61퍼센트가 대위, 37퍼센트가 소령이었으며 몇 년 후에는 대다수가 소령이었다.[45] 과거에 교육받은 중위 계급보다 이런 계급의 군인들이 사단과 군단 참모 업무 교육에 훨씬 더 적합해 보이지만, 독일군에서는 전문 고등 군사교육을 일찍 시작해야 한다는 생각이 지배적이어서 워게임 시 소위가 사단을 지휘했다. 그래서 독일군 전쟁대학 입교자들의 계급은 대부분 소위 또는 중위였다. 이들은 2년 후 대학에서 공부하는 동안 대위로 진급했다.

지휘참모대학에서는 탁월한 학생만 2년차 고급 과정에 남을 수 있었기 때문에 기본 과정에 있는 학생들 간의 경쟁은 거의 낙타의 혹 시기를 방불케 했다. 1년차 과정에서 낙제하지 않아야 2년차 과정에 참가할 수 있었다. 지휘참모대학 학장들은 1년 내에 필수적인 내용을 모두 가르칠 수 없다고 생각해 기본 과정을 2년제로 만들기 위해 오랫동안 싸웠다. 그러나 적절한 수준의 여단과 사단급 참모 업무를 가르치는 데 시간을 너무 많이 산정한 듯하다. 광범위하고 세세하며, 교재와 교리 중심의 수업 때문에 많은 시간이 필요했다. 당시 육군에서 전문 군사교육의 최고 권위자 중 한 명인 조지 C. 마셜은 지휘참모대학에서 적절한 수업 방식으로 필수적인 내용을 가르치는 데 4.5개월이면 충분하다고 판단했다.[46]

아마도 지휘참모대학을 나와야 육군대학과 훗날 설립된 국방산업대학 같은 상급 수준의 학교에 들어갈 수 있었던 것 같다. 하지만 실제로 이런 학교들을 거치지 않고 상급학교에 진학한 사람들이 있다.[47] 앞서 언급한 학교들에 순차적으로 입교해야만 진급으로 가는 티켓을 확보할 수 있다는 생각에 많은 장교들이 이 학교들에 들어가기 위해 상급자들에게 끈질기게 매달렸다.[48] 그러나 이 교육기관들은 대체로 높은 평가를 받지 못했는데, 특히 연대장이나 사단장이었던 연로한 참전 장교들이 그러했다. 그들은 자신들이 막강한 독일 제국군을 물리쳤으므로 새로운 교리를 도입하지 않아도 전쟁에 대해 충분히 안다고 생각했다. 그들은 공상적이고 새로운 학교 교육을 받은 몇몇 똑똑한 장교를 얻는 것보다 잘 운영되는 부대를 더 선호했다.[49] 그래서 연대에서 업무를 감당하지 못하거나 '연대의 얼간이'라고 여겨진 쓸모없는 장교들을 학교에 교육 파견을 보내는 일이 빈번하게 벌어졌다.[50] 이것은 결코 과장이 아니며, 심지어 정신병 판정을 받은 장교가 선발되어 지휘참모대학에 보내진 사례도 있다.[51]

놀랍게도 이와 동일한 선발 문제가 20년 후까지 이어졌다.[52] 그리하여 "영감님의 부관 또는 총애를 받는 참모장교"처럼 몇몇 자격 없는 이들이 학교에 입교했다.[53] 최고위층에서 이런 관행은 매우 흔했다. 브래드퍼드 그레선 치노웨스Bradford Grethen Chynoweth(육사 1912년 졸업) 소령은 육군참모총장(1926~1930) 찰스 P. 서머올Charles P. Summerall(육사 1892년 졸업)에 대해 이렇게 언급했다. "그 시대의 많은 이들과 마찬가지로 〔…〕 그도 미래의 전쟁에 일어날 변화를 예측하는 데 전념하지 않았다. 그는 전쟁을 겪을 만큼 겪었다고 생각했다."[54] 치노웨스는 많은 이들에게 '수재'라고 평가받았지만 교육과 기갑부대 운용 교리에 관한 독창적인 생각과 상급자들 앞에서 직설적으로 발언하는 행동으로 인해 항상 곤란을 겪었다.[55] 결국 그는 제2차 세계대전이 발발할 무렵 필리핀으로 가게 되었고 일본군에 포로로 잡혀 수년간 비인간적인 수용소 생활을 견뎌야 했다. 편협하고 구시대적인 장교들과 부딪혔던 치노웨스의 경험은 그리 특별한 것이 아니다. 따라서 리븐워스에 입교하기를 원한 장교들이 모호하고 보수적인 관행에 순응해야 했다는 것은 그리 놀라운 일이 아니다.

상관이 리븐워스에 보낼 장교를 선발하는 방법은 위에서 언급한 이유—무능한 장교를 방출하기 위해 학교로 파견하거나 상관의 사고가 너무나 구시대적이어서 고등군사학교의 가치를 이해하지 못하는 상황—뿐만 아니라 그 자체만으로도 문제를 야기했다. 유능한 장교도 자신의 능력을 제대로 남들에게 보여 주지 못하면 도태될 수 있었다. 상관이 부하 장교의 경력이나 교육보다 연대의 운영을 중시하여 똑똑한 장교의 입교 요청을 거부하기도 했다. 더욱이 연대장이 선발하거나 그에 동의했더라도 최종 결정권은 병과장에게 있었다. 적법하고 공정한 선발 과정보다 개인적 영향력과 교묘히 조작된 서류로 부적절한 장교가 지휘참모대학에 입교하는 경우도 종종 있었다.[56]

사고를 확장하려는 순수한 바람이든, 오로지 진급으로 가는 티켓을 얻기 위해서든 지휘참모대학에 입교하고자 노력하는 이들에게 선발 제도는 불투명했고 수년 단위로 변하는 선발 기준 때문에 입교하기가 더더욱 힘들어졌다. 일반적인 연령 제한, 계급별 연령 제한, 항목별 자격 요건 등이 수년 주기로 바뀌는 바람에 육군에서 조지 C. 마셜 같은 다방면의 전문가들도 누가 리븐워스 입교에 적격인지 부적격인지를 판별하는 데 혼란스러워했다.[57] 그는 "해마다 리븐워스에서 자리를 차지하려는 경쟁이 점점 더 치열해지고 있다."[58]라고 말했다. 같은 해에 한 젊은 장교는 마셜에게 "요즘 리븐워스나 육군대학 입교 명단에 올라가려면 상당한 전투가 필요한 듯합니다."[59]라고 불만을 토로했다. 또 다른 이들은 그것이 "어리석은 군 인사정책"[60]이라고 지적했다.

이런 진술들에 배어 있는 좌절감은 불투명한 선발 기준뿐만 아니라 청년 장교들이 항상 누군가에게 의존하고 있기 때문에 비롯되었다. 독일에서는 자격조건을 갖춘 장교만이 전쟁대학 입학시험에 응시할 수 있었는데 그 절차는 다음 장에서 살펴볼 것이다. 미국에서는 병과장의 추천을 받은 학생들의 자질이 매우 낮아서 지휘참모대학의 학장들이 입학시험을 도입하자고 수차례 제안하고 요구했으나 끝내 받아들여지지 않았다.[61]

마침내 지휘참모대학에 입교한 미군 장교들은 들어가자마자 학교의 문제점을 체감했다. 교관들의 교수 능력이 특정 분야에 대해서는 물론이고, 학생들의 수준에 훨씬 못 미치는 경우가 드물지 않았다. 이런 상황은 제1차 세계대전 후 미국원정군으로 참전했던 이들이 지휘참모대학 교관단의 '압도적 다수'로 편성된 이후 달라졌고, 최소한 현대전을 경험한 이들이 1930년대 중반까지도 교관단의 3분의 1을 차지했다.[62] 하지만 이런 장교들이 교관이 되면서부터 군사 문제에 있어서 중요한 모든 것이 '모든 전쟁을 끝내기 위한 전쟁the war to end all wars'(제1차 세계대전 때 연합군의 슬로건—옮긴이)에서 일어났으며, 미래에 바뀔 것은 거의 없다는 태도가 더욱 만연해졌다. 교관단은 교리를 재작성하느라 분주했지만 그들이 만든 교범과 강의 내용은 닥쳐올 현대전의 필수 요소들과 전혀 맞지 않았다. 1919년에 작성한 한 문건에는 교관단의 전형적인 자화자찬이 다음과 같이 기술되어 있다. "예전부터 리븐워스에서 인정받고 가르쳤던 전술적 원칙과 교리들이 유럽 전쟁에서 시험대에 올랐고, 오늘날까지도 견실하다는 것이 증명되었다."[63] 이런 진술이야말로 정말이지 '눈 가리고 아웅' 하는 태도이다. 그 결과 제1차 세계대전에서 전투를 경험한 학생장교들이 참호전에서 배운 몇 가지 교훈을 도상훈련에 적용하려다가 좋지 못한 성적을 받았는데, 학장 휴 A. 드럼Hugh A. Drum 대령이 "개활지 전투 교리가 가장 확실한 전술적 해법"이라고 보았기 때문이다.[64] 실제로 미국원정군은 그전(제1차 세계대전 이전—옮긴이)까지 200일 내에 25만 명 이상의 사상자가 발생한 전투를 치러 본 경험이 없었다.[65] 당시 교리에 따라 제1차 세계대전에 보낼 군인들을 훈련시킴으로써 "정면 공격으로 기꺼이 목숨을 버릴 보병이 양산되었는데, 이는 그보다 더 좋은 방법을 몰랐기 때문이다."[66]

미국원정군 출신을 교관으로 선발한 이유가 교수 기법이나 특정 영역의 숙련도 때문이었다는 근거는 없다. 확실한 사실은 그들이 각자 상이한 경험을 했음에도 불구하고 모두 리븐워스의 교리에 굴복했다는 것이다. 교관단의 특별한 능력에 대한 진술은 지휘참모대학의 교관, 학장 또는 부학장 들에게서 나왔으며, 졸업생의 것은 거의 없다. 졸업생들은 오히려 교관들의 "수업 방식이 따분하며", "너무나 지루하고 세세한 것들"로 가득 찬 "진부한" 가르침이라고 묘사했다.[67]

과거 교관으로 재직했던 장교들이 지휘참모대학에 다른 직책으로, 이를테면 교관, 부학장 또는 학장으로 복귀함에 따라 거의 변화가 없고 아무것도 문제시되지 않았음이 분명하다. 유감스럽게 지휘참모대학도 교관 선발에 있어서 미국육군사관학교와 동일한 정책을 고수했다. 같은 학교 졸업생들만 선발한 것이다. 웨스트포인트에서와 똑같은 '파벌적 동문 채용'이 고등군사학교에서도 벌어졌다. 독창적이거나 참신하고 고정관념을 탈피하는 교육은 거의 불가능했다.

리븐워스의 완고한 교관들의 교수 능력을 칭찬하는 말은 거의 없다. 수업은 고되고 지루했으며 난해했다고 알려져 있다. 그 때문에 학장들로서는 전 과목을 교육하는 데 반드시 2년이 필요했다. 그들 스스로 만들어낸 문제였고, 지휘참모대학의 교육 방법을 비판하는 이들은 방대한 교육량에 끊임없이 우려를 나타냈다. 대다수 학생장교들은 자서전과 편지에 리븐워스를 졸업하려면 무척 열심히 공부해야 했다고 주장했다.[68] 매 기수마다 "병으로 자퇴"한 장교들이 몇 명씩 있었다.[69] 이런 공포스런 사례들 때문에 리븐워스의 평판은 또다시 타격을 입었다. 얼마 전 이 학교를 졸업한 드와이트 D. 아이젠하워는 손상된 이미지를 제고하는 글을 써달라는 요청을 받았다.[70] 대외 홍보용 기사였지만 행간에서 학교의 단점을 읽을 수 있는 글이었다. 특집기사였지만 아이젠하워는 익명으로 기고했는데, 원고 내용에 동의하지 않는 원로 장교들로 인해 경력이 위태로워지리라는 우려 때문에 자신이 필자임을 철저히 숨겼다. 일반적으로 군 내부에서는 아이젠하워를 높이 평가했지만 이 글로 말미암아 일부 집단에서 '아첨꾼'이라는 평판을 얻었다.

리븐워스에서 학과 부담이 과중했던 이유는 실제로 매우 다양했다. 미군 장교가 연대에서 받은 일반적인 교육은 매우 제한적이었다. 연대장들이 "부하 장교들의 교육을 군사학교에 의존하는 경향"이 있었으므로 학교 기관에 입교한 장교들은 고등 군사지식이 매우 부족했다.[71] '주둔지 내 교육대garrison schools'는 엘리후 루트Elihu Root가 주도한 개혁의 토대였지만 교육이 부족한 인사들이 주축이 된 미 군부 인사들은 이를 철저히 무시했다.[72] 웨스트포인트를 다룬 장에서 등장한 바 있는 크레이턴 에이브럼스의 사례는 특이한 경우가 아니었다. 1936년에 육사를 졸업하고 제2차 세계대전 발발 이전까지 "그가 받은 교육의 전부"는 "1920년에 제정된 국가방위법National Defense Act 조항에 관한 이틀간의 오리엔테이션과 제7기병학교7th Cavalry horseshoer's school에서 1주간 받은 수업뿐이었다."[73] 따라서 대다수의 장교들은 전문 지식과 교육 수준이 매우 부족한 상태로 지휘참모대학에 들어왔다. 지휘참모대학에서는 이미 중견 장교인 대위와 소령들이 훈련규정에 관한 시험을 치러야 했는데, 이것은 독일군 장교후보생들이 자다가도 일어나 외울 법한 주제였다.[74]

지휘참모대학에서 학생장교들이 힘들어한 또 다른 이유는 지루하고 형식적인 수업 및 교육 방식으로, 이들은 방대한 양의 교재, 절차와 규칙들을 암기하고 창의성을 억누르며 특정한 글쓰기 형식을 외워야 했다. 독일군 장교와 대조적으로 미군 장교가 스스로 준비하는 유일한 방법은 선배 졸업생들에게 개인적으로 조언을 구하는 것이었다. 조지 S. 패튼은 하와이에서 자신의 참모로 일했고 이제 지휘참모대학에 가게 된 젊은 동료 플로이드 L. 파크스Floyd L. Parks에게 보낸 편지에 이렇게 썼다. "리븐워스에서 좋은 성적은 **지성**INTELLIGENCE보다 **기술**TECHNIQUE에 달려 있어. 나는 그곳에서 매일 밤 명령지를 손으로 베껴 썼어. 명령지를 언제든 자동적으로 정확히 쓰기 위한 연습이었지."[75] 리븐워스에 대한 패튼의 생각은 말보다 행동에서 명확히 드러난다. 졸업 후 그는 수년간 학교에서 다루는 전술 문제들을 접하기 위해 학교를 찾아왔지만 결코 그 해답을 학교 측에 기대하거나 요구하지는 않았다. 그 답을 스스로 찾기 위해 노력했던 것이다.[76]

조지 C. 마셜은 "실질적으로 내가 육군에서 경험한 총체적 전술 교육 중 90퍼센트가 기술이고 10퍼센트가 전술이었다."라는 패튼의 발언에 전적으로 동의했다.[77] 마셜은 리븐워스 시절을 이렇게 기억했다. "당시 우리는 수기로 장황한 상황평가서를 작성하는 데 두 시간이나 걸렸다."[78] 수십 년이 흐른 뒤에도 상황은 거의 달라지지 않았다. 마셜은 "최근에 리븐워스 학생들과 대화를 나누었는데, 그중 상당수가 오후에 두세 시간 동안 수업하는 일부 과목의 경우 효과적으로 진행하면 한 시간만으로도 충분하다고 느끼고 있음을 알게 되었다."[79]라고 말했다.

독일에서는 전쟁대학의 선발 요건과 그곳에서 해야 하는 일에 대한 정보가 투명하게 공개되었다. 또한 전쟁대학 입학시험을 통과했거나 전쟁대학에 다닌 장교들이 시험 준비 기간이나 전쟁대학 재학 중에 다루었던 학습 자료를 동료들에게 제공하는 것이 연대급 부대의 관례였다. 후배 동료들을 교육하는 것도 독일군 장교가 되는 과정의 필수적인 부분이었던 것이다.

모두가 같은 군대의 장교이고 같은 계급임에도 지휘참모대학에서는 교관과 학생 사이에 시간이 흘러도 좀처럼 극복할 수 없는 수직적 위계가 존재했다. 교관들은 학생장교들과 골프를 칠 때만 "조금 부드러워졌지만 자신들이 '학교 그 자체'임을 결코 잊지 않았다."[80] 어떤 이들은 학교에 스승-학생 관계가

존재했다고 언급했다.[81]

1939년 학생장교들을 대상으로 한 설문에서 약 50퍼센트가 교관단과의 '접촉 기회'가 '부족'했다고 응답했다.[82] 그보다 20년 전에는 얼마나 나빴을지 충분히 짐작할 수 있다. 교관과 학생 사이의 격차는 토론, 질문 또는 비판 자체를 불가능하게 만들며 이는 다분히 의도된 것으로 보인다. 학장들은 학생장교를 독립적으로 사고하는 사람 또는 의사 결정자로 육성하기보다는 그들의 머릿속에 표준화된 규범과 절차, 행동 원인을 주입하는 데 더 관심이 있었다. 그러나 20세기의 현대화된 기동전과 기계화전에 필요한 지휘관은 전자였다. 학생장교들은 이와 반대로 나폴레옹 시대에도 존재하지 않았던 '정형화된 전투'를 수행하는 훈련을 받았다.[83]

지휘참모대학에 막 들어온 장교들이 겪은 또 다른 중대한 문제점은, 예전에 보병학교를 다녔다면 익숙했을 체험적이고 실용적인 교육 방식과 매우 다른, 이론적이고 교조적인 접근방식이었다. 학생장교들은 교실에서 하는 도상과제 해결과 절차 숙달에 대부분의 시간을 보냈고, 입교 초기에 교관들은 학생장교들보다 —심지어 자신이 담당한 과목에서도— 실용적인 실전 경험이 부족한 모습을 드러냈다.

지휘참모대학에서 한 교관에게 굴욕을 당한 브루스 C. 클라크(육사 1925년 졸업)는 40년이 흐른 뒤에도 화가 치밀어 오를 정도의 불쾌한 경험을 글로 남겼다. 그는 1940년에 마지막 기본 과정을 다녔다. 당시 지휘참모대학 교관단이 교육과정의 마지막 단계로 수일간 이어진 도상 기동훈련을 시행했다. 클라크 대위는 1개 전차중대를 배속받은 '청군blue force'의 전체 사단을 지휘했다. 그는 보병대대들에 전차중대가 통과할 수 있도록 좁은 전선에 돌파구 하나를 만들라는 명령을 하달했고 전차중대에는 '홍군red force'의 후방 지역 시가지에 위치한 전체 홍군의 지휘소를 직접 공격하라고 지시했다. 클라크의 방책에 "학교 전체가 대경실색했다."[84] 도상훈련은 계획보다 하루 일찍 종료되었는데, 천재적인 장교가 적군의 지휘소를 유린했기 때문이다. 그러나 클라크의 지휘는 '혹평'을 받았으며 '전차 운용을 잘못했다'는 평가를 들었다. 전차는 "절대로 시가지에 투입되어서는 안 되며" 보병의 엄호 없이는 움직이지 말아야 한다는 이유 때문이었다.[85] 훈련을 주도한 어느 보병 대령은 클라크가 공병이라 그런 점들을 이해하지 못했을 것이라고 추측했다. 당황하고 좌절감에 휩싸인 클라크 대위는 사단장 임무 수행 후 아니나 다를까 우려했던 대로 '불합격unsatisfactory' 판정을 받았다. 만약 세계대전이 일어나지 않았다면 클라크의 군 경력은 치명타를 입었을 것이다. 그러나 3년 후 그는 패튼의 제3군 예하 제4기갑사단 A전투단Combat Command A, CCA 지휘관으로 부임했다. 그는 예하부대인 제37전차대대에 리븐워스에서 행한 도상기동훈련 때와 기본적으로 동일한 행동을 명령했다. 당시 대대장은, 우리가 앞에서 익히 본, 웨스트포인트 1학년 생도 시절 고통에 시달린 크레이턴 에이브럼스였다.[86] 도상훈련 때와 마찬가지로 전차대대는 독일군 후방에 위치한 시가지로 밀고 들어가 그 일대 전체 지역 방어를 지휘한 독일군의 지휘소를 유린했다. 클라크는 4성 장군이 되어 유럽 주둔 미군 총사령관에 올랐다. 그는 1962년에 퇴역했고 리더십과 기동전 전문가로 존경받았다. 리븐워스의 무능한 교관들이 거의 파멸시킬 뻔한 그의 경력은 전쟁으로 인해 되살아났다. 수십 년이 지난 후에도 그는 리븐워스에서 겪은 경험을 씁쓸해 하면서 몇몇 친구들에게 다음과 같이 쓴 글을 보냈다. "이것이 1940년 리븐워스의 교육 방법이었고, 히틀러의 기갑군을 물리치기 위해 졸업생들에게 준비시킨 교육 방법이었지."[87] 그는 선임교관들의 평가는 "용서할 수 없는" 것이었으며, 자신을 모욕한 보병 대령은 1944년 프랑스에서 연대 1개 정도를 지휘할 만한 인물로서 대령 계급으로 전역했다고 언급했다.

조지 C. 마셜은 회고록에서 이론적 접근법과 그 위험성을 기술하면서, "더 큰 문제를 다루는 훈련은 거의 시행되지 않는다. 왜냐하면 리븐워스의 교육 체계는 너무 지루하고 대체로 게티즈버그 전투 상황도처럼 오래된 것만을 다루기 때문이다."[88]라고 언급했다. 이러한 접근법은 사람들을 납득시키지 못했는데, 어쨌든 "모두가 이해하기 쉬운 개활지 세계"[89]가 존재했기 때문이다. 마셜은 리븐워스의 교육에 결여된 독창성과 창의성을 요구했다.

실내 도상훈련과 동일한 야외 훈련의 중대한 차이점은 아무리 강조해도 지나치지 않다. 지도로만 훈련한 장교는 자신이 알아야 할 모든 것을 지도로 얻을 수 있다는 그릇된 확신을 갖게 된다. 이런 장교는 전시에 야외로 나가 전선에서 부대와 전투 상황을 둘러보는 대신 지휘소에 머무르는데, 물론 실제 전장 상황은 지도와 급보로 알게 되는 것과는 전혀 다르다.[90] 실제 위기 상황에서는 그 상황에 부합하는 지도란 존재하지 않는다.[91] 미국 영토에서 실시한 대규모 기동훈련에 참가한 장교들도 세부 상황도를 구할 수 없었다.[92]

그러나 지휘참모대학에서는 도상훈련, 도상 기동훈련, 도상 과제 해결이 "전체 수업 시간의 70퍼센트"[93]를 차지했다. 리븐워스는 학생들에게 이미 동시대의 인사들이 언급하고 부학장 휴 드럼 대령이 연례보고서에서 —다소 설득력이 부족하지만— 옹호할 수밖에 없었던 '참모장교의 자세'를 훈련시켰다.[94] 실무에서의 지휘 결심을 강조하기 위해 바꾼 커리큘럼은 "실제로는 내실보다 형식만 바꾼 데" 불과했다.[95]

부적절한 미군 문화답게 리븐워스에서는 '학교 측 모범답안'이 또다시 모든 훈련의 올바른 접근법이자 결과물로서 유일한 본보기로 부상했다.[96] 풍부한 경험을 지닌 학생장교들까지도 종종 중학생 취급을 받자 학생장교들 사이에서 냉소주의가 초래되었다. 그중 한 명이 그들의 생각을 명료하게 시로 표현했다.

> 존스 중위의 주검이 여기에 잠들다.
> 이 학교가 배출한 그는
> 자신의 첫 번째 전투에서
> 번개처럼 앞으로 나아갔다.
> 학교 측 모범답안을 그대로 적용해서![97]

학생장교들이 때때로 학교 측 모범답안을 만들어내는 데 참여했다고 주장하는 이들도 있지만, 졸업생들의 회고록이나 편지에서 그에 대한 증거를 찾을 수 없으며 오히려 그와 다른 답안을 작성했다고 기록되어 있다.[98] 1936년에 지휘참모대학의 교육 방법을 다룬 한 학생장교의 연구 보고서는 학교 측이 모범답안을 강조하는 태도를 매우 비판적으로 평가했다.[99] 이 저자를 비롯해 많은 이들이 "더 자유로운 사고"[100]를 요구했다.

수차례 변화를 거듭하면서 새로운 평가 등급 제도에 따라 학생장교들은 '탁월함Excellence'을 나타내는 'E'를 받기 위해 '공인된 답안을 적중'시켜야 했다.[101] 학교 측 교리에서 벗어난 창의적인 답안을 작성한 학생은 좋은 성적을 받지 못했고 '합격Satisfactory'을 의미하는 'S'를 받거나, 최악의 경우에는 '불합격Unsatisfactory'의 'U'를 받는 상황까지 감수해야 했다. 이는 명백하게 "총체적으로 교육생들의 창의력을 저해하는 결과를 초래했다."[102]

이런 경직되고 비현실적인 분위기는 제2장에서 소개한, 웨스트포인트에 강사로 파견되어 불행한 나날을 보낸 조 로턴 콜린스의 일화에 매우 잘 묘사되어 있다. 콜린스가 리븐워스를 다닐 때 학장 스튜어트 하인츨먼Stuart Heintzelman(육사 1899년 졸업) 소장이 교실에 앉아 있다가 교관의 '학교 측 모범답안'에 공개적으로 반대하는 경우가 '수차례' 있었다.[103] 하인츨먼은 교관에게 양해를 구하고 학생장교들에게 자신의 방책을 설명했지만, "향후에 시험 문제를 풀 때는 교관의 지도를 따르도록 유의해야 하며" 그러지 않으면 '불합격' 등급을 받게 될 것이라고 충고했다. 이전에 치노웨스가 지적했듯 콜린스도 "우리 학생들 대부분이 학장의 조언을 따랐고, 종종 조롱하듯 교관들이 만든 게임을 즐겼다."라고 말했다.[104] 교관단은 가능한 방책들을 융통성 있게 다루어야 한다고 고지하고 "학교의 기능은 교리 전파가 아니라 학생장교들에게 생각하는 법을 가르치는 것"이라고 공개적으로 말했지만 실제로는 그렇지 못했다는 것이 증명되었다.[105] 후자는 하인츨먼 자신이 주장한 바이지만 그가 수업 시간에 학생장교들에게 한 충고와 명백히 상반된다. 이처럼 모순적인 사례들은 학교가 얼마나 훌륭히 역할을 수행했는가를 평가하는 데 있어서 교관단의 공개적 진술을 검토할 때에는 매우 조심해야 한다는 것을 명확히 보여준다. 아이젠하워가 「리븐워스 교육과정」에 관해 쓴 편향된 문건에서조차 그는 교관들의 의견에 반대하거나 논쟁하지 말라고 충고했다.[106] 학생장교들의 사고력을 북돋는 경우는 전혀 관찰되지 않았다.

학생장교들은 강의 참석과 도상 과제 해결뿐만 아니라 개인 연구 논문을 준비하고 발표해야 했으며, 팀 구성원 또는 동기들과 모임을 조직해 그룹 연구 논문을 작성하기도 했다. 전체 교육과 교과과정 구조는 흡사 전원에 자리 잡은 목가적 분위기의 사립대학의 고고한 상아탑을 연상시켰다.

당연히 학생장교들과 교관단의 주요 관심사는 독일 제정 시대의 제국군Imperial German Army(1870년 이후부터 1919년까지의 육군—옮긴이)이 시행한 작전들, 특히 타넨베르크Tannenberg와 굼비넨Gumbinnen 전투였다. 1919년 교관단의 한 기록물에는 "지금까지 사용된 독일 교재들은 심리적 이유로 더 이상 쓰일 수 없다."라고 기록되어 있지만 이 우스꽝스런 표현은 10년 후에 잊혔고 독일의 전쟁과 군대는 다시금 인기를 얻었다.[107]

번역된 독일군 야전교범과 독일군 장교들이 집필한 전쟁과 전술 관련 논문들은 과거에도 그랬듯 1930년대에도 주요 수업 자료로 쓰였다. 이 자료들을 활용한 방식을 보면 미군이 내용을 제대로 이해하지 못했음을 알 수 있다. 이 책의 연구 대상인 미군 장교들의 대부분은 1930년대 초반부터 중반까지 지휘참모대학에서 수학했다. 이 기간—제1차 세계대전이 끝나고 10년 이상이 지난 후—동안 당시의 바이마르공화국군Reichswehr을 다룬 강의나 연구 논문은 거의 없었다.[108] 그 대신에 과거 독일군 장교들의 저작들을 기초로 제1차 세계대전을 계속해서 곱씹었다.[109]

학생장교뿐만 아니라 교관도 자료의 가치를 평가하는 훈련을 받지 않았고 논문을 작성하는 데 얻을 수 있는 정보의 양도 제한적이었다. 그럼에도 불구하고 그들의 연구 논문 중 일부가 전쟁부 정보처에 제출되었는데, 이는 당시 미군의 정보 수집 상황이 얼마나 절박했는가를 보여 준다. 하지만 이 논문들은 대부분 심도 있게 검토되는 대신 서류철에 묶여 버렸다.

이러한 연구 논문들 중 한 사례로 매슈 리지웨이의 1935년 지휘참모대학 연구 논문 제88호 「굼비넨 전투의 종결부터 타넨베르크 전투까지 독일군 제8군의 작전들(각색 대본Dramatization)」을 살펴보자. 앞서 우리는 리지웨이가 웨스트포인트에서 1학년 생도로서 고통받았고, 잘 못하는 불어를 생도들에게 가르치라는 지시를 받고 경력에 문제가 생길까 봐 두려워했던 경험을 살펴보았다. 교직이 군 경력에 죽음의 징조를 드리우지 않은 웨스트포인트에서 운동광인 리지웨이는 6년 후 운동부 감독이 되었고, 중국에서 15연대 중대장으로 복무했다. 그때 연대장이 조지 C. 마셜 중령이었다. 리지웨이는 가장 존경한 상관 프랭크 R. 매코이Frank R. McCoy 소장으로부터 볼리비아-파라과이 분쟁조정위원회Bolivian-Paraguayan Conciliation Commission의 보좌관으로 근무해 달라는 명예로운 요청을 받고 올림픽 근대 5종 경기 참가 기회를 '내동댕이쳤다.' 1934~1935년에 지휘참모대학을 다닐 때 그가 동료들과 만든 〔앞서 언급한〕 그룹 연구 논문은 다른 논문들의 제목으로 미루어 보아 나쁘지 않아 보였다.[110]

리지웨이는 이 논문의 사본을 개인적으로 보관했다. 지휘참모대학의 은어로 이것을 '각색 대본'이라고 부른 이유는 방대한 양의 연극 대본 같았기 때문인데, 프롤로그, 4개의 막과 대강의 개요로 이루어져 3일 동안 상연할 정도의 분량이었다. 유머러스한 대사와 전체 구성 측면에서 모든 참가자가 연극을 준비하고 무대에 올려서 공연하는 데 큰 재미를 느꼈을 것만은 분명하다. 그러나 군사적 가치는 없었다. 그 연극은 "측정할 수 없고 막연하지만 힘이 넘치는 군대, **파울 폰 힌덴부르크 사령관의 의지**THE WILL OF PAUL VON HINDENBURG, THE COMMANDER"[111]로써 전투에서 승리했다는 결론으로 끝맺었다. 이 논문을 코미디로 만들 의도는 전혀 없었을 것이다. 작성하는 데 엄청난 시간이 낭비되었고, 지휘참모대학 교관단은 유머 감각이 없기로 유명했기 때문이다.[112] 다른 개인 및 그룹의 연구 논문들도 자료 평가와 군사적 중요도를 고려할 때 모두 가치가 낮았다.

지휘참모대학의 성적 평가 제도는 많은 학생들을 혼란에 빠뜨렸고, 대학의 교육에 대한 이해도가 낮았음을 보여 주었다. 수준을 명확히 구분하는 등급제가 아니라 십진법으로 소수점 둘째 자리까지의 숫자로 등수를 결정했다.[113] 마셜은 리븐워스 학생장교 시절에 도상 과제 해결 후 최고 점수인 100점을 받았고, 페이 W. 브랩슨Fay W. Brabson 소위는 95.17점을 받았으나 47등이었다.[114] 성적 평가 제도는 그전에 없었던 탁월함을 갖춘 듯하지만 사실상 허상이었을 뿐만 아니라 부학장이나 학처장이 학생 개개인의 능력이나 부족함을 솔직담백하게 말해 주지 않는 한, 학생들에게 엄청난 불안감만 안겨 주었다.[115] 수년간 군사 문제에 대해 전문성과 경험을 지닌 장교들은 자신이 그저 '졸업생'으로 평가받는 데에 분개했다.[116]

20세기의 첫 20년 동안 리븐워스에 도입된 인종차별적 강의의 수준은 독일의 전쟁대학을 능가했다. 웨스트포인트 생도 때부터 필독서를 통해 인종차별주의에 직접 노출되었으므로 이는 당연한 결과였다.[117] 리븐워스에서는 예비역 장군 또는 심지어 대위까지도 정기적으로 전체 교육생을 대상으로 그릇된 세계관을 표현하는 경우가 드물지 않았다.[118] 5년간 리븐워스의 군사술학처Department of Military Arts 선임교관으로 재직한 르로이 엘팅LeRoy Eltinge(육사 1896년 졸업) 대위는 「전쟁의 심리학Psychology of War」이라는 소책자의 내용을 인종주의와 성차별주의적 시각으로 가득 채웠다. 이 소책자는 리븐워스에서 수년간 그의 강의 교재로 사용되었고 중쇄를 몇 번이나 찍었다. 권위를 더 높이기 위해 엘팅은 첫 번째 각주에 "이 교재의 내용은 창작된 것이 아니다."라고 썼지만 모든 인종차별주의적 낭설의 출처는 전혀 기록하지 않았다.[119] '인종의 심리학'이라는 장의 첫머리에는 '순수 앵글로색슨'의 우월성에 대한 자신의 식견을 드러냈다.[120] 그는 이렇게 기술했다. 흑인은 "다른 종류의 두뇌로 생각"하므로 "우리는 그들에게 군인으로서 최상의 대우를 해줄 필요가 없다."[121] 유대인은 "힘든 육체적 노동을 경멸"하므로 그들에게는 "훌륭한 군인의 자질이 없다."[122] '전쟁의 원인'이라는 제목이 붙은 부록에서는 인종차별주의적 주장을 재차 강조하면서 노예제도의 정당성을 이야기했고 학생장교들에게 만일 딸이나 누이가 흑인, 황인, 또는 적색 인종과 결혼한다면 어떤 기분이 들겠느냐고 물었다.[123] 한 발 더 나아가 중국인의 정신세계는 이미 "오래전에 발전을 멈췄다"고 주장하면서 생산보다 소비가 더 많아지는 문명의 두 가지 확실한 징후는 "여성의 정치적 영향력 증대"와 "상류층 여성의 불임"이라고 확언했다.[124] 인종차별주의자들의 강의는 육군대학에서 한층 더 흔했다.[125] 그래서 "이러한 이론들은 우리 고위급 장교들의 정신 무장의 일부가 되어 버린 듯하다."[126]라는 의견도 있었다. 하지만 인종차별주의적 신념과 정서를 주장한 책임을 미군 장교 교육에만 돌리는 것은 지나친 확대 해석이다. 그러한 신념과 정서가 미국 시민사회에 어느 정도 존재했다는 것은 의심의 여지가 없는 사실이며 많은 장교들—특히 남부 출신—이 그런 환경에서 성장했다.[127] 하지만 당시의 군사교육 제도는 그런 신념에 반대하지 않고 오히려 '강화'했다.[128] 심지어 유색인종 미군 병사들이 전투 능력을 끊임없이 증명한 제2차 세계대전 이후에도 한동안 예비역 장군들의 자서전에서 인종차별주의적 낭설과 발언이 여전히 발견된다.[129] 유색인종 미군 병사들은 미국이 치른 전쟁들에서 이미 탁월한 능력을 보여 주었다.

이 시기에 독일군 장교단에도 인종차별주의가 만연했다는 것은 명확한 사실이다.[130] 하지만 내가 지적하고 싶은 것은, 1930년대까지 그러한 사상 주입 교육이 공식적인 독일군 장교 교육에는 없었다는 점과, — 미국의 모든 군사교육 기관에서 교육 시간이 부족하다는 불만이 많았다는 사실을 감안할 때— 일개 대위의 '이념' 강의에 한 시간을 허비했다는 사실이 놀라울 따름이라는 점이다.

독일의 전쟁대학을 다룬 다음 장에서, 그곳에서 수학한 미군 장교들을 소개하겠지만, 여기서는 미국의 군사교육 제도를 경험하거나 관찰한 독일군 장교들의 사례를 살펴본다. 리븐워스와 웨스트포인트는 일반적으로 이곳을 방문한 독일군 장교들에게 그리 좋은 평가를 받지 못한 반면, 육군대학, 특히 국방산업대학의 평판은 그보다 좋았다. 1924년에 설립된 국방산업대학은 "산업 동원과 관련한 문제에 대한 논리적 사고력"[131]을 개발하는 교육을 시행했다. 교육과정에는 기업의 수석 엔지니어와 최고 경영자들의 강의와 함께 다양한 부문의 산업 시찰도 포함되었다.

육군 중장 베르너 폰 블롬베르크Werner von Blomberg는 10년 후 전쟁부 장관이 되어 독일군을 비극적인 국가사회주의의 길로 이끈 인물로서, 1920년대 후반 미군의 군사교육 기관들을 둘러본 후 리븐워스가 학생장교들에게 책에 있는 지식만 가르치고 "현대 전술의 적용에 관한 교육은 부족하다."[132]라고 말했다. 블롬베르크의 평가는 특별한 무게감이 있었는데, 그가 수년간 육군 총참모부 교육훈련부장을 역임했고 미국뿐만 아니라 여러 외국군을 시찰한 경험이 있어서 이들을 비교할 수 있었기 때문이다. 그러나 그는 리븐워스의 질적 평가에 대한 "자신의 의구심에도 불구하고" 미국과의 관계를 구축하고 궁극적으로 국방산업대학에 접근할 수 있는 길을 열기 위해서 장군참모장교 한 명을 그곳에 보내야 한다고 결론지었다. 리븐워스 파견은 최종적으로 국방산업대학 입학 자격을 얻기 위한 수단이었던 것이다. 실제로 2년이 지나지 않아 한스 폰 그라이펜베르크Hans von Greiffenberg 대위가 지휘참모대학에 입교했다. 그는 이 학교에 크게 실망했고, 리븐워스에서 중도 포기했으며, 따라서 국방산업대학이나 육군대학에 입학할 수 없었다. 그러나 그는 단기간 지휘참모대학에 체류했지만 이로 인해 십수년 후 엄청난 결과물을 얻었다.[133] 지휘참모대학에서 그라이펜베르크의 학급 동료였던 폴 M. 로비넷Paul M. Robinett이 훗날 미 육군 군사연구소장의 직속기구로서 육군의 제2차 세계대전사를 기록하는 특별연구부의 책임자로 임명된 것이다. 그들의 우정 때문에 그라이펜베르크는 공식 미군 통사, 소위 그린북Green Book에서 전쟁에 대한 '독일 측 관점'을 제시하는 데 도움을 달라는 로비넷의 요청을 수락했다. 그라이펜베르크는 독일군 총참모장이었던 프란츠 할더Franz Halder의 부하였으며 이

제 다시 "역사 기록 프로그램에서 자신의 상관을 보좌하는 중책"[134]을 맡았던 것이다. 독일군 장교들은 미군을 위해 수천 건의 연구보고서를 작성했고, 할더는 이들을 통제함으로써 국방군 장교단의 '순수'한 이미지를 역사서에 담아내고 이를 수십 년 동안 확산하는 데에 큰 역할을 했다.[135]

독일군 시찰단의 관심 밖에 있는 학교였지만, 미국 장교단에게 어떤 전문 군사교육 기관보다 중요했던 학교가 바로 조지아주 포트베닝Fort Benning에 위치한 보병학교Infantry School였다.[136] 미군 소위의 연령은 독일군 소위보다 4~6세 정도 더 많았고, 웨스트포인트를 졸업한 후에는 전술과 미군이 보유한 무기의 효율성에 관한 깊이 있는 지식 없이 소대—또는 나아가 중대까지—를 지휘했다.[137] 경험이 풍부하고 노련한 부사관이 도와주지 않으면 반짝반짝 닦고 광내는 작업 외에 할 줄 아는 일이 없었다. 육사를 졸업하고 몇 년이 지난 후에야 상당수에게 미국 최고의 군사학교인 보병학교에 입교할 기회를 부여했다. 마셜이 부학교장으로서 교육과정에 전권을 행사하기 이전에도 보병학교에서는 초급 장교와 중견급 장교 모두에게 매우 유익한 교육이 시행되고 있었으며, 보병학교는 지휘참모대학으로 가는 길의 징검다리였음에도 불구하고 사실상 그보다 훨씬 더 우수한 교육기관이었다.[138] 보병학교는 "보병의 심장과 두뇌"라고 불리었으며, 보병학교 외에 다른 학교들에서는 장교에게 절대적으로 필요한 실질적인 보병 무기류에 대한 지식과 중대급·대대급·연대급 전술을 가르치지 않았다.[139] 그러나 보병학교의 학생장교들도 독일군 장교들에 비해 경험 측면에서 4~8년 정도 뒤처져 있었다. 여기에서 경험이란 작전, 전술과 현대전 무기류에 대한 지식을 가리킨다.

그러나 보병학교에서도 지휘참모대학과 마찬가지로 지나치게 교조적인 자료, 엄청난 문서작업, 학교 측 모범답안, 자질과 상관없는 교관들의 권위주의가 학생장교들에게 일상적이었다.[140] 야외 전술토의를 대신한 도상 연습과 단순한 부대 이동에 대하여 방대한 분량의 서식명령을 작성하게 하는 방법은

그림 4-3. 1925년 포트베닝의 장교 숙소. 군사기지와 동일한 형태로 설립된 포트베닝은 생활의 안락함 측면에서 그리 인기 있는 곳이 아니었고 그곳에서 생활한 장교들의 가족은 많은 것을 포기해야 했다. 1930년대에 시행된 대규모 재건축으로 학교와 군사시설 수준이 크게 향상되었다. [Reprinted with permission from Fort Benning, by Kenneth H. Thomas Jr. Charleston, South Carolina, Arcadia Publishing, 2003]

교육을 저해하는 요소였고 '과도한 시간 낭비'를 초래했으며 장교들의 감각을 둔화했다.[141] 리븐워스에서처럼 도상 및 전투 상황조치 과제가 "너무나 세밀하게 짜여 있어서 학생장교들이 상상력과 창의성을 발휘할 수 없었다."[142] 보병 무기에 대한 수업도 '대단히 비효율적'이었다.[143]

그러나 아마추어 수준의 미군 장교단이 유럽의 전선으로 떠난 후 단 19개월간의 전쟁에서 사상 유례없는 엄청난 수의 사상자를 낸 비통한 현실을 경험한 조지 C. 마셜은 잘못된 점을 바로잡고자 결심했고, 보병학교의 새로운 길을 모색하게 된다. 그의 관점—그가 역사적으로 올바른 평가를 내렸다고 말할 수 있다.—에서 봤을 때 미군 장교들의 무능함은 고령화, 사고의 경직성, 현대적·실용적 훈련의 부족에 기인했다.[144] 마셜은 특히 지휘관의 체력에 관심이 많았는데, "내가 전쟁에서 경험한 바에 따르면—전장의 29개 사단 중 27개를 직접 보았다.— 다른 원인들보다 체력적 한계로 인해 고위급 장교들이 실패하거나 경력상 치명적 사건을 겪는 경우가 많았기" 때문이다.[145]

1927년 11월에 마셜이 보병학교의 부학교장 겸 교수부장으로 임명되면서 마셜의 시대가 도래했다. 1932년 11월까지 그가 재직한 기간은 "베닝의 르네상스"[146]라 불리었다. 제1차 세계대전 때 보병전술 측면에서 장교들의 결함이 드러난 후 창설된 이 학교는 1927년에 겨우 9주년을 맞았다.

때때로 누군가의 비극은 다른 이의 행운이 되기도 한다. 어쨌든 마셜은 열심히 일하는 인물로 정평이 나 있었지만 보병학교 부임 직전에 첫 번째 부인이 세상을 떠나자 그 슬픔을 이겨내기 위해 업무에 더 몰입했다. 그는 '가장 힘든 순간'에 새로운 보직을 받았고 그 어느 때보다도 강한 열정을 쏟았다.[147] 마셜은 보병학교의 전체 교육과정을 간소화하고 '독일화'했다. 그는 자신이 말한 대로 "교육 내용과 방법을 거의 완전히 개조"하는 데 착수하고, 그것을 새로운 수준으로 끌어올렸다.[148] 교관들은 교수 능력에 따라 임용되거나 방출되었고, 노트나 문서를 읽지 않고 강의하는 능력을 요구받았으며, 도상 과제 해결은 자주 야외 훈련으로 대체되었다.[149] 시사 문제에 대해 즉석에서 3분간

그림 4-4. 포트베닝 기지 일부. 제29보병사단이 이곳에 주둔했다. 1925년경 재건축이 시작되었지만 사진 좌상단에 보이는 건물들처럼 여전히 시설이 열악했다. 다수의 부대들이 여전히 우상단에 보이는 텐트에서 숙영했다. [Courtesy National Infantry Museum, Fort Benning, Georgia]

발표하는 과정을 모든 학생에게 '무조건 시행'했고 "박식한 학생들도 철저히 준비하게 되었다."[150] 이때부터 교육은 "현실적이고 실용적인 기반"[151] 아래 진행되었다. 다른 무엇보다도 가장 중요한 것은 마셜이 초급 장교들에게 자유분방한 정신을 심어 주고 육성하기 위해 노력했다는 점인데, 자유롭게 질문하고, 자신의 목소리를 높이고, 필요하다면 자신의 방식대로 문제를 해결하라고 가르쳤다. 학교장 캠벨 킹Campbell King 준장이 마셜의 절친한 친구였기에 이단에 가까운 총체적 혁신이 가능했다는 것은 분명한 사실이다.

동료 장교들을 위한 마셜의 노력은 근무시간 후에도 계속되었다. 그는 훗날 패튼 휘하의 군단장이 된 길버트 쿡Gilbert Cook 소령에게 자신의 사무실에서 "독서와 토론에 필요한 심리학, 사회학, 군사사" 책들을 건네주었다.[152] 마셜은 독서가 장교들이 해야 할 가장 중요한 행위 중 하나임을 인식했고 동료들에게 그것을 입증하기 위해 노력했다.

마셜이 남긴 글들을 보면, 그가 오래전부터 장교 교육체계를 개선하는 계획과 그만의 구상을 갖고 있었음을 분명하게 알 수 있다. 중국에서 제15연대장으로 근무할 때 마셜은 "보병학교에서 1등이었던" 초급 장교를 "바보는 아니"지만 "불합리한 시스템에서 교육받은" 장교로 취급했다.[153]

마셜은 독일인 참전용사와 보병학교에 파견된 독일인 학생장교들로부터 개혁에 필요한 구체적인 정보를 입수했다. 아돌프 폰 셸Adolf von Schell 대위는 마셜의 관사에 머물면서 수수께끼 같은 마셜에게 다가가 친구가 된 외국인이었다. 공식적으로 학생장교였던 셸은 제1차 세계대전 때의 풍부한 전투 경험과 개성 덕분에 이내 강연에 초대되었다.[154] 보병학교의 명석한 지도부와 교관단은 셸이 "우리에게 가르칠 것이 우리가 셸에게 가르칠 것보다 훨씬 더 많다"[155]는 사실을 곧 깨달았다. 이 독일군 장교는 강연 내용의 일부를 책으로 출간했고 이 책은 미군에서 인기를 끌었다.[156] 셸이 강연으로 대단한 명성을 얻은 반면, 보병학교의 교관단은 그의 책과 유사한 틀의 도서를 출간할 계획을 세우고 셸의 전쟁 이야기 중 하나를 그 책에 실었는데, 악천후 속에서 엄

그림 4–5. 1930~1931년 보병학교에 재직한 교관단의 단체 사진. 저명한 인물들 중 몇 명을 꼽자면 다음과 같다. 제2차 세계대전 때 아이젠하워의 작전처장 해럴드 로 불Harold Roe Bull(중앙 14번), 아이젠하워의 참모장 월터 비델 스미스Walter Bedell Smith(좌외측 32번), 수년간 베를린에서 국방무관을 지냈으며 보고서와 인맥으로 1957년까지 독일과 미국의 군사관계에 큰 영향을 미친 트루먼 스미스Truman Smith(중앙 48번), 제2차 세계대전 때 공세적 기질로 유명한 제7군단장 조 로턴 콜린스(W. B. 스미스 아래, 좌외측 53번), 미 육군에서 장군 계급으로 극소수의 진정한 매버릭이었던 조지프 워런 스틸웰Joseph Warren Stilwell(중앙 65번), 사진 촬영을 달가워하지 않은 모든 이의 멘토 조지 캐틀렛 마셜George Catlett Marshall(66번), 아이젠하워의 절친한 동료이자 제2차 세계대전 때 제12군사령관 오마 넬슨 브래들리Omar Nelson Bradley(맨 앞 우측 69번). 보병학교는 육군의 어떤 교육기관보다 장교단의 전문성 함양에 크게 기여했다. [Courtesy George C. Marshall Foundation, Lexington, Virginia]

그림 4-6. 아돌프 폰 셸 육군 소장. 마셜은 셸 대위가 보병학교에 파견되었을 때 이 장교가 자신의 전문성을 함양하는 데 매우 중요하고도 많은 것들을 가르쳐 주었다고 털어놓았다. 미국인들은 셸의 교수 능력에 매료되었으나 독일군 장교들 사이에서 이런 능력은 특별한 것이 아니었다. 이 사진은 1940년 3월에 찍은 것으로 독일군 차량화 수송 최고책임자로 2년 남짓 근무한 후의 모습이다. 셸은 하루에 14~16시간 동안 격무에 시달렸고 하인츠 구데리안과의 관료주의적 내분으로 큰 피해를 입었다. 검던 머리카락이 회색으로 변하고 용모가 수척해졌다. [Bundesarchiv, Bild 146-1994-031-08A / Hoffmann, Heinrich / CC BY-SA 3.0]

청난 포탄이 빗발치는 곳과 상당히 가까운 어느 헛간을 거처로 삼은 한 보병부대의 일화였다.[157] 장교가 〔마치 평시처럼〕 중대 이발병에게 자기를 면도하고 이발하라고 지시하자 그의 모습을 보고 부대원들이 안정을 되찾았다는 것이다. 보병학교가 출간한 이 소책자는 독일의 군사 저널들에서 큰 호평을 받았고 마침내 독일어로 번역 및 출간되었다.[158] 이 책은 전투 사례들로 구성되었고 각 장의 마지막마다 교훈이 실려 있다. 이 미국 책이 독일어로 번역된 지 2년 후에 에르빈 롬멜Erwin Rommel이 보병학교의 책과 구성이 유사한 『보병공격전술*Infanterie greift an!*』(한국에서 『롬멜보병전술』이란 제목으로 번역, 출간되었다.—옮긴이)을 출간했는데, 미래의 사막의 여우Desert Fox(롬멜의 별명—옮긴이)가 자신의 전투 경험을 책으로 엮을 때 이 책을 참고했다는 주장은 충분히 일리가 있다.[159]

셸과 친분을 쌓은 미군 장교들은 전쟁 발발 전후로 국방군에서 고속 승진하는 그를 매우 관심 있게 지켜보았다. 이 독일군 장교는 전쟁대학에서 매우 존경받는 교관이 되었고 자신의 저서를 출간하기도 했다.[160] 마셜이 보병학교 부학교장, 셸이 학생장교였을 때 보병학교 교관이었던 트루먼 스미스 Truman Smith 중령이 1938년에 주독일 국방무관으로 보직되었다. 그는 마셜에게 이렇게 보고했다. "히틀러가 오늘 아돌프 폰 셸을 독일 자동차 산업의 총책임자로 임명했습니다. 〔…〕 당시 히틀러가 그를 소장으로 진급시키려고 했지만 셸이 장교단의 시기심을 우려해서 정중히 사양해 대령으로 진급했다는 것을 우연히 알게 되었습니다. 〔…〕 저는 개인적으로 장군님께서 1931년 베닝에서 장차 독일군 총사령관이 될 인물과 친분을 맺었다고 생각합니다. 〔…〕 폰 셸이 베닝에서 받은 호의에 대한 보답으로 전 세계의 급변을 알려주고 제게 모든 것을 제공하고 있다는 사실을 장군님께서 아시면 흥미로우실 겁니다. 우리가 다른 국가의 무관들보다 기갑군단에 대해 더 많이 알고 있을 겁니다."[161]

마셜의 축하 편지에 감사와 겸손의 답장을 보낸 셸은 자신이 소장 진급을 고사했음을 확인해 주었다. 또한 그는 자신의 진급에 대해 "미스터 히틀러에게 몇 가지 이유를 설명할 기회가 있었고 그 자리에 본인이 있었다."[162]라는 설명을 덧붙였다.

그러나 육군 총사령부 차량화 총감總監, Inspector of Army Motorization으로서 새로운 업무 기능 측면에서 셸은 관료주의적 내분의 장에서도, 실제 전장에서도 무자비하기로 잘 알려진 적을 만들게 되었는데 그가 바로 하인츠 구데리안이다. 구데리안은 차륜이나 궤도와 관련된 모든 것이 기갑사단을 더 많이 만들기 위한 노력에 종속되어야 한다고 생각했다.[163] 기갑부대 총감General Inspector for the Fast Troops이라는 직책을 맡은 구데리안과 셸의 갈등은 당연한 것이었다. 직책이나 업무 분야의 중복은 '제3제국'의 관료적 내부 조직의 특징이었다.[164] 이로 인한 마찰은 독일군이 전쟁 수행 노력을 결집하는 데에 막대한 지장을 초래했다. 셸은 구데리안을 책임이 없는 자리로 쫓아내려고 애썼다. 그는 빌헬름 카이텔Wilhelm Keitel과 관료주의적 권력 투쟁을 벌이던, 재군비 노력의 총책임자 프리드리히 프롬Friedrich Fromm 소장의 후원을 받았으나 구데리안이 더 우세했다. 그럼에도 불구하고 셸은 자신의 이름을 딴 셸 계획Schell-Plan을 시행하고 독일의 자동차와 수송 수단의 생산을 획기적으로 단순화했다. 1937년 미군 시설들을 둘러본 후 몇몇 아이디어를 얻었을 가능성이 충분한데, 그곳에서 그는 미국인들에게 무기와 전술에 대해 허심탄회하게 의견을 제시했다. 그는 기본적으로 미국인들에게 전체 독일군 기갑부대 전술의 핵심을 알려 주었다.[165] 하지만 미국인들은 그 정보를 가볍게 흘려듣고 말았다.

귀국한 셸이 잠시 휴식하는 동안 구데리안은 부대를 이끌고 폴란드, 프랑스를 점령하고 대러시아 초기 공세에 돌입했다. 그러나 기갑병과 장군이 해임되었다가 이내 기갑부대 총감으로 돌아오자 셸은 다시 도전에 응했다. 1943년 1월 1일, 육군 중장이었던 셸은 노르웨이에 새로 창설된 제25기갑사단장으로 취임했다.[166] 사단장은 통상 한 계급 낮은 소장—중장은 대개 군단장—이었고 당시 주요 전구戰區는 동부전선이었으므로 셸은 좌천되었다고 할 수 있다. 그의 명성에 오점을 남긴 것만으로도 셸의 정적들은 성공한 셈이었는데, 이례적으로 셸은 전쟁이 끝날 때까지 진급하지 못했다.

전쟁이 종식된 후 마셜은 셸이 소련군에 인도되어 전범으로 처리될지 모른다는 소식을 접했다. 마셜은 결코 인정하지 않았지만, 그의 성격상 셸을 도우려고 개입했을 가능성이 높으며, 어쨌든 결국 셸은 풀려났다. 당시의 사실들은 마셜의 회고록에 실린 편지들을 통해 잘 파악할 수 있다.[167]

타인과의 신의를 결코 저버리지 않았던 마셜은 셸에게 보낸 편지에서 그를 통해 "내 전문성 함양에 매우 중요한 많은 것들을" 얻었음을 인정했다.[168] 보병학교는 모든 독일군 학교에서 흔히 볼 수 있는 것—기습의 요소—들을 교육에 도입했다. 야외에서 27킬로미터를 이동한 후 마셜은 참가한 학생장교들에게 차폐 가능한 지형covered terrain의 지도를 그리라고 지시했는데, 이는 장교들에게 값을 매길 수 없을 만큼 중요한 능력인 '순간적 판단력'을 키우는 훈련이었다.[169] 매슈 리지웨이는 이와 유사하게 보병학교에서 경험한 급변하는 상황 조치에 관해서 다음과 같이 말했는데, 이는 전쟁대학의 수업에서 가져온 것일 수도 있다. "나는 보병학교에서 수차례 그런 문제를 받은 적이 있다. 내 앞에 지도가 펼쳐지고 교관은 내게 말한다. '귀관은 여기에, 적군은 저기에 있다. 전술적 상황은 이러하다(항상 불리한 상황이다). 귀관의 대대장이 전사했다. 이제부터 귀관이 지휘해야 한다. 어떻게 할 건가?'"[170]

마셜은 다음과 같은 기본 지시를 하달했다. "어떤 학생의 해결 방안이 '승인된' 답안과 현저히 다르다고 해도 만일 타당하다면 수업 시간에 발표하고 논의해볼 수 있다."[171] 교관들과 '학교 측 모범답안'에 대한 마셜의 태도는 리브워스 학장의 태도와 크게 다르지 않았다. 어느 날 마셜은 전술 수업 시간에 교실 뒤쪽에 앉아 있다가 찰스 T. 래넘Charles T. Lanham(육사 1924년 졸업)이라는 개성 있는 중위를 발견했다. 그가 '학교 측 모범답안'에 동의하지 않고 자신의 답안을 제시하자 교관이 그를 폄하했다. 그때 마셜이 개입하여 교관의 답안을 '간단히 뒤집고' 래넘의 손을 들어 주었다.[172] 이러한 교육 분위기는 보병학교가 지나치게 작위적인 도상 과제 해결과 전쟁연습을 시행한 지휘참모대학과는 다른 세계였음을 보여 준다.[173]

장교들의 글을 살펴보면 이 학교에서 보낸 시간이 그들의 인생에 결정적 영향을 미친 것만은 분명하다. 현대적 커리큘럼과 교수법, 실질적 훈련뿐만 아니라 개인적·전문적 문제에 있어 마셜의 사려 깊은 조언을 받은 결과였다. 마셜은 학생장교들의 마음과 정신, 보병학교와 미 육군에 남을 영원한 유산을 창조했다. 엇갈린 평가를 받는 지휘참모대학과 크게 대조적으로 보병학교는 "졸업생들로부터 아낌없는 찬사를 받았다."[174]

마셜이 떠나고 거의 10년 후에도 보병학교는 여전히 육군의 전문 군사교육 기관들 중 군계일학이었다. 어떤 훌륭한 평론가는 보병학교가 "시대에 뒤떨어지지 않고, 강도 높고 집중적인 교육을 시행하며, 뛰어난 초급 지휘자들을 배출하고 있다."[175]라고 말했다. 학생장교들도 똑같이 보병학교를 극찬했다.[176] 그들은 "베닝의 교관들이 웨스트포인트의 교수들보다 더 세심하게 선발된 것이 분명하다."[177]라고 말했다. 웨스트포인트도 지휘참모대학과 동일한 기본 시스템을 따랐다.

보통 악평을 쏟아내기로 유명한 존 A. 헤인트지스John A. Heintges마저도 "보병학교는 완벽했다."[178]라고 언급했다. 그의 동료이자 지휘참모대학을 그토록 비판했던 래넘은 보병학교에서의 경험을 "무엇이든 제안해도 제지받지 않고 막힘없이 전류가 흐르는 곳"[179]이라고 묘사했다. 웨스트포인트와 리븐워스를 감안하면, 교육에 있어서 긍정적 전통과 부정적 전통이 똑같은 방식으로 유지 · 계승된다는 점은 분명하다.

요컨대 보병학교는 지휘참모대학보다 훨씬 더 현대적인 교육기관이었다.

미군의 고위급 지휘관들이 학교 교육체계를 칭송할 때 그 학교는 지휘참모대학이 아닌 보병학교를 염두에 두고 하는 말일 것이다. 미군 지휘관이 얻은 능력은 지휘참모대학 과정보다는 마셜이 재직한 기간 또는 그 후에 보병학교에서 배운 결과임이 분명했다. 이러한 측면에서 지휘 수준—연대, 사단 또는 군단—보다 지휘 문화가 훨씬 더 중요한 듯하다. 마셜은 또 한 번 정곡을 찔렀다. "훌륭한 리더라면 아주 조금만 가르쳐도 성공할 것이다. 많은 것을 가르쳐도 평범한 사람은 실패할 수밖에 없다. 이 점은 내가 가는 곳마다 입증되었다. 〔…〕 모든 것은 리더십에 달려 있다."[180] 지휘참모대학에 입교하기 전에 보병학교에서 수학한 이들은 두 학교의 엄청난 차이점과 마셜의 원칙이 옳았음을 논할 수 있었다.

제2차 세계대전 시 미군의 고위급 지휘관 대부분이 지휘참모대학을 수료했기에 그들이 능력을 갖추는 데 이 학교가 중요한 역할을 했다고 알려져 있다. 그러나 장차 장군이 된 150명의 인물이 보병학교를 나왔고 50명 이상이 그곳에서 교관으로 근무했다.[181] 물론 이 숫자는 마셜이 보병학교에 근무한 기간에 한정된 것이며, 보병학교의 수준이 지속적으로 유지되었으므로 그 후를

고려하면 그 숫자는 더 늘어날 것이다.[182]

다음 장에서는 '독일화'된 보병학교와 지휘참모대학이 '진짜' 독일의 전쟁 대학과 어떻게 다른지를 비교해 본다.

제5장

공격의 중요성과 지휘 방법

독일의 전쟁대학

"전시에는 평시에 습득한 것만 실행할 수 있다."[1]
—아돌프 폰 셸Adolf von Schell 대위(훗날 중장)

유럽에서 위협적 존재로 여겨지던 독일군 총참모부German Great General Staff는 베르사유 조약에 따라 철폐되었고 장군참모장교 교육도 금지되었다. 그러나 독일 군부는 교묘한 방법으로 총참모부를 군무청Truppenamt으로 개칭하고 제4부section T4에서 장군참모장교 교육을 담당했다. 장군참모장교라는 명칭은 지휘관 보좌관Führergehilfen으로 변경했다. 그렇게 수년간 연합국 군사력 통제위원회Military Inter-Allied Commission of Control의 눈을 속였다. 독일 군부는 베르사유 조약의 어떤 규정보다도 총참모부와 장군참모장교의 선발·교육 폐지 규정을 철저히 '회피'했다.[2] 대다수 독일군 장교들은 그들이 불법 행위를 하고 있다는 사실을 잘 알고 있었다.[3] 미군 장교시찰단은 전체를 파악할 수는 없었지만 그들의 눈앞에서 독일군이 베르사유 조약을 위반하고 있음을 알았다. 미국의 국방무관대행 앨런 킴벌리Allen Kimberley 소령은 1924년에 독일 수뇌부가 무장 해제와 거리가 먼 활동을 하고 있다고 말했는데 이 지적이 적중했다.[4] 실제로 목격자들은 독일인들이 "군대 전체를 훨씬 더 효율적인 하나의 학교로 바꾸어 놓았다."[5]라고 언급했다.

독일 고등 군사교육 체계의 사명은 19세기 중반에 전쟁대학을 개혁할 때 정립된 것과 줄곧 똑같이 유지되고 있었다. "군사종합대학의 성격을 지닌 전쟁대학의 목적은 군대 전반의 학문적 정신을 강화하는 것이다."[6]

전문 군사교육의 철학은 동일하게 유지되었지만 비밀 유지 때문에 가끔 세부적인 계획 없이 교육이 시행되었다.[7] 그러나 독일군 장교들은 그런 상황을 심각하게 받아들이지 않았다. 1928년 미국 국방무관 아서 L. 콩거Arthur L. Conger 대령이 독일군 총사령부에 한 장교 교육단officer's school을 시찰하고 싶다고 집요하게 요구하여 군무청 제4부의 책임 중 일부를 넘겨받은 제3사단 교육단3rd Division's school을 방문할 수 있었다. 콩거는 "아무런 제약 없이 교육의 전 과정"을 참관할 수 있다고 허가받았으나 "교육단 방문을 누구에게도 말하지 않겠으며" "교육단의 존재에 대해 어떤 정보도 발설하지 않겠다"고 약속했다.[8] 독일군이 이 미군 장교를 "솔직하고 믿을 만한 군인이자 독일의 진정한 친구"로 여겼기 때문에 가능한 일이었을 것이다.[9] 공교롭게도 콩거는 약 20년 전 군사사軍事史를 학문으로 정립한 인물로 평가받으며 베를린 대학 교수로 재직 중이던 한스 델브뤽Hans Delbrück의 제자였다.[10]

장교 교육단에 관한 이 일화는 독일군과 미군 장교시찰단의 각별한 관계를 보여 주는 여러 사례 중 하나이다. 콩거는 워게임과 교육단 방문을 허락받기 위해 분명히 약속을 지키겠다고 했지만 독일 장교들과의 신의를 어기고 워싱턴의 전쟁부에 시찰 내용을 상세히 보고했다.[11]

미국인 국방무관의 기록에 따르면 그곳의 교육은 기본 전술에서 시작해 1866년의 쾨니히그레츠 전역을 근간으로 사용한 전략으로까지 나아갔다. 수업 분위기는 매우 "유쾌하고 편안했다"고 한다.[12] 재개교한 전쟁대학의 교실도 이와 유사했다. 마치 경직된 중학교 분위기 같은 미군의 지휘참모대학의 수업과는 누가 봐도 달랐다.

두 학교 간에 또 다른 차이점들도 있었다. 앞서 언급했듯이 기본적으로 계급과 나이, 복무기간—적어도 소위 계급으로 5년 이상 복무한— 측면에서 자격을 갖추고, 군관구 시험Wehrkreis-Prüfung에서 일정한 점수를 획득한 장교들이 전쟁대학에 입학할 수 있었다. 지원자의 연대장이 작성한 추천서는 군관구 시험 성적에 못지않게 중요했다.[13] 군관구 시험에서 고득점을 받았음에도 불구하고 전쟁대학에 파견되지 못한 장교들도 있었는데 그 이유는 '인성적 결함'이었다.[14]

물론 특정 인원만 전쟁대학에 입교할 수 있었으므로 경쟁을 통한 시험에서 탈락한 일정 비율의 장교들은 입교할 수 없었다는 것이 이 제도의 문제점이었다.[15] 만일 상관이 기회를 주어 다시 도전하면 1년 또는 수년의 시간을 잃어버릴 수도 있었다. 일반적으로 한 번 떨어진 장교는 적어도 한 번 더 기회를 얻었다.

그러나 어떤 해에는 시험 성적이 우수한 이들이 너무 많아서 능력이 탁월한 수많은 장교들이 불합격하고, 또 다른 해에는 경쟁 수준이 높지 않아서 다수의 평범한 장교들이 합격할 수도 있었다. 하지만 미국 제도보다 독일 제도가 훨씬 나았는데, 군 수뇌부의 통제 아래 선발이 이뤄졌고, 초급 장교의 경력이 직속 상관에 의해 전적으로 좌우되지 않았기 때문이다. 시험은 철저히 익명성이 보장된 가운데 치러졌으며, 성적 우수자의 번호가 표시된 파일을 군관구사령부로 송부하면 사령부에서는 연대장이 작성한 해당 장교의 근무평정을 확인했다.

군관구 시험은 심도 있고 난해한 지식보다는 장교로서 당연히 알아야 하는 군사 문제로 구성되었다. 사고의 논리적 흐름과 그것을 표현하는 능력은 자신의 총명함을 드러내는 것만큼이나 중요하게 평가되었다.[16] 독일군 고위급 장교들은 이 시험을 통해 유능한 초급 장교를 판별했을 뿐만 아니라 당대의 군사 문제에 대한 젊은 세대의 의견을 수렴할 수 있었다.[17]

독일군 장교단을 다룬 다른 사안들처럼 군관구 시험의 절차는 매우 투명했다. 전년도 문제들이 해답과 함께 책자로 출간되었고 —독일군 문화에 충실하게— 책 서문에서 여기에 기재된 답은 절대적 해답이 아니며 단지 출간에 참여한 장교들이 도출한 최적의 방안일 뿐임을 강조했다.[18] 다방면의 비군사적 문제에 대한 해답은 전혀 제시되지 않았다. 예를 들어 역사와 스포츠 시험의 경우 장교 스스로 준비 방법을 찾아야 했다.

정규 군관구 시험은 몇 개 영역으로 구성되었고 며칠간 연이어, 최대 1주일간 진행되었다.[19] 가장 중요한 시험 영역은 당연히 첫 번째인 응용 전술angewandte Taktik이었다. 응시자는 통상 연대급 부대가 해결해야 할 상세한 전술적 상황을 부여받았는데, 상황을 더욱 흥미롭게 만들기 위해 일부 다른 부대를 배속받음은 물론 지도까지 제공받았다. 응시자는 상황을 이해하고 필수사항을 포함해 최대한 간명한 명령을 작성해야 했다. 독일군의 교육체계는 명석함과 창의력을 항상 요구했지만 이 두 가지 특성이 우수한 성적을 얻는데 반드시 필요하지는 않았다. 중요한 점은, 응시자의 답안과 채점하는 장교의 답안이 꼭 일치하지 않아도 된다는 것이었다. '대단히 심사숙고'하고 '명확하게 기술된' 명령, 또는 '단호한 판단'이 나타나면 모범답안이 될 수 있었다. 또한 '참신한 발상이면서도 고려사항들을 충족'해야 했고 '대담성'과 '결단력'도 여전히 중요했다.[20]

가상의 모든 예하부대에 대한 연대급 명령은 한 페이지를 넘지 않아야 했는데, 이는 같은 미군 제대의 경우에 비해 5분의 1 수준이었지만 독일군 장교들은 그마저도 너무 길고 세부적이라며 불만을 토로했다.[21]

또 하나 특이한 점은 응시자의 대부분이 소위였다는 점이다. 이들은 모든 면에서 '증강된 연대'를 지휘할 만한 수준을 갖추어야 했는데 이는 통상 소위보다 15년 선배인 대령이 수행하는 과업이었다. 응시자들은 급박한 전술 상황에서 현실적으로 서식 명령을 하달할 시간이 부족하다는 가정하에 간명한 구두 명령을 작성하는 시험도 치렀다.

주어진 두세 시간이 끝나면 초급 장교들은 동일한 부대로 적군과 최초 교전 후 달라진 상황을 새로 부여받았다. 두 번째 상황이 끝나면 또다시 변화된 전술적 상황이 주어졌다. 이 시험은 응시자가 이전 시험에서 단지 운이 좋았는지 아니면 정말로 올바르게 판단했는지, 방어 및 철수와 마찬가지로 공격 시에도 융통성이 있는지를 정확하게 판별하도록 명쾌하게 구성되었다. 또한 베르사유 조약의 제약 때문에 바이마르공화국군이 보유하지 않았다 하더라도 당시에 군대에서 운용하던 현대적 장비를 다룰 수 있어야 한다는 점도 강조되었다.[22] 따라서 응시자들은 고도의 상상력과 창의력뿐만 아니라 현대 무기체계와 그 성능에 관해 풍부한 지식을 갖추어야 했다. 일개 소위에게는 정신적으로 힘든 도전이었다. 1924년 초에는 항공기와 전차를 보유한 부대—피아 모두—를 운용하는 시험이 출제되었다.[23] 베르사유 조약으로 바이마르공화국군이 3개 기병사단만을 보유했기 때문에 응시자들은 필수적으로 대규모 기병부대를 운용할 수 있어야 했다. 이러한 시험뿐만 아니라 워게임에서도 독일군 장교들이 여전히 기병을 운용하고 기병 전술을 중시했다는 사실 때문에, 늙은 귀족 출신 기병장교들이 시대착오적인 부대에 집착했다고 잘못 해석하는 경우가 종종 있었다. 그러나 바이마르공화국군이 3개 기병사단만 보유할 수밖에 없었기에 총사령부는 이들을 최대한 활용할 생각이었다. 국방군Wehrmacht이 창설되고 몇 년 후 기병 병과가 조기에 폐지된 사실은 대부분의 독일군 장교들이 현대 전장에서 기병의 가치를 정확히 간파했음을 보여 준다. 국방군 장교단에도 전통주의자들, 구시대적이고 편협한 사고를 지닌 장교들이 존재했지만 그럼에도 불구하고 미국에서처럼 현대적 군사 발전을 심각한 수준으로 방해하지는 않았다.[24] 미군의 극단적 보수주의자이자 기병에 과도하게 집착한 기병 병과장 존 K. 헤어John K. Herr 소장과 헤어의 동료이자 그에 못지않게 융통성이 부족한 보병 병과장 스티븐 O. 퓨콰Stephen O. Fuqua 소장이 그런 인물들이었다.[25]

군관구 시험의 두 번째 영역은 기본 전술formale Taktik(정형화된 교리상의 전술—옮긴이)이었는데 대개 부대 이동과 군수 보급 분야가 강조되었다. 응시자는 다시 연대급의 전술적 상황을 이해한 후 도하 또는 특정 지점으로의 부대 이동 명령 또는 부대 보급 명령을 작성해야 했다.

세 번째 영역은 지형 응용 능력Feldkunde, 구체적으로 말하면 독도법과 지형을 이용하는 능력을 평가하는 시험이었다. 응시자는 지형의 특징을 묘사하고 주어진 전술적 상황을 고려해서 그것을 평가해야 했다. 대개 자신의 부대를 배치할 위치와 이유를 지도에 표시해야 했다.

이 과업 이후에는 보통 무기체계와 장비에 관한 평가로 이어졌지만 1924년의 군관구 시험에서는 전 병과를 지원하는 공병 운용이 시험 영역에 추가로 도입되었고 그 이듬해 모든 시험에서 정례화되었다.[26] 예를 들면 응시자들은 제1보병연대장으로서 즉각 적을 공격하기 위해 도하 작전을 수행하라는 명령을 받는다. 이 과업에서는 적절한 도하 지점을 선정하고 주어진 공병과 적합한 장비를 운용하며 그들에게 명확한 명령을 하달하는 것이 특히 중요했다. 생도와 장교후보생들이 연대급 수준에서 이런 과업을 해결할 능력을 갖추기 위해 수학과 공학에 진력할 필요는 없었다. 물리학, 화학, 수학을 다루는 군관구 시험 영역은 응시 대상이 기술병과 장교로 한정되었다.[27]

다음 영역인 무기체계와 장비에 관한 과업은 가장 특이한 시험 중 하나로서, 초급 장교들의 개인적 견해와 판단을 묻는 시간이었다. 이는 독일군 총사령부가 초급 장교들의 의견을 존중했을 뿐만 아니라 이들에게 창의성을 요구했다는 점을 보여 준다. 이 영역 역시 응시자가 준비하는 것 자체가 거의 불가능했다. 앞서 언급했듯이, 대개 군관구 시험에 응시했던 장교들이 후배 동료들에게 시험에 대처할 방법을 가르쳐 주었고, 시험 대비 기출 및 예상 문제 풀이 등의 사교육—변호사들이 자격 시험을 준비하듯이—들이 생겨났고, 초급 장교들은 많은 돈을 지불하면서 반복 학습을 통해 전문성을 향상하고자 했다. 그러나 응시자의 의견과 논리적 설명을 요구하는 문제가 출제될 때에는 기출문제 풀이가 그리 도움이 되지 못했을 것이다. 장교들은 병과에 따라 각기 다른 문제를 받았다. 예를 들어 1924년 군관구 시험에서는 기병장교들에게 "기병연대에서 통신에 필요한 기술적 수단은 무엇인가? 기동전에 그 수단이 적합한가? 개선하는 데 필요한 점을 제시하라."[28]라는 문제가 출제되었다. 1921년 군관구 시험에서 차량화부대 장교들에게는 신형 야전차량 95new Feldwagen

95가 군용차량으로 적합한가, 이 차량을 모든 병과에 추천하겠는가라는 질문이 주어졌다.[29]

순수 군사영역 이후에는 일반교양 분야 시험으로 이어졌다. 1921년의 군관구 시험에서는 여전히 역사 관련 주제를 선택할 수 있었으나 그다음 시험에서는 이 방식이 폐지되었다. 이 영역 대신에 공민公民 과목이 추가되었는데 일례로 1929년에는 구헌법과 신헌법에 따라 공화국의 법률을 비교하고 설명하라는 문제가 출제되었다.[30] 그 후 모든 군관구 시험의 공민 과목에서 헌법 관련 지식을 묻는 문제가 등장했고 어떤 문제가 나올지 전혀 예측할 수 없었기 때문에 응시자들은 헌법에 통달해야 했다. 1931년, 즉 2년 후 독일에 재앙이 곧 닥쳐올 시기에 출제된 문제는 '국민을 통치한다는 개념은 헌법에 어떻게 반영되어 있는가?'였다.[31]

군관구 시험 영역들의 비중은 동일하지 않았으며 영역별로 가중치가 있었다.[32] 전술 영역에는 가장 높은 네 배, 공민 영역에는 두 배의 가중치를 부여했다. 그러나 치열한 경쟁 때문에 응시자들은 배점이 낮은 과목들—만점이 18점인 과목—도 소홀히 할 수 없었으므로 바이마르 공화국의 헌법뿐만 아니라 독일제국의 헌법도 숙지해야 했다. 제2차 세계대전 후 어떤 이들은 독일군의 고위급 장교들이 아돌프 히틀러가 추진한 국내 정책의 법률적 함의를 제대로 이해하지 못했다고 주장하는데, 이러한 주장은 위와 같은 이유로 인해 타당하지 않다.

그 뒤에는 항상 철, 석탄 또는 수로水路에 관련된 경제지리학 문제가 출제되었다. 한정된 주제였으므로 이 영역을 준비하기가 가장 수월했다.

역사 영역에서는 유럽 전체의 과거사를 다루었으므로 초급 장교들은 이 주제에 정통해야 했다. 1924년의 군관구 시험에서는 제1차 세계대전 후 터키가 급속도로 성장한 이유를 기술하라는 문제가 출제되었다.[33] 1931년에는 베르사유 조약에 따른 독일 동부 국경선의 의미와 독일 입장에서 그 위험성에 대해 기술하라는 문제가 출제되었는데, 준비가 필요 없을 만큼 모든 장교에게

대단히 쉬운 문제였다.[34]

다음 영역인 수학에서는 기술병과 장교를 대상으로 보통 방정식이나 고등 기하학 문제가 출제되었다. 물리학의 경우 탄도학 같은 무기 관련 문제가 등장했으나 화학 과목은 실업계 고등학교Realgymnasium의 졸업시험과 같은 수준이었다.

다음 영역에서는 장교들이 다양한 방법을 통해 언어 구사력과 외국어 능력을 입증해야 했다. 프랑스어와 영어가 가장 쉽다고 여겨졌으며, 프랑스어 또는 영어 3개 문장을 독일어로, 독일어 5~7개 문장을 프랑스어 또는 영어로 번역하는 시험을 치렀다.[35] 러시아어와 폴란드어를 선택하면 7개 문장을 독일어로 번역해야 했다. 간혹 일본어와 체코어를 선택하는 이들도 있었지만 매우 예외적이었다.

마지막이지만 소홀히 할 수 없는 영역은 1924년부터 채택된 체육으로, 응시자들은 이론뿐만 아니라 체력검정을 받았다. 소대와 중대급에서 수년간 부대훈련을 통해 체력을 충분히 단련했기 때문에 체육 시험이 '불필요'[36]하다고 생각하는 일부 장교들은 이 영역을 매우 싫어했다.

먼저 모든 응시자는 수영 기본 자격증independent swimmer을 제출해야 했는데 이는 독일에서 성인으로서 최저 수준의 수영 능력, 즉 수심 깊은 곳에서 15분간 수영하고 1미터 높이에서 다이빙하는 능력을 나타냈다. 이 자격증을 보유하면 체력 점수에 자동적으로 5점이 추가되었다. 자격증이 없으면 점수를 받지 못했고, 1929년에 자격증 없는 응시자들은 —자신이 수영을 잘 못 하더라도— 중대 병사들에게 수영하는 법을 설명하라는 문제를 면제받지 못했다.[37] 그 이듬해에는 체육과 무기 훈련을 통해 병사들에게 근접전투기술적 사고를 교육하는 방법을 상술하라는 문제가 출제되었다.[38]

10년간 체력검정의 첫 번째 종목은 전투 능력과 적절히 연계된 수류탄 던지기로, 투척 거리를 측정하는 것이었다. 45미터를 넘기면 '양호' 판정과 함께 7점을 주고, 그보다 10미터를 더 던지면 탁월함을 인정해 최고점인 9점을 주었다. 던진 거리가 15미터 미만이면 미흡 수준으로 단 1점을 부여했다.

멀리뛰기 종목에서는 4.5~4.7미터를 뛴 '양호한' 장교에게는 7점을, 5미터 이상 뛴 탁월한 성취에는 9점을, 3.5미터 이하의 미흡한 경우에는 1점을 주었다. 해가 거듭될수록 멀리뛰기 기준이 낮아져서, 1924년에는 다음 상위 등급을 획득하려면 30~60센티미터만 더 뛰면 되었다.[39]

3킬로미터 구보 종목의 경우 1차는 야지에서, 2차는 육상 트랙에서 측정했다. 육상 트랙에서는 15분을 초과하면 1점, 11분 40초 이내로 들어오면 '탁월'로 9점을 받았다. 30초 간격으로 기록을 측정했고 1분을 단축하면 2점을 받았다. 야지에서는 트랙에서보다 측정 기준 시간을 30초 더 추가했다.

기타 표준 종목으로 철봉, 평행봉, 뜀틀 등이 있었다. 생도 출신 응시자들은 수년 동안 이런 기구들로 체력 단련을 해왔기 때문에 이 종목의 능력이 탁월했다. 1930년대에 이르러 군관구 시험에서 실질적 전투 능력에 중점을 둔 체력 측정은 독일 체육연맹Deutsche Sportbehörde이 설정한 민간 체력검정 표준안으로 변경, 적용되었다.[40] 나는 이렇게 새로운 기준이 도입된 이유를 찾을 수 없었지만, 당시 독일 육군의 팽창 때문에 장교가 더 많이 필요했으므로 지원자 수가 급격히 늘면서 민간 전문 조직에 체력검정을 위탁했을 가능성이 크다.

1935년 베르사유 조약의 제약들이 파기되고 '새로운' 국방군이 생겨난 후에도 고등교육 선발 제도는 거의 달라지지 않았다.[41] 장교의 군관구 시험 응시 자격이 약 8년 이상 복무한 중위로 바뀌었다. 국방군 전력이 급속도로 증강되면서 고도로 유능한 참모장교가 절실히 필요해졌다. 이런 요구는 군관구 시험의 전술적 과업에서 드러났는데, 종래의 증강된 연대급 대신에 증강된 사단의 지휘와 관련한 문제들이 출제되었다.[42] 모든 시험 과목이 필수 영역으로 전환되었고 외국어 번역을 제외하고 선택과목이 사라졌다. 공식적인 준비 과정이 개설되었으며 이 과정은 시험 6개월 전에 시작되었다.[43] 응시 자격을 갖춘 장교 수가 늘어났지만 차상위 교육 또는 공식적으로 재개교한 전쟁대학 입교자로 선발되는 장교의 비율은 총 지원자의 10~20퍼센트로 매우 엄격하게 유지되었다.[44] 이 숫자에 내재된 문제는 이것이 과거 장군참모장교들의 글에서 유추되고 문헌들을 통해 일반화되었다는 것이다. —다소 구체적으로 기술되어 있고 다른 관점들을 강조한—8건의 진술과 연구를 비교해 보면 장교 선발 결과가 매년 달랐고 선발자 수와 그들의 사회적 배경, 불합격률과 시험문제가 제각기 매우 달랐다는 것만은 분명하다. 이러한 사실은 다음에서 논의할 전쟁대학의 몇 년간의 사례를 보면 더욱 확실해진다. 그 좋은 사례가 1934년과 1935년의 시험인데, 당시 바이에른Bavaria주를 포함한 제7군관구에서 —총참모부의 관점에서 봤을 때— 지나치게 많은 장교들이 시험에 응시했다. 이에 총참모부는 "바이에른의 쇄도"를 막기 위해 이듬해의 시험을 "까다롭게 만드는" 방안을 고려했다.[45] 그러나 다음해에 제7군관구의 지원자 수가 보통 수준으로 떨어졌기 때문에 총참모부의 개입이 기록으로 남지는 않았다. 물론 총참모부가 개입해 지원자 수가 보통 수준으로 바뀌어서 관련 기록이 남지 않았을 가능성도 있다.

군관구 시험이 매우 철저한 평가 도구였음은 분명하다. 응시자들은 수년간 시험을 준비하고 다양한 영역에 통달해야 할뿐더러 무엇보다 핵심적인 전술 영역도 익혀야 했기 때문에 군관구 시험은 독일 장교 교육의 전 영역을 총망라했다. 상급자와 동료 장교들은 응시를 준비하며 고급 수준에 오른 이들과 시험에 통과한 이들이 후배 동료들을 철저히 가르칠 것이라 기대했다. 그럼으로써 이들은 독일군 장교에게 기대되는 전우애를 보여줄 뿐만 아니라 누군가를 가르치는 경험을 얻었다. 일상적인 연대 임무 수행 시 최선을 다하기, 개인적으로 지식 함양하기, 후배 동료들을 가르치기 등 이 세 가지는 장교들에게 엄청난 부담이었다.[46] 병사뿐만 아니라 후배 장교들을 가르치는 능력은 독일군 장교의 가장 기본적인 자질이었다. 독일 군사교육 기관을 방문한 미군 장교 시찰단은 "독일군 장교후보생은 끊임없이 경계하고 특히 부하와 동료 또는 상급자 앞에서 자신의 생각을 논리적으로 명확하게 표현할 수 있도록

그림 5-1. 1938년 3월, 베를린-모아비트Berlin-Moabit 지구 크루프슈트라세Kruppstraße에 신축된 전쟁대학 건물. 제1차 세계대전 이전의 화려한 건축 양식과 대조적으로 나치 시대 군사시설답게 단순한 양식으로 지어졌다. [Bundesarchiv, Bild 183-H03527 / CC BY-SA 3.0]

훈련받는다."[47]라고 언급했다.

독일군 장교단의 교육을 다룬 역사서들을 살펴보면 대부분 군관구 시험 준비의 중요성을 과소평가하거나 철저히 무시했다. 독일군 장교는 상위 계급으로 진출하고 싶다면 끊임없이 준비하고 학교 기관의 교육을 통해 지식을 증진해야 했다. 장교후보생은 전쟁학교에 입교하기 전에, 소위는 군관구 시험에 응시하기 전에, 대령급 장교는 대부대급 워게임에 참가자로 선발되기 전까지 모든 것을 철저히 준비했다. 독일군 학교를 방문한 미군 장교시찰단은 학습과 준비에 대한 '고도의 의무감과 책임감'에 주목했다.[48] 유년군사학교에서부터 교육 시 최대한의 자유를 보장하는 분위기는 독일군 장교들에게 전혀 해가 되지 않았는데, 그런 분위기 속에서 고도의 책임감을 습득했기 때문이다. 미군 장교들은 전쟁 시에도 상황보고 회의에 지각했다.[49] 독일군 장교에게 그런 행동은 있을 수 없는 일이었다.

만일 어느 독일군 장교가 능력이나 준비가 부족하다면 동료 그리고 교육과정 또는 학교의 지도자들이 즉시 이 점을 인지했다. 따라서 "공부하는 습관을 거의 잃어버렸다가" 지휘참모대학 입교 명령을 받으면 그제야 극심한 스트레스 속에 공부 모드로 전환하는 미군 장교들과 대조적으로 독일군 장교들은 한시도 안주할 수 없었다.[50] 결과적으로 그런 준비 덕분에 보통의 독일군 장교들은 갈망하던 전쟁대학이나 그보다 앞선 전쟁학교의 교육이 시작되었을 때 그리 큰 부담감을 느끼지 않았다.[51]

미국과 독일 간에 또 다른 두드러진 차이점은 교관과 학교장의 선발 방식이었다. 전투 경험이 풍부한 사람만이 육군의 학교 기관이나 전쟁대학에 보직되었고 교수 능력을 검증받았다.[52] 대개 매년 시행된 교관 현지실습을 통해 육군 인사청의 대표자들과 고위급 지휘관들이 교관을 평가하고 선발했다. 또한 교관에게 시범 강연을 시키기도 했다.

교관이 야전 감각을 상실하지 않도록, 야전의 실상에서 새로운 정보를 얻도록 교관의 근무 기간은 대개 3년이었고 이는 학생장교가 학교에 남아 있는 기

그림 5-2. 1935년 11월 4일, 재개교한 전쟁대학에서 활기차게 대부대급 워게임을 하는 모습. 이제 막 완공된 신축 건물에서 열린 첫 번째 수업이었다. 실전감을 살리기 위해 외교부의 민간인 공무원들이 종종 훈련에 초대되었다. 독일군 장교들은 정신적 도전이라는 측면에서 워게임을 매우 즐겼으며, 복잡한 상황을 부여할수록 더욱 흥미로워했다. 미국 지휘참모대학에서 시행된 워게임과 대조적으로 독일군의 워게임은 정해진 각본이 없어 기습적 상황으로 꽉 찼으며 한쪽이 전멸할 때까지 진행되었다. 때로는 며칠 동안 이어졌다. [Bundesarchiv, Bild 183-2007-0703-502 / CC BY-SA 30]

간과 동일했다. 대부분의 교관이 전쟁대학 출신이었지만 반드시 졸업생만 교관으로 선발한다는 규정은 존재하지 않았다. 다만 교관으로 보직되기 전에 야전 실무 경험을 쌓고 군사 문제에 대해 자기만의 확고한 견해를 가져야 했다.

독일군 장교들은 야전 실무 부대에서 다양한 노하우를 얻을 기회를 주지 않고 배타적으로 졸업생만 교관으로 선발하는 미국 군사학교의 관행이 필연적으로 "편협한 경험의 한계"[53]를 초래했다고 거듭 지적했다.

지휘참모대학에서는 학교의 교리를 맹목적으로 신봉하는 다수의 교관들이 학생장교들을 가르친 반면, 독일에서는 장교들에게 가장 중요한 존재이자 매우 엄격한 기준에 따라 선발된 담임교관Hörsaalleiter이 전술을 가르치고 "전 과목에 대해 최고의 재량권을 부여받았다."[54] 담임교관은 교육과정이 끝난 후 학생장교들에 대한 평가서도 작성했다.

독일군 총사령부의 입장에서 가장 중요한 문제는 미국의 지휘참모대학에서처럼 가용성, 실행 가능성, 편의성 문제가 아니라 장교 교육 전문가와 참전 경험이 있는 장교들을 확보하는 것이었다. 높은 기대치와 엄격한 선발 기준에도 불구하고 우수한 교관 요원이 부족하지 않았고, 고등 군사교육 기관에서도 마찬가지였다.[55] 따라서 초급 장교들은 에르빈 롬멜에게서 전술을, 하인츠 구데리안에게서 차량화 수송 과정을 배웠다. 두 인물은 각자의 분야에서 최고 전문가였다. 폴란드 전역이 끝난 후 탁월한 연대장과 사단장들은 국방군 군사학교 지휘관으로 자리를 옮겼고, 그 학교장들이 전장으로 돌아와 치른 프랑스 전역이 종결된 후에도 똑같은 상황이 벌어졌다.

교관들은 학생장교들을 동료로 인식했다. 그들이 교관으로서 성공한 가장 확실한 이유는 주입식 교육을 하는 교사가 아니라 자신의 학생장교 시절을 기억하는 선생이 되었다는 것이다.[56] 학생장교들의 증언을 토대로 판단할 때 그들은 매우 성공적인 교관이었다. 미국 지휘참모대학의 교관을 칭찬하는 글은 거의 찾기 힘든 반면, 독일군 교관에 대한 찬사는 거의 일반적이며 독일군 학생장교뿐만 아니라 독일군 학교 기관을 방문한 외국군 장교들까지도 교관들을 칭찬했다.

전쟁대학은 어느 교장의 말대로 "단순한 학교가 아니라 종합대학"[57]이었다. 지휘참모대학에서처럼 훈련 규정에 관한 시험은 생각할 수도 없는 일이었다.[58] 전쟁대학을 다닌 어느 장교는 "이 대학 교육과정에 선발된 학생장교들은 대단히 예리"했고, 모든 교관이 큰 소리를 내지 않고 수준 높은 교육을 했다고 기술했다.[59]

독일 학교에서는 계급이나 경험을 이유로 거만하게 구는 태도가 존재하지 않았고, 교관들은 학생들과 함께 운동하거나 스키를 타고, 학과 수업 이후에

만나 맥주를 마시며 토론했다.[60] 대등한 관계로 참석하는 사교 모임이나 파티가 흔했는데, 이때 교관이 학생장교들을 교실과 다른 환경에서 관찰할 수 있었기 때문에 이러한 회합도 학교 활동으로 간주되었다.[61]

전통적으로 전쟁대학에서 교관들은 학생장교들이 만든 정기 간행물인 소위 만담신문Bierzeitung에서 공공연한 풍자 대상이었다.[62] 지휘참모대학에도 이와 유사한 형태의 『말편자*The Horseshoe*』라는 간행물이 있었지만 독일군만큼 과격한 수준은 아니었다. 미군 학교에서는 완고하고 유머 감각이 없는 교관단이 풍자나 비판적인 내용을 싣지 못하게 했다.[63]

독일군 장교들은 맹목적 복종 관계가 아닌 동료로서 학생과 교관이라는 두 역할을 훌륭히 수행했고, 교실에서 토론하고 워게임을 할 때에도 긴장상태에서 학생들을 적절히 존중하는 분위기를 유지했다.[64] 전쟁대학 과정을 성공적으로 마친 후 학생들은 마지막 만담신문에 교관들에 대한 최종 평가를 게재했다. 은유적으로 재치 있게 풍자하면서도 교관들의 개성을 매우 정확하게 묘사했다.[65]

그러나 1935년에 공식적으로 전쟁대학이 재개교한 후에는 상황이 순조롭지만은 않았다. 시간을 벌고 더 많은 인원을 확보하기 위해 3년 과정을 2년으로 단축했고, 신임 육군참모총장 루트비히 베크Ludwig Beck 상급대장은 ―이미 핵심 과목인― 전술 강의에서 사단급 작전참모 업무 절차에 더 중점을 두라고 지시했다.[66] 외부적으로 큰 변화처럼 보이지만, 독일군 장교들이 그때까지 받았고 향후에 얻게 될 전술적 지식의 양이 상당했기 때문에 사실상 영향은 거의 없었다. 어쨌든 작전참모는 참모부의 최선임 참모이자 작전계획 수립을 책임져야 했으므로 주로 전술과 지휘 영역을 담당했다. 일부 커리큘럼이 변경되었음에도 불구하고 전술과 군사사는 독일군 장교 교육에서 가장 중요한 과목으로 강조되어 수업 시간이 그대로 유지되었다.[67]

국방군의 팽창 이후 몇 년간 양성된 장교들의 능력이 선배들에 비해 부족하다는 의견이 있었지만 이는 극소수 원로 장교들의 생각일 뿐이며, 세대 갈등이 표출된 것일 수도 있다.[68] 1936년 독일 주재 미국 국방무관 트루먼 스미스Truman Smith 소령은 자신이 그해에 관찰한 독일군 장교단이 "바이마르공화국군 시절의 독특하게 동질적이고 명석한 장교단과는 거리가 멀었다."[69]라고 보고했다.

나치에 경도된 국방장관 베르너 폰 블롬베르크Werner von Blomberg 상급대장은 1936년 전쟁대학 교육과정에 '국가사회주의 정치 교육'을 포함하라고 명령했다.[70] 그는 장교에게 "국가사회주의적 세계관이 개인의 정신적 특성과 내면적 신념으로 완벽하게 자리 잡았을 때"[71]에만 장교단이 국가 지도부의 지위를 유지할 수 있다고 생각했다. 이 지시는 아돌프 히틀러의 개입 없이 블롬베르크가 기안했을 가능성이 높은데, 그가 '기민한 국가사회주의자'로 잘 알려져 있었고 국방부에서 다수의 친나치적 명령들을 직접 작성했기 때문이다.[72] 다른 고위급 장교들이 그의 광신도 같은 친나치 행위에 반대하지 않았다는 것도 주목할 만한 점이다. 장교단 내부의 나치주의자들은 역사와 전투를 통해 능력이 검증된 독일군 장교들에게 국가사회주의에 주술적 신비함이라는 황혼을 드리운, 종교적 행위에 가까운 변화를 요구했다. 이런 혼재는 그리 좋은 징조가 아니었다.

실제로 국방장관의 명령으로 전쟁대학의 커리큘럼이 변경되었다는 기록은 없지만, 졸업생들의 이야기를 통해서만 세부 내용을 알 수 있을 뿐이고 그들이 그런 것들을 기억할 이유가 없으므로 이에 대한 최종 결론은 없는 상태이다. 그러나 국가사회주의 교육은 오로지 민간 강사의 오후 교양강의 정도로만 시행되었기에 전체 장교 교육에 대한 영향이 제한적이었다. 전쟁대학의 환경은 거의 변하지 않았다. 단지 교육 기간이 1년 단축되면서 좀 더 서두르는 측면이 있었다. 1937년부터 전쟁대학의 교육이 '제한적'이었다는 주장이 있었다.[73] 일부 장교들은 각기 다른 이유로 불만을 제기했다. 역사가들은 폭넓은 교육에 도움이 되는 과목들을 폐지한 조치를 우려한 반면, 장교들은 더 이상 '작전'을 할 수 없다는 것과 전략과 전술 사이의 중요한 영역을 더 이상 깊이 있게 배우지 못한다는 사실에 대해 불평을 털어놓았다. 교육과정 축소에도 불구하고 전쟁대학은 전우애를 비롯해 모든 면에서 온전하게 유지되었다.

전쟁대학은 '학교 측 모범답안'이 없었으므로 상호 이해—모든 동료에게 배울 점이 있다는 생각—하는 분위기가 잘 유지되었다. 모든 학생의 답안은 교관의 답안과 똑같이 토론과 비평의 대상이 되었다. 독일의 교육기관에서 훈련은 여러 단계를 거쳤기 때문에 "학생이 제시한 방안이 종종 다음 단계의 출발점으로 채택"되었다.[74] 이러한 교육 방식은 전쟁에 완벽한 해법이 없다는 현실적 생각에 근거한 것이었다. 전쟁 중에는 불리한 상황이 전개되거나 임무수행에 실패하거나 정보가 잘못되기도 하고 적의 행동을 예측할 수 없거나 1개 중대가 전멸하는 등 다양한 상황이 조성된다. 따라서 장교 교육에서 가장 중요한 것은 사고의 융통성으로서, 장교는 어떤 상황도 타개하고 혼란과 전쟁의 공포 속에서 냉정하게 지휘하고 상황을 정리할 수 있어야 했다. '불확실성 속에서 지휘'하되 자신의 의도대로 지휘할 수 있어야 했다.[75]

전쟁대학에서는 수업과 훈련을 통해 학생장교들에게 가능한 한 이러한 교훈을 가르치고자 했다. 학생장교들이 하루 종일 자신의 직책에 따라 워게임을 준비하고 있을 때 교관이 장교들 중 한 명이 적의 포격으로 사망한 상황을 부여하면서 직책을 전부 다 바꾸라고 지시하면 학생들은 즉시 그 상황에 부합하는 조치를 취해야 했다. '지휘관의 갑작스런 전사' 상황은 독일의 모든 군사학교 교육 중 악명 높은 부분으로서 학생들을 끊임없이 긴장시켰다. 창의성은 교관이 워게임 상황을 구성할 때 매우 중요한 요소일 뿐만 아니라 학생이 워게임에서 생존하기 위하여 발휘해야 할 능력이었다.[76]

어떤 경우에 학생들은 전술적 상황을 워게임으로 전환하기 전에 막대한 양의 정보 보고서와 문건을 수령하고 그 정보가 믿을 만한 것인지 아니면 허위인지를 엄청난 압박 속에서 결정해야 했으며, 열여덟 살 이등병의 겁먹은 심정으로 워게임에 뛰어들었다.[77]

새로운 정보가 입수되고 상황이 급속도로 전개된 후에도 상관에게 받은 임무가 여전히 유효한지를 장교들에게 결정하게 하는 훈련도 일반적이었다.[78] 통상 상급 지휘관과 연락이 두절된 경우를 상정하여 바뀐 상황하에서 장교는 기존에 받은 명령을 따를지, 아니면 자신과 부대가 수행할 완전히 새로운 임무를 만들어낼지를 결정해야 했다. 이는 주도성과 결단력이 독일군 장교 교육의 핵심임을 명확히 보여 준다.

전쟁대학에서는 여름을 제외하고 매주 야외에서 워게임이나 전술토의를 실시했다. 독일에서는 매년 비교적 장거리를 이동하여 강도 높은 워게임을 한 차례 실시하는 것으로 한 해의 전체 교육이 종료되었다. 학생장교들은 전투사령부의 명령에 의거해 매년 3개월간 다른 병과를 이해하기 위한 야전부대 방문을 시행했는데, 예를 들어 보병장교는 포병부대를, 기병장교는 보병부대를 방문했다. 1930년대 후반에 육군이 급격히 팽창하자 이 소중한 시간이 대폭 축소되었다.[79] 가을에 시행되는 대규모 기동훈련 기간에는 야전 실무 능력을 상실하지 않도록 장교들을 원소속 부대로 복귀시켰다.

전쟁대학 교육과정의 마지막은 8~14일이 소요되는 가장 중요한 최종 현지실습Abschlussreise이었다. 전 학급은 독일 내의 임의 지역으로 이동해서 실제 전투를 완벽하게 모의한 강도 높은 워게임을 수행했는데 여기에는 지휘소의 신속한 이동과 참가자들의 가상 사망 등의 상황이 포함되었고, 일일 06:30부터 01:00까지 훈련이 진행되었다.[80] 최종 현지실습은 학생장교들을 마지막까지 긴장시키는 자리이자 모두가 일취월장할 수 있는 기회였다.

독일군의 문화는 —미군과 달리— 초급 장교들의 가치를 높이 평가했다. 초급 장교들은 모두가 갈망하는 독일군 장교단의 일원으로서 위상이 높았고, 지위가 높은 민간인도 하기 어려운 일을 할 수 있었는데, 이를테면 언제든지 왕궁을 드나들 수 있었다.[81] 독일의 고위급 장교들은 전시에 상관이 전사한 갑작스런 상황에서 이 청년들이 중대나 대대를 지휘하는 막중한 책임을 수행하고 이른바 임무형 전술을 통해 고도의 자주성independence을 발휘할 존재라고 인식했다. 반면 미군의 초급 장교들은 까막눈 취급을 받았으며 특정 계급에 오르거나 불가피하게 중요한 직책을 수행할 때까지는 자산이라기보다 부채 같은 존재였다. 초급장교의 가치를 평가 절하하는 인식은 육군사관학교에서 자행된 미래의 장교에 대한 가혹행위에서 시작해 지휘참모대학에서 그들을 초급 장교처럼 다루는 처우까지 계속 이어졌다. 1883년 어느 미군 고위급 장교는 한 군사잡지에 기고한 글에서 "군인이라는 직업은 군 수뇌부에 있는 자들에게는 언제나 위대한 노동이지만 위관급 장교와 부사관, 병사들에게는 부족하고 나태한 직업이다."[82]라고 썼다. 그는 이러한 사고방식이 개선되기를 기대했지만 아무것도 달라지지 않았다.

전시 또는 대규모 기동훈련 중에 일부 미군 초급 장교들이 자신의 가치를 유감없이 보여 주거나, 소위가 기갑군단의 군수장교가 되거나 중요한 직책을 맡은 적도 있지만 전시나 위기상황이 끝나면 이들은 원래 계급으로 돌아가거나 강등되어 낮은 지위에 상응하는 대우를 받았다. 독일군은 초급 장교의 의견을 높이 평가했기 때문에 그들의 개인적 견해를 중시했고, 의견 충돌을 수용하고 더 나아가 장려했다. 군부는 정기적으로 초급 장교들에게 의견을 물었고, 몇 개 사단이 참가한 대규모 기동훈련이 종료된 후 임석상관인 장군이 발언하기 전에 초급 장교들이 훈련 성과를 비평하는 시간을 가졌다. 이와 달리 역사적으로 미군 문화에서는 반대 의견을 내거나 창의적 발상을 한 사람들에게 큰 문제가 발생했는데, 상관에게 자신의 생각을 표현하고 상관의 의견에 동의하지 않거나 상관을 비판하면 군 경력을 망치기 십상이었다.[83] 제2차 세계대전 당시의 미군을 사회심리학적으로 연구한 새뮤얼 스토퍼Samuel Stouffer의 유명한 저작에는 당시의 분위기가 "복종에 보상하고 주도성을 억압했다"[84]고 묘사되어 있다. 스토퍼와 그의 동료들은 "공식적으로 인정된 군대의 관습에서 복종"은 장교로 진급하는 데 필요한 요건 중 하나였으며 "복종심이 투철한 장교가 승진할 가능성이 높았음"을 증명했다.[85] 또한 장교 60퍼센트와 병사 80퍼센트가 "무엇을 아는가"보다 "누구를 아는가"[86]가 진급에 훨씬 더 중요하다고 생각했다.

드와이트 D. 아이젠하워는 초급 장교 시절에 기병의 기계화를 지지하는 글을 투고했다.[87] 보병감은 이 글에 불쾌감을 드러냈고 아이젠하워에게 이단 행위를 중단하고 공개적으로 의견을 번복하라고 지시했다. 아이젠하워는 군법회의에 회부하겠다는 협박까지 받았다.[88] 그의 상관들은 아부 잘하는 순종적인 부하를 원했던 것이다. 아이젠하워의 동료이자 훗날 그와 절친해진 헨리 할리 '햅' 아널드Henry Harley 'Hap' Arnold(육사 1907년 졸업)도 그로부터 6년 후 항공부대의 개혁을 주장하는 글을 썼다가 군법회의에 회부될 뻔했다.[89]

이와 똑같은 상황이 독일에서도 벌어졌다. 하인츠 구데리안이 기계화와 기갑부대를 옹호하는 글을 쓰자 육군 총참모장 루트비히 베크 장군은 젊은 구데리안을 탐탁지 않게 여겨 그의 논문을 삭제하기 위해 군사잡지 출판사 사장과 편집자를 찾아갔다. 물론 그 방법은 성공하지 못했고 구데리안은 협박을 받지도 않았거니와 그의 경력에도 문제가 발생하지 않았다.

아마 프랑스군을 제외하면 프로이센과 독일의 장교단은 항명과 불복종 문화라는 측면에서 최고 수준을 자랑하는 장교 집단일 것이다. 장교가 '명예와 상황에 의해 정당화될 때' 명령에 불복종하는 미덕을 발휘한 이야기와 사건들은 프로이센과 독일 장교단에 공통된 문화적 소양이었으므로 여기서 다시 살펴볼 만하다.[90]

프로이센이 왕국으로 발전하기 전부터 브란덴부르크(12세기 이후 독일 동북쪽의 엘베강과 오데르강 사이의 브란덴부르크 지역은 신성 로마 제국의 주요 제후국이었으며, 1701년에 성립한 프로이센 왕국의 토대가 되었다.—옮긴이)는 프로이센의 중심이었다. 1675년 대선제후 프리드리히 빌헬름Friedrich Wilhelm은 30년 전쟁 당시 적군인 스웨덴군에 소속됐던 용병의 잔당들과 치열한 전투를 벌이고 있었다. 그들은 몇몇 도시를 점령해 징발세를 요구하고 도시 외곽에서 약탈을 일삼았다. 대선제후는 자신의 영토에서 사실상 주인이 아니었다. 그의 수중에 있는 것은 대부분 역전의 용사들로 구성된 연대 몇 개뿐이었다. 라테노Rathenow 시가지를 장악한 1개 용병 부대의 전력이 대선제후가 보유한 전체 병력보다 우세했으므로 승리할 방법은 오로지 기습공격뿐이었다. 대선제후의 기병대가 야간에 도시를 급습해—근세에 야간 공격은 매우 드물었다.— 용병들을 도시 밖으로 몰아냈다. 용병들은 혼비백산해 퇴각했지만, 그다음 도시 지역을 점령해 진지를 구축할 것이 틀림없었다. 다음 도시까지 가는 통로가 하나뿐이어서 적 부대를 추월하거나 지름길을 이용하기는 불가능했으므로 동이 트자마자 적들의 뒤를 쫓는 방법 외에는 대선제후에게 다른 대안이 없었다. 대선제후의 선봉부대 지휘관은 헤센-홈부르크의 영주 프리드리히 2세 Friedrich Ⅱ, Prince of Hessen-Homburg였다. 그는 대선제후—주력 부대와 함께 있음으로써 군주가 전장에 나아가는 것을 프로이센의 오랜 전통으로 확립한 인물—에게 자신의 명령 없이는 절대로 적과 교전하지 말라는 엄중한 명령을 받은 상태였다. 그러나 모래벌판이나 늪지 아니면 두 가지가 혼재한 지형이 대부분인 브란덴부르크 일대는 전장으로 부적절했다. 아침 안개가 깔린 1675년 6월 18일, 홈부르크 영주는 페르벨린Fehrbellin 마을 인근에서 전투에 적절한 지형을 찾아낸 후 군주의 명령을 거역하고 자신의 기병 선봉대로 적 부대를 공격했다.[91] 이 전투에 관하여 매우 상세한 기록이 남아 있는 반면 홈부르크 영주가 공격을 결심한 이유는 어디에도 기록되어 있지 않다. 어떤 이들은 그를 욕심이 앞선 사냥개일 뿐이라고 비난하지만 적군이 그대로 철수하도록 놓아 두었다면 인근에 위치한 루핀Ruppin 시가지가 함락되고 방어 진지가 구축될 수도 있었다. 전력 면에서 열세인 브란덴부르크 측 군사력만으로 용병대를 격멸하기는 불가능했을 것이다. 또다시 야간 공격을 하더라도 더 이상 기습 효과를 얻기 힘든 상황이었다.

물론 홈부르크 영주는 기병만 보유한 반면 용병대는 제병과를 모두 갖춘 군대였기 때문에 전투는 난항을 거듭했다.[92] 대선제후가 주력을 이끌고 전장에 도착해 합세할 때까지 홈부르크 영주의 피해는 극심했다. 이 전투는 브란덴부르크 측의 아슬아슬한 승리로 종결되었고 이 승리가 바로 프로이센이 독립국가로 출범하게 된 출발점이었다.

프리드리히 대왕(프리드리히 2세)은 증조부인 대선제후와 똑같이 장교들의 불복종을 참아내야 했다. 7년 전쟁 중이던 1758년 8월 25일, 초른도르프Zorndorf 전투에서 러시아군과의 첫 번째 교전 상황은 매우 절망적이었다. 프리드리히 대왕이 직접 말을 달려 전장 한가운데로 나아갔고, 부러진 어느 연대의 부대기部隊旗를 움켜잡고 부하들을 독려했다. 최연소 프로이센 장군인 프리드리히 빌헬름 폰 자이들리츠Friedrich Wilhelm von Seydlitz는 50여 개의 기병중대 전력을 보유했지만 그때까지 전장에 투입되지 않은 상태였다. 그때 왕의 시종무관이 자이들리츠 앞에 나타나서 왕은 지금이 기병으로 공격하기에 적절한 시점이라 생각한다고 전했다.[93] 그러자 자이들리츠는 아직은 때가 아니라고 대답했다. 잠시 후 다시 시종무관이 나타났다. 이번에는 한층 더 다급하고 덜 정중하지만 단호하게 왕의 명령을 전달했으나 자이들리츠의 대답은 똑같았다. 또다시 시종무관이 찾아와 젊은 기병 장군에게 지금 즉시 공격하지 않는다면 왕이 그의 목을 취할 것이라고 말했다고 전했다. 이에 자이들리츠는 "전투가 끝나면 내 머리를 기꺼이 전하께 내어드릴 테니 그때까지 내 머리는 내가 알아서 하겠다고 전해라."[94]라고 대답했다. 그는 자신이 결심한 시간에 공격에 돌입했고 마침내 그날의 전투를 승리로 이끌었다. 흥미롭게도 자이들리츠에게 전승의 공로를 돌린 사람은 바로 프리드리히 대왕이었다.

그로부터 3년 후, 7년 전쟁 중에 앞의 사례보다 한층 더 유명한 명령 불복종 사건이 발생했다. 프리드리히 대왕은 샤를로텐부르크Charlottenburg성을 적에게 빼앗긴 데 격분해 프로이센의 최정예부대인 제10중기병연대 연대장 요한 프리드리히 아돌프 폰 데어 마르비츠Johann Friedrich Adolf von der Marwitz 대령을 불러 프로이센의 적들과 동맹을 맺은 작센Sachsen의 선제후가 소유한 후베르투스부르크Hubertusburg성을 탈취하라고 명령했다. 연로한 귀족 마르비츠는 난색을 표하며 그 정도의 임무는 최정예인 중기병연대가 수행하기에 부적합하며 의용군 대대Freibataillone 중 1개 대대가 맡아도 충분하다고 대답했다. 의용군 대대는 전시에만 편성되는 부대였고, 프로이센 정규군 소속이 아닌 외국인 용병 장교들이 이 부대를 지휘했다. 이들은 정규군 장교와 병사들에게 멸시당했다. 마르비츠는 그 자리에서 명령을 거부한 후 사임했고, 실제로 퀸투스 이칠루스Quintus Icillus 의용군 대대가 성을 탈취했다. 훗날 왕의 신임을 받은 마르비츠는 복직되어 소장 계급까지 올랐다. 1781년 마르비츠가 사망한 후 그의 친척이 묘비에 유명한 문구를 새겼다. "그는 프리드리히의 찬란한 시대를 보았고 모든 전쟁에서 왕과 함께 싸웠다. 그는 복종이 명예롭지 않을 때에는 면직되는 쪽을 선택했다."[95] 공교롭게도 마르비츠의 묘비는 페르벨린의 전적지 근처에 세워졌다.

프리드리히 대왕의 리더십이 부재한 1806년, 프로이센 군대는 예나Jena와 아우어슈테트Auerstedt에서 벌어진 전투에서 나폴레옹의 군대에 패하고 말았다. 나폴레옹의 강압으로 동맹을 맺은 프로이센은 그의 허황된 러시아 침공에 군대를 제공했다. 요한 다비트 루트비히 그라프 요르크 폰 바르텐부르크Johann David Ludwig Graf Yorck von Wartenburg[96] 중장이 대재앙이나 다름없는 후퇴 작전에서 프랑스군 주력과 연락이 두절된 채 프로이센 군단을 지휘했다. 요르크 폰 바르텐부르크는 1812년 12월 30일에 프로이센 국왕 프리드리히 빌헬름 2세Friedrich Wilhelm II에게 보고하지 않고 독단적으로 러시아와 맺은 타우로겐 협약Convention of Tauroggen에 서명했는데 이는 프랑스와 사실상 동맹을 파기하고 프랑스의 폭군에게 전쟁을 선포한다는 것을 의미했다. 이 소식을 접한 프로이센 국왕은 요르크 폰 바르텐부르크에게 사형을 선고했으나 나폴레옹과 공식적으로 결별을 선언한 후 그에게 훈장과 포상을 하사했다. 요르크 폰 바르텐부르크는 프로이센 정규군 중대장의 아들로 동프로이센에서 성장했으나 까다롭고 고집 센 인물로 알려져 있으며, 심지어 중위 시절에 보직에서 해임된 적도 있었다.

나폴레옹 전쟁 중에 그리고 그 후에 대대적으로 군을 개혁했지만 프로이센 장교단의 불복종 전통은 전혀 사라지지 않았다. 운명적인 세 황제의 해인 1888년, 국민적 추앙을 받던 빌헬름 1세가 서거한 후 그의 뒤를 이은 아들 프리드리히 3세가 같은 해에 후두암으로 사망하자 문제아 빌헬름 2세가 황제 자리에 올랐다. 그럼에도 불구하고 프리드리히 3세에게는 군사사에 기록될 만한 업적을 남기기에 충분한 시간이 있었다. 대부대급 워게임 중에 그는 총참모부에 소속된 한 젊은 소령의 능력을 시험하기 위해 어떤 명령을 하달했다. 명령을 그대로 시행하면 젊은 장교가 큰 위험에 빠질 상황이었다. 소령이 주저하지 않고 명령을 따르려 하자 어느 장군이 제지하며 이렇게 충고했다. "황제께서는 자네가 언제 명령에 불복해야 할지를 깨닫게 하기 위해 자네를 총참모부 소령으로 임명하신 걸세."

1938년 7월, 독일 육군 총참모장 루트비히 베크 상급대장은 동료들에게 "지식, 양심과 책임감에 따라 명령을 이행하지 말아야 할 때가 바로 군사적 복종의 한계점이다."[97]라고 주지시켰다. 베크는 히틀러의 호전적 정책에 반대를 표하고 즉시 사임했다. 훗날 그는 독재자 암살 계획에 가담했다가 실패한 후 동료의 도움으로 자살을 택함으로써 인민재판소Volksgerichtshof(1934년에 설치되어 정치범 등을 다루던 나치 정권하의 특별 법정—옮긴이)에 끌려가는 치욕을 피했다.

'상급 지휘관의 눈을 속이고 지휘하다führen unter der Hand'라는 문구가 다른 군대도 아닌 독일군에서 유래한 것은 우연이 아니었다.[98] 이 모든 사례는 프로이센 장교단 내부에서 형성된 공통의 문화 지식이었고 공식 강의와 장교 회식 자리, 동료 간의 서신 등을 통해 다양한 형태로 수없이 반복해서 회자되었다. 독일군 장교에게 기대하는 장교단 전통의 일부인 자주성independence은 언제나 불복종의 의미를 내포했고 모든 이가 그런 사실을 인식하고 인정했다.[99]

프로이센 또는 독일 장교들의 사고방식은 대개 매우 탄력적이었다. 미군과 영미권의 다양한 역사서에서 소위 독일군의 '교리'를 다룸으로써 미군 장교들은 전문 군사교육을 받을 때 오히려 독일군보다 더 교리를 중시했지만 사실 이것은 오해에서 비롯된 바가 크다.[100] 정작 독일군의 교범과 훈련 문건, 독일군 장교들의 편지와 일기에서 교리라는 단어는 찾아보기 어렵다. 그들에게 교리는 심지어 초급 장교도 상황을 고려하여 필요하다면 어기는 인위적 지침일 뿐이었다.[101] 학교 측 모범답안이 없기 때문에 전장의 문제를 해결하는 정형화된 교리도 있을 수 없었다.[102] 반면 미군 장교들은 교육받은 교리를 떨쳐내기가 매우 어려웠다. 미군 지휘관들은 심각한 피해를 입거나 적의 강한 저항에 부딪혔을 때에서야 독일군에 맞서는 자신만의 대안을 모색했다. 게다가 잘못된 교리로 인해 작전적 실책이 명확히 드러나도 그것을 즉각 바로잡지 못했는데, 장교들은 "차선책이지만 익히 알고 있는 작전적 교리를 따랐을 때의 손실은 감수할 수 있지만, 변화의 충격은 그보다 훨씬 더 심각할 것"이라고 두려워했기 때문이다.[103]

'학교 측 모범답안은 없다'는 독일군 문화의 격언을 어긴 단 한 명이 바로 에리히 폰 만슈타인이다. 1930년대 초반(1935년 7월 1일 임명, 48세—옮긴이)에 그는 육군 총참모부 제1작전부장Chef der Ersten Operationsabteilung으로서 기본적으로 육군 총참모장Chef der Heeresleitung, 즉 육군 총사령관Oberbefehlshaber des Heeres인 쿠르트 프라이헤르 폰 하머슈타인-에쿠오르트Kurt Freiherr von Hammerstein-Equord 상급대장을 보좌하는 직책을 맡았다.[104] 자신감에 가득 찬 '젊은' 만슈타인은 대부대 지휘관들을 위한 워게임이 종료된 후 동료들에게 자신의 방책을 따르라고 강요했다. 이들은 모두 경험 많고 노련한 장교들이었고 그중 다수가 만슈타인보다 나이가 많고 계급이 높았으므로 만슈타인의 태도는 심각한 불화를 초래했다. 하머슈타인-에쿠오르트는 만슈타인처럼 제3근위보병연대 출신으로 군무청의 요직을 독점한 파벌에 속해 있었다. 만슈타인을 총애한 하머슈타인-에쿠오르트는 그에게 전권을 위임했으며, 보좌관이 준비한 최종 토의 문건을 검토조차 하지 않았다.[105] 따라서 만슈타인은 출세할 수도, 경력을 망칠 수도 있었다. 몇 년 후 만슈타인이 제1군단의 워게임을 감독했을 때도 똑같은 사태가 발생했다.[106] 아니나 다를까 그의 완고한 태도는 제2차 세계대전 때도 그대로 이어졌다. 그가 전략적 계획 수립 측면에서 평균 이상의 능력을 지닌 것만은 확실했지만 개인 리더십 능력은 수준 이하였다. 그는 항상 상관에게 행동의 자유를 요구했으나 정작 자신은 지휘소에서 멀리 떨어져 있는 부하들에게 반드시 자신의 지시를 따르라고 요구했다.[107]

그 유명한 임무형 전술Auftragstaktik의 기반은 독일의 총체적 전문 군사교육 제도에서 창출된 것이다. 'Auftragstaktik'을 미국에서는 '임무형 명령mission-type orders'이라고 번역했는데 이는 잘못된 표현이다. 영국에서는 '훈령에 의한 통제directive control'라고 옮겼는데 이 또한 부적절하다.[108] 물론 어떤 언어로도 적절하게 번역하기가 쉽지 않다.[109]

간혹 임무형 전술을 명령 하달 기법으로 오해하는 이들이 있는데 사실상 이것은 일종의 지휘 철학이다.[110] 상급자가 지침을 주되 엄격하게 통제하지 않는 것이 임무형 전술의 기본 개념이다. '과업 전술task tactics' 또는 '임무 전술mission tactics'이라는 표현이 더 타당해 보이나 여전히 뭔가 불충분한 번역이다.[111] '임무 지향 지휘체계mission-oriented command system'가 가장 적절해 보이지만 이는 철학적 범주의 지휘 원칙을 한층 더 강조한 것으로서, 전체 사상을 확실히 이해할 수 있는 사례를 다음에서 살펴보겠다.[112]

가령 미군 중대장이 어떤 마을을 공격해서 확보하라는 명령을 받는다. 상급부대는 그에게 1소대로 마을의 측방을 공격하고 3소대로 정면돌격을 시행하라고 지시한다. 또한 명령에는 전차 4대를 배속해줄 테니 정면공격 부대를 지원하고 그 방향으로 주노력을 지향하라고 적혀 있다. 몇 시간 후 그 중대는 임무를 성공적으로 달성하고 중대장은 무전으로 다음 명령을 요청한다.

독일군 중대장은 상급부대로부터 마을을 16시까지 확보하라는 명령을 하달받는다. 공격을 감행하기 전까지 그는 "병사 개개인에게 공격 중 각자가 해야 할 일"을 정확히 인지시킨다.[113] 소대장이나 부소대장이 전사하면 병사가 지휘권을 이어받는다. 미군 병사들도 상급 지휘관에게서 그런 정보를 얻고 싶었지만 전혀 받을 수 없었다. 병사들에게 "명령을 '이행하는 이유'를 충분히 이해할 기회를 주지 않은 것"이 미군 당국의 가장 중대한 문제점 중 하나

였다.[114]

독일군 중대장은 배속받은 전차들을 마을과 인접한 언덕에 배치하여 화력으로 지원하거나 마을을 방어하는 적군의 퇴로를 차단하고자 주요 길목에 배치한다. 정면돌격, 침투 또는 양측방 협공 중 현 상황에 가장 적합한 공격 방법을 선택하여 마을을 탈취한다. 마을을 점령한 후 중대장은 예비 부대로 잔적을 소탕하거나 퇴각하는 적을 추격하여 격멸하는데, 왜냐하면 그는 상급 지휘관의 총체적 의도가 적 부대 격멸임을 알고 있으므로 16시까지 마을을 점령하라는 단순한 명령을 받아도 임무형 전술 사상에 입각해 행동하기 때문이다. 이런 훈련 덕분에 독일군 장교에게는 "세부 지시가 필요 없었다."[115]

임무형 전술의 대표적 사례로서 1940년 프랑스 침공 직전에 클라이스트Kleist 기갑군의 참모장 쿠르트 자이츨러Kurt Zeitzler 대령이 예하 기동부대 지휘관들과 참모들에게 이렇게 말한 적이 있다. "제군들! 나는 제군들의 사단이 완벽하게 독일 국경을 넘고, 완벽하게 벨기에 국경을 넘어 완벽하게 마스Maas 강을 넘을 것을 요구합니다. 나는 여러분이 그 임무를 어떻게 해낼지에 대해서는 신경 쓰지 않을 겁니다. 그것은 철저히 귀관들의 몫입니다."[116] 이와 대조적으로 미군이 북아프리카에 상륙할 때 쓰인 명령지는 시어스 로벅Sears Roebuck의 카탈로그(미국 유통업체 시어스 로벅의 우편 주문용 카탈로그로 전화번호부 크기의 책자에 수십만 종의 제품을 소개했다. —옮긴이)를 방불케 했다.[117]

클라이스트 기갑군 예하 제19군단장 하인츠 구데리안 중장은 예하부대에 임무형 전술의 정신을 담은 유명한 명령을 하달할 때 부대장들이 "종착역으로 가는 열차표"를 가지고 있다고 말했는데, 여기서 종착역이란 그들이 도달해야 할 프랑스 해안의 각 도시를 가리켰다.[118] 어떻게 그곳에 가야 할지는 전적으로 예하부대장들에게 달려 있다는 뜻이었다.

미군은 수십 년간 프로이센군과 독일군을 연구했지만 임무형 전술의 개념을 '해석하는 데 어려움'을 느꼈고 대부분의 장교들은 상위의 고등 군사교육기관에서 공부할 때도 그 개념을 제대로 이해하지 못했다.[119] 조지 C. 마셜,

조지 S. 패튼, 매슈 B. 리지웨이와 테리 드 라 메사 앨런Terry de la Mesa Allen 같은 극소수의 지휘관들만이, 군사학교에서 전혀 배운 바가 없음에도 불구하고, 그 개념을 정확하게 이해했다.[120]

독일 전쟁대학을 경험한 미군 장교들이 미 전쟁부에 제출한 상세 보고서를 살펴보면 한층 더 놀라운 사실을 발견할 수 있다. 그들 전원은 동원계획mobilization plan(한 국가의 인력과 물자, 자원을 소집하여 전쟁 준비 태세를 갖추기 위한 계획—옮긴이)을 제외하고 전쟁대학의 전 과정을 아무런 제한 없이 이수했다.[121] 업적과 계급 면에서 가장 유명해진 앨버트 코디 웨더마이어Albert Coady Wedemeyer는 자서전에서 자신은 전쟁대학에서 "전략가가 되는 진정한 교육"을 받았다고 주장했지만 이 대학에는 사실상 전략 교육 과정이 없었기 때문에 이런 주장에는 논란의 여지가 있다.[122] 하지만 웨더마이어는 전쟁대학의 수많은 워게임에서 정치적 위기상황의 전개 과정이나 외교부 관계자의 강연을 접하면서 "국제관계 문제에 대해 더욱 심도 있고 폭넓은 이해"를 얻었다고 정확히 지적했다.[123]

미국의 지휘참모대학과 독일의 전쟁대학이 모두 "특정한 문제를 해결할 때 원칙을 적용하라고 요구했다."라고 정확히 기록되어 있지만, 기록만 그러할 뿐 실제 원칙의 내용은 완전히 달랐다.[124] 지휘참모대학에서는 교리의 원칙이 지배했다면 전쟁대학에서는 창의성의 원칙을 최고의 가치로 여겼다. 두 학교 사이의 '강조된 유사점들'은 무시해도 될 만한 수준이지만, 적어도 할런 넬슨 하트니스Harlan Nelson Hartness 대위와 웨더마이어 대위가 작성한 보고서에는 차이점들이 뚜렷하게 기술되어 있다.[125] 당시 좋지 않은 분위기의 미군 문화에서 두 장교는 지휘참모대학을 심하게 비난하면 경력이 끝나버릴 것이라고 두려워했다. 독일 학교의 강점을 서술한 그들의 보고서 사본은 지휘참모대학으로 송부되었지만 참모부와 교관들은 거들떠보지도 않았다.[126]

하트니스와 웨더마이어는 두 학교의 중요한 차이점으로 입학시험의 공신력을 지적했는데 전쟁대학에 입교한 이들이 스스로 '탁월한 인재'임을 입증했기 때문이다. 이들은 독일 장교들의 또 다른 장점이자 "미군에도 잘 적용할 수 있는 매우 유익한 조치"로, 경험을 쌓기 위해 타 병과 부대에서 교환 근무를 한다는 점을 언급했다. 나아가 독일군 교관들의 탁월한 교수 능력을 수차례 강조했으며, 모든 문제를 '부대 지휘' 측면에서 다룬다는 데 주목했다.[127]

하트니스와 웨더마이어는 "적절한 산물로서 기능할 수 있지만 삶과 살육에 대한 일과는 전혀 관련 없는"〔현실과〕 "동떨어지고 관조적인 해결책"〔을 강조하는 지휘참모대학—옮긴이〕과 대조되는 전쟁대학의 실질적 교육과 실전 상황을 묘사하고 토론하는 방식을 칭찬했다.[128] 이 글의 행간에서 지휘참모대학의 모범답안에 대한 비판을 분명하게 읽을 수 있다. 보고서 후반부에는 한층 더 중요한 내용이 기술되어 있다. "동일한 전술 상황을 두 번 다시 부여하지 않으므로 지금도 그리고 앞으로도 난해한 과제를 해결하는 정형화된 답은 존재할 수 없다. 〔…〕 과제에 대한 토의에서도 '공인'된 해답은 없었다. 왜냐하면 모든 과제마다 타당하고 실행 가능한 여러 개의 해결 방안이 있기 때문이다."[129] 두 미군 장교는 독일 전쟁대학이 선진화된 전문 군사교육 기관이라는 데 크게 공감했음이 분명하다.

미국은 독일의 교육기관—중간급 고등 군사교육 기관의 위치—을 모방했지만 롤 모델의 근본정신을 도입하는 데는 완전히 실패했다. 미군 장교들은 지휘참모대학에 가고 싶어 했지만 입학 자격조차 모르는 경우가 많았다. 학교 자체도 양질의 교육보다는 진급행 티켓 정도로 알려져 있었다.

독일군 장교들은 장교단의 일원이 된 순간부터 가야 할 길과 알아야 할 것을 명확히 인식했다. 그들은 탁월한 근면성과 지식 수준을 증명해야만 원하는 길을 갈 수 있다는 것을 알았기에 평생 동안 공부했고, 합격해야 하는 시험이나 전쟁대학의 과정을 거칠 때 당황하지 않았다. 그들의 상대인 미군 장교들은 공부하는 방법을 잊어버린 상태로 지휘참모대학에 입학했다. 그곳에서 모든 것을 다시 공부한다는 것은 엄청난 고통이었고 보통 힘든 과정이 아니었다. 지휘참모대학에서 학생장교들이 스트레스를 받은 이유는 바로 좋은 성적을 얻기 위해 '학교 측 모범답안'을 맞혀야 한다는 점이었다. 아무리 영특하고 천부적인 전술 능력을 지닌 장교라도 교관이 가진 답안을 전혀 모르기 때문에 항상 불안감에 시달렸다. 지휘참모대학에는 교관보다 더 훌륭한 학생들이 드물지 않았다. 하지만 이러한 사실은 고려되지 않았고 교관들도 인정하지 않았다. 교관들은 경험이 풍부한 학생장교들의 두뇌를 사용하기보다는 이들을 중학생처럼 취급했다.

독일군 장교들은 동료에 대한 이 같은 행동을 혐오했다. 3년간의 교육 기간 내내 가장 비중이 높은 전술과 군사사를 가르친 담임교관 역시 동료로서 행동하지 않으면 학생들 앞에서 체면을 잃을 수 있었다. 1933년 이후 히틀러 독재 체제하에서 담임교관은 표현과 교육 방식 면에서 완전한 자유를 보장받았다. 민주주의 사회에서 미군 교관들은 교육 내용과 방식을 끊임없이 제약당했다. 그러나 정부가 아닌 미군이 그 제재의 주체였다. 잘 알려진 고정관념이 역사적 재평가 후에 오류로 밝혀지는 경우가 흔하다.

독일의 담임교관은 학생장교보다 한 계급 더 높거나 몇 살 더 많았다. 그들은 인성뿐만 아니라 교수 능력 측면에서 엄선된 인재였다. 지휘참모대학에서는 교관단을 구성할 때 교수 능력은 거의 고려하지 않았다.

민간 용어로 두 학교의 분위기를 묘사하면 이해하기가 한결 쉽다. 지휘참모대학이 '보통 수준의' 장교들이 어떻게든 합격하는 중학교라고 한다면 전쟁대학은 일류 종합대학의 박사과정 세미나에 비유할 수 있다. 학생은 자유롭게 의사를 표현했으며 교관은 학생에게서도 배울 점이 있다고 인식했다. 전쟁대학의 장교들은 매우 엄격한 과정을 통해 선발되었다는 공통점이 있었고 많은 이들이 해당 분야의 전문가였다. 지휘참모대학에도 유능한 장교가 많았으나 교관들은 그들의 전문성을 철저히 무시했다.

미군 교육기관의 가장 큰 실책은 '학교 측 모범답안'이 존재했다는 것으로서, 보병학교를 제외한 모든 미군 교육기관의 공통된 문제였다. 장교들은 여러 가지 문제를 해결하는 방법으로 단 하나만 배웠다. 이런 교육 방법론은 전문성을 갖춘 고급 장교를 교육하는 데 부적합할 뿐만 아니라 어떤 말로도 정당화될 수 없다. 이는 성인인 장교들을 무지렁이로 만들었고 그 결과는 불 보듯 뻔했다. 평범한 장교들은 교리 외에 다른 방법을 몰랐으므로 전적으로 교리에 의존했다. 탁월한 장교들은 교리를 떨쳐내고 창의적인 생각을 갖기까지 힘든 시간을 보냈다. 결과적으로 리더십이 부족한 상황에 이르렀고, 상상력이 풍부한 적을 상대로 고착된 문제 해결 방식을 적용했으며, 지나치게 느리고 계획만을 고수하는 접근 방식으로 전쟁을 대하는 문제가 초래되었다.

독일 전쟁대학에서는 부대의 리더십으로 모든 문제를 다루었다. 전쟁에서도 그렇듯이 특정 상황에서 부대를 어떻게 지휘할 것인가를 가장 중시했다. 참모 업무 절차는 그다음 문제였다. 어떤 방책이든 담임교관이 제시한 방책과 동일하게 논의될 수 있었다. 모든 장교가 어떤 전쟁 상황에서든 다양한 방책들을 제시했으며, 심지어 전쟁과 거리가 먼 교실에서의 문제를 대할 때에도 그러했다. 교리는 장교의 사고방식을 옭아매기 때문에 전장에 교리가 들어설 자리는 없다. 독일 장교는 리더십 능력을 갖춘 탁월한 전술가로서 전쟁대학을 졸업했다. 독일군 장교단이 탁월했던 분야가 바로 전술 영역이었고, 이것이 독일군이 그토록 가공할 만한 적敵이었던 이유이다. 그래서 전후의 문헌에서 독일군 장군참모장교들이 스스로를 전략적 천재로 기술한 부분은 명백한 허구이다.

전쟁대학에서 수학한 미군 장교들이 보기에도 전쟁대학이 훨씬 더 우수하다는 데에는 의문의 여지가 없었다. 미군 장교들이 지휘참모대학을 성공적으로 마친 지 몇 년 후, 다음 디딤돌로 거칠 미국 육군대학은 다소 학구적인 분위기에서 대부대급 운용에 관한 교육을 시행했다. —대부분 중령이나 대령 계급 학생으로 채워진—이 대학에 적을 두었다는 사실은 나중에 최소한 준장 계급까지 진출하는 데에 어느 정도 영향을 미쳤다. 운이 좋으면 국방산업대학에 입교해 미국 방위산업체들과 밀접한 관계를 맺을 수 있었다. 국방산업대학에서는 주요 방위산업체 관리자들이 군비 생산의 문제점과 비용에 대해 강의했고 고위급 장교들은 군사 장비를 생산하는 공장들을 시찰할 수 있었다.

독일에는 그런 교육기관들이 존재하지 않았다. 독일군 장교들은 정기적으로 대부대급 지휘 훈련과 워게임에 참가했고, 전적지나 잠재적인 전쟁 지역들을 방문하고 토론했으며, 전투 수행 능력을 끊임없이 평가받았다. 이런 훈련을 통해 정부 고위관료나 고위급 지휘관들의 강연을 듣기도 했다.

양국 장교들은 각기 수준 높은 전문 교육을 통해 소중한 이론적 지식을 얻었지만, 그들은 훈련이나 대학의 교육 방식으로는 변화할 수 없는 개별 장교로 이미 '주조'되어 있었고, 초급과 중급 단계의 전문 군사교육을 통해 그들의 지휘 문화도 매우 이른 시기에 정립되었다고 할 수 있다.

제 3 부

결론

제6장

교육, 문화 그리고 결론

"사자 한 마리가 이끄는 사슴 50마리와
사슴 한 마리가 이끄는 사자 50마리의 두 집단이 있다고 가정하자.
어떤 사업에 성공하기 위해 두 집단 중 하나를 선택해야 한다면
나는 후자보다 전자를 선택할 것이다.
승산이 훨씬 높기 때문이다."[1]
-성 뱅상 드 폴 Saint Vincent de Paul

"규칙Rules은 바보들을 위한 것이다."[2]
-쿠르트 프라이헤르 폰 하머슈타인-에쿠오르트 Kurt Freiherr von Hammerstein-Equord **상급대장**
바이마르공화국군Reichswehr **총사령관**(1930~1934)

독일이 통일전쟁에서 압도적으로 승리하자 미군의 시선은 프랑스군에서 프로이센/독일군으로 완전히 전환되었다. 또한 미군 장교들은 우선순위를 장비와 무기류에 관한 문제에서 전승을 이끈 기관이라 추정한 총참모부로 변경했다. 그러나 이 판단은 완전히 틀린 것이었다.

군대가 최고 수준의 계획 수립 기관을 필요로 한다는 점은 명백하지만 조직이 성공이나 우위를 보장하지는 못한다. 전문적으로 훈련된 장교들로 채워졌다 하더라도 최고지휘부에 탁월한 리더십이 존재하지 않는다면 그 군대의 성과는 평범할—또는 전쟁 수행에 해를 끼칠— 것이다. 역사상 가장 위대한 총참모장 몰트케와 참모총장 조지 C. 마셜, 이 두 장군의 사고가 상식적이었다는 공통적 특징으로 칭송받는 것은 결코 우연의 일치가 아니다.

독일군 총참모부의 창시자이자 멘토인 몰트케가 퇴임한 후 총참모부의 역

량은 지속적으로 급격히 떨어졌다. 몰트케의 계승자들은 위대한 선배의 습관과 외양을 모방하느라 헛되이 노력했지만, 분별력 있는 참모장교들이 전력을 다해 저지하고자 한 양면전쟁의 파국적 패배 속에서 조직 전체가 무너질 때까지 기본 과업—리더십, 전략적 계획수립 능력 발휘, 국가 원수에게 견실한 조언을 제공하는 일 등—을 수행하는 데 비참할 정도로 실패했다.

독일군을 시찰한 미군 장교들은 막강하다고 추측한 계획 수립 기관에 관심을 집중한 나머지 전쟁에서 독일군의 우수성이 드러난 훨씬 더 많은 미세한 부분들을 놓치고 말았다. 주로 지휘, 전술, 리더십 능력 함양에 중점을 둔, 정교하며 거의 과학적이라고 해도 좋을 정도의 장교 교육체계가 그것이었다. 독일의 장교 선발과 교육훈련 체계는 군에서 가장 중요했고 미군의 체계와는 완전히 상이한 전제 아래 실행되었다.

미군에서 장교는 거대한 기계의 톱니바퀴 중 하나, 즉 대규모 집단의 일원이었던 반면, 독일군에서 장교는 기계를 작동시키는 스위치 또는 전원이었다. 따라서 독일 군부는 장교 선발에 세심한 주의를 기울였고 아무리 비용이 많이 들어도, 어떤 도전이 있더라도 모두 감수했다. 실제로 프로이센과 독일은 역사상 몇 차례의 군비 확장 기간에 많은 병력을 보유하되 평범한 장교단이 지휘하는 군대보다 탁월한 지도부가 이끄는 작은 군대가 더 낫다는 것을 똑똑히 입증했다.[3] 대규모 군대의 등장과 전술적·전략적 유연성을 뛰어넘는 전개 속도의 중요성이 커지자 독일군은 군대를 팽창하면서 여러 가지 사안을 수정할 수밖에 없었으나 1942년까지 장교에 대한 전통과 개념은 그대로 유지되었다.[4]

역설적이게도 독일 청년들은 고도로 권위주의적인 사회에서 성장했지만 진보적이고 거의 '자유주의적인' 전문 군사교육을 받았다. 유년군사학교에서부터 어린 청소년들의 동기를 유발하는 데 있어 처벌보다는 10대의 마음을 겨냥한 보상—자유, 특전, 오락—이 활용되었다.

장교가 되기를 열망한 미국 젊은이들의 상황은 이와 정반대였다. 이들은 전 세계에서 —특히 백인이라면— 최고 수준의 자유가 보장된 사회에서 자랐지만 사관학교에 입학해서 생도가 되려면 극도로 가혹하고 편협한 군사교육 체계에 순응해야 했다. 그 어떤 생도도 4년제 체계를 벗어날 수 없었고, 고정불변한 위계질서의 "가장 큰 결점은 상부 계층의 실질적인 리더십 발전 영역에 내재해 있었다. 이전 시대의 상대편(독일군—옮긴이)처럼 그런 제도를 가질 자격도 없고 사용할 줄도 모르는 무능한 상급생도들이 권위로 스스로를 은폐했다."[5]

미국에서는 입교 첫해에 모욕, 굴욕과 때로는 노골적인 가혹행위 속에서 살아남은 이들은 자동적으로 다음 해에 사관학교에 입교하는 후배 생도들의 상급생도가 되었고 같은 일이 반복되었다. 반면 20세기 초에 독일의 유년군사학교에서는 병사들의 귀감이자 전우로서 독일군 장교가 가져야 할 토대를 해치는 가혹행위가 근절되었다. 또한 그 유명한 임무형 전술이 군에 도입되었고, 군은 이것을 효과적으로 활용하기 위해 자주적 사고와 개인의 책임감을 지닌 새로운 유형의 장교들이 육성되었다. 가혹행위의 허용이나 용인은 이런 목표를 달성하는 데 저해요인이었다.

임무형 전술의 도입과 프로이센/독일군의 장교 교육 개혁 간의 중요한 연관성은 지금까지 역사학에서 간과되어 왔다. 독일군을 시찰한 미군 장교들은 임무형 전술이라는 혁신적 개념에 대해 독일에서 한창 진행 중인 논의를 전혀 파악하지 못했으며, 임무형 전술은 1888년 독일군 야전교범에 공식적으로 등장했다.[6] 처음에 다양한 이름으로 불린 임무형 전술의 명칭은 1890년대에 정립되었는데, 그때 미군 장교들의 가장 중요한 임무는 독일 군사제도를 연구하는 것이었다. 임무형 전술은 독일군이 우수한 전술적 능력을 갖추는 데 '핵심 요소'였다.[7]

모범적인 독일 생도는 상급생도보다 먼저 진급할 수 있었고 이는 '시스템'이 아니라 개인의 역량이 최우선이었음을 실질적으로 입증한다.[8] 공학이나 다른 학문 분야의 지식이 부족하더라도 시종일관 강한 리더십 능력과 —무엇보다도— 결단력을 보여 준다면 장교후보생 시험에 응시하거나 장교가 되는 데 전혀 문제가 없었다. 탁월한 장교가 될 수 있었던 무수히 많은 생도들이 웨스트포인트에서 '퇴출'당한 이유가 수학 과목의 엄청난 부담을 극복하지 못했다는 것과는 반대로, 독일에서는 생도가 다른 자질들을 지녔음을 입증하면 장교가 될 수 있었다. 독일을 시찰한 외국군 장교들이 쓴 보고서들에는 공통적으로 독일군 장교가 계급을 막론하고 모범적인 직업윤리를 갖고 있다고 기록되어 있는데, 이는 유년군사학교의 교육제도가 이러한 측면에서 독일군 장교들에게 전혀 해를 끼치지 않았음을 보여 준다.[9]

독일의 중앙군사학교에서는 생도들이 졸업할 시기가 되면 전체 교육체계상 복잡하고 까다롭게 선별하는 과정을 통해 기대치를 뛰어넘는다고 판단되는 생도들만을 장교로 임관했다. 극소수의 특출한 이들만이 중앙군사학교 졸업 후 곧바로 소위로 임관했다. 시찰단의 일원이었던 에머리 업턴 장군은 "—군사강국 중 유일하게— 프로이센만이 생도를 군사학교 졸업과 동시에 장교로 임관하지 않는다."[10]라고 대체로 정확히 기술했다. 유감스럽게도 미군은 이러한 관찰 결과에 주목하지 않았다. 사관학교의 배울 것이 없는 분위기에서는 장교가 될 인재를 제대로 평가할 수 없었으며, 무엇보다도 미래의 장교는 실제 병사들을 지휘해야 할 연대에서 자질을 입증해야 했다.

독일의 생도들은 장교로 임관하는 대신 전쟁학교에 입교하거나 연대에서 근무를 시작한 후 나중에 전쟁학교에 입교했다. 공병 또는 포병 병과에 지원하거나 선발된 이들은 엄청난 양의 수학 공부를 포함한 해당 병과 임무 수행에 필요한 교육을 별도로 받았다.[11] 웨스트포인트의 생도들은 병과에 상관없이 시대착오적인 교육과정으로 인해 고통받았지만, 독일에서 포병과 공병 외 다른 병과의 지원자들은 학습 부담이 그리 크지 않았다.

여하튼 장교후보생은 임관하기 전까지 끊임없이 자신의 능력을 증명해야 했다. 최종적으로 젊은 후보생에게 장교의 자질이 있는지를 —대개 연대의 모든 장교와 협의한 후— 결정하는 사람은 연대장이었다. 독일군 장교후보생에게는 고립된 사관학교라는 인위적 환경이 아닌 야전부대의 실생활 자체가 시험이었다.

웨스트포인트에서는 구형 장비로 훈련했지만 독일의 생도는 정규군과 동일한 장비를 사용했다.[12] 장교후보생이 되면 병사들보다 무기를 더 능숙하게 다룰 수 있어야 했다. 만일 유년군사학교의 훈련을 통해 그런 능력을 습득하지 못했다면 연대장이 직접 나서서 장교후보생이 그러한 능력을 갖추도록 조치해 주었다.

미군에서는 정반대의 현상이 벌어졌는데, 조지 C. 마셜은 이렇게 토로했다. "보병감이 요즘 연대장들은 부하 장교들의 교육을 병과 학교에 지나치게 의존하는 경향이 있다고 말했는데, 나도 그 의견에 전적으로 동의한다."[13] 그런데 병과 학교의 교육 수준도 썩 좋지는 않았다.

유년군사학교가 청년기의 교육 측면에서 결코 본보기가 될 수는 없었다. 이 학교들의 주된 결점은 너무 어린 나이의 소년들을 데려다 교육한다는 것으로서, 이 점은 당시에도 논란거리였다.[14] 군부는 소년이 장교의 적성을 가졌는지를 충분히 확인할 만한 시간을 부모와 당사자에게 주고자 했다. 그러나 소년이 냉혹한 환경에 적응하지 못한다는 사실을 깨달았을 때는 이미 피해가 발생한 후였다.

아들을 제대로 키우고 싶어 하는, 또는 제대로 키울 능력이 없는 부모들이 아들을 유년군사학교에 입학시키는 경우가 있었지만, 군이 유년군사학교를 설립한 목적은 미래의 장교를 양성하는 것이었다. 장교가 되겠다는 열망이 없는 소년은 10대에 인생 전체가 마치 끊임없는 형벌의 연속처럼 느껴져 엄청난 고통을 호소했다.

독일군 교육제도의 또 다른 큰 결점은 장교단이 후배를 선발할 때 여전히 상당수를 '장교가 될 자격이 있는 계층'으로 채웠다는 것이다. 따라서 훌륭한 장교가 될 가능성이 있는 많은 이들이 사회적 배경 때문에 배척당하거나 기회를 거의 얻지 못했다. 그러나 이러한 경향은 수세기에 걸쳐 서서히 사라졌고,

예전에 장교가 될 수 없었던 계층 출신의 장교 수는 초급 장교들의 교육 수준과 마찬가지로 꾸준히 늘어 갔다.

제국군Imperial Army, 바이마르공화국군과 국방군은 대개 원하는 수준의 장교를 얻었다. 미군과 달리 독일군의 어느 부대에서도 장교후보생들에 대한 고위급 장교의 불만은 거의 없었다. 오히려 정반대로 독일군 고위층은 초급 장교들을 높이 평가했다.

유년군사학교와 대조적으로 미국 사관학교는 대개 생도를 개별 인격체라기보다 공산품처럼 취급했다. 생도들에게 일정한 기준—극도로 시대에 뒤떨어진 기준—을 요구했고 이 기준을 충족한 후 4년이 지나면 소위로 임관했으며 단 한 번도 실병實兵 지휘를 해본 적이 없는 그들에게 즉각 실행하기를 기대했다. 리븐워스의 지휘참모대학에 들어가서도 장교들이 공산품처럼 취급받는 분위기가 똑같이 재현되었다.

미국 사관학교에서 생활하는 생도들은 개성을 발휘할 여지가 없는 좁은 외길만을 따라가야 했다. 규율이 강요되었지만 가르쳐 주지는 않았다.[15] 그리하여 규율과 리더십에 대한 오해가 수년 동안 계속되었다. 1976년에 가혹행위 금지 조치가 시행되려 하자 상급생도들은 "1학년 생도에게 음식물 압수도 폭언도 할 수 없다면 우리가 리더십을 발휘할 수단이 없어진다."[16]라고 불평했다. 미국육군사관학교 생도대에는 리더십의 본질에 대해 역사적으로 형성된, 심각한 오해가 존재했다.

결과적으로 군에서 성공한 장교들 중 웨스트포인트의 생활을 즐겼다는 이들은 극소수였다. '웨스트포인트의 생도 생활을 즐겼다고 말한 이들을 결코 만난 적이 없다'고 주장하는 비판적인 졸업생들이 적잖았다.[17] 웨스트포인트에서의 경험을 묘사할 때 가장 많이 등장하는 단어가 '단조로움monotony'인 데 반해 중앙군사학교에서의 일상생활은 '다채로운diversified'이라는 단어로 표현되었다.[18]

유년군사학교, 특히 중앙군사학교에서 일반학 수학 능력은 독일군 장교후보생 선발에 부차적 요소였지만 학교 교수진들은 민간 고등학교의 교사들과 동등한 능력을 자랑했고, 학교는 그런 선생들을 영입하기 위해 노력했다.[19] 이와 대조적으로 웨스트포인트 교수부의 학문 수준과 교수 능력은 형편없이 낮았고 이런 상태가 최소한 향후 50년간—패튼과 아이젠하워가 졸업한 지 한참 후까지— 계속되었다. 어떤 변화도 겉치레에 불과했다.[20]

'정신력 강화'와 부대 지휘 능력 간의 관계를 다룬 연구나 전투 보고서가 존재하지 않는다는 사실에도 불구하고 이런 이상한 교육철학은 수십 년간 유지되었고, 더욱이 이 사실을 더 잘 알 법한 참전 장교들이 강사, 생도대장 또는 학교장으로 웨스트포인트에 돌아와서도 마찬가지였다.[21] 과거에 경험한 전쟁들—특히 최근의 미국-스페인 전쟁과 필리핀 소요사태—을 통해 틀렸다고 입증되었음에도 불구하고, 미국 대통령과 전쟁장관, 전쟁부는 '수학적 훈련을 통해 정확히 사고하는 습관을 개발하고 수학적 원리를 기계학, 병기학, 토목공학에 적용하는 과정을 통해 군사 조직 지도자의 주요 자질을 갖추게 된다'는 괴상한 주장을 계속해서 수용했다.[22]

적절한 능력을 지닌 독일 청년은 마침내 평시를 기준으로 해서도 17세에 장교후보생이, 18세 또는 19세에 소위가 될 수 있었는데, 동일한 조건에서 미국 청년들이 최소 21세, 대개 그보다 높은 연배에 장교가 된 것과 비교하면 독일 청년들이 더 일찍 장교 생활을 시작했다.[23]

미군의 생도 교육은 프로이센의 극우주의를 능가했다. 프로이센 생도들이 1세기 전에나 견뎌야 했던 것들을 미국 생도들은 20세기에 경험했다. 그 이유는 두 가지였다. 첫째, 미국의 생도 교육은 미군이 잘못 이해한 프로이센 방식을 모방했고, 여기에 예를 들어 4년제 체계 같은 미국적 개념을 뒤섞었다. 둘째, 유년군사학교는 시대의 흐름에 따라 변했지만 미국 사관학교들은 많은 부분에서 과거의 것들을 고수했다. 그 책임은 주로 원로 교수단의 어깨에, 몇몇 학교장들 때문에 초래된 리더십의 부재에, 웨스트포인트 후배들에게 현대적 교육 방법과 리더십을 알려 주는 대신에 1학년 교육체계를 '강화'하기를 원한 졸업생들에게 있다고 할 수 있다.[24] 독일에서 군대는 교육에 대한 모든 공공적 논의에서 전향적 입장을 취했고 유년군사학교에서 새로운 아이디어들이 구현되었다.

당시 미 육군에는 웨스트포인트 때문에, 그리고 웨스트포인트가 있었음에도 불구하고 훌륭한 장교들이 없었다. 20세기 초반 수십 년 동안 미 육사에서는 "젊은이들의 열정을 끔찍할 정도로 헛되이 소모시킨 장면들이 연출되었다."[25] 육사 출신 장군들의 전기 작가들 그리고 육사 교육체계를 분석한 어느 정신의학자는 '연구 대상자'들이 웨스트포인트에서 거의 배운 것이 없었으나 건전한 가정에서 성장하면서 형성된 인성이 혹독한 사관학교 교육체제에서 지적 해악을 극복하고 생존할 수 있게 해주었다고 지적했다.[26] 예컨대 아이젠하워의 전기 작가는 미래 총사령관의 "기본 태도와 신념은 이미 정립되어 있었다. 갖은 고초를 겪은 광야에서의 4년은 그것들을 결코 바꾸지 못했다."[27]라고 기술했다. 크레이턴 에이브럼스의 경우에 그의 가치관과 개성은 웨스트포인트의 이상에 완벽히 부합했지만 "그것은 육사 생도 생활 중에 습득되었다기보다 그가 생도로 입교하기 전부터 갖추었던 것으로 생각된다."[28]라고 기록되어 있다.

필자가 접한 장교들의 수많은 일기와 개인적 편지들이 이 사실을 증명한다. 이 장교들의 리더십과 인성의 본보기는 그들의 부모, 그들이 훗날 자신의 길을 찾는 데 멘토 역할을 한 어느 선배 장교, 또는 그들에게 야전의 노하우를 알려준 나이 많은 부사관이었다.[29] 웨스트포인트에서 훈육관의 영향이 거의 없었던 것과 대조적으로 유년군사학교에서는 훈육관뿐만 아니라 일반 장교들도 생도들에게 존경받았다.[30]

웨스트포인트의 형편없는 교육체계의 문제점을 정확히 짚은 연구가 발표된 후에도 육사 졸업생들은 다음과 같은 무지한 말로 그 결과를 은근슬쩍 넘어가려 했다. "힘든 상황에서 함께 싸우면서 얻은 집단의 단결력과 그 정신이 생도 생활 내내 생도들을 결속시켰다. 이런 정신력이 두 차례의 세계대전에서 육군의 엄청난 단결력과 효율성을 이끌어낸 주춧돌이었다."[31]

사회학적 관점에서 공동의 투쟁이 개인들을 결속한다는 점에는 의문의 여지가 없다. 그러나 가혹행위의 고통과 수학 공부의 부담으로써 단결력을 형성할 필요는 없다. 미군에서 웨스트포인트 졸업생들 덕분에 제2차 세계대전에서 '군의 단결력'이나 특별한 '효율성'이 발휘되었다는 증거도 없다. 그들은 자신들이 다른 교육기관 출신이나 전장에서 현지 임관한 장교들과 비교해 전혀 다르지 않았음을 스스로 증명했다.[32]

육사나 타 출신 장교들 모두 육군에서 '웨스트포인트 파벌'의 존재를 부인해 왔다. 실제로 장군들이 남긴 문서에도 그런 사조직은 존재하지 않는다. 그러나 필자의 연구대상인 장교들은 웨스트포인트 출신이거나 대개 육군에서 출세한 인물들이었으므로 비판적 관점을 가질 만한 이유가 없었다.

그렇지만 육사 출신 상급 지휘관이 고위급 지휘관으로 장교 한 명을 선발해야 하는 경우에는 자신의 많은 것이 걸린 문제이기에 자기가 잘 아는 사람을 뽑으려는 경향이 있었다.[33] 따라서 자신이 4년간 생도로 생활할 때에 같이 육사를 다닌 후배를 선발할 가능성이 높았다. 자신이 다른 학교에서 학생장교나 교관으로 근무하던 시기에 친밀한 관계를 맺은 사람을 선택하는 경우도 있었다.

훗날 지휘참모대학이라고 불린 학교의 설립은 독일 장교 교육체계를 시찰하고 이를 겉모습만 모방한 것과 마찬가지로 미군 장교들의 오해에서 비롯되었다. 미군의 지휘참모대학과 독일군의 전쟁대학 커리큘럼의 기본 내용은 유사했지만 교육 철학과 방식은 완전히 달랐다.[34] 미군은 독일군의 교육기관을 모방했지만 셔먼 장군이 경고한 대로 그 정신을 재창조하는 데는 실패했다.

한층 더 수준 높은 전문 군사교육 과정에서 미군 장교들은 커다란 학문적·이론적 환경에 맞닥뜨렸다. 긍정적 측면은, 거의 독서하지 않던 이들이 어쩔 수 없이 책을 읽어야 했다는 점이다. 하지만 부정적 측면의 비중이 더 컸다. 미국원정군으로 참전한 장교들에게 지휘참모대학이 미친 영향을 살펴보면 이 학교의 혼재된 장단점이 가장 잘 설명될 것이다. 제1차 세계대전에서 광대한 참호선과 요새에서 본격적으로 치열한 전투가 전개되던 상황에서도 리븐워스의 교관단은 고착된 소모전이라는 새로운 전훈 분석에 전혀 관심이 없었고 오히려 '개활지 전투'만을 계속 강조했다. 그 결과 불필요한 사상자가 늘어났다. 대조적으로 리븐워스 졸업생들은 원정군의 주요 참모 보직에 임명되었고 그 능력을 유감없이 발휘했다. 그러나 종종 야전 지휘관들을 무시하는 태도 때문에 주변에서는 그들을 '사리 분간 못 하는 애송이'라고 불렀고, 리븐워스 졸업생들과 다른 장교들 간의 불화가 잦았다.[35] 제1차 세계대전 시 "야전군사령관이나 군단장 중 리븐워스 졸업생은 단 한 명도 없었고, 전투에 투입된 26개 사단을 지휘한 57명의 사단장 중 단 7명이 리븐워스 졸업생"이었으나 이 부대들의 참모들은 자주 리븐워스 출신들에게 휘둘렸다.[36]

지휘참모대학을 옹호하는 이들은 "리븐워스가 육군에 공동의 전문용어와 공유하는 군사적 가치체계"뿐만 아니라 "공동의 전제"를 제공했다고 되풀이해서 언급했다.[37] 그러나 이것은 군사학교의 기본적 특성이지 특별히 주목할 만한 공적은 아니다. 군사학교에서 —리븐워스에서 했던 것처럼— 판단의 획일성을 끊임없이 강조하면 머지않아 독창적이고 창의적인 사고를 억누르게 된다. 창의적 사고는 전쟁에서 장교에게 가장 중요한 요소이다. 패튼이 "모두가 똑같이 생각한다면 아무도 생각하지 않는 것과 같다."[38]라고 말했듯이, 그러한 상황은 대단히 위험하다. 군사학교는 획일성 그 이상의 것을 가르쳐야 하고 탁월성을 발휘하도록 교육해야 한다.

리븐워스에서는 학교 측 모범답안이 규범 그 자체였다. 가르치는 과목에 대한 지식이 부족하거나 교수법과 교육학적 능력이 모자란 교관들이 이끄는 교육과정은 비효율적이었다. 여전히 실증적 연구가 진행 중이지만 제1차 세계대전 이전, 특히 1930년대 후반에는 남아돌거나 어디서도 받아 주지 않는 '잉여' 장교들을 교관으로 보직한 것으로 보이는데, 그렇다면 그 결과는 불 보듯 뻔했다. 학생장교들이 '제대로 된' 해답을 찾지 못하면 모욕을 당할 정도로 교리와 위계주의가 군림했다. 우수한 성적으로 졸업하기를 원하는 학생장교들에게는 어떤 식으로든 리븐워스의 교관들에게 도전하면 안 된다는 생각이 팽배했다. 리븐워스의 모토는 "의문을 품고 도전한다"가 아니라 웨스트포인트와 마찬가지로 "협력하여 졸업한다"였다.[39] 이는 성인을 위한 학습 환경이 전혀 아니었고, 특히 그때까지 상당한 경험을 쌓은 장교들을 위한 학습 환경은 더더욱 아니었다.

학교의 가치를 평가하려면 반드시 학생들의 성적을 평가해 보아야 한다. 제2차 세계대전 때 리븐워스 졸업생들의 성적은 너무나 들쑥날쑥해서 학교 교육의 긍정적 영향을 검증할 수 없으며, 미심쩍기까지 하다. 1년제 과정과 2년제 과정 졸업생들의 성적에도 차이가 없었으며 "리븐워스에서 우등으로 졸업한 이들이 그렇지 못한 동료들보다 부대 지휘 능력 면에서 현저히 탁월하지 않았다."[40] 이 같은 관찰 결과는 리븐워스 졸업생의 지휘관 측면뿐만 아니라 참모 업무 성과 면도 마찬가지였다.

전쟁대학에서는 각자 자기 분야의 전문가이자 통상 참전 경험이 있고 교수 능력을 갖춘 사람이 동료 가운데 1인자primus inter pares로서 과목을 가르쳤다. 교관 보직 자체에 군 지도부에 의해 선발된 장교라는 높은 가치가 부여되었다.[41] 따라서 학생장교들은 에르빈 롬멜에게 전술을 배웠고, 구데리안에게 기계화부대 운용을 배웠으며, 일찍이 카를 폰 클라우제비츠에게도 배웠던 것이다. 이 세 장교는 동료들에게 매버릭이라고 평가받았지만 전쟁대학에서 아무런 제약 없이 자유롭게 학생들에게 자신의 생각을 가르칠 수 있었다. 워게임과 도상훈련 과정에서 교관이 학생들에게 특정 상황을 해결하라고 지시하면 학생들은 가상의 보병대대 또는 차량화대대를 지휘했는데, 이는 다수의 해결 방안을 장황한 형태의 문서로 제출하는 지휘참모대학의 이론적 방책과는 달랐다.

전쟁대학에서 도상훈련과 워게임의 방책을 토론할 때마다 교관은 자신이 학생들의 동료라는 생각으로 임했다. 이런 태도 덕분에 모두가 자유롭게 자신의 생각을 발표했을 뿐만 아니라, 학교 측 모범답안이 존재하지 않았기에 학생장교들은 한 가지 중요한 진리, 즉 '전쟁에 최적의 해법은 없다'는 점을 마음에 깊이 새겼다. 전쟁은 엄청난 혼돈과 혼란 그 자체이며, 정보와 의사소통이 너무나 부족하기에 '탁상'에서 결정할 수 있는 최적의 학교 측 모범답안 같은 것은 절대로 존재할 수 없다.[42] 그 대신 모든 학생장교의 방책을 교관의 방책과 동일하게 논의할 수 있었다. 이를 통해 학급의 모든 학생장교는 먼 훗날 교관이 제시한 문제와 아주 조금이라도 유사한 상황이 발생했을 때 응용할 수 있는 방대한 양의 방책들을 얻었다. 동시에 이들은 결단력과 창의성이 최적의 해결책을 장황하고 정교하게 작성하는 것보다 훨씬 더 중요하다는 점을 배웠다. 후자는 바로 제2차 세계대전 때 미군 지휘관들의 작전 수행 방식이었다.

전쟁대학의 학생장교들에게는 학과 수업이 특별히 힘들지 않았고 여가시간이 많았다. 많은 여가시간은 전쟁학교와 마찬가지로 자유시간에도 교관이 학생들의 행동을 관찰하기 위한 조치였다. 교육과정이 어렵지 않았다는 점은, 공인된 기관에 입교한 자들이 이미 수차례 엄정한 선발 과정을 거쳤다는 사실 때문인데, 이 부분에 유념할 필요가 있다.

수십 년간 리븐워스의 평판이 그저 그랬으므로 많은 장교들이 입교하지 않았다. 그들은 미심쩍은 수준의 학교에서 2년을 낭비하느니 연대에서 능력을 인정받는 것이 진급하는 데 훨씬 더 효과적이라고 생각했다. 이 학교가 명성과 권위를 얻은 것은 교육 성취도보다 저명한 선배 장교들—그리고 리븐워스 졸업생들—의 입에서 입으로 전해진 선전을 통해서였다. 그때에도 리븐워스는 필수 지식을 얻고 전문성의 지평을 확장하는 기회라기보다는 진급의 필수 코스로 인식되곤 했다. 제2차 세계대전이 발발할 때까지 많은 장교들은 입학 자격 조건과 입교 승인을 받는 방법을 정확히 몰랐는데, 규정이 자주 변경되고 평범한 장교들에게 투명하게 공개되지 않았기 때문이다.

독일에서는 군관구 시험—전쟁대학 입교 시험— 요강을 모든 민간 및 군사 도서관에서 찾아볼 수 있었고 지속적으로 지난해 군사영역 기출문제를 공식적으로 출판해 공개했다. 제1차 세계대전 이전에는 입교를 희망하는 모든 장교가 연대장에게서 적어도 한 번의 응시 기회를 얻을 수 있었다. 베르사유 조약 체결 이후 바이마르공화국군이 비밀리에 총참모부를 재건하기로 결정했을 때 모든 장교가 적어도 한 번은 이 시험에 응시해야 했는데, 이는 총사령부가 현명하게도 선발 표본 수가 클수록 유익하다고 결정했기 때문이다. 일반적인 생각과 달리 군관구 시험의 우수한 성적만으로는 전쟁대학 입교가 보장되지 않았다. 연대장의 인성 평가가 시험 성적과 동일한 비중을 차지했다.

매우 적은 수의 장교들이 전쟁대학에 입교하고 그중 극소수가 총참모부 요원으로 선발되었음에도 불구하고 군관구 시험과 그것을 준비하는 과정이 독일군 장교 교육의 필수적 부분이었다는 사실은 역사 연구에서 완전히 간과되었다. 시험 준비 과정과 전쟁대학에서의 학습을 통해 그들은 더 유능한 장교로 바뀌었다. 전쟁대학을 다니는 동안뿐만 아니라 입교를 준비하는 과정에서 그들은 이미 전문가로 도약했던 것이다. 군관구 시험에서 좋은 성적을 거둘 가능성이 있는 장교들만 시험에 응시할 수 있었는데, 탈락은 곧 연대의 불명예로 인식되었기 때문이다.

역사학에서 전쟁대학은 '총참모부학교Generalstabsschule' 또는 '장군참모학교General Staff School'라고 잘못 인식되어 왔다. 졸업생의 약 15퍼센트만이 총참모부 요원이 되었으므로 이는 전혀 사실이 아니다. 전쟁대학은 전쟁을 연구하는 대학으로서 전문적 군사교육을 통해 장교단의 전반적 수준을 끌어올리는 사명을 지닌 학교였으며 그 과업을 완수했음을 어느 누구도 부정할 수 없다.

미래의 독일군 장교들이 걸어갈 길은 거듭되는 준비와 선발의 연속이었다. 유년군사학교의 생도는 중앙군사학교에 입교하기 위해 자신의 능력을 입증해야 했다. 중앙군사학교에서는 학습에 매진하고 장교후보생 시험을 준비하는 과정에서 리더십 능력을 보여 주어야 했다. 목표가 더 높다면 누구나 원하는 우등반에 들어가기 위해 노력해야 했고, 이 과정을 성공적으로 마치면 곧바로 장교로 임관할 수 있었다. 중앙군사학교를 갓 졸업한 이들은 연대에서 생활하며 실수를 범하지 않기 위해 만반의 준비를 갖추고 고군분투하면서도 곧 입교할 전쟁학교에서 좋은 성적을 받기 위해 필요한 지식을 쌓아야 했다. 전쟁학교 성적은 소위 임관을 결정하는 근거자료 중 하나였다. 전쟁학교를 마친 후에는 일상 업무에서 자신이 연대장의 승인을 받아 군관구 시험에 응시할 만한 자격이 있음을 보여 주어야 했다. 2~3년 후 초급 장교들은 군관구 시험을 준비했는데 보통 1년 이상—통상 약 1년 6개월—이 걸렸다. 독일군의 총체적 장교 교육체계는 각 단계가 유기적으로 통합된 구조를 갖추었다. 독일군의 세련된 교육체계와는 정반대로 미군의 교육기관들은 각자 배타적인 존재로 자기 자리에 머물렀고, 교육의 '최종 산물'에 대한 명확한 비전은 존재하지 않았다.[43]

20세기 초 수십 년간 미군 교육체계에서 유일하게 빛나는 존재는 조지 C. 마셜이 부학교장으로 재직하던 시절의 보병학교이다. 장교들은 대위나 소령 계급이 되어서야 미군의 실질적 무기에 대해 알게 되었을 뿐만 아니라 현장에서 지휘의 문제점을 하나하나 차례대로 노출했다. 그들은 독일군에서 흔히 보는 간명한 용어 사용과 시간 절약에 숙달될 때까지 명령과 강의, 발표를 간단하게 하는 방법을 지속적으로 배워야 했으며 마셜은 어디서든 실용주의를 강조했다. "문서상으로는 그럴 듯하지만 실제로 작전해 보면 실행 불가능한 경우가 많다. 지나치게 이론에 바탕을 둔 편성과 작전계획 수립을 강조하면 복잡하고 느린 조직과 너무 많은 참모, 지나치게 장황하고 복잡한 명령을 낳을 뿐이다."[44]

마셜이 천명한 목표는 독일을 본보기로 하여 '미국식 체제하에서' 미군의 지휘 문화와 훈련 방식을 최대한 독일식으로 바꾸는 것이었다.[45] 그가 얼마나 철저하고 부지런히 독일군을 연구했던지, "1945년까지 마셜이 히틀러보다 독일군에 대해 더 잘 알았다."라고 평가받을 정도였다.[46]

보병학교에서 마셜이 이룬 업적은 아무리 강조해도 지나치지 않다. 장교들은 수년이 흐른 뒤 편지와 회고록에서 보병학교의 사뭇 다른 분위기를 기록하고 마셜의 현명한 충고들을 기억했다. 마셜은 독일인과 그들의 교육제도를 체계적으로 연구했고 그가 보병학교에서 할 수 있는 것이라면 모두 적용하려고 노력했다. 그는 보병학교에 파견된 독일군 장교들의 조언을 기꺼이 수용했다. 마셜은 제2차 세계대전에서 연합군의 승리를 확보한 수많은 업적을 인정받았고, 그의 연구는 미군의 전문성, 교육, 상식을 몇 배로 끌어올리는 데 얼마나 지대하게 긍정적·결정적 영향을 미쳤는지를 확실히 보여 준다.[47]

그러나 마셜은 혼자였고 그의 영향력은 거기까지였다. 그는 육군과 전쟁부라는 거대한 관료주의 집단과 여러 차례 마찰을 빚었고 이들은 제2차 세계대전에서 전선의 장병들에게 —독일과 일본 다음으로— 가장 강력한 적이 되었다. 육군참모총장 마셜은 관료주의의 장벽에 부딪혔을 때 "할 수 있는 한 진심을 다해 의견을 말함"으로써 문제를 해결하곤 했다.[48]

미군의 전문 군사교육 제도가 제2차 세계대전에 투입하기 위해 배출한 장교들의 평균 수준은 자기 업무 분야의 이론적 기초지식을 아는 정도였는데, 장교들이 다닌 학교들에서 배운 것이 그 정도 수준이었기 때문이다. 장교들은 대개 교리와 준비된 해결책을 추구했고 지휘하기보다 '관리'하려고 노력했다. 독일군과 정반대로 매버릭을 찾거나 육성하지 않았다. 시대를 앞선 똑똑한 미군 장교들은 종종 진급이 불가능한 보직을 받아 도태되거나 이단적인 생각 때문에 군법회의에 회부되었다. 마셜이 참모총장이 되기 전까지 미군 장교들은 창의적인 생각 자체를 스스로 억제했다.

독일의 제도는 프리드리히 빌헬름 폰 자이들리츠Friedrich Wilhelm von Seydlitz, 게르하르트 폰 샤른호르스트Gerhard von Scharnhorst, 헬무트 폰 몰트케Helmuth von Moltke의 뒤를 이을 인재를 끊임없이 찾았고, 그들의 발전을 방해하는 대신 그들을 발굴하기 위한 능동적 절차들을 갖추었다. 이 시스템도 미국과 마찬가지로 최고위층을 선발하는 데에 문제점이 발생하곤 했다. 영국과 프랑스에서도 똑같은 문제가 있었다는 점에서 이는 별도로 연구해볼 만한 부분이다.

미국의 장교 교육기관에서는 주로 정형화된 전투 사례, 학교 측 모범답안, 그리고 특히 교리를 가르쳤다. 학교는 학생장교들에게 전장 리더십battle leadership이 아니라 이미 개발된 교리나 교범에서 문제의 해답을 찾으라고 교육했다. 그러나 전장 리더십은 최전선에서 스스로 상황을 평가하고, 무엇보다 학습한 해답이 적용되지 않는 상황에서 그동안 배운 내용을 모두 떨쳐버리고 비범하고 창의적인 방식으로 적을 공격하는 능력을 필요로 했다.

필자가 섭렵한 방대한 양의 미군과 국방군의 교범, 규정집, 편지, 일기와 자서전에서 가장 중요한 동사와 명사를 꼽아 보면, 미군의 경우에는 '관리하다'와 '교리'였고, 국방군은 '지휘하다'와 '공격'이었다. 이 비교만으로도 전쟁양상과 리더십에 대한 두 군대의 접근법이 근본적으로 달랐음을 잘 알 수 있다.

리븐워스의 교육 기간 중 야외 수업은 거의 없었다. 야외에서 시행되어야 할 가상 부대 지휘는 도상 문제풀이로 대체되었다. 도상훈련에서는 교관이 핵심사항과 학교 측 모범답안을 알려줄 때까지만 '전투했다.' 전반적인 교육과정은 상황도만으로 중요한 정보를 파악할 수 있으므로 전선에서 부대를 지휘하지 않아도 된다는 생각을 지닌 참모형 성향의 장교들을 만들어 냈다.[49] 고위급 지휘관들이 이런 실태를 언급했지만 끝내 개선되지 않았다. 어느 지휘관은 동료에게 쓴 편지에 이렇게 기록했다. "'장군참모학교General Staff School'가 '지휘참모Command and Staff' 학교로 바뀌었을 때 나는 크게 우려했다. 지휘와 참모 영역에 동일한 이론적 자격기준을 적용할까 봐 걱정스러웠다. 그리고 우려가 현실로 나타났다."[50] 군에 남은 소수의 매버릭 장교들도 이런 우려에 동의했고 군사교육 기관에서 가르쳐 온 "전 육군에 만연한 참모지휘staff command의 관행"을 성토했다.[51]

마셜은 이 문제를 다룬 비망록에서 "장군급 장교가 갖출 필수적 능력은 리더십, 의지력force, 활력vigor이다. 보통의 훈련과 경험, 교육으로는 익힐 수 없는 능력이며, 이 능력을 갖춘 장교는 무조건 선발해 진급시켜야 한다."[52]라고 강조했다. 이 비망록은 1942년 12월 1일에 작성되었으며 그가 예견한 대로 제2차 세계대전 시 최고위급의 리더십은 미군에 상존한 문제점이었다.

미군에서는 전시에 중책을 맡길 출중한 지휘관을 찾기가 쉽지 않았던 듯하다. 지휘관들의 편지와 회고록에는 특정 직책을 수행하는 데 필요한 능력을 갖춘 이가 극소수였다고 기술되어 있다.[53] 특히 공격적 성향의 전투지휘관은 매우 드물었고 리더십과 공격성을 지닌 극소수의 지휘관들은 상륙 또는 돌파, 구출 임무를 수행하는 부대를 지휘하는 등 계속해서 그들만 위험한 임무를 도맡았다. 그 대표적 인물인 조 로턴 콜린스Joe Lawton Collins는 태평양 전구에서 유럽 전구로 보직되었는데, 유럽 전구에서 그의 능력을 절실히 필요로 한 데다 당시 유럽에서 전투 중인 장교들이나 미국 본토에서 대기 중인 부대에 그만 한 능력을 갖춘 인물이 없었기 때문이다. 그러나 이런 문제가 새롭지도 놀랍지도 않은 것은 1941년 미국에서 시행된 대규모 기동훈련에서부터 이미 "리더십과 전반적인 군사적 신뢰성 측면에서 중대한 결함"이 드러났기 때문이다.[54]

비록 연령이 중요했지만 지나치게 의미를 부여할 필요는 없다. 가끔 반백의 나이 많은 연대장이 훨씬 어린 동료들보다 더 강한 정력과 강인함, 리더십을 보여 주었지만 불운하게도 육군의 연령 제한에 걸려 전역하는 경우도 있었다.[55] 마셜과 레슬리 맥네어Lesley McNair는 장교단에서 '고사목'을 신속히 제거하기 위해 특정 계급을 대상으로 급진적인 정년제도를 도입했지만 반대급부로 소수의 훌륭한 백전노장들이 희생되었다.[56] 그 조치가 얼마나 성공적이었는지는 제2군단장 로이드 R. 프레덴덜Lloyd R. Fredendall 소장이 새로운 참모요원들을 대면했을 때 —전혀 심각하지 않게— 한탄했던 말로 잘 알 수 있다. "맙소사! 저런 애송이들과 전장에 나가게 생겼네."[57]

미군이 전장 리더십보다 관리를 지나치게 강조하는 바람에 훌륭한 지휘관 자질을 갖춘 이들이 참모 보직에 근무하는 경우가 흔했고, 반대로 전투지휘관 보직에는 그런 사람들이 부족했다. 항상 전투 지휘를 간절히 원했지만 문서 작성에 뛰어난 능력을 보여 행정 업무에서 빠져나올 수 없었던 월터 비델 스미스는 "내가 꼭 그렇다고 말하기는 조심스럽지만, 수많은 훌륭한 전투지휘관들이 서류더미에 파묻혀 있다."라고 말했다.[58] 토머스 트로이 핸디Thomas Troy Handy(버지니아 군사학교 1914년 졸업)는 '하급관료Beadle'(월터 비델 스미스의 미들네임 발음과 유사한 단어로 붙인 별명. 스미스는 제2차 세계대전 때 아이젠하워의 참모장이었다.—옮긴이) 스미스보다 동료들에게 훨씬 더 많이 인정받았지만 전쟁 기간 내내 전쟁부에서 근무해야 했고 자신의 근무평정표에서 다음과 같은 기록을 발견했다. "워싱턴은 그가 야전부대를 지휘할 기회를 박탈했다. 〔나는〕 전시든 평시든 가장 어려운 상황에서 그를 지휘관으로 임명하는 데 조금도 주저하지 않을 것이다."[59] 이 근무평정을 작성한 사람은 아이젠하워였고 그는 핸디가 원했다면 사단이나 군단의 지휘를 맡겼을 것이다.[60]

두 나라 육군의 참모 보직 운용 방식이 상이했다는 사실도 매우 흥미롭다. 미군에서는 사단장 수준에서 참모를 선발하거나 과거 참모들을 데려올 수 있었지만 독일 국방군에서는 대개 야전군, 집단군 사령관에게만 그런 권한을 보장했다. 그 이하 제대 참모들의 능력이 모두 동일하다고 판단했기 때문이다.[61] 이는 독일군이 미군보다 개인적 관계를 덜 중시했음을 보여 준다. 특정한 몇몇 장교를 선호하여 팀워크를 발휘하는 장점보다 동료애를 더 우선시했던 것이다.

미군 교육체계상의 폐해에 대한 책임이 군 수뇌부에 있었지만, 그렇다고 전적으로 이들의 잘못이라고 단정할 수는 없다. 미군은 독일군에게 유리했던 몇몇 문화적 특징을 모방하거나 답습하는 것 자체가 불가능했고, 설사 가능했더라도 그대로 모방하는 것이 바람직하지 않았을 수도 있다.

물론 독일인들은 군국주의 사회라는 엄청난 '이점'을 갖고 있었다.[62] 오늘날 사람들이 즐기는 스도쿠 게임처럼 1920~1930년대에는 격주간 또는 월간 군사잡지들에 게재된 전술 문제가 전 연령층의 남성들에게 큰 인기를 끌었다. 전술 문제 풀기는 일상적인 취미가 되었다.[63] 잡지 맨 앞에는 프로이센-프랑스 전쟁 또는 제1차 세계대전 때의 영웅적인 전투 사례들이 실렸다. 그다음에는 작은 지도에 전술적 상황 묘사와 함께 분대부터 중대 규모까지의 단위부대 부호가 도식되어 있었는데, 장교 수준의 고급 문제보다 대개 부사관 수준의 문제였다. 잡지에 실린 전술 문제에 대해 독자들이 해법을 보내면 잡지사는 그중 최상의 지휘 해법을 선별해 다음 호에 소개했다.

독일에서는 장교단에 소속되는 것만으로도 큰 영광이었기에 프리드리히 대왕 시대부터 전통적으로 중·소위의 봉급이 매우 적었고, 20세기 초에는 사회적 의무가 훨씬 더 커진 데 반해 봉급은 미군 중·소위가 받는 액수의 1/5 수준에 불과했다.[64] 거의 모든 미군 장군이 자서전에서 위관 또는 영관 장교 시절의 열악한 경제적 형편에 대해 불만을 토로했다. 설령 세계대공황이 없었다고 해도 독일군 장교들의 경제 사정이 훨씬 더 열악했기 때문에 미군 장군들의 불만은 상대적 관점으로 바라볼 필요가 있다.

독일과 대조적으로 미국 사회는 정규군을 두려워했고 군대의 존재조차 모르는 이들도 있었다.[65] —장교들의 출신 배경과 동일한— 사회 엘리트층에서는 미군 장교단에 대한 평판이 좋았으나 일반인들의 평가는 천차만별이었다.[66] 어떤 지역에서는 군인을 경멸한 나머지 레스토랑이나 숙박업소에서 출입을 거부해서 1911년 미 의회가 군인을 차별대우하는 사람에게 벌금 500달러를 부과하는 법을 제정했다.[67] 미군 시찰단은 독일군 장교단의 명성에 타격을 입힌 제1차 세계대전 패전 후 불과 7년 만에 군대와 민간사회가 훌륭한 관계를 유지하게 된 점에 주목했다.[68]

독일의 고위급 지휘관과 정치인들은 모두 단도短刀의 전설Dolchstoßlegende(글자 그대로 '단도 찌르기 전설', 즉 일반적으로 '배후에서 단도로 찌르기 전설'로 해석한다.)을 성공적으로 유포했는데, 즉 독일군이 전장에서는 승리했지만 후방에 남은 의지가 약한 민간인, 공산주의자, 사회주의자 들이 군에 지원하지 않았고 심지어 전쟁 수행을 방해했기 때문에 전쟁에서 패배했다는 것이다.

많은 독일인들이 이 이야기를 쉽사리 그리고 열광적으로 믿었다. 그리하여 군부, 특히 장교단은 제1차 세계대전 직후 단기간 내에 예전의 지위를 회복했다.

미국에서는 군대 자체가 '은폐'되었다. 펜타곤 건립 이전까지 미국의 군사 시설물들은 "전반적으로 민간 건물 양식"[69]이었다. 전간기에 워싱턴에서 근무한 장교들은 모두 민간인 복장을 했으므로 최고 지휘관들의 회의는 직업군인이라기보다 흡사 사업가 모임처럼 보일 정도였다.[70] 그들이 "교외에 거주하는 납세자 모습"으로 돌아다닌다며 대대적으로 조롱당하자 마셜은 즉시 추후 별도의 지시가 있을 때까지 군복을 입고 출근하라는 지시를 하달했다.[71] 이와 대조적으로 독일군 초급 장교들에게는 군복 외에 다른 옷을 착용하는 것이 금지되었고 심지어 제2차 세계대전이 종식될 때까지 평생 사복이 없었던 장군들도 있었다.[72]

흥미롭게도 —그리고 또 하나의 역설은— 시민보호단Civilian Conservation Corps, CCC[73] 캠프에서 민간인 동료들을 다룰 때나 제1차 세계대전 시 또는 1930년대 말에 육군이 급격히 팽창하던 시절에 신병을 훈련시킬 때 훨씬 힘든 시간을 보낸 쪽은 미군 장교였다. 계급 관념이 미군 장교단에 뿌리 깊이 박혀 있었고 민간 사회와 이격되어 군사기지에 거주하는 장교들은 평범한 시민 또는 징집된 신병과 의사소통하기가 어려웠다. 오랫동안 군 생활을 한 후 전역한 장교들은 자신이 과연 민간인과 어울려 생활할 수 있을지를 우려했다.[74] 이는 매우 놀라운 실상인데, 왜냐하면 미국의 정규군은 전시에 대규모 군으로 확장하는 데 핵심이 되어야 하고 정규군 장교들이 교관이 되어 신병으로 입대한 시민들과 소통할 수 있어야 하기 때문이다. 그러나 미군에서는 그러한 교육을 하지 않았다. 그 때문에 장교들은 강의하기를 '기피'했고 '급성 무대공포증'에 시달리거나 심지어 교관으로 소환되는 데 공포감을 느꼈다.[75]

이 문제에 대해 경험이 많은 어느 미군 장교는 다음과 같이 말했다. "모든 육군 장교가 교관으로서 천부적 재능을 지녔을 거라고 기대해서는 안 된다.

그림 6-1. 1939년 11월 3일 국방부 지휘부 회의실에서 열린 참모총장과 군사령관, 군단장급 회의(양 깃발 사이 중앙에 앉은 이가 마셜). 통상 전쟁부에서 미군 고위급 장군들은 양복을 착용하고 근무했다. 어느 날 언론이 그들을 향해 "교외에 거주하는 납세자 모습으로 돌아다닌다"고 비꼬자 마셜은 군복 착용을 지시했다. 독일에서는 초급 장교들에게 군복 외의 다른 의복 착용을 허용하지 않았으며 종전 시까지 민간인 복장이 단 한 벌도 없는 장군도 매우 많았다.
[Courtesy George C. Marshall Foundation, Lexington, Virginia]

소수만이 그럴 것이다. 그러나 나머지 장교들에게는 일찍부터 〔가르치는 방법을〕 배우는 기회를 부여해야 한다."[76] 극소수만이 그런 기회를 얻었고, 많은 장교들은 웨스트포인트에서 1학년 생도들에게 고함치는 것으로 가르치는 능력이 증명된다고 생각했다. 독일군에서는 최고지휘부에서부터 "장교는 선생이자 리더"이며, 장교후보생 시절부터 두 역할을 모두 잘하도록 훈련해야 한다고 강조했다.[77] 따라서 유년군사학교에서는 장교의 사명과 정면으로 상충하는 가혹행위가 사라질 수밖에 없었다.

시민보호단 캠프에서는 정규군 장교들이 노동—1942년까지 군사훈련은 허용되지 않았다.—을 감독하는 업무 외에도 6만 명의 예비역 장교들을 훈련시켰다.[78] 정규군 장교들은 자주 시민보호단체에서 소속 부대로 또는 그 반대로 자리를 옮겼는데 시민보호단에 지원한 민간인 청년들이 그들의 '권위적 행동'에 분개했기 때문이다. 예비역 장교들은 젊은 민간인 지원자들과 훨씬 더 관계가 좋았다.[79]

그때부터 미군 장교의 근무평정표에는 평가받는 장교가 "민간인을 대상으로 한 업무 수행에 적합한가"라는 항목이 포함되었다.[80] 시민보호단 프로그램은 "전체적으로 육군에 유익한 효과"를 가져왔던 것 같다.[81] 시민보호단 캠프에서 민간인을 잘 이끈 장교들은 종종 주방위군National Guard 소속 부대들에 파견되어 병사들을 교육했고, 그들의 능력을 필요로 하는 곳이 많았기 때문에 정규군 부대로 돌아오기가 쉽지 않았다.[82]

누군가 마셜에 대해 이렇게 언급했다. "그는 보통의 육군 장교들이 〔…〕 소유하지 못한, 민간인과 교감하는 능력을 갖고 있다. 〔…〕 그는 민간인들에게 일부러 적응하고자 노력할 필요가 없었다. 민간인들은 마셜을 둘러싼 주변 환경의 자연스런 일부분이었기 때문이다. 내 생각에 그는 민간인과 군인을 사회라는 하나의 전체를 이루는 일부분이라고 인식했던 것 같다."[83] 민간인과 소통하는 능력을 기준으로 장교를 발탁했다는 것은 대부분의 미군 장교들이 그런 기술을 갖추지 못했음을 보여 준다. 장차 시민으로 구성된 징병군대의 교관이 되어야 할 이들에게 이는 심각한 결격 사유가 될 수 있었다.

그렇다면 이렇게 질문할 수 있다. 미군의 선발, 진급과 특히 학교 교육제도에 그렇게 결함이 많았음에도 불구하고 부하를 이끄는 방법을 터득하고 위대한 승리를 달성한, 대담하고 유능하고 공격성을 겸비한 지휘관들은 어떻게 존재할 수 있었을까? 마셜의 평전을 쓴 포레스트 포그Forrest Pogue가 그 해답의 일부를 제시했다. "과거의 장교는 스스로 훈련해야 했다. 그리고 이를 위해 자신에 대한 신념, 무언가를 알고자 하는 강렬한 욕구, 스스로 성장하는 능력, 자기수양의 특성, 자신이 선택한 분야에서 최고가 되겠다는 강한 충동이 필요했다."[84] 이런 특성들 중 많은 것들이 군사교육보다는 견실한 성장 과정에서 비롯되었다. '성장에 대한 강한 욕구'는 열성적인 독서 습관readership에서 드러난다. 미군이 제공한 평범한 교육에 의존하기보다 "탁월하고 유능한 장교들은 그들 나름의 전문 군사교육 방법을 찾아냈다."[85] 뛰어난 장교들은 주제에 상관없이 엄청난 양의 도서를 섭렵했고 특히 군사사 서적을 탐독했는데, 이는 모든 장교에게 절대적으로 필요하지만 전문 군사교육 과정에서 경시되던 것이다. 그들의 도서 주문 목록, 장서 목록, 서신에서 보이는 다양한 서적에 대한 토론 내용, 현존하는 그들의 장서들을 통해 훌륭한 장교의 자질과 열성적인 독서 습관 간에 밀접한 관계가 있음을 알 수 있다. 대표적 사례로 월터 크루거Walter Krueger, 매슈 B. 리지웨이, 루시언 K. 트러스콧Lucian K. Truscott, 조지 C. 마셜, 조 로턴 콜린스, 드와이트 D. 아이젠하워와 조지 패튼이 쓴 문서와 이들의 평전에 그 증거가 담겨 있다.

그렇다면 이런 질문이 제기될 수밖에 없다. 독일군의 장교 교육이 훌륭한 '인성'과 의사 표현 능력을 가진 사람을 선발하는 데 크게 성공했고 독일군에 해악을 초래하거나 옳지 않은 불법적 명령에 복종하지 않는 전통이 있었다면, 어떻게 인종말살 전쟁을 벌인 나치 체제에 그렇게 대대적으로 협력하고 그것을 지원할 수 있었단 말인가?

오늘날 학계에서 제기한 것보다 더 무거운 책임이 독일군 장교단에 있다는 것이 그 대답이다.[86] 초급 장교들은 전장 상황이 끊임없이 변하며 모든 전쟁은 새로운 수단으로 싸워야 하는 새로운 전쟁이라고 배웠고, 특정한 행동의 한계가 정해진 민주 사회에서 성장하지 않았기에 동부전선에서 야만적인 전투 양상을 초래한 명령들을 훨씬 더 쉽게 받아들였을 것이다. 특히 이러한 명령들이 고위급 장교들에 의해 작성되고 묵인되고 승인되었을 때 더욱 그러했다. 그래서 그 책임은 국방군의 수많은 고위급 장교들에게 있는 것이다. 이 연구를 통해 모든 독일군 장교에게 선택권이 있었고, 다른 나라의 장교들보다 훨씬 더 많은 선택권이 있었다는 사실을 명확히 지적하고자 한다. 독일군에는 수세기 동안 불복종과 상급자에게 자신의 의사를 분명히 표현하는 전통이 존재했을 뿐만 아니라 군사학교에서도 이를 가르쳤다.

독재자의 범죄 정책에 동조한 이들은 최고위급 장교들이었으며, 이들의 개인적 목적은 여러 측면에서 히틀러의 그것과 정확히 일치했다. 그중 주범이라 할 만한 인물은 전쟁부 장관 베르너 폰 블롬베르크Werner von Blomberg 원수, 육군 총사령관 베르너 프라이헤르 폰 프리치Werner Freiherr von Fritsch 상급대장, 그의 후임 발터 폰 브라우히치Walter von Brauchitsch 상급대장이다. 이들은 독일군 장교가 지향해야 할 모습에 관한 명백한 제언들을 섬뜩하고 거의 종교에 가까운, 왜곡된 내용이 담긴 충성맹세 선언으로 바꾸어 놓은 최초의 인물들이었다.[87] 그 선언들은 장교에 대한 지침이라기보다 흡사 종교적 신조와 같았다. 상식보다 나치 체제에 대한 믿음이 우선시되었다. 다소 기술관료적 성향을 지닌 문화에 극단적 이념이 주입된 것이 독일군 장교단이 몰락한 이유 중 하나였다.[88] 고위급 장교들의 전례는 대단히 성공적이었다. 1939~1945년에 젊은 장교후보생 중 40퍼센트 이상이 나치당원이었다.[89]

상급대장과 원수 계급의 고위급 장교들은 아돌프 히틀러가 준 봉급의 두 배에 달하는 추가 수당을 흔쾌히 받아 챙겼는데 이는 누가 보더라도 틀림없는 '뇌물'이었다.[90] 하지만 그들은 추가 수당이 중세 시대 기사나 프리드리히 대왕 시대의 귀족처럼 자신들의 탁월한 업무 능력에 대한 정당한 보상이라고 생각했다. 그러나 그들의 선배들은 독재자의 비밀금고가 아니라 국가 재정에서 나온 포상금을 받았다. 다시 한 번 독일군 고위급 장교들은 스스로 '선택적 현실'에 탐닉하는 모습을 보였다.[91]

사상적 혼란 외에 군 내부에서 자초한 난제도 있었다. 히틀러가 야전지휘관들에게서 임무형 전술로 지휘하는 전통적 권한을 빼앗아야겠다고 생각하기 훨씬 전에 그것을 실행한 사람은 바로 총참모장 프란츠 할더 상급대장이었다. 독재자가 장교들의 행동의 자유를 빼앗는다고 가장 많이 불평했던 할더였지만 이 경우는 그가 히틀러에게 방책을 알려 준 본보기가 된 셈이다.

국방군이 패배한 또 다른 주요 원인은 장교단의 끝없는 오만함이다. 한 국가에서 오랫동안 가장 유명하고 저명한 조직이자 자국민과 외국의 관찰자들에게 흠모의 대상이 된 장교단이 오점을 남겼다. "대부분의 독일군 장군들이 적군의 규모와 전투 능력을 과소평가하는 고질적 경향"을 초래한 것이다.[92]

국방군 고위급 장교들의 이 모든 엄청난 결함 때문에 2차 세계대전 시 독일군 장교들이 보여준 지휘, 전술과 리더십 측면의 우수성은 빛을 잃고 말았다. 이러한 사실은 독일군이 전술적 수준에서 매우 탁월한 군대였음에도 불구하고 전쟁에서 승리할 수 없었던 이유를 설명해 준다.

이제 바이마르공화국군 장교단을 학술적으로 재평가해 보자. 학계에서는 여전히 과거 독일군 장교들의 진술을 되풀이하고 있는데, 즉 베르사유 조약에 따라 〔새로이 출범한〕 바이마르공화국군의 장교 수가 4,000명으로 감축되어 '최고 중의 최고'만이 장교단에 들어갈 수 있었다는 것이다.[93] 하지만 이에 대한 역사적 증거는 전혀 없다. 구체적으로, 제2차 세계대전 당시 최고위급 장교들의 업무 수행 상태는 그러한 성공적인 선발 절차와 상충했다. 한스 폰 젝트 상급대장의 새로운 선발 기준은 150년에 걸친 독일군 장교단의 진화를 중단시켰다. 바이마르공화국군 출범 이전부터 평민 계층의 지속적 증가와 더불어 과거에 장교가 될 수 없었던 사회계급 출신 장교 수가 꾸준히 늘어났다.[94] 그들은 조상이 자손의 군사적 능력을 결정하지 않음을 증명했다. 역사적으로도 대부분의 프로이센 부대를 지휘한 이들은 실전을 경험한 장교들이었다.

젝트의 선발 제도는 이 같은 자연스런 진화에 역행하는 것이었고 총참모부 출신 장교뿐만 아니라 귀족 및 과거 장교가 될 자격이 있는 계층 출신 장교의 비율을 극적으로 증가시켰다. 심지어 상당수의 장교들은 역사적으로 장교 능력 개발에 필요한 개인의 리더십을 입증하는 이정표로 간주된 연대장을 경험한 적이 없었다.[95] 이런 장교들이 국방군의 최고위직에 올랐으며, 이들이 히틀러의 범죄 정책에 동조했다. 제1차 세계대전 때에는 대개 실전을 경험한 지휘관들이 대부대 지휘관이 된 반면, 제2차 세계대전 때는 실전 경험이 별로 없고 실제로 일반 병사가 겪는 일을 잘 모르는 참모장교 출신이 대부대 지휘관이 되곤 했다.

극소수의 롬멜 같은 장교들도 선발되었지만, 소규모로 축소된 바이마르공화국군 장교단은 수백 년간 대대로 프로이센 또는 독일 군대에서 복무해 왔고, 민간 직업을 가진다는 것은 도저히 상상할 수 없는 폰 베델von Wedel, 폰 슈튈프나겔von Stülpnagel, 폰 만슈타인von Manstein 가문의 후손들로 채워졌다. 따라서, 향후 학술 연구를 통해 다른 결과가 나올 수도 있겠지만, 필자의 가설은 바이마르공화국군 장교단이 진정 탁월한 능력보다는 인맥, 가문, 같은 연대 출신 등의 연줄을 통해 선발되는 경우가 많았다는 것이다.[96] 각 인물들을 연구한 결과들은 국방군의 많은 야전군, 집단군 사령관들이 충분한 전투 경험이 부족해 전선에 있는 병사들의 고통을 이해할 수 없었음을 보여 준다.[97]

국방군 장교단의 강점은 소대에서 군단에 이르기까지 모든 부대를 지휘한 장교들의 창의성, 리더십 능력, 전술적 지략이었다. 그들은 혁신적이고 독창적으로 사고하는 방법을 익혔으며, 필요하면 교리를 무시하고 언제든 적을 기습하고, 전쟁의 혼란 속에서 살아남아야 한다고 배웠다. 그런 혼란을 기꺼이 받아들이고, '학교 측 모범답안'이나 이미 정해진 교리로 혼란을 수습하기보다 적군을 향해 그 혼란을 이용하라고 교육받았다. 독일군 장교들은 부하

지휘관들이 상부의 구체적 지시 없이도 명령을 수행할 수 있다는 믿음을 바탕으로 한 임무형 전술에 따라 단시간 내에 전술적 숙고를 마친 후 즉시 구두명령을 하달할 수 있었다. 그들은 전투 상황을 직접 확인하기 위해 예하부대와 함께 최전선으로 나아갔고 필요하면 —소위부터 소장까지— 전투에 참가했다. 이러한 능력이야말로 그렇게 오랫동안 완강히 저항하면서 상대편에게 엄청난 피해를 입히고 전 유럽을 공포에 떨게 한 독일군 장교단의 힘이었다. 하지만 그 능력이 독일군 장교들의 한계이기도 했다. 아무리 날카로운 발톱이 있더라도 그것을 조종하는 두뇌가 없다면 무용지물이다. 우수한 전략적 지도부가 없다면 수많은 전투에서는 승리할 수 있지만 전쟁에서는 승리할 수 없다.

군단급 이상 그리고 대부대급 참모부에서는 그러한 탁월함이 더 이상 거의 발휘되지 못했다. 실제로 동부전선의 상황이 최악으로 치달은 후 독일군 총사령관과 집단군 사령관들은 '총통'이 군사적 지시를 내려 주기만을 절박하게 기다렸다. 이런 관점에서 보면 미군의 최고위급 선발 방식에 못지않게 독일군의 최고위급 장교—대장, 상급대장, 원수— 선발 방식에 결함이 있었다는 사실을 알 수 있다. 현재 미군 장성들에 관한 최근 논문들의 내용은 역사적 관점에서 보았을 때 타당해 보인다.[98] 장군으로 진급하려면 기회주의적 처신, 당대 지도부에 잘 순응하는 능력, 적절한 연줄이 중요했다. 이런 상황은 제2차 세계대전 시 미군뿐만 아니라 독일 국방군에서도 사실이었던 것 같다.

전반적으로 미군의 교육체계, 특히 지휘참모대학의 교육제도가 매우 비약적으로 발전한 것은 사실이지만, 독일군 장교 교육에서 중요하고 유익한 교훈을 잘못 이해했거나 무지 또는 문화적 이유로 인해 받아들이지 못했다. 선발 절차가 엄정하지 않고 '소령을 낙오시키지 않는다no major left behind'(부시 행정부가 2002년 도입한 아동낙오방지법No Child Left Behind Act을 희화화한 표현이다. 이 법은 최소 기준만 강조하고 수월성을 희생했다고 비판받았다. 미 육군은 본인의 희망에 관계없이 모든 소령을 지휘참모대학에 입교시켰다. —옮긴이)는 동역학動力學이 지배하는 문화에서는 제대로 된 장교를 양성하기가 어려울 것이다.[99] 에어

컨이 설비된 도하Doha의 벙커에 앉아 있는 고위급 사령관은 첨단 컴퓨터, 인공위성, 우군 위치추적 시스템Blue Force Tracker과 카메라를 장착한 무인항공기 덕분에 바그다드로 향하는 도로 또는 팔루자의 거리에서 벌어지는 일을 파악할 수 있다고 생각할 수 있다. 하지만 전혀 그렇지 않다. 어깨에 달린 별 개수에 상관없이 지휘관의 현장 지휘는 견실한 의사결정에 반드시 필요하다. 제1차 세계대전 때 어느 미군 연대장은 "지휘관에게 자신의 두 눈을 대신할 만한 것은 아무것도 없다."[100]라고 말한 바 있다.

이런 측면에서 이라크 자유작전Operation Iraqi Freedom을 살펴보자. 이 사례는 미군이 많은 것을 학습했으나 여전히 중요한 부분에 결함이 있음을 보여준다. 아직도 굼뜬 장교들이 특히 최고위급에 존재했다. 제2차 세계대전 때와 마찬가지로 "야전에서는 부대원과 함께하기보다 책상 앞에 앉아 있는 장군이 너무 많다고 느끼고 있다."[101] 그런 장교들이, 특히 장군들이 많다는 것은 마찰이 더 많이 발생하고 지휘계통이 번거롭고 복잡하다는 것을 의미한다. 그러나 독일군이 수없이 증명했듯 전쟁에서 신속한 결심은 필수적이다. 이라크에서 작전을 수행할 때 미군 여단장은 사단장에게 승인을 받고, 사단장은 통상 쿠웨이트에 있는 군단장에게 물어보고, 군단장이 다시 다국적 지상구성군 사령관Coalition Forces Land Component Commander, CFLCC에게 물어보면 다국적 지상구성군 사령관은 통상 도하에 있는 전구사령관Theater Commander에게 승인을 받아야 했다. 미군에는 20년 이상의 경험을 지닌 장교가 자신의 여단을 독립적으로 지휘하는 것을 신뢰하지 않는 분위기가 존재한다. 이러한 불신은 역사적·문화적 문제로서, 미군 장교단이 문민통제에 저항 비슷한 행위를 단 한 번도 해본 적이 없음에도 불구하고 미군에는 불신이 만연해 있다.

제3보병사단장 뷰퍼드 C. 블런트 3세Buford C. Blount Ⅲ 소장은 몰락을 눈앞에 둔 사담 후세인이 지배하는 바그다드 전방의 교착 상태를 타개하는 계획을 수립했다. 그때까지 아무도 사담 후세인의 몰락이 눈앞에 있다는 사실을 몰랐다. 당시 미군이 수립한 최후의 심판일의 시나리오는 미군이 보유한 우세한 과학기술과 화력을 포기하는 큰 희생을 감수해야 하는 시가전이었다. 우세한 기술과 화력은 제1차 세계대전 이래로 미국 군사사상의 주된 부분이었다.[102]

그러나 블런트는 미군의 교리와 제5군단의 계획에 반하는, 기갑부대를 운용한 강습 계획을 수립했다. 제5군단의 계획은 전장과 멀리 떨어진 쿠웨이트에서 수립된 것으로, 제1차 세계대전 때 '마른의 바위Rock of the Marne'라는 명예로운 애칭을 얻은 최정예 사단의 지휘관이 보기에 너무나 소심한 계획이었다. 제2 '스파르탄Spartan' 여단 예하의 로그Rogue(무뢰한—옮긴이) 대대가 1차 강습작전—작전명 '선더런Thunder Run'— 임무를 맡았다. 작전 목적은 바그다드시의 4차선 고속도로들이 교차하는 지형을 확보하여 적을 기습하고 방어조직의 균형을 와해하는 것이었다. 제5군단은 제3사단이 확보한 두 지점 간의 보급로를 개방해야 한다는 이유로 이 계획을 승인했다.[103]

스파르탄 여단장 데이비드 퍼킨스David Perkins 대령이 로그 대대장 에릭 슈워츠Eric Schwartz 중령에게 바그다드 시내를 공격하라는 명령을 하달하자 깜짝 놀란 대대장의 대답은 다음과 같았다. "이런 제기랄, 제정신입니까, … 여단장님?Are you fucking crazy … Sir?"[104] 미군 장교가 자신의 생각을 상관에게 거침없이 말하는 것은 매우 드문 사례라고 할 수 있지만 이는 갑작스런 공포심 때문에 나온 발언이었을 것이다. 또한 대단히 많은 미군 장교들에게 대담하고 결정적인 공격이 얼마나 드문 일이었는지를 보여 준다.

퍼킨스 대령은 대대장이 주저하고 있음을 인지하고 즉석에서 그와 동행하기로 결심했다. 선더런 작전 중이던 2003년 4월 5일에 적들이 매우 근접한 거리까지 다가오자 그는 "여단장이 적을 향해 9밀리미터 권총을 쏴야 하는 상황이 발생한다면 참으로 큰일이다."[105]라고 생각했다. 적들이 미군 공격부대 앞에 나타나자 로그 대대 작전과장 마이클 도노번Michael Donovan 소령의 뇌리에도 비슷한 생각이 스쳐 지나갔다. "젠장! 대대 작전과장이 소총을 들고 직접 적을 쏴야 한다니!"[106] 두 장교 모두 엄청난 용기를 보여 줬지만, 최전선에서 지휘하는 것이 특정 계급의 미군 장교들에게 정상적이지 않은 행동인 것만은 분명하다.

1차 선더런 작전에 대한 평가는 엇갈렸다. '마른의 바위' 사단의 지휘관들은 1차 선더런 작전이 대성공했다고 평가했지만 도하나 쿠웨이트 등 전선에서 멀리 떨어진 곳에 있던 고위급 지휘관들, 미군 최고 수뇌부와 언론은 성공을 거두었다고 확신하지 못했다. 블런트와 퍼킨스는 이에 굴하지 않고 스파르탄 여단 전체를 바그다드 시가지로 투입하는 대규모 기갑부대 강습작전을 계획했다. 이번에는 바그다드 중심에 부대를 주둔시키려 했다(1차 선더런 작전은 바그다드로 진입해 습격한 후 이탈하는 작전—옮긴이). 그러자면 먼저 제5군단에 이 작전의 타당성을 납득시켜야 했는데 이것이 가장 어려운 부분이었다. 정확히 60년 전 제2차 세계대전 때와 마찬가지로 한 명의 미군 지휘관이 "모든 상관의 반대에도 불구하고"[107] 공세행동을 취하기 위해 투쟁해야 했다. 미군이 가장 선호한 문화적 방식대로 제5군단은 무인항공기의 카메라를 통해 선더런 작전을 지켜보았고 무슨 일이 발생했는지 알고 있다고 생각했다.[108] 무인항공기 운용 측면에도 문제가 있었다. 상급부대 참모들이 이라크 전투 상황을 파악한다는 명목으로 무인항공기를 걸핏하면 사용했기 때문에 막상 전투부대가 운용하려면 무인항공기가 항상 부족했다.

블런트가 대규모 기갑부대 강습작전과 바그다드 중심부 일부를 확보하는 계획을 5군단에 보고하자 그 자리에서 반대의 목소리가 터져 나왔다. 최전선에 있었으며 30년 이상 군 생활을 한 지휘관의 건의였지만 5군단은 너무 위험한 작전이라고 판단했다. 이에 2차 선더런 작전은 기갑수색작전 정도로 축소되었다. 결국 사단장은 제5군단의 명령에 어쩔 수 없이 동의했지만 여단장은 그 명령을 잘 못 알아들은 척하고 원래의 계획대로 밀어붙였다. 진정한 프로이센 방식이었다.[109]

4월 7일, 전체 스파르탄 여단이 갑자기 바그다드 시내로 진입하자 GPS로 주요 부대들의 위치를 추적해 디지털 지도에 청색으로 표시하는 우군 위치추적 시스템으로 사태를 지켜보던 제5군단은 경악을 금치 못했다. 시스템을 관리하는 대위와 민간 업체 기술자가 데이터 오류 여부를 두고 논쟁을 벌이기까지 했다.[110] 제5군단 참모부 인원 중 그 누구도 전선에 없었으므로 사실을 확인할 방법이 없었다. 제5군단의 최선두 부대는 '강습지휘소'가 설치된 어느 공항에서 휴식 중이었고 그들이 무엇을 목표로 강습하려 했는지는 고위급 참모부 외에 아무도 설명할 수 없는 미스터리이다.[111] 스파르탄 여단이 목표 지점인 시가지를 확보했다는 사단장의 확인 보고가 군단에 전달되자 그들은 퍼킨스가 그곳에 주둔하는 데 동의했는데, 이번에는 그가 공세적이었던 블런트를 설득하는 데 어려움을 겪었다. 부대를 철수시켰다면 대언론 차원에서 참사를 초래할 뻔했다. 얼마 후 블런트는 자신의 부대가 확보한 지역, 스파르탄 여단의 최선두가 위치한 바그다드 시내로 향했다.[112] 공격 당일에 이미 이라크의 저항의 중심부를 무너뜨렸다는 것은 분명했다. 그날 이후 며칠간 상당히 치열한 교전이 벌어졌지만 곧 후세인 정권은 완전히 무너졌다.

이 에피소드는 제2차 세계대전 때부터 아주 조금씩 진화해 온 지휘 문화를 보여 준다. 오늘날 미군 장교들의 과학기술 지식 수준은 선배 장교들보다 월등히 우수하지만 리더십 능력은 그렇지 못하다. 제3보병사단의 일부 공격적인 장교들 같은 예외가 있기는 하다. 제2차 선더런 작전에 돌입하기 전에 퍼킨스는 부하들에게 자신이 결정할 사안과 부하들이 결정할 수 있는 사안에 대한 지침을 하달했다. 이 정도가 미군이 임무형 전술에 가장 근접한 사례라고 할 수 있는데, 이것은 퍼킨스가 예외적으로 훌륭한 장교였기 때문이다. 지휘 철학 가운데 가장 효과적이고 민주적인 것이 등장한 지 120년이나 지났지만 전 세계에서 가장 민주적인 군대조차도 지금까지 이것을 연구하기만 했을 뿐, 아직도 제대로 이해하지도 적용하지도 못하고 있다.[113]

게다가 미군에는 여전히 "포탄이 작렬하는 전장 한가운데로 거리낌 없이 나서는" 고위급 장교가 부족하다.[114] 많은 이들이 할 수는 있겠지만 군사교육에서 진두지휘를 확실히 강조하지 않기 때문에 여전히 진두지휘가 낯설게 여겨지고 있다.

더욱이 최근 수년간 미군이 대폭 감축되었지만 장교 선발 과정은 그다지 완벽하지 않은 듯하다. 최근 전쟁에서의 목격자 진술과 작전 분석 문건들을 살펴보면 너무나 많은 장교들이 무능력하거나 심지어 부적격하다는 사실이 드러난다. '야전부대 근무 기간이 너무 길다'는 이유로 진급하지 못하는 장교들이 생겨나고 육군 지휘부가 손실방지정책stop-loss policy(본인의 의사와 관계없이 현역 장병들의 전역일을 연장, 보류하는 제도. 예를 들어 복무 중인 병사의 부대가 해외파병이 예정된 경우 전역일이 파병 이후로 자동 연장되고, 파병 복귀(전쟁 종식) 이후에도 6개월간 추가로 복무한 후에 전역한다. 베트남전 이후 전쟁 등의 국가재난 시 대통령의 동원령에 충분한 병력 확보가 제한될 것을 우려하여 1984년 미 의회 승인에 따라 도입된 제도이다. 1991년 걸프전 이후 최초로 이 정책을 적용했고 2003년 이라크 전쟁 시에도 적용했다. 미 의회보고서 stop-loss policy 참조. ―옮긴이)을 전력을 다해 거부하지 않고 오히려 지지하는 양상을 볼 때 선발과 진급 제도에 문제가 있다는 사실은 분명하다.

미군에서는 여전히 상식과 창의성보다 교리가 군림하고 있다.[115] 한 연구자가 지적했듯이 "미군 장교들은 교리를 신조로 여기며," 이런 태도는 지금까지도 만연해 있다.[116] 미군이 지나치게 교리에 의존하여 초래된 결과는 오로지 퇴보뿐이었는데, 전장의 새로운 발전 양상이 이에 대항하여 교리가 만들어지는 속도보다 항상 더 빠르기 때문이다. 제1차 세계대전 때 그러했고, 제2차 세계대전과 베트남 전쟁, 이라크 전쟁, 그리고 오늘날 테러와의 전쟁의 경우에도 마찬가지였다. 장교들은 새로운 전쟁을 준비하고자 했지만 "자원과 교리는 과거에 깊이 뿌리 내린 상태였던 것이다."[117]

지휘관들이 교리에 위배되는 대담하고 공세적인 행동을 제안할 때 상관들의 반대에 부닥쳐 좌절감을 맛보곤 하는데, 이는 모든 계급에서 현실로 나타나고 있다. '학교 측 모범답안'과 장차전 양상에 대한 컴퓨터 분석은 그 설정이 전쟁만 아니라면 코미디를 방불케 한다. 제5군단장 스콧 월리스Scott Wallace 중장은 『뉴욕타임스*New York Times*』와 『워싱턴포스트*Washington Post*』 기자들에게 이렇게 말했다. "지금 싸우는 적들은 우리가 워게임에서 상대한 적들과는 다릅니다."[118] 적과 마주치는 순간 모든 계획이 휴지조각이 된다는, 오래전 대몰트케의 격언을 완전히 망각한 월리스는 준군사조직의 저항에 부딪히자 크게 당황했고, 이에 일찌감치 제4보병사단이 전개할 때까지 몇 주간 기다렸다가 공격작전을 시행해야 한다고 주장했다.[119]

오늘날 테러와의 전쟁에서 미군에게 필요한 가장 강력하고 치명적인 무기는 최신 컴퓨터 시스템도, 최첨단의 무인항공기나 스마트 포탄도 아니다. 군사사에 해박하며 엄선되고 공격적인, 자신만의 작전을 수행하기 위해 상급자에게 신임받는, 그리고 총탄이 빗발치는 곳이라면 어디든 달려가 작전을 직접 지휘하는 대대장 또는 여단장이 필요하다.

이 책 곳곳에서 우리와 함께한 매슈 B. 리지웨이가 한 유명한 말로 이 책을 끝맺으려 한다. 1944년 12월, 벌지 전투 당시 독일군 선봉부대의 공격에 미군 부대들이 혼비백산해서 전선을 이탈할 때 부대를 지휘하던 리지웨이가 한 말이다. 10년 또는 20년 전 독일군 전쟁학교의 교관들도 이와 똑같이 말했을 것이다.

> 그 후 나는 리더십에 관해 조금 이야기했다. 나는 부하들에게 전투 시에 우리 부대 일부 지휘관들의 행동에 대해 내가 들은 이야기를 만일 무덤 속에서 우리의 아득한 선배 군인들이 접한다면 아마 화를 내며 돌아누울 것이라고 말했다. 지휘관이 해야 할 과업은 중대한 상황이 발생한 곳으로 달려가 진두지휘하는 것이다. 전투 시 나는 사단장이 선두 대대와 함께 있기를, 군단장이 가장 치열한 전투를 치르고 있는 연대와 함께 있기를 바란다. 만일 행정 업무가 있다면 야간에 해야 한다. 주간에 그들이 있어야 할 곳은 전투가 벌어지고 있는 곳이다.
>
> 나는 부하들에게 지금 이곳에 미국의 힘과 위신이 걸려 있다고, 우리가 패배

를 면하려면 용감하게 총을 들어야 한다고 말했다. 그들은 이내 총을 잡았다. 나머지는 장병들에게 달려 있었다. 그들의 성품, 군인으로서의 능력, 냉정함, 판단력, 그리고 용기에 달려 있었다.[120]

지은이 후기[1]

이 책에서는 1901년부터 제2차 세계대전이 종결된 시점까지의 기간을 중점적으로 다루었다. 하지만 내가 미 육군—특히 장교단—의 전반적인 역사를 공부했기 때문에 가까운 과거 또는 현재 미군의 모습까지 확장할 수밖에 없었다.

이 책은 2010년 유타 대학교에서 통과한 박사 학위 논문을 토대로 작성되었다. 논문의 구술문답 과정에서 세계가 주목하는 두 군대의 장교단을 다루는 역사적 기술을 친선 축구 경기의 기사처럼 집필하는 것이 어떻겠냐는 의견이 있었다. 두 팀 모두 몇 골씩 득점을 올리고 어느 쪽도 나쁘게 보이지 않는 내용으로 말이다. 그러나 그것은 내 연구 내용과 맞지 않았다. 과거 미군의 장교 교육제도가 좋지 않아 보였기 때문이다. 이것은 나만의 해석이지만 여러 가지 사실들로 명확히 입증된다. 미군 내부에 존재하는 수많은 '성스러운 소sacred cows'(지나치게 신성시되어 비판이나 의심이 허용되지 않는 관습이나 제도 등을 가리키는 관용구—옮긴이) 때문에 이런 글을 쓰는 것도 어쩌면 내가 외국인이기 때문에 가능한 일일지도 모른다.

내가 독일인이라서 독일군에 대해 편향적인 생각을 갖고 있다고 말하는 이들도 있지만 이것은 내가 과거부터 현재까지 평생 동안 미군에 애정을 갖고 있다는 점을 완전히 간과한 평가이다. 나 또한 미군에 큰 빚을 졌다. 내가 동쪽의 동포들처럼 억압적인 체제가 아닌 서독의 자유로운 환경에서 성장한 것은 미군 덕분이었다.

내가 자란 작은 마을에서는 1년에 두 번, 대부분의 독일 주민들에게는 몹시 불쾌했지만 내게는 대단히 즐거웠던 대규모 기동훈련이 열렸다. 외국에 주둔하는 부대들 중 역대 가장 좋은 기록을 세운 미군 병사들은 자신들에게 열광하는 독일인 꼬마와 항상 대화해 주었고 그곳에 산적한 많은 문제들에 대해 누군가 귀 기울여 주는 것을 고마워했다. 그중 하나는 독일인들이 미군의 주둔을 달갑지 않게 여긴다는 것이었다. 그것은 슬픈 현실이었다. 독일인들은 보호를 원했지만 번거로운 상황은 원하지 않았다.

어느 미군 병사는 군사 장비에 남달리 호기심이 큰 독일인 꼬마에게 모든 장비를 다루게 해주었는데, 장비들을 만져도 된다고 허락받은 나는 멋진 M1911 콜트 권총부터 M60 전차, 벨 코브라 공격헬기를 실제로 조작해 보았다. 병사들은 나를 깊이 신뢰했고 나는 절대 그 믿음을 저버리지 않았다. 코브라 헬기의 한 조종사는 내 허리를 잡고 번쩍 들어 올려 헬기 사수석에 앉히고서는 커다란 다홍색 손잡이, 즉 비상용 캐노피 사출 레버를 가리키며 "이것만 건드리지 않으면 돼."라고 말했다. 무수히 많은 레버와 스위치, 버튼을 누르며 즐긴 —물론 다홍색 스위치에는 손대지 않았다.— 한 시간 동안 나는 천국에 있는 듯한 기분이었다.

어느 날에는 언덕 위에 설치된 대공미사일 탑재 궤도차량 채퍼랠Chaparral AA의 위장망 안에서 성냥개비로 게임을 하는 드로 포커Draw poker를 배웠다. 내가 모든 미군 장비의 제원을 꿰고 있음을 잘 아는 병사들은 나를 끌어들여 동료들과 내기를 하곤 했다. "이봐 조! 이 독일 꼬마가 M60 전차 주포의 포구 속도를 안다는 데 2달러를 건다." 이 말에 다른 동료들이 못 믿겠다는 듯 비아냥거리면 나는 곧바로 정확한 데이터를 줄줄 쏟아냈다. 미군들은 귀청이 떨어질 정도로 크게 웃으며 탄성을 내질렀고, 2달러는 주인에게 돌아갔다.

밤이 되면 나는 미군 병사들이 탐내는 리허 맥주(헤센Hessen주의 유명한 맥주 브랜드—옮긴이)와 독일 남자아이들이 가장 갖고 싶어 하는 미군 전투식량을 맞바꾸기 위해 헤센주의 숲속에 설치된 많은 미군 숙영지 중 불이 켜진 곳으로 기어들어갔다. 내가 어릴 적, 세상이 글로벌화되기 전에는 미제 땅콩버터, 커피, 초콜릿을 구하기도 무척 어려웠고, 전투식량은 식료품과 교환할 수 있는 놀라운 물건이었다. 나는 가난한 가정의 아이였지만 보통 전투식량을 다른 물건과 교환하지 않고 모두 먹어 버렸다. 맛이 기가 막혔기 때문이다.

진귀한 물건을 얻고 싶어서 그랬지만, 병사들에게 맥주를 제공하는 행위는 엄격하게 금지되었기 때문에 내 행동은 참으로 위험한 짓이었다. 한 친구는 어느 장교에게 붙잡혀서 맥주를 압수당하고 엉덩이를 맞은 적도 있었다. 친구들과 달리 나는 군복에 부착된 계급장을 구별할 수 있었지만 계급의 높고 낮음 정도만 알았고, 부사관들이 거래하기에 안전하며 밤에는 장교가 있는 곳을 멀리 돌아서 기어가야 한다는 점을 알고 있었다. 물론 맥주를 교환할 때만 그랬다.

미 육군과 나의 관계는 끊으려야 끊을 수가 없는데, 처음에는 열정적인 아마추어로, 나중에는 전문 역사가로서 지금까지 미군을 연구하고 있기 때문이다. 독일 대학의 군사학계에서는 미군에 관한 자료를 찾기가 매우 어렵다. 그래서 전적지를 답사하고 군사시설을 방문하기 위해 미국을 직접 찾았고, 현재까지 수많은 장교—계급을 막론한 예비역, 현역—들과 오랜 친구 사이가 되었다.

2005년에는 웨스트포인트가 주최하는 하계 군사사 세미나 참가자로 선발되는 영광을 누렸다. 나는 최고의 환대를 받았고 놀랍고 잊지 못할 시간을 보냈다. 또한 미국육군사관학교를 직접 둘러볼 기회를 가졌다. 내 책에서 다룬 시대와는 비교할 수 없을 만큼 —적어도 역사적으로— 교육체계가 괄목할 만한 발전을 이룬 것만은 분명했다. 6주 동안 그곳에 체류하면서 만난 교사들 중 나쁜 교사는 단 한 명도 보지 못했고 꽤 많은 이들이 훌륭했으며 몇몇 강사는 능력이 출중했다. 무엇보다 중요한 사실은 그들 모두가 매우 헌신적이고 의욕이 넘쳤다는 점이다.

그러나 또 다른 점들도 많이 관찰할 수 있었다. 그중 하나가 리더십 훈련 측면에서 —부드럽게 표현하자면— 아직도 발전되어야 할 부분이 많다는 것이었는데, 특히 1학년 생도에 대한 대우 부분이다.

내가 멋진 경험을 하게끔 초대해 준 웨스트포인트의 군사사학처 관계자들에게 감사드리며, 그런 감사함 때문에라도 내가 '겉만 요란한 선전'을 기술하면 안 된다는 점을 잘 알고 있다.

웨스트포인트는 언제나 미군에게 성스러운 소, 즉 비난할 수 없는 우상과 같은 존재였고 이런 분위기는 그들에게 아무런 도움이 되지 못했다. 장교는 군대의 필수적이고 매우 중요한 구성요소로서 그들을 선발하고 교육하는 모든 전통과 관습은 가끔씩 시험대에 올라야 하며, 그 시스템이 최상이 아니거나 문제가 있다면 개선되어야 한다. 웨스트포인트의 졸업생들은 중세 시대로 퇴보하지 않고 끊임없는 변화를 이끌어야 한다. 모든 범주의 전쟁을 수행하기 위해 미군은 최첨단 기계장치뿐만 아니라 탁월한 인재가 필요하다는 점을 다시 한 번 깨달아야 한다.[2]

웨스트포인트는 아주 멋진 곳이며 미 육군 장교 양성의 요람으로 존속할 필요가 있다. 학문적 교육 면에서는 견실해 보이나 생도 훈련 측면에서는 재평가해야 할 부분이 있다.

나는 거의 20년 가까이 몇몇 스포츠 부문의 지도자로 근무하면서, 토너먼트 시합이 끝난 후 심리적 격려를 이유로 학생들의 실수를 그냥 지나친 적이 없다. 학생들 모두는 내게 매우 소중한 존재였지만 그들이 최선을 다하지 않거나 우수한 성적을 못 냈을 때 정말 잘했다고 등을 토닥거리며 격려하는 행동은 그들에게 전혀 도움이 되지 않았다. 내가 좋아하는 미 육군도 마찬가지다. 만일 내가 장밋빛 렌즈의 안경을 쓰고 사물을 바라보며 문제점을 호도한다면 그것은 빚을 갚지 않는 것과 같다. 역사학은 본질적으로 냉혹한 학문이다.

오늘날의 기본적인 미군 병사—그런 이들이 존재한다면—는 내가 어릴 적에 본 병사들과 비교해 달라진 점이 없다. 그들은 미국이 보유한 최상의 사절단이며 자신이 생각하는 대의를 위해 큰 용기를 발휘하여 싸우고 있다. 병사들은 최고지휘부가 자신들의 의사에 반하는 불공정한 손실방지정책을 시행하더라도 각자의 의무를 묵묵히 수행할 것이다.

엄선되고 양질의 교육을 받은 최고의 장교들만이 그들—오늘날에는 그녀들도 포함해—을 지휘할 자격이 있다. 장교를 선발할 때는 다른 어떤 직업 부문의 선발 과정보다도 더 엄격해야 한다. 장교는 다방면에서 탁월해야 하며 어느 하나라도 부족할 경우 많은 생명을 희생시킬 수 있기 때문이다.

역사적으로 미군 최고지도부는 비판적 시각으로 내부 시스템을 평가하는 대신 겉만 번지르르한 모습을 보여 주거나 데이터를 '세련되게 조작'하는 경향이 있었다. 대규모 혼란 사태나 스캔들, 사상자 수 증가 등이 종종 개혁의 경종을 울렸다. 나는 또 다른 대혼란이 발생하기 전에 이 책을 통해 반성과 숙고의 계기가 마련되기를 진심으로 바란다.

미주

머리말

1 Cited in Russell Frank Weigley, *Eisenhower's Lieutenants: The Campaign of France and Germany, 1944–1945* (Bloomington: Indiana University Press, 1981), xix.

2 언론사에 보낸 월터 B. 스미스의 서신은 캔자스주 애빌린에 위치한 드와이트 D. 아이젠하워 대통령 도서관에 소장되어 있다.

3 Walter Bedell Smith, *Eisenhower's Six Great Decisions: Europe, 1944–1945* (New York: Longmans, 1956), p.532.

4 Harry C. Butcher, *My Three Years with Eisenhower: The Personal Diary of Captain Harry C. Butcher, USNR, Naval Aide to General Eisenhower, 1942 to 1945* (New York: Simon & Schuster, 1946).

5 삭제된 내용이 없는 원본을 현재 아이젠하워 도서관에서 열람할 수 있으며, 애석하게도 편집되지 않은 형태는 아직 출간되지 못했다. *Harry Butcher Diaries Series*, Dwight D. Eisenhower Pre–Presidential Papers, Box 165+166, Dwight D. Eisenhower Library, Abilene, Kansas.

6 George S. Patton and Paul D. Harkins, *War as I Knew It* (Boston: Houghton Mifflin, 1995). 초판은 1947년에 출간되었다. Ladislas Farago, *The Last Days of Patton* (New York: McGraw–Hill, 1981).

7 Dwight D. Eisenhower, *Crusade in Europe* (Garden City, New York: Doubleday, 1947; reprint, 1948).

8 Clayton D. Laurie, "Rapido River Disaster," http://www.military.com.

9 Keith E. Eiler, *Mobilizing America: Robert P. Patterson and the War Effort, 1940–1945* (Ithaca, New York: Cornell University Press, 1997), pp.459~450.

10 클라크 장군의 이야기가 여기에 정확히 부합하는 사례이다. Mark W. Clark, *Calculated Risk* (New York: Harper & Brothers, 1950).

11 Bernard Law Montgomery of Alamein, *The Memoirs of Field Marshal Montgomery* (Barnsley: Pen & Sword, 2005).

12 Weigley, *Eisenhowers Lieutenants.* 웨이글리는 남북전쟁 당시 리 장군을 다룬 다음 저서에 고무되었다. Douglas Southall Freeman, *Lee's Lieutenants: A Study in Command* (New York: Scribner, 1942).

13 Weigley, *Eisenhower's Lieutenants*, p.432.

14 Ibid., p.589, p.594.

15 Ibid., p.433.

16 Ibid., p.729.

17 *Letter from Paul M. Robinett to his father J. H. Robinett*, February 26, 1943, Paul M. Robinett Papers, Box 10, Folder General Military Correspondence, January–May 1943,

B-10/F-8, George C. Marshall Library, Lexington, Virginia.

18 Martin van Creveld, *Fighting Power: German and U.S. Army Performance, 1939-1945*, Contributions in Military History (Westport, Connecticut: Greenwood, 1982).

19 Ibid., p.168.

20 Ibid., p.168.

21 Ibid., p.168.

22 John Ellis, *Cassino: The Hollow Victory* (New York: McGraw-Hill, 1984).

23 John Ellis, *Brute Force: Allied Strategy and Tactics in the Second World War* (New York: Viking, 1990).

24 Ibid., p.331.

25 Ibid., p.532, p.534.

26 Ronald Spector, "The Military Effectiveness of the U.S. Armed Forces, 1919-1939," in *Military Effectiveness: The Interwar Period*, ed. Allan Reed Millett and Williamson Murray (Boston: Allen & Unwin, 1988), p.76.

27 Allan Reed Millett, "The United States Armed Forces in the Second World War," in *Military Effectiveness: The Second World War*, ed. Allan Reed Millett and Williamson Murray (Boston: Allen & Unwin, 1988), p.76.

28 Ibid., p.77.

29 Ibid., p.74.

30 Ibid., p.61.

31 Richard Overy, *Why the Allies Won* (New York City: Norton, 1995). 오버리의 저서에는 오류가 상당하다. 드와이트 아이젠하워는 캔자스주 애빌린이 아니라 텍사스주 데니슨Denison에서 출생했다. 애빌린에서는 성장기를 보냈다(p.144). 아이젠하워는 진주만 공습 3주 후에 펜타곤에서 진급할 수 없었는데, 펜타곤이 1943년 이전에 완성되지 못했기 때문이다(p.261). 오버리는 "추축국의 군대는 군 조직과 작전적 연습의 기본 패턴을 조금도 고치지 않았고, 그들이 일으킨 전쟁 수행 방법을 개혁하고 현대화하지 않았다."(p.318)라고 기술했다. 이 문장은 —적어도 독일 국방군의 관점에서는— 완전히 틀렸다. 독일의 사단급 편성과 장교단, 전쟁을 수행하는 작전적 방식은 1939~1945년에 대대적으로 바뀌었다. "전투 경험이 전혀 없는 마셜이나 아이젠하워가 독일이나 일본과의 전쟁에서 최고사령관으로서 지휘권을 얻은 것은 이해하기 어려운 일이다"(Ibid.). 이것은 사과와 오렌지를 비교하는 것이나 마찬가지다. 육군참모총장 마셜의 비교대상인 —프란츠 할더 같은— 독일 장교들은 마셜보다 전투와 지휘 경험이 훨씬 더 부족했다. 둘 다 육군 원수인 알베르트 케셀링Albert Kesselring과 프리드리히 파울루스Friedrich Paulus처럼 독일군과 집단군 사령관들은 전투 경험이 거의 없었다. 엘리스와 오버리의 저서는 독일 측 입장에서 독일군 장교들이 전쟁 이후에 발표한 기록에 전적으로 의존했다는 방법론적 문제를 내포하고 있다.

32 Ibid., p.318.

33 Ibid., p.325.

34 Ibid., p.318.

35 Charles E. Kirkpatrick, "'the Very Model of a Modern Major General': Background of World War Ⅱ American Generals in V Corps," in *The U.S. Army and World War Ⅱ: Selected Papers from the Army's Commemorative Conferences*, ed. Judith L. Bellafaire

(Washington, D.C.: Center of Military History, U.S. Army, 1998), p.272.

36 Ibid., pp.270~274.

37 Charles E. Kirkpatrick, "Orthodox Soldiers: U.S. Army Formal School and Junior Officers between the Wars," in *Forging the Sword: Selecting, Educating, and Training Cadets and Junior Officers in the Modern World*, ed. Elliot V. Converse (Chicago: Imprint Publications, 1998), p.107.

38 Karl-Heinz Frieser, *The Blitzkrieg Legend: The 1940 Campaign in the West* (Annapolis, Maryland: Naval Institute Press, 2005), p.351. 독일어 원서의 출간 연도는 1995년이다 〔한국에서는 『전격전의 전설』(진중근 옮김, 2007, 일조각)이란 제목으로 출간되었다.—옮긴이〕.

39 Ibid., p.353.

40 Martin Blumenson, "America's World War Ⅱ Leaders in Europe: Some Thoughts," *Parameters* 19 (1989). 블루멘슨은 웨이글리처럼 특히 이런 평가에 적임자였다. 그는 제2차 세계대전에 종군했고 미군의 역사가였으며 패튼의 기록물들을 출간했고 미군 또는 개별 장교들을 다룬 수많은 저서를 남겼다.

41 Ibid., p.3.

42 Kirkpatrick, "'the Very Model of a Modern Major General'," p.273; Blumenson, "America's World War Ⅱ Leaders," p.13; Hugh M. Exton and Frederick Bernays Wiener, "'What is a General?," *Army* 8, no. 6 (1958).

43 Robert H. Berlin, *U.S. Army World War Ⅱ Corps Commanders: A Composite Biography* (Fort Leavenworth, Kansas: U.S. Army Command and General Staff College, 1989), p.13.

44 현재 변경된 명칭은 Command and General Staff College, CGSC이다.

45 Ernest N. Harmon, Milton MacKaye, and William Ross MacKaye, *Combat Commander: Autobiography of a Soldier* (Englewood Cliffs, New Jersey: Prentice-Hall, 1970), p.49.

46 Timothy K. Nenninger, *The Leavenworth Schools and the Old Army Education, Professionalism, and the Officer Corps of the United State, Army, 1881-1918* (Westport, Connecticut: Greenwood, 1978); Timothy K. Nenninger, "Leavenworth and Its Critics: the U.S Army Command and General Staff School, 1920-1940," *Journal of Military History* 58, no. 2 (1994); Philip Carlton Cockrell, "Brown Shoes and Mortar Boards: U.S. Army Officer Professional Education at the Command and General Staff School Fort Leavenworth, Kansas, 1919-1940" (Ph.D. diss., University of South Carolina, 1991); Peter J. Schifferle, "Anticipating Armageddon: the Leavenworth Schools and U.S. Army Military Effectiveness 1919 to 1945" (Ph.D. diss., University of Kansas 2002).

47 Mickaela Hönicke Moore, "American Interpretations of National Socialism, 1933-1945," in *The Impact of Nazism: New Perspectives on the Third Reich and Its Legacy*, eds. Alan E. Steinweis and Daniel E. Rogers (Lincoln: University of Nebraska Press, 2003); Ronald Smelser and Edward J. Davies, *The Myth of the Eastern Front: The Nazi-Soviet War in American Popular Culture* (New York: Cambridge University Press, 2007); Ronald Smelser, "The Myth of the Clean Wehrmacht in Cold War America," in *Lessons and Legacies Ⅷ: From Generation to Generation*, ed. Doris L. Bergen (Evanston Illinois: Northwestern University Press, 2008).

48 Alistair Finlan, "How Does a Military Organization Regenerate its Culture?," in *The Falklands Conflict Twenty Years On: Lessons for the Future*, eds. Stephen Badsey, Rob Havers, and. Mark Grove (London: Cass, 2005), p.194. Finlan cites Alistair Ian Johnston, *Cultural Realism: Strategic Culture and Grand Strategy in Chinese History* (Princeton, New Jersey: Princeton University Press, 1995).

49 Ibid.

50 Friedhelm Klein, "Aspekte militärischen Führungsdenkens in Geschichte und Gegenwart," in *Führungsdenken in europäischen und nordamerikanischen Streitkräften im 19. und 20. Jahrhundert*, ed. Gerhard P. Groß (Hamburg: Mittler, 2001), p.12.

51 William D. O'Neill, *Transformation and the Officer Corps: Analysis in the Historical Context of the U.S. and Japan between the World Wars* (Alexandria, Virginia: CNA, 2005), p.98.

52 Wolfram Wette, *The Wehrmacht: History, Myth, Reality* (Cambridge, Massachusetts: Harvard University Press, 2006), pp.176~177.

53 1926년 7월 육군 예하부대로 창설된 육군 항공단의 전력은 다방면으로 수년에 걸쳐 증대되었다. 1941년 6월에 육군 항공군으로 재조직 및 재명명되었다.

54 이 책 앞부분에 실은 독일과 미국 육군의 장교 계급 일람표를 참조하라.

55 독일 측의 연구 사례로 다음을 참조하라. Hansgeorg Model, *Der deutsche Generalstabsoffizier: Seine Auswahl und Ausbildung in Reichswehr, Wehrmacht und Bundeswehr* (Frankfurt a.M.: Bernard & Graefe, 1968); Steven Errol Clemente, "Mit Gott! Für König und Kaiser!: A Critical Analysis of the Making of the Prussian Officer, 1860-1914" (Pk. D. diss., University of Oklahoma, 1989). 미국 측의 연구 사례로 다음을 참조하라. Timothy K. Nenninger, *The Leavenworth Schools and the Old Army: Boyd. L. Dastrup, The U.S. Army Command and General Staff College: A Centennial History* (Manhattan, Kansas: Sunflower University Press, 1982).

56 몇 개만 언급하면 다음과 같다. Stephen E. Ambrose, *Duty, Honor, Country: A History of West Point* (Baltimore: Johns Hopkins Press, 1966); Theodore J. Crackel, *The illustrated History of West Point* (New York: H. N. Abrams, 1991); Theodore J. Crackel, *West Point: A Bicentennial History* (Lawrence: University Press of Kansas, 2002); Lance A. Betros, ed. *West Point: Two Centuries and Beyond* (Abilene, Texas: McWhiney Foundation Press, 2004).

57 Waldemar Erfurth, *Die Geschichte des deutschen Generalstabes von 1918 bis 1945*, 2nd ed., Studien und Dokumente zur Geschichte des Zweiten Weltkrieges (Göttingen: Musterschmidt, 1957), pp.112~113.

58 Peter J. Schifferle, "The Prussian and American General Staffs: An Analysis of Cross-Cultural Imitation, Innovation and Adoption" (M.A. thesis, University of North Carolina at Chapel Hill, 1981), p.30; Erfurth, *Die Geschichte des deutschen Generalstabes von 1918 bis 1945*, p.127.

제1장 서론: 미국과 독일의 군사적 관계와 독일군 총참모부에 대한 환상

1 Thomas Bentley Mott, *Twenty Years as Military Attaché* (New York: Oxford University

Press, 1937), p.29.

2 Annual Report of the Commandant, U.S. Infantry and Cavalry School, U.S. Signal School and Staff College for the School Year ending August 31, 1906 (Washington, D.C.: U.S. Government Printing Office, 1907), p.67. Cockrell, "Brown Shoes and Mortar Boards," p.36에서 인용.

3 Stephen E. Ambrose, foreword to *Handbook on German Military Forces,* edited by U.S. War Department (Baton Rouge: Louisiana State University Press, 1990), iii. 원본은 1945년 3월에 출간되었다.

4 Don Higginbotham, "Military Education before West Point," in *Thomas Jefferson's Military Academy: Founding West Point*, ed. Robert M. S. McDonald (Charlottesville: University of Virginia, 2004), p.24; Clemente, "Making of the Prussian Officer," p.10.

5 전쟁과 문화에 대해 철저히 분석한 문헌으로 다음을 참고할 만하다. John Keegan, *Die Kultur des Krieges* (Berlin: Rowohlt, 1995); John A. Lynn, *Battle, A History of Combat and Culture* (Boulder, Colorado: Westview Press, 2003); Martin van Creveld, *The Culture of War* (New York: Presidio, 2008). 미 육군의 문화를 다룬 특별히 중요한 문헌으로 다음 자료들이 있다. Murray, Williamson, "Does Military Culture Matter?" in *America the Vulnerable: Our Military Problems and How to Fix Them*, edited by John H. Lehman and Harvey Sicherman (Philadelphia: Foreign Policy Research Institute, 1999) pp.134~151.

6 프로이센의 전쟁 방식과 군사 문화를 다룬 최근의 문건으로 다음을 참조할 만하다. Sascha Möbius, *Mehr Angst vor dem Offizier als vor dem Feind? Eine mentalitätsgeschichtliche Studie zur preußischen Taktik im Siebenjahrigen Krieg* (Saarbrücken: VDM, 2007); Jörg Muth, *Flucht aus dem militärischen Alltag: Ursachen und individuelle Auspragung der Desertion in der Armee Friedrichs des Großen* (Freiburg i. Br.: RomLack, 2003).

7 Higginbotham, "Military Education before West Point," p.35.

8 Muth, *Flucht aus dem militärischen Alltag*, p.28.

9 Rudolph Wilhelm von Kaltenborn, Briefe eines alten Preußischen Offiziers, 2 vols., vol. 1 (Braunschweig: Biblio, 1790; reprint, 1972), ix.

10 최근 통용되는 용병의 정의를 보려면 다음을 참조하라. United Nations Legal Document A/RES/44/34, 72nd plenary meeting, 4 December 1989, at http://www.un.org/documents/ga/res/44/a44r034.htm.

11 Betros, ed. *West Point*, Robert M. S. McDonald, ed. *Thomas Jefferson's Military Academy: Founding West Point* (Charlottesville: University of Virginia, 2004).

12 Mott, *Twenty Years*, p.29.

13 미군이 성실히 편찬한 다음 문헌도 참조하라. Thomas S. Grodecki, "[U.S.] Military Observers 1815–1975," (Washington, D.C.: Center of Military History, 1989).

14 Peter D. Skirbunt, "Prologue to Reform: the 'Germanization' of the United States Army, 1865–1898" (Ph.D. diss., Ohio State University, 1983), p.19.

15 Mott, *Twenty Years*, pp.117~118.

16 Jay Luvaas, "The Influence of the German Wars of Unification on the United States," in *On the Road to Total War: The American Civil War and the German Wars of Unification,*

1861-1871, eds. Stig Förster and Jörg Nagler (Washington, D.C.: German Historical Institute, 1997), p.598.

17 Clemente, "Making of the Prussian Officer," p.32.

18 Skirbunt, "Prologue to Reform," pp.26~27. 독일군 장병의 '단정함'과 시설의 '깔끔함', '청결함'은 미군 장교들의 보고서에 여러 차례 등장한다. 커니는 같은 해에 알제리로 가 프랑스 편에서 싸웠으며, 7년 후 멕시코와의 전쟁에서 기병대를 지휘하다가 한쪽 팔을 잃었다. 1862년 북군의 육군 소장으로 정찰 임무를 수행하던 중 사망했다. 커니는 친구와 동료들에게 대단히 존경받은 인물이었다.

19 Donald Allendorf, *Long Road to Liberty: The Odyssey of a German Regiment in the Yankee Army: The 15th Missouri Volunteer Infantry* (Kent, Ohio: Kent State University Press, 2006). 다른 관점의 문헌으로 다음을 참조하라. Christian B. Keller, "Anti-German Sentiment in the Union Army: A Study in Wartime Prejudice" (paper presented at the Annual Society for Military History Conference, Ogden Utah, April 17-19, 2008). 이 주제에 관해 의견을 나누어 준 저자에게 감사드린다.

20 Russell Frank Weigley, *The American Way of War: A. History of the United States Military Strategy and Policy* (London: Macmillan, 1973), p.195; Skirbunt, "Prologue to Reform," p.2, pp.41~44.

21 Luvaas, "the Influence of the German Wars of Unification," p.605.

22 Ibid., p.605.

23 Mott, *Twenty Years*, 18.

24 Edward M. Coffman, *The Regulars: The American Army, 1898-1941* (Cambridge, M assachusetts: Belknap Press, 2004), p.203.

25 William Babcock Hazen, *The School and the Army in Germany and France* (New York: Harper & Brothers, 1872), pp.86~87.

26 Luvaas, "The Influence of the German Wars of Unification," pp.597~598.

27 Manfred Görtemaker, "Helmuth von Moltke und das Führungsdenken im 19. Jahrhundert," in *Führungsdenken in europäischen und nordamerikanischen Streitkräften im 19. und 20. Jahrhundert*, ed. Gerhard P. Groß (Hamburg: Mittler, 2001), p.19.

28 Skirbunt, "Prologue to Reform," p.57.

29 Luvaas, "The Influence of the German Wars of Unification," p.605.

30 Herbert Blank, "Die Halbegötter: Geschichte, Gestalt und Ende des Generalstabes," *Nordwestdeutsche Hefte* 4 (1947): 13. 몰트케의 주요 리더십 가운데 하나인 '상식common sense'(gesunder Menschenverstand)은 다양한 시대의 수많은 평가서에 나온다. 다음 문헌도 참조하라. Stig Förster, "The Prussian Triangle of Leadership in the Face of a People's War: A Reassessment of the Conflict between Bismarck and Moltke, 1870-1871," in *On the Road to Total War: The American Civil War and the German Wars of Unification, 1861-1871*, eds. Stig Förster and Jörg Nagler (Washington, D.C.: German Historical Institute, 1997); p.125. 푀르슈터가 쓴 용어는 "matter-of-factness"이다.

31 Carl-Gero von Ilsemann, "Das operative Denken des Älteren Moltke," in *Operatives Denken und Handeln in deutschen Streitkräften im 19. und 20. Jahrhundert*, ed. Günther Roth (Herford: Mittler, 1988), p.42.

32 Görtemaker, "Helmuth von Moltke und das Führungsdenken im 19. Jahrhundert," p.27. 클라우제비츠가 몰트케를 가르쳤는지, 그들이 개인적으로 만났는지는 여전히 논란거리이다. 클라우제비츠는 일찍이 1810년에 교관으로서 야전축성 기술과 포병 전술, 장군참모 과업, 게릴라 전술을 가르쳤다.

33 Ulrich Marwedel, *Carl von Clausewitz: Persönlichkeit und Wirkungsgeschichte seines Werkes bis 1918*, Militargeschichtliche Studien 25 (Boppard a. R.: Boldt, 1978), pp.53~55.

34 Carl von Clausewitz, *Vom Kriege*, reprint from the original ed. (Augsburg: Weltbild, 1990).

35 Marwedel, *Carl von Clausewitz*, p.209, p.232.

36 Ibid., p.109.

37 Jon Tetsuo Sumida, *Decoding Clausewitz: A New Approach to "On War"* (Lawrence: University Press of Kansas, 2008), xiv—xv, pp.1~2.

38 멘토이자 절친한 친구인 게르하르트 폰 샤른호르스트Gerhard von Scharnhorst가 사망한 후 1817년에 클라우제비츠가 그에 대해 쓴 이 글은 매우 진솔하게 기술되어 클라우제비츠가 남긴 저술 중 유일하게 찬사를 받았다. 프로이센의 역사학자 레오폴트 폰 랑케Leopold von Ranke가 클라우제비츠 사후에 이 글을 출간했다.

39 1943년 미 육사는 96페이지 분량의 「조미니, 클라우제비츠 그리고 슐리펜」이라는 소책자를 발간했다. 이 책자는 1945, 1948, 1951, 1964, 1967년에 재발간되었다. Robert A. Doughty and Theodore J. Crackel, "The History of History at West Point," in *West Point: Two Centuries and Beyond*, ed. Lance A. Betros(Abilene, Texas: McWhiney Foundation Press, 2004), p.409, p.431. 오늘날 전쟁론을 영역한 축약본이 셀 수 없이 많지만 정확히 번역된 책은 단 한 권도 없다.

40 *Letter from Paul M. Robinett to Ben W. Goldberg, University of Missouri, October 18, 1939*, Paul M. Robinett Papers, Folder General Military Correspondence, January–December 1939, B–10/F–15, George C. Marshall Library, Lexington, Virginia; Richard Carl Brown, *Social Attitudes of American Generals, 1898–1940* (New York: Arno Press, 1979), p.299; I. B. Holley, Jr., "Training and Educating Pre–World War I United States Army Officers," in *Forging the Sword: Selecting, Educating, and Training Cadets and Junior Officers in the Modern World*, ed. Elliot V. Converse (Chicago: Imprint Publications, 1998), p.27.

41 Sumida, *Decoding Clausewitz,* xii.

42 Arden Bucholz, *Delbrück's Modern Military History* (Lincoln: University of Nebraska Press, 1997), p.54.

43 Model, *Generalstabsoffizier*, p.36. 리델하트가 포로수용소에 감금된 독일군 장군들을 인터뷰한 자료를 참조하라. Basil Henry Liddell Hart, *Jetzt dürfen sie reden: Hitlers Generale berichten* (Stuttgart et al.: Stuttgarter Verlag, 1950), p.358.

44 다음 문헌에서 인용한 에리히 브란덴베르거의 진술을 참조하라. Othmar Hackl, ed. *Generalstab, Generalstabsdienst und Generalstabsausbildung in der Reichswehr und Wehrmacht 1919–1945*, Studien deutscher Generale und Gneralstabsoffiziere in der Historical Division der U.S. Army in Europa 1946–1961 (Osnabrück: Biblio, 1999), p.208.

45 Marwedel, *Carl von Clausewitz,* pp.118~119, p.129, p.213.

46 Förster, "The Prussian Triangle of Leadership," p.135. 몰트케가 클라우제비츠의 원칙을 어긴 사례들을 다음 문헌에서 더 찾아볼 수 있다. Wilhelm Deist, "Remarks on the Preconditions to Waging War in Prussia-Germany, 1866-71," in *On the Road to Total War: The American Civil War and the German Wars of Unification, 1861-1871*, eds. Stig Förster and Jörg Nagler (Washington, D.C.: German Historical Institute, 1997), p.325.

47 Marwedel, *Carl von Clausewitz*, p.177.

48 John Keegan, *The First World War* (New York: Knopf, 1999), p.69.

49 Barbara W. Tuchman, *The Guns of August* (New York: MacMillan, 1962), p.80. 이 인용문의 출처를 알려준 제자 맨디 메러디스에게 감사한다.

50 몰트케에 대한 델브뤽의 평가는 다음 문헌에서 인용했다. Bucholz, *Delbrück's Modern Military History*, p.71.

51 Alistair Horne, *The Price of Glory* (New York: Penguin, 1993), pp.33~40.

52 Lothar Burchardt, "Operatives Denken und Planen von Schlieffen bis zum Beginn des Ersten Weltkrieges," in *Operatives Denken und Handeln in deutschen Streitkräften im 19. und 20. Jahrhundert*, ed. Günther Roth (Herford: Mittler) 1988), p.23. 흥미롭게도 임무형 전술을 다룬 학술 논문은 단 두 편뿐이며, 모두 독일군 장교들이 저술했다. Dirk W. Oetting, *Auftragstaktik: Geschichte und Gegenwart einer Führungskonzeption* (Frankfurt a. M.: Report, 1993) and Stephan Leistenschneider, *Auftragstaktik im preußisch-deutschen Heer 1871 bis 1914* (Hamburg: Mittler, 2002). 두 사람은 임무형 전술의 발전과정을 각기 다르게 기술했다.

53 Schifferle, "The Prussian and American General Staffs," p.46.

54 Hazen, *The School and the Army in Germany and France:* Emory Upton, *The Armies of Europe and Asia* (London: Griffin & Co., 1878) (British version). 헤이즌은 1855년에, 업턴은 1861년에 미 육사를 졸업했다. 남북전쟁에서 유명세를 얻은 업턴의 저작이 더 영향력이 있었다.

55 James L. Abrahamson, *America Arms for a New Century: The Making of a Great Military Power* (New York: Free Press, 1981), pp.66~68.

56 Coffman, *The Regulars*, p.5.

57 "Faith—It Moveth Mountains" (article draft), John E. Dahlquist Papers, Box 2, Folder Correspondence 1953-1956, p.13, U.S. Army Military History Institute, Carlisle, Pennsylvania.

58 1899년 7월 21일 시어도어 루스벨트가 헨리 캐벗 로지Henry Cabot Lodge에게 보낸 서신은 다음에서 인용했다. L. Michael Allsep, Jr., "New Forms for Dominance: How a Corporate Lawyer Created the American Military Establishment" (Ph.D. diss., University of North Carolina at Chapel Hill, 2008), pp.170~171. 탁월한 논문의 문장을 사용하게 해주고 중요한 자료를 제공해 준 친구이자 동료 마이클에게 깊이 감사한다.

59 Russell Frank Weigley, "The Elihu Root Reforms and the Progressive Era," in *Command and Commanders in Modern Military History: The Proceedings of the Second Military History Symposium, U.S. Air Force Academy, 2-3 May 1968*, ed. William E. Geffen (Washington, D.C.: Office of Air Force History, 1971), p.15.

60 Allsep, "New Forms for Dominance," p.201.

61 Ibid., p.264.

62 cofferman, *The Regulars,* p.142.

63 Theodore Schwan, *Report on the Organization of the German Army* (Washington, D.C.: U.S. Government Printing Office, 1894).

64 Schifferle, "The Prussian and American General Staffs," p.69.

65 Weigley, "The Elihu Root Reforms," p.18.

66 Allsep, "New Forms for Dominance," pp.297~298.

67 동전의 양면 같은 이 논쟁은 독일 재무장에 관한 논의에서 그리고 해리 S. 트루먼과 드와이트 D. 아이젠하워 대통령이 주도한 군 개혁 때부터 1970년대 초 완전 모병제를 시행하기 전까지 70년 이상 지속되었다. Andrew J. Birtle, *Rearming the Phoenix: U.S. Military Assistance to the Federal Republic of Germany, 1950–1960*, Modern American history (New York: Garland, 1991), p.259, p.277; Mickael J. Hogan, *A Cross of Iron: Harry S. Truman and the Origins of the National Security State, 1945–1954* (Cambridge: Cambridge University Press, 1998), pp.34~36, p.43, p.64, p.149.

68 Schifferle, "The Prussian and American General Staffs," p.79.

69 *Interview with Major General Dennis E. Nolan, Nov. 14, 1947, OCMH (Office of the Chief of Military History) Collection,* Box 2, U.S. Army Military History Institute, Carlisle, Pennsylvania.

70 *Interview with General Peyton C. March, Oct. 13, 1947, OCMH (Office of the Chief of Military History) Collection,* Box 2, U.S. Army Military History Institute, Carlisle, Pennsylvania.

71 Weigley, "The Elihu Root Reforms," p.18.

72 Sckifferle, "The Prussian and American General Staffs," p.128.

73 Cited in Cockrell, "Brown Shoes and Mortar Boards," p.184.

74 Manfred Messerschmidt, "German Military Effectiveness between 1919 and 1939," in *Military Effectiveness: The Interwar Period*, eds. Allan Reed Millett and Williamson Murray (Boston: Allen & Unwin, 1988), p.223.

75 Weigley, "The Elihu Root Reforms," p.18; Coffman, *The Regulars*, p.185.

76 *Letter from John McAuley Palmer to George A. Lynch, May, 25, 1938*, George C. Marshall Papers, Box 4, Folder Vancouver Barracks Correspondence, General, May 20–23, 1938, George C. Marshall Library, Lexington, Virginia.

77 *Interview by Harold Dean Cater with General Walter Krueger regarding the German and U.S. General Staff, March 18, 1948, OCMH (Office of the Chief of Military History) Collection*, Box 2, U.S. Army Military History Institute, Carlisle, Pennsylvania.

78 Ibid..

79 군사사연구실의 문서들에서 독일군 총참모부에 관한 미군 고위급 장교들의 상이하고 그릇된 의견들을 많이 찾아볼 수 있다. Box 2, U.S. Army Military History Institute, Carlisle, Pennsylvania.

80 '탁상 전술chairborne tactics'이란 용어는 포클랜드 전쟁 시 영국 제42해병대를 지휘했고 훗날 참전 경험을 담은 자서전을 출간한 인물의 말에서 차용했다. Nick Vaux, *Take That Hill! Royal Marines in the Falklands War* (Washington, D.C.: Pergamon, 1986), p.115;

Martin Stanton, *Somalia on $5 a Day: A Soldiers Story* (New York: Ballantine, 2001), p.295. 참모장교와 최전선에 있는 장교 간의 다른 환경과 태도가 다음 소설에 대단히 잘 묘사되어 있다. Anton Myrer, *Once an Eagle* (New York: HarperTorch, 2001).

81 Spenser Wilkinson, *The Brain of an Army* (Westminster: A. Constable, 1890; reprint, 1895); Walter Görlitz, *Der deutsche Generalstab: Geschichte und Gestalt*, 2nd ed. (Frankfurt a. M.: Frankfurter Hefte, 1953); Trevor Nevitt Dupuy, *A Genius for War: The German Army and General Staff, 1807–1945* (Englewood Cliffs, New Jersey: Prentice-Hall, 1977).

82 이 같은 독일 측 인물로 중부집단군 사령관 페도어 폰 보크Fedor von Bock 원수, 육군 재군비청장 프리드리히 프롬Friedrich Fromm 상급대장, 육군 총참모장 프란츠 할더Franz Halder 상급대장, 서부집단군 사령관 알베르트 케셀링Albert Kesselring 원수, 제6군 사령관 프리드리히 파울루스Friedrich Paulus 원수 등이 있다.

83 Geoffrey P. Megargee, *Inside Hitler's High Command, Modern War Studies* (Lawrence: University Press of Kansas, 2000), p.180.

84 Ibid., p.180.

85 Ibid., pp.180~181.

86 Obergefreiter 계급을 Corporal(하사, 상병)로 번역하는 것은 흔히 저지르는 오류이다. Corporal은 NCO(부사관)이나 Obergefreiter는 병사 계급이다. Corporal은 분대나 화포반을 지휘하는데 이는 독일군에서 Unteroffizier의 임무였다. Unteroffizier에게 NCO나 Corporal 이상의 책임은 주어지지 않았다. 따라서 Unteroffizier는 Sergent(하사)로 번역하고, 히틀러의 계급은 Private 1st Class(일병)으로 번역하는 것이 타당하다. 제1차 세계대전 때 히틀러가 보여준 용기에는 의문의 여지가 없으나, 히틀러는 리더십 능력이 부족해 결코 NCO 지위를 얻을 수 없었다.

87 참신하고 매우 교훈적인 증거가 다음 문헌에 나와 있다. Thomas Weber, *Hitler's First War: Adolf Hitler, the Men of the List Regiment, and the First World War* (London: Oxford University Press, 2010).

88 *"Who's Who" Datacards on German Military, Civilian and Political Personalities 1925–1949*, RG 165, Records of the War Dept. General and Special Staffs, Office of the Director of Intelligence (G2) 1906–1949, Box 3, National Archives Ⅱ, College Park, Maryland. 계급과 알파벳순으로 정리된 이 카드는 소령 계급까지 1만 명을 대상으로 작성되었다.

89 Forrest C. Pogue, *George C. Marshall: Education of a General, 1880–1939*, 3 vols. (New York: Viking Press, 1963), 1:101.

90 Nenninger, *The Leavenworth Schools and the Old Army*, p.141.

91 George C. Marshall, "Profiting by War Experiences," *Infantry Journal* 18 (1921): pp.36~37.

92 Kevin Hymel, ed. *Patton's Photographs: War as He Saw It*, 1st ed. (Washington, D.C.: Potomac Books, 2006), p.33. 나중에는 '훌륭한 독일인Good German' 또는 'G.G.'라고 쓰기도 했다. 수십 년 후 패튼의 문서들은 의회 도서관에 소장되었고 수많은 학자들이 이 저명한 지휘관을 다룬 방대한 양의 평전을 쓰기 위해 이 자료를 참고했으며, 힘멜은 전쟁 중에 패튼이 개인적으로 찍은 사진들을 찾아냈다.

93 연설 전문을 보려면 다음을 참조하라. Bernd Sösemann, "Die sogenannte Hunnen

rede Wilhelms Ⅱ: Textkritische und interpretatorische Bemerkungen zur Ansprache des Kaisers vom 27. Juli 1900 in Bremerhaven," *Historische Zeitschrift* 222 (1976): 342~358.

94 Perry L. Miles, *Fallen Leaves: Memories of an Old Soldier* (Berkeley, California: Wuerth, 1961), p.132. 이 전쟁에 관한 한 독일인의 글은 마일스의 말이 과장이 아님을 보여 준다. Georg Hillebrecht and Andreas Eckl, *"Man wird wohl später sich schämen müssen, in China gewesen zu sein." Tagebuchaufzeichnungen des Assistenzarztes Dr. Georg Hillebrecht aus dem Boxerkrieg 1900–1902* (Essen: Eckl, 2006).

95 Miles, *Fallen Leaves,* p.132.

96 *The [Travel] Diary of William R. Gruber [and Dwight D. Eisenhower]*, Dwight D. Eisenhower Papers, Box 22, Dwight D. Eisenhower Library, Abilene, Kansas.

97 Joe Lawton Collins, *Lightning Joe: An Autobiography* (Baton Rouge: Louisiana State University Press, 1979), p.27, p.37.

98 미국 잡지들에 실린 시사 풍자만화와 일화에 따르면 1945년에 독일 마을과 도시들에서 간단한 영어회화 수업의 수요가 갑자기 증가했다고 한다. 그전까지 독일에서 영어 교사는 상당히 멸시당하는 직업이었다. 이 잡지들에 따르면 "나는 절대로 나치가 아닙니다.", "미네소타주에 친척이 살고 있어요."라는 영어 문장이 크게 유행했다고 한다.

99 George F. Hofmann, *Through Mobility We Conquer: The Mechanization of U.S. Cavalry* (Lexington: University of Kentucky Press, 2006), p.443.

100 *Correspondence regarding Walter Krueger's translation projects and research travels*, Walter Krueger Papers, Box 1, West Point Library Special Archives Collection, West Point, New York.

101 Cockrell, "Brown Shoes and Mortar Boards," p.40. 1910년 미군의 야전복무규정은 독일군의 규정을 기초로 발간되었다. 야전교범 100-5의 이후 버전도 마찬가지였다. 다음을 참조하라. van Creveld, *Fighting Power*, pp.38~40.

102 Spector, "The Military Effectiveness of the U.S. Armed Forces, 1919–1939," p.90.

103 Charles T. Lankam, ed. *Infantry in Battle* (Washington, D.C: Infantry Journal, 1934). 조지 C. 마셜이 보병학교 부학교장으로 재직할 때 보병학교에서 발간된 이 책은 논리적으로 잘 정리되어 국내뿐만 아니라 외국에서도 큰 호응을 받았다. 이에 대한 내용을 보려면 제4장을 참조하라.

104 Paul Fröhlich, "Der verlassene Partner: Die militärische Zusammenarbeit der Reichswehr mit der U.S. Army 1918~1933" (Master's thesis, University of Potsdam, 2008), p.38.

105 Erich von Manstein, *Aus einem Soldatenleben 1887–1939* (Bonn: Athenäum, 1958), p.73.

106 William Mulligan, *The Creation of the Modern German Army: General Walther Reinhardt and the Weimar Republic, 1914–1930* (New York: Berghahn, 2005), pp.150~151. 바이마르 공화국의 모든 준군사조직에 가담한 사람들에 대한 추정치가 다음 책에 나와 있다. James M. Diehl, *Paramilitary Politics in Weimar Germany* (Bloomington: Indiana University Press, 1977) pp.293~297. 그러나 이 숫자는 매우 적은 자료를 바탕으로 도출된 수치이다.

107 Jun Nakata, *Der Grenz–und Landesschutz in der Weimarer Republik 1918 bis 1933: Die*

geheime Aufrüstung und die deutsche Gesellschaft (Freiburg i. Br.: Rombach, 2002), pp.168~169. 이 글을 알려 준 위르겐 푀르슈터에게 감사드린다.

108 Ibid., p.171.

109 Diehl, *Paramilitary Politics in Weimar Germany*, p.30.

110 Ibid., p.42.

111 자유군단 조직원이 서술한 생생하고도 미화된 자유군단 이야기를 다음 책에서 찾을 수 있다. Ernst von Salomon, *Die Geächteten* (Berlin: Rowohlt, 1930).

112 Diehl, *Paramilitary Politics in Weimar Germany*, p.18.

113 Spector, "The Military Effectiveness of the U.S. Armed Forces, 1919–1939," p.71.

114 Ibid., p.70.

115 Ibid., p.77.

116 Clemente, "Making of the Prussian Officer," p.290.

117 Fröhlich, "Der vergessene Partner: Die militärische Zusammenarbeit der Reichswehr mit der U.S. Army 1918–1933," p.3.

118 Gerhard L. Weinberg, "From Confrontation to Cooperation: Germany and the United States, 1933–1945," in *America and the Germans: An Assessment of a Three–Hundred–Year History*, eds. Frank Trommler and Joseph McVeigh (Philadelphia: University of Pennsylvania Press, 1985), p.45.

119 Fröhlich, "Der vergessene Partner: Die militärische Zusammenarbeit der Reichswehr mit der U.S. Army 1918–1933," p.25.

120 Harold. J. Gordon, Jr., *The Reichswehr and the German Republic, 1919–1926* (Princeton, New Jersey: Princeton University Press, 1957), p.191.

121 Basil Henry Liddell Hart, *Why Don't We Learn from History?* (New York: Hawthorn, 1971), p.29.

122 이와 관련한 최신 연구서로 다음이 있다. Hans Ehlert, Mickael Epkenhaus, and Gerhard P. Groß, eds., *Der Schlieffenplan: Analysen und Dokumente*, Zeitalter der Weltkriege, Bd. 2 (Paderborn: Schöningh 2006). 이 점과 관련해 과거의 평가를 보려면 다음을 참조하라. Gerhard Ritter, *The Schlieffen Plan: Critique of a Myth* (New York: Praeger, 1958). 테런스 주버의 미흡한 재평가는 엘레르트, 엡켄하우스, 그로스의 논리에 완전히 뒤집혔다. Terence Zuber, *Inventing the Schlieffen Plan: German War Planning, 1871–1914* (Oxford: Oxford University Press, 2002).

123 Burchardt, "Operatives Denken und Planen von Schlieffen bis zum Beginn des Ersten Weltkrieges," p.60.

124 Holger Afflerbach, *Falkenhayn: Politisches Denken und Handeln im Kaiserreich* (München: Oldenbourg, 1994). 예를 들어 슐리펜 휘하의 장교들은 병력과 말의 육체적 능력을 전혀 고려하지 않고 기동계획을 수립하곤 했다.

125 Horne, *The Price of Glory*, p.36.

126 Robert T. Foley, *German Strategy and the Path to Verdun: Erich von Falkenhayn and the Development of Attrition, 1870–1916* (Cambridge: Cambridge University Press, 2005). 폴리는 팔켄하인의 방책을 옹호하려고 했지만 성공하지 못했다. 이 책을 추천해 준 게르하르트 바인베르크에게 감사드린다.

127 Messerschmidt, "German Military Effectiveness between 1919 and 1939," p.225.

128 Johann Adolf Graf von Kielmansegg, "Bemerkungen zum Referat von Hauptmann Dr. Frieser aus der Sicht eines Zeitzeugen," in *Operatives Denken und Handeln in Deutschen Streitkräften im 19-und 20. Jahrhundert*, ed. Günther Roth (Herford: Mittler, 1988), p.150.

129 Frieser, *The Blitzkrieg Legend*, p.61.

130 Ibid., p.62. 프리저가 이러한 가능성을 제시했다.

131 Wette, *The Wehrmacht*, pp.2~3.

132 Bernhard R. Kroener, *Generaloberst Friedrich Fromm: Der starke Mann im Heimatkriegs-gebiet; Eine Biographie* (Paderborn: Sclöningh, 2005), pp.450~455.

133 Frieser, *The Blitzkrieg Legend*, p.67.

134 Ibid., p.60.

135 Jürgen E. Förster, "The Dynamics of Volksgemeinschaft: The Effectiveness of the German Military Establishment," in *Military Effectiveness: The Second World War*, eds. Allan Reed Millett and Williamson Murray (Boston: Allen & Unwin, 1988), p.193.

136 Ibid., p.195.

137 Megargee, *Inside Hitlers High Command*.

138 Wilkinson, *The Brain of an Army.* 이 책은 전 세계에서 독일 총참모부가 칭송받는 데 큰 영향을 미쳤다.

제1부 장교 선발과 임관

제2장 '전우'는 없다: 미국육군사관학교 웨스트포인트의 생도

1 1979년 8월 11일에 스코필드는 사관학교의 가혹행위와 신고식에 넌더리가 난다고 생도들 앞에서 연설했다. 그의 발언에도 불구하고 오히려 가혹행위는 더욱 증가했다. 웨스트포인트의 상급 생도들이 '신입 애송이'들에게 스코필드의 발언을 외우게 했지만 그들이 그 내용을 제대로 이해하지도 실감하지도 못했다는 것은 역사적 모순이다.

2 Charles E. Woodruff, "the Nervous Exhaustion due to West Point Training," *American Medicine* 1, no. 12 (1922): 558.

3 독일 생도들의 기록과 국방군 장교들의 평전에 공통적으로 기술된 내용이다.

4 Roger H. Nye, "The United States Military Academy in an Era of Educational Reform, 1900-1925" (Ph.D. diss., Columbia University, 1968), p.145. 이 연구의 제목은 적절하지 않다. 이 연구는 주로 생도대 확대와 웨스트포인트의 체육 프로그램을 다루었다. 주요 참고문헌은 웨스트포인트 내부 또는 공식 문서, 규정 들이다. 특히 생도들의 목소리가 빠져 있다. 그러나 이 연구의 두 번째 장에는 타당한 내용이 실려 있다. 로저 나이(육사 1946년 졸업)는 다수의 육사 출신자들처럼 모교로 돌아왔을 때 비판적이지 못했다. 그는 1954~1957년, 1960~1970년에 사회과학부 교수로 근무했다. 그 후 역사학부로 보직을 옮겨 1975년까지 역사학부장으로 근무했다. 정보를 제공해 준 에드워드 M. 코프먼Edward M. Coffman에게 감사를 표한다. Roger H. Nye, *The Patton Mind: The Professional Devel-*

opment of an Extraordinary Leader (Garden City Park, New York: Avery, 1993).

5 Harold E. Raugh, Jr., "Command on the Western Front: Perspectives of American Officers," *Stand To!* 18 (Dec. 1986): 12.

6 Edward S. Holden, "The Library of the United States Military Academy, 1777–1906," *Army and Navy Life* (June 1906). 웨스트포인트의 선임도서관원이었던 홀든(육사 1870년 졸업)은 1781년 웨스트포인트에 '육군사관학교' 창설을 위한 기지가 설치되었으며 이는 조지 워싱턴의 명령에 따른 것이었다고 한다.

7 Mott, *Twenty Years*, p.29.

8 Hofmann, *Through Mobility We Conquer*, p.45. 이 책에서 인용된 한 해병대 장교는 제1차 세계대전 때 구사된 전술과 프리드리히 대왕의 전쟁 방식을 비교했다.

9 나는 2005년 웨스트포인트의 하계 군사사 세미나에 참석하는 특전을 받아 육군사관학교 주변의 요새들을 견학할 때 이 사실을 알게 되었다. 요새 시설과 민간인들의 사고를 지닌 공병에 관한 문제뿐만 아니라 진상조사단원들의 활동에 관한 내용은 동시대의 원본 자료들을 기초로 실시한 직책 수행 훈련을 통해 알게 되었다. 웨스트포인트의 현역 및 예비역 장교들과 세미나에 참석한 인원들이 여기에 참여했다. 이것은 최고 수준의 군사사 세미나였다. 성공적인 세미나에 나를 초대해 준 미 육사 역사학부에 무한한 감사를 표한다.

10 Higginbotham, "Military Education before West Point," p.39.

11 공화주의적 성향의 장교들을 군에 심어 두기 위해 웨스트포인트를 설립했다는 주장이 있었지만 그 문제를 깊이 논의할 필요는 없다고 본다. 생도 선발과정과 사관학교의 교육과정을 보면 이 의견은 옳지 않다. McDonald, ed. *Thomas Jefferson's Military Academy: Founding West Point.* 특히 크래컬Crackel과 새밋Samet이 집필한 장들을 참조하라. 반군 편에서 싸운 군대에 남은 남부 출신의 수많은 웨스트포인트 출신 장교들의 존재는 이런 면에서는 적어도 육사의 교육이 실패작이라는 것을 보여 준다. 그러나 공화주의 교육은 전혀 없었다. 다음을 참조하라. James L. Morrison, "The Struggle between Sectionalism and Nationalism at Ante-Bellum West Point, 1830–1861," in *The Military and Society: A. Collection of Essays*, ed. Peter Karsten (New York: Garland, 1998).

12 Nye, "Era of Educational Reform," p.39. 사관학교의 구체적인 수업 계획과 커리큘럼을 보려면 나이가 쓴 논문의 부록을 참조하라.

13 William B. Skelton, *An American Profession of Arms: The Army Officer Corps, 1784–1861* (Lawrence: University Press of Kansas, 1992), p.399.

14 Robert S. Norris, "Leslie R. Groves, West Point and the Atomic Bomb," in *West Point: Two Centuries and Beyond*, ed. Lance A. Betros (Abilene, Texas: McWhiney Foundation Press, 2004), p.107.

15 Nye, "Era of Educational Reform," p.30. '정신력 강화' 교육에 관한 논의를 보려면 나이의 논문 제1장을 참조하라.

16 Ibid., p.35. 원문에서 강조한 부분.

17 그러나 제2차 포에니전쟁, 7년전쟁, 나폴레옹전쟁, 남북전쟁에서 일부 선별된 전투 사례만이 '고려 대상'이었다. Doughty and Crackel, "History at West Point," p.399. 로저 나이는 논문에서 1920년대 초에 이르러 군사사가 독립된 학문 분야로 인정받았다고 주장했으나 학과 과정을 기록한 논문 부록에서 그 주제를 찾을 수 없다. Nye, "Era of Educational Reform," p.344, p.380.

18 Douglas MacArthur, *Reminiscences* (New York: McGraw-Hill, 1964), p.70. 흥미로운 점은 426페이지에 달한 맥아더의 자서전 중 교장 재직 시절에 관한 내용이 일곱 페이지에 불과하다는 것이다.
19 Coffman, *The Regulars*, p.226.
20 Nye, "Era of Educational Reform," p.271.
21 William Addleman Ganoe, *MacArthur Close-Up: Much Then and Some Now* (New York: Vantage, 1962), p.35.
22 Donald B. Connelly, "The Rocky Road to Reform: John M. Schofield at West Point, 1876-1881," in *West Point: Two Centuries and Beyond*, ed. Lance A. Betros (Abilene, Texas: McWhiney Foundation Press, 2004), p.173. 훗날 수십년간 지속된 같은 논쟁에 대해서는 다음을 참조하라. Brian McAllister Linn, "Challenge and Change: West Point and the Cold War," in *West Point: Two Centuries ana Beyond*, ed. Lance A. Betros (Abilene, Texas: McWhiney Foundation Press, 2004), pp.223~226.
23 이와 상이한 의견이 다음 문헌에 있다. Nye, "Era of Educational Reform," p.65. 그러나 전쟁부 장관 또는 미국 대통령이 지시해 교육과정을 바꾼 경우가 있어서 저자도 확신하지 못했다.
24 Mott, *Twenty Years*, 37.
25 *Annual Report of the Superintendent of the United States Military Academy*(West Point, New York: USMA Press, 1914), p.39. 이 보고서에는 웨스트포인트에서 치과 군의관이 발치한 충치 개수까지 나열되어 있을 정도로 모든 것이 기록되어 있다. 이는 미군의 관료주의를 보여 주는 극단적 사례이다.
26 Clark, *Calculated Risk*, p.24.
27 Bradford Grethen Chynoweth, *Bellamy Park: Memoirs* (Hicksville, New York: Exposition Press, 1975), p.50.
28 Elizabeth D. Samet, "Great Men and Embryo-Caesars: John Adams, Thomas Jefferson, and the Figure in Arms," in *Thomas Jefferson's Military Academy: Founding West Point*, ed. Robert M. S. McDonald (Charlottesville: University of Virginia, 2004), p.85.
29 Ewing E. Booth, *My Observations and Experiences in the United States Army* (Los Angeles: n.p., 1944), p.94. 1904년 리븐워스 지휘참모대학 학생이던 부스는 졸업 후 이 대학의 교관이 되었다. 부스는 교량 하나를 설계하고 건설하라는 명령에 따라 웨스트포인트 출신 동료 두 명 이상과 함께 웨스트포인트로 돌아왔다. 동료들은 별 도움이 되지 못했다. 그럼에도 불구하고 부스는 상부의 명령을 완수해 냈다. 다음을 참조하라. Brown, *Social Attitudes*, p.371.
30 Nye, "Era of Educational Reform," pp.321~322. 한 비판적인 장교가 그 숫자를 공개했다. Joseph P. Sanger, "The West Point Military Academy-Shall Its Curriculum Be Changed as a Necessary Preparation for War?," *Journal of Military Institution* 60 (1917): 128.
31 Nye, "Era of Educational Reform," p.19.
32 Patricia B. Genung, "Teaching Foreign Languages at West Point," in *West Point: Two Centuries and Beyond*, ed. Lance A. Betros (Abilene, Texas: McWhiney Foundation Press, 2004), p.517.
33 Ibid.. 웨스트포인트의 원로 교수들로 구성된 General Committee of Revision of Cours-

es의 문건에는 다르게 인용되어 있다. Nye, "Era of Educational Reform," p.233.

34 Richard C. U'Ren, *Ivory Fortress: A Psychiatrist Looks at West Point* (Indianapolis: Bobbs-Merrill, 1974), pp.134~137. 저자는 1970년부터 1972년까지 웨스트포인트에서 정신과 의사로 근무했다. 이 책은 미 육사를 찬양하거나 비난하는 문서들이 난무하는 가운데 매우 균형 잡히고 탁월한 저서이다. 이와 동일한 관점을 다룬 문헌으로 조지 패튼, 헨리 아널드, 크레이턴 에이브럼스의 평전을 참고하라. 이들은 사관학교의 학과 성적이 보통이었지만 탁월한 지휘관이었다. Betros, ed. West Point. 육군참모총장도 이 문제를 조사했고 같은 결론에 도달했다. *Some Reflections on the Subject of Leadership: Speech by General Maxwell D. Taylor before the Corps of Cadets of The Citadel, January 21, 1956*, James A. Van Fleet Papers, Box 19, Folder Correspondence General, Taylor, Maxwell D., 1955-1959, George. C. Marshall Library, Lexington, Virginia.

35 Cited in Norris, "Leslie R. Groves," p.120. 웨스트포인트 출신 장교가 졸업 성적과 훗날 고위급 진출의 관계에 대한 증거를 제시했다.

36 H. R. McMaster, *Dereliction of Duty: Lyndon Johnson, Robert McNamara, the Joint Chiefs of Staff, and the Lies That Led to Vietnam* (New York: Harper Collins, 1997). 맥매스터는 이 책에서 당시 최고위급 군부를 격렬하게 비판하여 논란을 유발했다. 역사학 박사학위를 취득했고 이라크 자유 작전과 사막의 폭풍 작전에서 뛰어난 전공을 세웠음에도 불구하고 그는 최근 준장 진급에서 두 번이나 누락되었는데, 이로 인해 베트남 전쟁 기간처럼 오늘날의 장군 진급 심사 체계가 잘못된 것이 아닌가라는 논란이 또다시 불거졌다. Paul Yingling, "A Failure in Generalship," *Armed Forces Journal* (May 2007). Fred Kaplan, "Challenging the Generals," *New York Times Magazine*, August 26, 2007.

37 Chynoweth, *Bellamy Park*, p.55; Dik Alan Daso, "Henry H. Arnold at West Point, 1903-1907," in *West Point: Two Centuries and Beyond*, ed. Lance A. Betros (Abilene, Texas: McWhiney Foundation Press, 2004), p.76.

38 *Regulations for the United States Military Academy* (Washington, D.C.: U.S. Government Printing Office, 1916), p.24.

39 세부적인 사항은 다음에 나와 있다. Sanger, "The West Point Military Academy," pp.123~124. 생어는 50년간 미 육군에 복무한 훌륭한 장군이었다. 그는 1861년에 제1미시간보병연대First Michigan Infantry에서 임관했으며 훗날 정규군 소위로 인정받았다. 생어는 소령일 때 에머리 업튼과 함께 유럽의 군사학교와 대학들을 시찰해서 군사교육체계에 대해 탁월한 지식을 갖고 있었다. 웨스트포인트를 신랄하게 비판하는 글을 쓴 그는 육사를 독일의 전쟁학교처럼 개혁해야 한다고 주장했다.

40 *Official Register of the Officers and Cadets of the U.S. Military Academy* (West Point, New York: USMA Press, 1905), p.33.

41 Holley, "Training and Educating Pre-World War I United States Army Officers," p.27.

42 Chynoweth, *Bellamy Park*, p.53.

43 Sanger, "The West Point Military Academy," p.128.

44 Nye, "Era of Educational Reform," p.98. 육사 입학시험에 합격하기 위해 요구되는 지식의 세부 개요를 다음 문헌에서 찾을 수 있다. *Official Register of the Officers and Cadets of the U.S. Military Academy*, pp.33~40.

45 맥아더가 추진한 개혁을 자세히 살펴보려면 다음을 참조하라. Nye, "Era of Educational Reform," pp.302~320. 시행되지 않은 사항들에 대해서는 다음 장에 기술했다. 또한 다음을 참조하라. Ganoe, *MacArthur Close-Up*. 가노는 웨스트포인트에서 맥아더의 참모장이었다. 그의 저서와 맥아더 휘하의 생도대장이었던 로버트 M. 댄퍼드Robert M. Danford 소장의 글이 교장 시절 맥아더의 업적을 조명한 유일한 글이다. 가노는 '나이든' 웨스트포인트 무리에서 전향해 새로운 맥아더의 교육방침을 따르고 젊은 '관리자'를 흠모하게 되었다. 그는 자신의 변화된 생각을 대단히 솔직하게 서술했다.

46 William E. Simons, ed. *Professional Military Education in the United States: A Historical Dictionary* (Westport, Connecticut: Greenwood, 2000), p.181.

47 Ganoe, *MacArthur Close-Up*, p.113.

48 John S. D. Eisenhower, *Strictly Personal* (New York: Doutbleday, 1974), p.37.

49 윌리엄 스켈턴William Skelton은 남북전쟁 이후에 가혹행위가 증가했을 것이라고 주장했다. "Old Army" Lecture, West Point Summer Seminar in Military History, June 7, 2005, author's notes; Walter Scott Dillard, "The United States Military Academy, 1865-1900: The Uncertain Years" (Ph.D. diss.. University of Washington, 1972), p.292. 딜라드(육사 1961년 졸업)도 이에 동의했다. 그는 1969년부터 1972년까지 웨스트포인트의 역사학 교수로 근무했다.

50 Dillard, pp.90~92.

51 Crackel, *West Point: A Bicentennial History*, pp.86~88.

52 교장의 특성을 간단히 묘사한 내용을 보려면 위의 책을 참조하라.

53 Leslie Anders, *Gentle Knight: The Life and Times Of Major General Edwin Forrest Harding* (Kent, Ohio: Kent State University Press, 1985), p.3. 저자는 '완벽한 교내 체육 교육 체계의 부재'가 혹독한 가혹행위의 원인이라고 추정했다. 그러나 교육체계가 도입된 후에도 가혹행위가 줄어들지는 않았다. 이 책을 소개해 준 에드워드 코프먼에게 감사한다.

54 David R. Alexander Ⅲ, "Hazing: The Formative Years," (research paper submitted to the faculty of the United States Military Academy, History Department, West Point, New York, 1994), p.19.

55 Ibid., p.18. 1850~1859년에 28.5퍼센트, 1860~1865년에 7.6퍼센트, 1866~1869년에 22.2퍼센트, 1870~1879년에 44.8퍼센트를 차지했다.

56 Philip W. Leon, *Bullies and Cowards: The West Point Hazing Scandal, 1898-1901, Contributions in Military Studies* (Westport, Conneticut: Greenwood Press, 2000). 리언은 한 가지 사건만 다루었다. 1987년부터 1990년까지 웨스트포인트 교장의 원로 고문이었던 저자가 이 문제를 충분히 지적했는지가 논란이 되었다. 또한 다음을 참조하라. Dillard, "The Uncertain Years," pp.89~95, pp.292~340. 딜라드는 육사 창설 후 1세기 동안 발생한 가혹행위를 다룬 연구서를 발간했다. 그는 웨스트포인트의 특별 문서수집소에 보관된 생도들의 일기를 참조했다. 자료가 편향되었지만, 가혹행위의 기원을 다룬 역작으로 Alexander, "Hazing: the Formative Years"가 있다.

57 Gordon S. Wood, *The Radicalism of the American Revolution* (New York: Knopf, 1992), p.21; Dillard, "The Uncertain Years," pp.89~91. 저자도 민간인 교육 기관에 가혹행위의 뿌리가 있다고 보았다. 이 연구에서 그는 몇몇 민간 대학과 종합대학을 조사했다.

58 Samet, "Great Men", p.91.

59 Pat Conroy, *The Lords of Discipline* (Toronto: Bantam, 1982), p.62.

60 Pat Conroy, *My Losing Season* (New York: Doubleday, 2002). 콘로이는 가혹행위가 증가한 이유를 미군이 공산주의자들의 고문을 견디지 못한 한국전쟁에 있었다고 생각한다. 콘로이는 더 시타델에서 공부했는데, 군에서 예편한 후 12년간 더 시타델 교장을 지낸 마크 웨인 클라크Mark Wayne Clark(육사 1917년 졸업)가 1학년 교육체계를 혹독한 상황으로 악화시킨 주범이라고 주장했다. 클라크는 제2차 세계대전 때 리더십과 결단력이 부족했다고 평가받은 바 있다.

61 David Ralph Hughes, *Ike at West Point* (Poughkeepsie, New York: Wayne Co., 1958), p.4.

62 *Monk Dickson West Point Diary*, Benjamin Abbott Dickson Papers, Box 1, Folder Dickson Family Papers, West Point Library Special Archives, West Point, New York. 이 일은 1917년 9월 상순경의 기록에 나온다. 딕슨은 '벌지 전투'라고 알려진 독일군의 아르덴 역습을 예측해서 유명해졌다. 그가 작성한 1944년 12월 10일자 제37호 정보문건은 전설적인 문건이다. 하지만 패배한 독일 국방군이 퇴각 중일 것이라고 판단한 상관들이 그의 의견을 덮어 버렸다. 딕슨이 예측한 지 단 6일 만에 독일군이 공격을 개시하자 미군 수뇌부는 큰 혼란에 빠졌다.

63 Ibid., p.1, entry from September 18, 1917.

64 *Letter from Benjamin Abbot Dickson to the Commanding General Philippine Department*, May 8, 1920, Monk Dickson Papers, Box 2, West Point Library Special Archives, West Point, New York.

65 *Regulations for the United States Military Academy*, pp.48~50; Klaus Schmitz, *Militärische Jugenderziehung: Preußische Kadettenhäuser und Nationalpolitische Erziehungsanstalten zwischen 1807 und 1936* (Köln: Böhlau, 1997), p.137.

66 Craig M. Mullaney, *The Unforgiving Minute: A Soldier's Education* (New York: Penguin, 2009), p.39. 다른 수많은 가혹행위 기술처럼 이것은 상급생도들에게 시간을 초월한 재밋거리였다. 멀래니Mullaney(육사 2000년 졸업)는 1학년 때 가혹행위로 고통받았다. 최근 웨스트포인트의 가혹행위와 교육체계에 관해 더 자세히 알고 싶다면 이 책 제1장을 참조하라. 이 책을 소개해 준 에드워드 코프먼에게 감사한다.

67 Ibid., p.20.

68 육사 출신 저자들이 쓴 모든 종류의 가혹행위에 대한 설명을 보려면 다음을 참조하라. Jamie Mardis, *Memos of a West Point Cadet* (New York: McKay, 1976); Red Reeder, *West Point Plebe* (Boston: Little, Brown & Company, 1955). 러셀 포터 '레드' 리더Russell Potter 'Red' Reeder(육사 1926년 졸업)는 웨스트포인트에서 4년이 아니라 6년간 공부했는데, 다른 필수과목들과 달리 체육 과목에서 항상 낙제점을 받아 유급당했기 때문이다. 그는 노르망디에서 12보병사단을 지휘하여 수훈십자훈장Distinguished Service Cross을 받았지만 다리 한쪽을 잃었다. 1946년 웨스트포인트 교장이자 101공정사단장을 역임한 맥스웰 D. 테일러Maxwell D. Taylor 장군은 육사에 절실히 필요한 리더십 센터의 설립을 리더에게 위임했다. 리더는 전역 후 웨스트포인트를 밀착해서 관찰했고 웨스트포인트 도서관 특별 문서수집소의 오디 머피 콜렉션Audie Murphy Collection 책임자로 일했다. Conroy, *Discipline*. 팻 콘로이는 1967년 남캐롤라이나주 찰스턴의 더 시타델을 졸업했다. 콘로이는 호평을 받은 이 소설의 서문에 이렇게 썼다. "그는 웨스트포인트, 아나폴리스, 공군사관학교, 버지니아 군사학교, 더 시타델 등 수많은 군사학교 출신자들을 인터뷰했다. (…) 이 모

든 학교에는 한 가지 공통점이 있다. 그러나 각각 독특함과 지독하게 지켜온 정체성을 갖고 있다. 그것이 미국에서 진화한 군사학교인 것이다." 가혹행위의 자세한 묘사를 보고 싶다면 다음의 자전적 이야기를 참조하라. Conroy, *My Losing Season*. 미국의 모든 군사학교의 본질적 공통점은 바로 가혹행위 제도이다.

69 Conroy, *My Losing Season*, p.123.

70 Matthew B. Ridgway, *Soldier: The Memoirs of Matthew B. Ridgway* (New York: Harper & Brothers, 1956), p.23.

71 Ibid., p.23.

72 Reeder, *West Point Plebe*, p.77.

73 Alexander, "Hazing: the Formative Years," p.16.

74 Larry I. Bland and Sharon R. Ritenour, eds., *The Papers of George Catlett Marshall: "The Soldierly Spirit," December 1880-June 1939*, 6 vols. (Baltimore: Johns Hopkins University Press, 1981), 1, p.9.

75 Pogue, *Education of a General*, p.44.

76 Ibid., p.64. 놀랍게도 각국 사관학교들은 모방이라기보다 복제라고 할 정도로 웨스트포인트와 똑같은 형태로 설립되었다. 생도들은 웨스트포인트와 똑같이 편협한 사고방식, 혹독한 가혹행위, 현대적 학식을 갖춘 교수진의 부족에 시달렸다. 필리핀의 육군사관학교에 관해서는 다음 글을 참조하라. Alfred W. McCoy, "'Same Banana': Hazing and Honor at the Philippine Military Academy," in *The Military and Society: A Collection of Essays*, ed. Peter Karsten (New York: Garland, 1998), pp.101~103.

77 Carlo D'Este, "General George S. Patton, Jr., at Point, 1904–1909," in West Point: *Two Centuries and Beyond*, ed. Lance A. Betros (Abilene, Texas: McWhiney Foundation Press, 2004), pp.60~61.

78 Connelly, "Rocky Road," p.175.

79 Conroy, *Discipline*, p.73.

80 U'Ren, *Ivory Fortress*, p.97.

81 Conroy, *Discipline*, pp.66~67, p.162.

82 Reeder, *West Point Plebe*, p.245.

83 Trese A. LaCamera, "Hazing: A Tradition too Deep to Abolish," (research paper submitted to the faculty of the United State Military Academy, History Department, West Point, New York 1995), pp.12~13. 라카메라는 "가혹행위는 1990년대에도 여전히 쟁점이다."라고 말한다. Ganoe, *MacArthur Close-Up*, p.106.

84 Nye, "Era of Educational Reform," p.145.

85 Muth, *Flucht aus dem militärischen Alltag*, p.25. 프리드리히 대왕이 늙고 불만에 차 있던 시기에 그는 한 연대장에게 개인적으로 보낸 편지에서 '불손한' 장교후보생에게 채찍을 치라'fuchtel'고 말했다. 'Fuchteln'은 기병이 차는 칼날의 평평한 부분으로 때리는 행위를 의미한다. 그러나 프로이센 군대의 명령에 장교에 대한 체벌이 없었던 것은 확실하다. 프리드리히 통치 시대를 '모순의 왕국'이라 부르는 이유이다. Theodor Schieder, *Friedrich der Große: Ein Königtum der Widersprüche* (Frankfurt a. M.: Propyläen, 1983).

86 Muth, *Flucht aus dem militärischen Alltag*, pp.92~93.

87 Conroy, *Discipline*, p.96.

88 Reeder, *West Point Plebe*, p.63.
89 Eisenhower, *Strictly Personal*, pp.49~50.
90 Ganoe, *MacArthur Close-Up*, p.120.
91 Conroy, *Discipline*, p.96; Reeder, *West Point Plebe*, p.73, p.122.
92 Nye, "Era of Educational Reform," p.163.
93 Dillard, "The Uncertain Years," p.79.
94 Linn, "Challenge and Change," p.234.
95 Richard G. Davies, *Carl A. Spaatz and the Air War in Europe* (Washington, D.C.: Center for Air Force History, 1993), p.4.
96 Chynoweth, *Bellamy Park*, p.50. 또 다른 사례로 버지니아 군사학교 1학년 때 퇴교한 후 해병대에 병사로 입대한 루이스 B. '체스티' 풀러Lewis B. 'Chesty' Puller가 있다. 그는 해병대 역사상 훈장을 가장 많이 받았으며 중장으로 예편했다.
97 Ganoe, *MacArthur Close-Up*, p.116.
98 Nye, "Era of Educational Reform," p.260.
99 Ganoe, *MacArthur Close-Up*, p.15. 틸먼은 웨스트포인트의 커리큘럼을 현대화하려는 시도를 계속해서 거부했다. 그는 화학과 지질학이 미래의 장교들에게 가장 중요한 과목이라고 주장했다.
100 Lewis Sorley, "Principled Leadership: Creighton Williams Abrams, Class of 1936," in *West Point: Two Centuries and Beyond*, ed. Lance A. Betros (Abilene, Texas: McWhiney Foundation Press, 2004), p.124.
101 Sanger, "The West Point Military Academy," pp.121~122, pp.127~129.
102 Ibid., p.128.
103 1971년에 생도의 30퍼센트가 기초 군사훈련 중에 겪은 "불행한 경험" 때문에 "군 생활을 계속하지 않기로 결정"했다고 진술했다. U'Ren, *Ivory Fortress*, p.28.
104 Eisenhower, *Strictly Personal*, p.36; Ganoe, *MacArthur Close-Up*, p.124.
105 Norris, "Leslie R. Groves," p.37. 이 말은 예비역 준장 출신이며 1918년에 1학년 생도였던 윌리엄 W. 포드William W. Ford가 전역한 후 수십 년 동안 기록한 것이다. 당연히 그는 '오염된 불순물을 제거해야 한다'는 육사 교수진의 말을 그대로 되풀이했을 뿐이다. Charles W. Larned, "West Point and Higher Education," *Army and Navy Life and The United Service* 8, no. 12 (1906): 18. 찰스 윌리엄 라니드Charles William Larned(육사 1870년 졸업) 대령은 웨스트포인트에 도입된 풋볼 프로그램을 비판하고 시대에 뒤떨어진 교육 시스템을 옹호한 인물로, 『웨스트포인트의 천재들*The Genius of West Point*』이라는 책을 포함해 '매끄러운' 보고서와 논문을 작성한 것으로 유명했다. 라니드는 웨스트포인트에서 도학圖學 과목 원로 교수로서 35년간 학생들을 가르쳤다. 라니드 같은 원로 교수들의 영향력이 상당했던 것은 분명하다.
106 Sorley, "Leaderskip," p.123.
107 Ibid.
108 Conroy, *Discipline*, p.33.
109 1988년 육사 교수부는 '가혹행위hazing'를 억제, 구속을 뜻하는 'curb'란 단어로 덮어 버리려 했다. Alexander, "Hazing: The Formative Years," p.2.
110 Conroy, *Discipline*, p.172.

111 Nye, "Era of Educational Reform," p.147.

112 Ganoe, *MacArthur Close-Up*, p.36.; Nye, "Era of Educational Reform," pp.148~172. 여러 가지 가혹행위, 스캔들, 처벌 시도, 군기교육 사례와 함께 저자는 육사에 생도들을 관찰할 참모들이 부족하다는 변명을 함께 기록했다.

113 1976년부터 웨스트포인트는 대통령령에 의거해 여성 생도를 입교시키라는 압력을 받았다. 여성 생도를 대상으로 한 부적절한 대우와 괴롭힘에 대한 슬픈 이야기는 여기에서 논하기가 어렵다. 여성 생도들이 견뎌내야 했던 끔찍한 행동에 대해서는 다음을 참조하라. Lance Janda, "The Crucible of Duty: West Point, Women, and Social Change," in *West Point: Two Centuries and Beyond*, ed. Lance A. Betros (Abilen, Texas: McWhiney Foundation Press, 2004), pp.353~355. 이야기의 전모를 보려면 다음을 참조하라. Lance Janda, *Stronger than Custom: West Point and the Admission of Women* (Westport, Conneticut: Praeger, 2002). 당시 장교로 임관할 꽤 많은 남성 생도들이 신사답지 못했음은 확실하다. 그로부터 약 20년 후 한 참모장교(육사 1985년 졸업)가 육사의 노력에 관해 흥미로운 역사적 관점을 제시했다. Dave Jones, "Assessing the Effectiveness of 'Project Athena': The 1976 Admission of Women to West Point" (research paper submitted to the faculty of the United States Military Academy, History Department, West Point, New York, 1995). 최근의 발전된 모습에 관해서는 다음을 참조하라. D'Ann Campbell, "The Spirit Run and Football Cordon: A Case Study of Female Cadets at the U.S. Military Academy," in *Forging the Sword: Selecting, Educating, and Training Cadets and Junior Officers in the Modern World*, ed. Elliot V. Converse (Chicago: Imprint Publications, 1998). 버지니아 군사학교와 더 시타델은 민망하게도 무려 20년이 지난 후에야 여성 생도 수용을 논의했다. 더 시타델은 여론에 떠밀려 1995년에 최초로 여성 생도를 받아들였으나 일주일 만에 생도대에서 퇴출했다. 졸업생들, 유명 작가인 팻 콘로이, 엄청난 숫자의 군인들이 대규모 집회를 연 후 더 시타델은 다시 여성 생도 입교를 고려했다. 버지니아 군사학교는 여성 생도를 받아들이라는 법원의 판결을 거부했지만 국방부가 위헌적 행동을 한다면 예산을 주지 않겠다고 위협하자 결국 그 방침을 포기했다. 그에 대한 이야기가 다음 책에 나와 있다. Philippa Strum, *Women in the Barracks: The VMI Case and Equal Rights* (Lawrence: University Press of Kansas, 2002).

114 U'Ren, *Ivory Fortress*, xi-xiv; Ed Berger et al., "ROTC, My Lai and the Volunteer Army," in *The Military and Society: A Collection of Essays*, ed. Peter Karsten (New York: Garland, 1998), p.150.

115 U'Ren, *Ivory Fortress*, p.19.

116 Ibid., p.53.

117 미국 해군사관학교의 정의는 한층 더 명확하고 덜 모호했다. 해군사관학교의 1학년 생도 역시 여전히 가혹행위로 고통받았다. 다음을 참조하라. David Edwin Lebby, "Professional Socialization of the Naval Officer: The Effect of Plebe Year at the U.S. Naval Academy" (Ph.D. diss., University of Pennsylvania, 1970), pp.68~69. 불행히 레비의 연구도 이 현상에 비판적이지 않았다.

118 Reeder, *West Point Plebe*, pp.23~24.

119 Mullaney, *The Unforgiving Minute*, p.36.

120 *West Point Demerit Book, 27 April 1912-9 August 1916*, Norman D. Cota Papers, Box

5, Dwight D. Eisenhower Library, Abilene, Kansas. 이 책에는 4학년 생도가 하급 생도들에게 벌점을 부여한 비상식적인 이유들이 기술되어 있다. 노먼 '더치' 코타Norman 'Dutch' Cota(육사 1917년 졸업)는 이 책의 마지막 부분을 책임졌다. 그는 제29보병사단의 부사단장으로 탁월한 리더십을 발휘하여 디데이에 첫 번째 제파로 노르망디에 상륙하여 교착된 상황을 타개한 활약으로 유명해졌다. 그는 노르망디에서 해변 요새들을 확보하는 임무를 레인저 연대에 부여하고 '레인저가 앞장선다Rangers Lead The Way'라는 유명한 모토를 만들어 주었다. 코타는 전쟁 이전에 대규모 상륙작전을 계획하고 연습한 극소수 미군 장교들 중 하나였다. 벌지 전투 때 제28사단장이었던 코타는 융통성 없는 지휘로 명성에 타격을 입었다. 20세기 폭스 사는 유명한 전쟁 영화 〈지상 최대의 작전The Longest Day〉을 제작할 때 코타를 접촉했다. 자신의 역할을 맡을 배우들을 퇴짜놓던 코타는 로버트 미첨이 선정되자 만족스러워했다.

121 Holley, "Training and Educating Pre-World War I United States Army Officers," p.27; *West Point Demerit Book, 27 April 1912–9 August 1916.*

122 Anders, *Gentle Knight*, p.18.

123 Coffman, *The Regulars*, 176.

124 *Letter from James A. Van Fleet to J. Hardin Peterson, July 24, 1943*, James A. Van Fleet Papers, Box 42, Folder Postings-Fort Dix, New Jersey, Correspondence, July 1943, George C. Marshall Library, Lexington, Virginia.

125 Eisenhower, *Strictly Personal*, p.36.

126 Ibid., p.39.

127 *Letter from Joe Lawton Collins to his son Joseph "Jerry" Easterbrook*, July 30, 1943, Joe Lawton Collins Papers, Box 2, Folder 201 File- Personal Letter File-1943 (4), Dwight D. Eisenhower Library, Abilene, Kansas.

128 Holley, "Training and Educating Pre-World War I United States Army Officers," p.28.

129 Reeder, *West Point Plebe*, pp.131~132. 이 따분하고 지루한 과정의 뿌리는 지식 암기에 광적으로 집중하는 분위기뿐만 아니라 부적절한 '세이어 제도Thayer System'에 있었다. John Philip Lovell, "The Cadet Phase of the Professional Socialization of the West Pointer: Description, Analysis, and Theoretical Refinement" (Ph.D. diss., University of Wisconsin, 1962), pp.34~36, pp.49~50. 로벌은 이 시기에 놀랍게도 미국 육군사관학교에서 높은 수준의 지원을 받아 연구를 실시했다. 육사 1955년 졸업생인 로벌은 1학년 교육체계를 대체로 무비판적으로 다루었다. 반면에 그의 흥미로운 연구는 전반적 사회화보다 전문적 사회화를 정의하고, 군사적 사고와 능력보다 세계관에 대한 문제를 다루었다. 따라서 이 책에 적용할 만한 내용이 별로 없다.

130 Brown, *Social Attitudes*, p.21.

131 Ganoe, *MacArthur Close-Up*, p.97.

132 Nye, "Era of Educational Reform," p.40.

133 Coffman, *The Regulars*, p.147. 심슨은 제2차 세계대전 때 제9군을 지휘했다.

134 Jerome H. Parker IV, "Fox Conner and Dwight Eisenhower: Mentoring and Application," *Military Review* (July-August 2005): 93.

135 Miles, *Fallen Leaves*, p.179.

136 Ibid.

137 Collins, *Lightning Joe*, p.43.

138 Ibid.

139 Ibid.

140 Ridgway, *Soldier*, p.32.

141 Miles, *fallen Leaves*, p.7. 당시 대위였던 마일스는 훗날 육군참모총장을 역임한 J. 프랭클린 벨J. Franklin Bell의 글을 인용했다. 벨은 미국-스페인전쟁에 대한 글을 썼다.

142 "'Splendid, wonderful' says Joffre admiring the West Point cadets," *New York Times*, May 12, 1917; Ridgway, *Soldier*, 33. 프랑스의 원수이며 제1차 세계대전 때 베르됭의 구세주 앙리 필리프 페탱Henri Philippe Pétain은 1931년 10월 25일 웨스트포인트를 방문한 후 선배 조프르Joffre보다 웨스트포인트를 더 강하게 비판했다. 그는 "(웨스트포인트 교육제도의) 단조로움은 졸업생들의 사고를 더욱 고착시켜 유연성을 떨어뜨릴 것이다."라고 우려했다. Mott, *Twenty Years*, p.44.

143 Ridgway, *Soldier*, p.33.

144 Genung, "Foreign Languages," pp.514~516.

145 Nye, "Era of Educational Reform," p.189.

146 Frank J. Walton, "The West Point Centennial: A Time for Healing," in *West Point: Two Centuries and Beyond*, ed. Lance A. Betros (Abilene, Texas: McWhiney Foundation Press, 2004), p.209.

147 Miles, *Fallen Leaves*, p.168.

148 *Monk Dickson West Point Diary*. Entry from Sept. 21, 1917. 해럴드 우드 헌틀리Harold Wood Huntley(육사 1906년 졸업) 대위가 1910~1912년에만 웨스트포인트에서 수학 강사로 근무했다는 기록이 있다. 그러나 수학 강사가 헌틀리 한 명뿐이었으므로 딕슨이 옳으며 졸업생 명부가 잘못되었다. 다음을 참조하라. *Biographical Register of the United States Military Academy: The Classes, 1802–1926* (West Point, New York: West Point Association of Graduates, 2002), p.92.

149 Anders, *Gentle Knight*, p.11. 이 표현은 에드윈 포레스트 하딩Edwin Forrest Harding(육사 1909년 졸업)의 말이다. 조지 패튼의 동기생인 하딩은 훗날 소장까지 진급했다.

150 Holley, "Training and Educating Pre–World War I United States Army Officers," p.30.

151 Nye, "Era of Educational Reform," pp.52~53.

152 *Annual Report of the Superintendent of the United States Military Academy*, pp.4~5.

153 Ganoe, MacArthur Close–Up, pp.61~63, pp.95~97.

154 Anonymous, "Inbreeding at West Point," *Infantry Journal* 16 (1919): 341.

155 *Annual Report of the Superintendent of the United States Military Academy*, 4.

156 Walter Crosby Eells and Austin Carl Cleveland, "Faculty Inbreeding: Extent, Types and Trends in American Colleges and University," *Journal of Higher Education* 6, no. 5 (1935): 262.

157 Ibid., p.262. 이 연구에서는 '파벌적 동문 채용inbreeding'을 동일 학교 기관에서 적어도 한 개 학위를 취득한 사람을 교직에 고용하는 것이라고 정의했다.

158 Linn, "Challenge and Change," p.246.

159 Ibid.. 같은 기간에 이 점에 있어서 매릴랜드주 아나폴리스의 미국 해군사관학교는 육사보다 훨씬 나았다. 해사 교수들 중 박사 학위 소지자 수는 육사의 세 배였고 교수의 거의 절반이 최소한 석사 학위 소지자였다. 이 숫자는 5년 후에 눈에 띄게 증가했다. 다음을 참조하라. Lebby, "Professional Socialization of the Naval Officer," p.83.

160 Holden, "The Library of the United States Military Academy, 1777–1906," pp.46~47. 홀든(육사 1870년 졸업)도 파벌적 동문 채용 사례에 해당하는 인물이다.

161 Norris, "Leslie R. Groves," p.112.

162 Chynoweth, *Bellamy Park*, p.70; Paul F. Braim, *The Will to Win: The Life of General James A. Van Fleet* (Annapolis, Maryland: Naval Institute Press, 2001), p.15.

163 Chynoweth, *Bellamy Park*, p.118.

164 Nye, "Era of Educational Reform," p.108.

165 Ibid., pp.108~109.

166 Braim, *The Will to Win*, p.14.

167 Eisenhower, *Strictly Personal*, pp.45~46.

168 Ronald P. Elrod, "The Cost of Educating a Cadet at West Point" (research paper submitted to the faculty of the United States Military Academy, History Department, West Point, New York, 1994), p.9.

169 Eisenhower, *Strictly Personal*, p.48.

170 이와 다른 의견을 다음 책에서 찾을 수 있다. Skelton, *Profession of Arms*, p.167.

171 Mott, *Twenty Years*, p.30.

172 Nye, "Era of Educational Reform," p.337.

173 Ibid., pp.336~337.

174 이는 과거부터 내려오는 생도들의 문장으로서 '120'이라는 숫자만 바꾸어 다른 해에도 적용할 수 있다. Stokam, Lori A. "The Fourth Class System: 192 Years of Tradition Unhampered by Progress from Within" (research paper submitted to the faculty of the United States Military Academy, History Department, West Point, New York, 1994). 스토캠은 '1학년 교육체계'를 통렬히 비판하고 매우 대담한 해석을 내놓았다. 이 글은 역사 연구 논문이지만 웨스트포인트의 '1학년 교육체계'의 최근 변화와 리더십 부족도 다루고 있다.

175 Eisenhower, *Strictly Personal*, p.98.

176 Eiler, *Mobilizing America*, pp.455~456.

177 Samuel A. Stouffer et al., eds. *The American Soldier: Adjustment during Army Life*, 4 vols., Studies in Social Psychology in World War Ⅱ (Princeton, New Jersey: Princeton University Press, 1949), 1:56.

178 John Philip Lovell, "The Professional Socialization of the West Point Cadet," in *The New Military: Changing Patterns of Organization*, ed. Morris Janowitz (New York: Russell Sage Foundation, 1964), p.135. 1945~1960년에 해당하는 수치이다.

179 *Letter from John Raaen to Phil Whitney, July 8, 1944*, Norman D. Cota Papers, Box 1, Folder Personal File Correspondence 1944–1954 (2), 1, Dwight D. Eisenhower Library, Abilene, Kansas. 라엔Raaen(육사 1943년 졸업) 대위는 디데이에 노먼 D. 코타Norman D. Cota(육사 1917년 졸업) 바로 옆에서 레인저 중대를 지휘했다. 전쟁 후 웨스트

포인트로 돌아와 1945년부터 1948년까지 교관으로 근무했고 수년 후에 육군 소장으로 예편했다.

180 Ridgway, *Soldier*, p.300.

181 *Letter of William R. Smith to Floyd L. Parks, December 27, 1937*, Floyd L. Parks Papers, Box 4, Folder Correspondence 1913-165, Dwight D. Eisenhower Library, Abilene, Kansas. 스미스(육사 1892년 졸업)는 당시 테네시주 스와니에 있는 스와니 군사학교의 교장이었으므로 이 기관의 개혁을 주도하지 않았음이 분명하다. 그는 1928년부터 1932년까지 웨스트포인트의 교장이었다. 플로이드 L. '파크시' 파크스Floyd L. 'Parksie' Parks는 육사 출신이 아니었으나 형 리먼Lyman이 1917년에 육사를 졸업했다.

182 MacArthur, *Reminiscences*, p.81.

183 Harry N. Kerns, "Cadet Problems," *Mental Hygiene* 7 (1923), p.689. 컨스 소령은 최초로 웨스트포인트에 파견된 정신과 의사 중 한 명이었다. 그는 1923년 6월 20일 디트로이트에서 열린 제79회 미국 정신과협의회에서 이 같은 내용을 연설해 주목받았는데, 웨스트포인트는 항상 외부로부터 조직을 방어해 왔기 때문이다. 그의 매우 솔직한—종종 미화되었지만— 발표문은 그 중요성을 인정받아 『미국 정신의학 저널*American Journal of Psychiatry*』과 『정신위생*Mental Hygiene*』에 동시에 실렸다. 흥미로운 사실은, 50년 후에 컨스의 후배가 그와 똑같이 생각했다는 것이다. 이는 웨스트포인트에 거의 변화가 없었음을 보여 주는 사례이다. 다음을 참조하라. U'Ren, *Ivory Fortress*, pp.134~140.

184 Kerns, "Cadet Problems," p.696.

185 Nye, "Era of Educational Reform," p.295.

186 Stouffer et al., eds. *The American Soldier: Adjustment during Army Life*, p.381.

187 Bland and Ritenour, eds., "*The Soldierly Spirit*," p.252.

188 Stouffer et al., eds. *The American Soldier: Adjustment during Army Life*, p.380. 이 책 전반에 걸쳐 이 문제를 다루었다. 특히 제8장 "Attitudes toward Leadership and Social Control"을 참조하라.

189 Bland and Ritenour, eds., "*The Soldierly Spirit*."

190 Brown, *Social Attitudes*, p.22.

191 이 보고서는 다음에서 인용했다. Stouffer et al., eds. *The American Soldier: Adjustment during Army Life*, 381. 포스딕이 제기한 리더십 문제를 제2차 세계대전 후 사회학자들이 똑같이 지적했다.

192 Ibid., p.381.

193 Bland and Ritenour, eds., "*The Soldierly Spirit*," p.455.

194 Ibid., p.680. 마셜은 해럴드 로 '핑크' 불Harold Roe 'Pink' Bull(육사 1914년 졸업)을 교장으로 추천했다. 불은 제2차 세계대전 때 아이젠하워의 유럽 연합군 총사령부SHAEF에서 비난을 많이 받은 작전참모였다.

195 Michael T. Boone, "The Academic Board and the Failure to Progress at the United States Military Academy" (research paper submitted to the faculty of the United States Military Academy, History Department, West Point, New York, 1994), p.5.

196 게다가 육체적으로 건강한 생도들이 일반적으로 웨스트포인트에서 더 수월하게 생활했다. Lloyd Otto Appleton, "The Relationship between Physical Ability and Success at the United States Military Academy" (Ph.D. diss., New York University, 1949).

197 *Charles L. Bolté interviewed by Arthur J. Zoehelein*, undated, Senior Officers Oral History Program, U.S. Army Military History Institute, Carlisle, Pennsylvania; Ridgway, *Soldier*, p.27.

제3장 '죽는 방법을 배운다': 독일의 생도

1 Ernst von Salomon, *Die Kadetten* (Berlin: Rowohlt, 1933), pp.28~29. 이러한 훈시는 드물지 않았다. 이와 약간 다른 버전이 다음 책에 있다. Emilio Willems, *A Way of Life and Death: Three Centuries of Prussian-German Militarism: An Anthropological Approach* (Nashville, Tennessee: Vanderbilt University Press, 1986), p.78. 이 책을 알려준 로널드 스멜서Ronald Smelser에게 감사한다. 다음을 참조하라. Holger H. Herwig, "'You are here to learn how to die': German Subaltern Officer Education on the Eve of the Great War," in *Forging the Sword: Selecting, Educating, and Training Cadets and Junior Officers in the Modern World*, ed. Elliot V. Converse (Chicago: Imprint Publications, 1998).
2 Hans R. G. Günther, *Begabung und Leistung in deutschen Soldatengeschlechtern*, Wehrpsychologische Arbeiten 9 (Berlin: Bernard & Graefe, 1940). 이 책은 인종차별적 관용구와 나치 용어를 학술 용어처럼 포장했다. 베를린 대학 교수인 저자는 국방군 감찰관으로부터 임무를 받아 연구를 수행했다. 이 연구는 과학적 근거 없이 단순히 독일 군인 집안들의 이름과 업적을 기술하고, 출세한 인물을 배출한 군인 집안이 향후 더 승승장구할 군인을 배출한다고 결론지었다.
3 John McCain and Mark Salter, *Faith of My Fathers* (New York: Random House, 1999).
4 Holger H. Herwig, "Feudalization of the Bourgeoisie: the Role of the Nobility in the German Naval Officer Corps, 1890-1918," in *The Military and Society: A Collection of Essays*, ed. Peter Karsten (New York: Garland, 1998), p.53, p.55.
5 Daniel J. Hughes, "Occupational Origins of Prussia's Generals, 1870-1914," *Central European History* 13, no. 1 (1980): p.5.
6 Horst Boog, "Civil Education, Social Origins, and the German Officer Corps in the Nineteenth and Twentieth Centuries," in *Forging the Sword: Selecting, Educating, and Training Cadets and Junior Officers in the Modern World*, ed. Elliot V. Converse (Chicago: Imprint Publications, 1998), p.128.
7 Ibid., p.128.
8 Bernhard R. Kroener, "Auf dem Weg zu einer 'nationalsozialistischen Volksarmee': Die soziale Öffnung des Heeresoffizierkorps im Zweiten Weltkrieg," in *Von Stalingrad zur Währungsreform: Zur Sozial geschichte des Umbruchs in Deutschland*, eds. Martin Broszat, Klaus-Dietmar Henke, and Hans Woller (München: Oldenbourg, 1988).
9 Clemente, "Making of the Prussian Officer," p.56.
10 Nye, "Era of Educational Reform," pp.133~134.
11 Herwig, "Feudalization of the Bourgeoisie," p.55.
12 프로이센의 다음 지역에 유년군사학교가 설치되었다. 베를린에서 서남쪽으로 19킬로미터 떨어진 프리드리히 대왕의 유명한 궁전이 있던 포츠담Potsdam, 오늘날 폴란드 지역인 발슈타트Wahlstatt(폴란드 지명 레그니츠키에폴레Legnickie Pole), 노르트라인베스트팔렌

Nordrhein-Westfalen 지역의 베르기슈글라트바흐Bergisch-Gladbach 남쪽에 위치한 벤스베르크Bensberg, 헤센주 프랑크푸르트Frankfurt와 코블렌츠Koblenz 사이에 있는 디에츠Diez강변의 오라닌슈타인Oranienstein, 작센안할트Sachsen-Anhalt주의 예나Jena와 라이프치히Leipzig 사이에 위치한 나움부르크Naumburg, 오늘날 폴란드에 위치해 있고 비교적 큰 해안도시이며 코샬린Koszalin이라고 불리는 쾨슬린Köslin, 슐레스비히홀슈타인Schleswig-Holstein주의 킬Kiel에서 26킬로미터 남동쪽에 위치한 플뢴Plön 등이다.

13 이 시설들은 프로이센의 유년군사학교였고 독일 내 다른 공국들도 이러한 시설을 보유했다. 예를 들어 바이에른 공국의 시설은 뮌헨에 있었다.

14 Karl-Hermann Freiherr von Brand and Helmut Eckert, *Kadetten: Aus 300 Jahren deutscher Kadettenkorps*, 2 vols. (München: Schild, 1981), 1, p.156.

15 Ibid.. 이 수치는 프로이센군만 계산한 통계이며 예비역 장교는 포함되지 않았다. Torsten Diedrich, *Paulus: Das Trauma von Stalingrad* (Paderborn: Schöningh, 2008), p.74.

16 Generalfeldmarschall Werner von Blomberg, War Minister; Generalfeldmarschall Fedor von Bock, Commander of Heeresgruppe Mitte; Generalfeldmarschall Walther von Brauchitsch, Commander in Chief (CinC) of the Army; Generalfeldmarschall Hans Günther von Kluge, Commander in Chief (CinC) West; Generalfeldmarschall Wolfram Freiherr von Richthofen, Commander of Luftflotte 2; Generalfeldmarschall Gerd von Rundstedt, CinC West; General Walther Wenck, Generalfeldmarschall Erwin von Witzleben, CinC West, Commander of 12. Army; Generaloberst Hans Jeschonnek, Chief of Staff (CoS) of the Luftwaffe; Generaloberst Johannes Blaskowitz, Commander of Heeresgruppe H; Oberstgruppenführer Paul Hausser, Commander of Heeresgruppe G; Generaloberst Hermann Hoth, Commander of 4. Panzerarmee; Generaloberst Alfred Jodl, Chef des Wehrmachtsführungsstabes; Generaloberst Kurt Student, CinC of the Paratrooper Forces; General Hasso von Manteuffel, Commander of 3. Panzerarmee; General Siegfried Westphal, CoS CinC West. 이 명단에는 제2차 세계대전 당시 핵심적이고 저명한 생도 출신 지휘관들 중 일부만 실려 있다. 독일과 프로이센의 전쟁들에서도 이와 비슷한 수의 장군들이 활약했다는 사실은 생도 출신의 중요성을 시사한다. 생도 출신자들을 소모적으로 대우한 현실에 대해서는 다음을 참조하라. Brand and Eckert, *Kadetten*, vol. 1.

Ibid. 나치 엘리트 학교—국립정치교육원Nationalpolitische Erziehungsanstalten(1933년 나치 집권 후 설립된 민족 공동체 교육시설. 독일 여러 지역에 설립되었으며 10~18세의 소년들이 다녔다. 소녀 전용 학교도 있었으나 극소수였다.—옮긴이)— 설립의 책임자이자 공무원인 요아힘 하우프트Joachim Haupt와 라인하르트 순켈Reinhard Sunkel이 군사학교 생도였다는 사실에 주목할 필요가 있다. 다음을 참조하라. Schmitz, *Militärische Jugenderziehung*, p.12.

17 Herwig, "'You are here to learn how to die': German Subaltern Officer Education on the Eve of the Great War," p.34.

18 주목할 만한 예외 사례가 있다. John Moncure, *Forging the King's Sword: Military Education between Tradition and Modernization: The Case of the Royal Prussian Cadet Corps, 1871–1918* (New York: Lang, 1993). 몬큐어(육사 1972년 졸업)는 서론에서 본문의 내용과 동일한 논점을 기술했다. 이 매우 세밀한 연구보고서에서 그는 놀라울 만큼 많은 생도들의 비

망록을 찾아냈다. Clemente, "Making of the Prussian Officer"는 너무 많은 정보를 담으려 했고, 프로이센식의 진부한 표현과 시대에 뒤떨어진 구 프로이센의 역사기록학적 관점이 반복된 나머지 읽기가 불편한 글이다. 슈미츠의 다음 책을 참조하라. Schmitz, *Militärische Jugenderziehung*. 그는 생도대의 교과과정을 자세히 다루었지만 생도들의 일상생활은 그리 많이 기술하지 않았다.

19 Moncure, *Forging the King's Sword*, p.58.

20 Ibid., pp.207~209. 몬큐어는 오래전부터 의문을 품어 온 유년군사학교의 존재 이유를 정확하게 진술했다.

21 Friedrich Franz von Unruh, *Ehe die Stunde schlug: Eine Jugend im Kaiserreich* (Bodensee: Hohenstaufen, 1967), p.106.

22 Boog, "Civil Education, Social Origins, and the German Officer Corps," p.82, pp.90~91.

23 Schmitz, *Militärische Jugenderziehung*, pp.123~124. 군사학교의 전반적 교육체계와 역사적 발전뿐만 아니라 공적·내부적 토론을 기술했다.

24 Ibid., p.85.

25 Ibid., p.89.

26 1915년 쾨슬린 군사학교의 세세한 일일 단위 시간 계획이 다음 책에 나와 있다. Moncure, *Forging the King's Sword*, p.110.

27 Manstein, *Soldatenleben*, pp.12~14. 만슈타인에게 영향을 미친 조상들에 대한 간략한 논의, 만슈타인의 지휘력과 리더십에 대한 상세하고 새로운 평가를 다음 글에서 볼 수 있다. Jorg Muth, "Erich von Lewinski, called von Manstein: His Life, Character and Operations–A Reappraisal", http://www.axishistory.com/ index.php?id=7901.

28 Unruh, *Ehe die Stunde schlug*, p.58.

29 Ibid., p.60.

30 다음 저작의 표와 설명을 참조하라. Moncure, *Forging the King's Sword*, p.61, p.84, pp.90~91. 안타깝게도 아버지의 직업을 설명하는 표에서 저자는 공무원 계층을 구분하지 않았다. 이는 '장교가 될 자격이 있는 계층'의 아들인지를 결정하는 데 매우 중요하다. 그 중요성이 다음 문헌에 정확하고 상세하게 기술되어 있다. Reinhard Stumpf, *Die Wehrmacht–Elite: Rang–und Herkunftsstruktur der deutschen Generale und Admirale 1933–1945*, Wehrwissenschaftliche Forschungen, Abteilung Militärgeschichtliche Studien 29 (Boppard a. R.: Boldt, 1982), pp.204~229. 그러나 몬큐어는 슈툼프를 참고문헌 목록에 올렸다.

31 Clemente, "Making of the Prussian Officer," pp.157~158; Schmitz, *Militärische Jugenderziehung*, p.12.

32 Hans–Jochen Markmann, *Kadetten: Militärische Jugenderziehung in Preußen* (Berlin: Pädagogisches Zentrum, 1983), p.42. 성인 대우의 중요성에 대해서는 다음을 참조하라. Salomon, *Die Kadetten*, p.48.

살로몬의 이야기는 자세한 묘사와 엄청난 달변으로 인해 주목받았다. 전쟁 발발과 함께 유년군사학교에 남겨진 최저학년 생도들에게 동료들의 첫 사망 소식이 전해지면서 이야기가 시작된다. 훗날 부상당해 불구가 된 생존자들이 어린 동료들을 만나기 위해 유년군사학교로 돌아온다. 살로몬은 나이가 어려서 제1차 세계대전에 참전하지 못했고 폴란드 국경과 발틱해 일대에서 창설된 악명 높은 자유군단Freikorps에 자원입대했다. 1년간의 투쟁 끝에 고향으로 돌아온 살로몬은 때때로 나치를 지지하고 온갖 만행과 테러를 일으킨 '저항운동'을 형성하는 데 일조했다.

저항운동 지도자들 중 한 명이 시범 사례로 독일 수상 발터 라테나우Walther Rathenau의 암살을 제안하자 살로몬은 이 정치인이 쓴 글들에 감명받았음에도 불구하고 암살 계획을 돕기로 했다. 무슨 일이 있어도 친구들을 실망시킬 수는 없었다. 살로몬은 살인범들에게 차량과 운전사를 제공했고, 그들은 도주했다. 그는 이 사실 때문에 나중에 무기징역을 받지 않았다. 암살은 성공했고 살로몬은 체포되어 5년형을 선고받았다. 수감 기간 중에 배신자에 대한 정치적 암살에 가담했다는 사실이 발각되었다. 그러나 살로몬은 희생자와 악전고투한 끝에 암살을 무산시켰다. 하지만 그는 억울하게 3년형을 더 살았는데, 사법부가 나치스에 잘 보이려고 살로몬을 '정치범'으로 취급했기 때문이다. 살로몬은 그로부터 5년 후에 석방되었다. 그의 이야기에 대해서는 다음을 참조하라. Salomon, *Die Geächteten*. 이 책은 당시 젊은 세대가 나치에 빠져든 이유를 이해하는 데 어떤 역사적 사료보다도 도움이 된다.

히틀러가 권력을 잡자 예전에 살인자(운전기사와 살로몬만이 생존해 있었다.)라고 여겨졌던 사람들과 그 조력자들이 국가적 영웅이 되었다(라테나우도 유대인이었다). 그때부터 살로몬은 몸을 숨기고 제3제국의 잔인한 통치 기간에 무슨 일이 벌어지는지 알면서도 침묵한 채 아무런 행동도 하지 않은 다수의 인간들 중 한 명으로 살았다. 그는 유대인 여자친구를 아내로 위장해 보호할 수 있었다.

제2차 세계대전이 종식된 후 살로몬은 『질문지*Der Fragebogen*』라는 책으로 다시 각광받게 되었다. 131페이지 분량의 이 책은 연합군이 독일의 범죄 수준을 판단하기 위해 설정한 문제들을 비판적으로 다루었다. 이 책은 인종차별과 외국인 혐오주의를 사죄하는 성향을 띠었으며 전후 독일 최초의 베스트셀러가 되었다. 이 책에 대한 비판을 보려면 다음을 참조하라. "It Just Happened: Review of Ernst von Salomon's book *The Questionnaire*," *Time,* Monday, Jan. 10, 1955.

33 Brand and Eckert, *Kadetten*, vol. 1, p.151, p.167.

34 Clemente, "Making of the Prussian Officer," p.225.

35 Felix Dhünen, *Als Spiel begann's: Die Geschichte eines Münchener Kadetten* (München: Beck, 1939) p.17.

뒤넨은 자신의 소설에서 생생하게 묘사한 뮌헨의 유년군사학교를 졸업했다. 헤센에서 태어난 뒤넨은 바이에른의 군사학교에서 더 높은 수준의 교육을 받고 더 편안하게 생활할 수 있을 것이라고 생각해 프로이센의 군사학교에 가지 않았다. 그의 이야기와 다음의 문헌들을 비교해 보면 그의 판단이 옳았던 것 같다. Markmann, *Kadetten*, and Brand and Eckert, *Kadetten,* vol. 1.

36 Schmitz, *Militärische Jugenderziehung*, p.144.

37 Dhünen, *Als Spiel begann's*, p.42; Brand and Eckert, *Kadetten*, vol. 1, p.307; Leopold von Wiese, *Kadettenjahre* (Ebenhausen: Langewiesche, 1978), p.67; Salomon, *Die Kadetten*, p.89.

38 이런 관습은 프리드리히 대왕의 부왕 시대 이래로 프로이센군에 존재했다. 다음을 참조하라. Muth, *Flucht aus dem militärischen Alltag*, pp.70~71.

39 Unruh, *Ehe die Stunde schlug*, p.63, p.87; Salomon, *Die Kadetten*, pp.60~63.

40 Salomon, *Die Kadetten*, p.193; Unruh, *Ehe die Stunde schlug*, pp.62~64.

41 Markmann, *Kadetten*, p.102; Unruh, *Ehe die Stunde schlug*, pp.132~133.

42 Ganoe, *MacArthur Close-Up*, p.110.

43 Moncure, *Forging the King's Sword*, pp.182~184, pp.191~192.

44 Schmitz, *Militärische Jugenderziehung*, p.145.

45 남자 생도만 생활하는 군사학교에 대해 쓴 학자들이 동성애를 주제로 다루었으나 더 이상 심도 있는 연구는 없었다. 동성애 문제에 대한 일부 가정들은 Markmann이 과거의 표현을 해석하지 못해 다루지 않았다. 당시에 '부도덕한 행위를 저지르려는 생각'은 다른 남자와의 성교가 아니라 '자위행위 유도'를 의미했다. 다음을 참조하라. Markmann, *Kadetten*, pp.100~101. 자위행위 '문제'에 대해서는 다음을 참조하라. Wiese, *Kadettenjahre*, p.69. 다음 책에 동성애적 접촉에 대해 명확하게 설명되어 있다. Salomon, *Die Kadetten*, pp.194~195, p.198. Wiese, *Kadettenjahre*, pp.85~86.

46 Dhünen, *Als Spiel begann's*, p.56. Salomon, *Die Kadetten*, p.33.

47 Unruh, *Ehe die Stunde schlug*, pp.62~64. 적어도 운루 형제 중 다섯 명이 군사학교에 입교했다. 분명한 사실은 형들이 동생들에게 생도 생활을 준비시키는 데 소홀했다는 것이다. 이 회고록을 집필한 프리드리히 프란츠(1893~1986)는 1911년에 장교후보생으로 6년간의 군사학교 생활을 마친 후 바트 제109근위보병연대Badische Leib-Grenadier-Regiment No.109로 전속되었다. 제1차 세계대전에 참전해 용맹을 떨쳐 훈장을 받았으며 같은 연대에서 중대장을 역임했다. 유년군사학교를 졸업하고 참전한 형 프리츠Fritz(1885~1970)처럼 그도 유명한 소설가이자 작가가 되었다. 프리츠의 첫 번째 작품인 『장교들*Die Offiziere*』(1912)은 군대와 지휘관으로서의 양심을 다룬 저작으로서 당시에 크게 성공했다. 독일을 탈출한 프리츠는 나치가 자신의 책을 불태운 일을 영광스럽게 생각했는데, 이는 그의 책이 매우 훌륭하고 비판적이라는 것을 의미했다. 그는 1948년에 공개적으로 독일로 돌아왔다. 매우 비판적이고 감정적인 「독일인에게 고함*Rede an die Deutschen*」이라는 글에서 프리츠는 유년군사학교를 포함해 독일의 제국주의적 사회와 교육을 신랄하게 비판해 수많은 졸업생들을 적으로 만들었다. 유년군사학교에서 프리츠는 에리히 폰 만슈타인과 같은 학급에서 생활했으며 생도대 대표였다. 만슈타인은 그를 모범생도로 묘사했다. 프리츠는 다수의 표창을 받았으며 프로이센 왕세자 오스카르Oskar의 지도생도 임무를 수행했는데 보통 생도에게는 이런 보직을 부여하지 않았다. 만슈타인은 군사학교에 무비판적이지는 않았지만 "그의 정치적 성장과 은혜를 모르는 성향에서 비롯된 시인의 환상, 원한"이 뒤섞인 프리츠의 극단적인 주장을 대단히 불쾌해했다. 다음을 참조하라. Manstein, *Soldatenleben*, pp.21~23.

48 Markmann, *Kadetten*, p.32.

49 Wiese, *Kadettenjahre*, p.37. 생도들은 최전선에 투입되었을 때에도 전혀 문제를 일으키지 않았다고 한다. 다음을 참고하라. Salomon, *Die Kadetten*, p.211.

50 Brand and Eckert, *Kadetten*, vol. 1, p.313.

51 뮌헨의 군사학교에는 세 개 등급, 카를스루에Karlsruhe 군사학교에는 네 개 등급이 있었다. 이를 '검열 등급censor class'이라고 번역하기도 한다. Moncure, *Forging the King's Sword*, p.190. 전국의 모든 군사학교의 기본 교육과 군기교육 제도가 동일했으나 학교마다 고유한 정체성이 있었다. 베를린-리히터펠데의 군사학교는 눈싸움을 권장했지만 발슈타트의 군사학교에서는 눈싸움을 금지했다. 발슈타트의 군사학교는 리더십 문제가 가장 컸고 생도들에게 가장 바람직하지 못한 학교였던 것 같다. 카를스루에의 군사학교에서는 생도들의 제복 착용을 돕는 하인을 부리는 것을 금지했다.

52 Brand and Eckert, *Kadetten*, vol. 1, p.179; Unruh, *Ehe die Stunde schlug*, p.100.
53 Markmann, *Kadetten*, p.42.
54 Moncure, *Forging the King's Sword*, pp.202~203. 중대장은 월 4마르크, 부사관은 3마르크, 병사는 1.5마르크, 일반 생도는 1마르크를 받았다.
55 Salomon, *Die Kadetten*, p.206; Wiese, *Kadettenjahre*, pp.89~90.
56 Moncure, *Forging the King's Sword*, pp.190~191.
57 Mott, *Twenty Years*, p.25.
58 Kroener, *Generaloberst Friedrich Fromm*, p.225.
59 Ibid., p.225.
60 Salomon, *Die Kadetten*, p.50.
61 Markmann, *Kadetten*, p.140.
62 성격학Charakterologie은 국방군 심리학자들이 발명한 사이비과학이다. 다음을 참조하라. Max Simoneit, *Grundriss der charakterologischen Diagnostik auf Grund heerespsychologischer Erfahrungen* (Leipzig: Teubner, 1943). 국방군 심리학자들의 연구서와 일련의 군사심리 연구서들에는 강도 높은 인종차별주의와 나치를 지지하는 성향의 내용이 기술되어 있다. 전쟁 후 비판받은 국방심리연구소Wehrpsychologische Institut 소장 한스 폰 포스와 그와 함께한 정신과 의사 막스 시모나이트는 "군사심리연구소가 1933년 이후에도 국가사회주의 기관이 되지 않았다."라고 주장한다. Hans von Voss and Max Simoneit, "Die psychologische Eignungsuntersuchung in der deutschen Reichswehr und später der Wehrmacht," *Wehrwissenschaftliche Rundschau* 4, no. 2 (1954): 140. 시모나이트는 제3제국 시절 자신이 출간한 출판물들이 잊혔다고 생각하는 듯하다. 16년 전에 출간한 출판물들 중 하나에는 이렇게 기술되어 있다. "심리학적 근거로 개발된 자습교육(장교후보생들의 성격 관련)에 관한 요구들은 국가사회주의 제국의 보편적 이상과 일치한다." Max Simoneit, *Leitgedanken über die psychologische Untersuchung des Offizier-Nachwuchses in der Wehrmacht*, Wehrpsychologische Arbeiten 6 (Berlin: Bernard & Graefe, 1938), p.29.
63 Moncure, *Forging the King's Sword*, p.186.
64 다음 문헌에는 시종일관 애매하게 기록되어 있다. Clemente, "Making of the Prussian Officer," p.87, pp.92~94, p.161, p.167.
65 Hermann Teske, *Die silbernen Spiegel: Generalstabsdienst unter der Lups* (Heidelberg: Vowinckel, 1952), p.28. 장군참모장교로서 자신을 다룬 테스케의 비교적 냉철한 글은 이전에 그가 쓴 유쾌하고 나치 친화적인 글과 극명하게 대조된다. Hermam Teske, *Wir marschieren für Großdeutschland: Erlebtes und Erlauschtes aus dem großen Jahre* 1938 (Berlin: Die Wehrmacht, 1939).
66 Simoneit, *Leitgedanken über die psychologische Untersuchung des Offizier-Nachwuchses in der Wehrmacht*, p.18, pp.26~27.
67 독일군 장교단의 이러한 특징이 다음 책의 제목이다. Ursula Breymayer, ed. *Willensmenschen: Über deutsche Offiziere*, Fischer-Taschenbücer (Frankfurt a. M.: Fischsr, 1999).
68 H. Masuhr, *Psychologische Gesichtspunkte für die Beurteilung von Offizieranwärtern*, Wehrpsychologische Arbeiten 4 (Berlin: Bernard & Graefe, 1937), pp.18~20, p.25, p.32.
69 Anne C. Loveland, "Character Education in the U.S. Army, 1947-1977," *Journal of Military History* 64 (2000).

70 Salomon, *Die Kadetten*, pp.28~29. 또한 다음 책을 참조하라. Marcus Funck, "In den Tod gehen–Bilder des Sterbens im 19. und 20. Jahrhundert," in *Willensmenschen: Über deutsche Offiziere*, ed. Ursula Breymayer (Frankfurt a. M.: Fischer, 1999).
71 Salomon, *Die Kadetten*, p.40.
72 Bucholz, *Delbrück's Modern Military History*, p.61.
73 Stephen E. Ambrose, *Citizen Soldiers: The U.S. Army from the Normandy Beaches to the Bulge to the Surrender of Germany, June 7, 1944–May 7, 1945* (New York: Simon & Schuster, 1997), pp.165~166. 여러 종군기자들도 유사한 관찰 결과를 내놓았다.
74 *Letter from Major General M. G. White, Assitant Chief of Staff, to John E. Dahlquist, March 11, 1944*, John E. Dahlquist Papers, Box 1, U.S. Army Military History Institute, Carlisle, Pennsylvania.
75 Stouffer et al., eds. *The American Soldier: Adjustment during Army Life*, p.193, pp.196~197, p.201, pp.368~374.
76 Peter S. Kindsvatter, *American Soldiers: Ground Combat in the World Wars, Korea and Vietnam* (Lawrence: University Press of Kansas, 2003), pp.235~236, p.238, p.242. 유감스럽게도 이 책은 스펙트럼이 너무 넓어 그리 좋은 평가를 받지 못했다. 인용된 훌륭한 지휘관들 중 대위 이상의 계급에 오른 사람은 아무도 없었다. 저자가 스토퍼의 조사 결과를 책에 사용하지 않은 점이 흥미롭다.
77 Stefanie Schüler–Springorum, "Die Legion Condor in (auto–)biographischen Zeugnissen," in *Militärische Erinnerungskultur: Soldaten im Spiegel von Biographien, Memoiren und Selbstzeugnissen*, ed. Michael Epkenhans, Stig Förster, and Karen Hagemann (Paderborn: Schöningh, 2006), p.230.
78 Karl–Heinz Frieser, *Blitzkrieg–Legende. Der Westfeldzug 1940*, Operationen des Zweiten Weltkrieges 2 (München: Oldenbourg, 1995), pp.337~339.
79 모든 제대의 연합국 정보부가 이러한 사실을 자주 기록한 바 있다. 그 예로 다음 문헌을 참조하라. *Intelligence Notes No. 54, Allied Forces Headquarters, April 11, 1944*, RG 492, Records of Mediterranean Theater of Operations, United States Army (MTOUSA), Box 57, Folder Intelligence Notes & Directives, C5, National Archives Ⅱ, College Park, Maryland.
80 R. D. Heinl, "They Died with their Boots on," *Armed Forces Journal* p.107, no. 30 (1970). Russell K. Brown, *Fallen in Battle: American General Officer Combat Fatalities from 1775* (New York: Greenwood Press, 1988). R. Manning Ancell and Christine Miller, *The Biographical Dictionary of World War Ⅱ Generals and Flag Officers: The U.S. Armed Forces* (Westport, Connecticut: Greenwood Press, 1996). 미군 장교단에 관한 연구가 미흡한 상황은 불명확한 사망자 숫자로 증명된다. 앞의 문헌에는 16~21명으로 기록되었으며 어떤 경우에는 계급조차 불분명하다. 문구는 한층 더 모호하다. '전투 중 사망' 또는 '전사자'가 명확한 표현이지만 '활동 중 사망killed in action' 같은 표현 때문에 사망의 원인이 매우 다양해진다. 브라운의 기록이 가장 정확해 보인다. 그는 21명으로 기록했는데, 필자가 보기에 사후에 준장으로 추서된 윌리엄 O. 다비William O. Darby는 제외해야 한다. 브라운은 해병대 장군들을 포함해서 작전 중 부상자를 34명으로 계산했다. pp.203~205.
81 French L. Maclean, *Quiet Flows the Rhine: German General Officer Casualties in World War*

Ⅱ (Winnipeg, Manitoba: Fedorowicz, 1996). 맥린은 국방군과 무장친위대에 관한 색다른 '대중적' 이야기들을 기술했다. 그는 다소 심각한 문제점들을 내재한 다음 책을 참고 했 다. Josef Folttmann and Hans Möller-Witten, *Opfergang der Generale,* 3rd ed., Schriften gegen Diffamierung und Vorurteile (Berlin: Bernard & Graefe, 1957). 국방군 예비역 중장 출신인 폴트만은 독일에서 한창 창설 중이던 연방군의 '새로운' 장교단을 두고 치열한 논의가 전개될 때 저서를 출간했고 독일군 장교단의 명예를 다시 세우려는 확고한 계획을 갖고 있었다. 이 저서의 서문은 게르트 폰 룬트슈테트 원수가 작성했다. 당시 독일에서 히틀러 휘하에 있던 장군들을 연방군에 편입하는 데 상당한 저항이 있었다. 그럼에도 불구하고 미국의 압력으로 인해 연방군의 모든 장군이 국방군 출신으로 구성되었다. 필자가 쓴 수치는 낮춰 잡은 추정치로 폴트만이 제시한 것보다 약 45명이 적다.

82 Aleksander A. Maslov, *Fallen Soviet Generals: Soviet General Officers Killed in Battle, 1941-1945* (London: Cass 1998). 마슬로프는 약 230명이라는 수치를 제시했다. 그러나 필자는 이 책의 통계 수치를 정확히 파악할 여유가 없었다. 이 문헌을 알려준 얀 만Yan Mann에게 감사드린다.

83 Harmon, MacKaye, and. MacKaye, *Combat Commander*, p.113.

84 Van Creveld, *Fighting Power*, p.110. 저자는 다음 페이지에서 이렇게 지적했다. "독일에서는 장교들이 다른 계급의 군인들보다 상위 훈장을 받기가 매우 어려웠지만 미군에서는 그렇지 않았다."

85 *Combat Awards*, undated article draft, Bruce C. Clarke Papers, Combined Arms Research Library, Fort Leavenworth, Kansas.

86 Ganoe, *MacArthur Close-Up*, p.146.

87 Stouffer et al., eds. *The American Soldier: Adjustment during Army Life*, pp.164~166. 전투에 직접 참가한 미군 장교의 비율이 매우 낮음을 비교해 보라. 이 연구는 사상자를 포함하지는 않았지만 명확한 경향을 보여 준다.

88 Hans Joachim Schröder, *Kasernenzeit: Arbeiter erzählen von der Militärausbildung* (Frankfurt: Campus, 1985), p.38. Hans Joachim Schröder, ed. Max Landowski, *Landarbeiter: Ein Leben zwischen Westpreußen und Schleswig-Holstein* (Berlin: Reimer, 2000), p.35, p.45.

89 Schröder, ed. *Max Landowski, Landarbeiter*, p.53.

90 Förster, "The Dynamics of *Volksgemeinschaft*," pp.208~209.

91 Arnold Krammer, "American Treatment of German Generals During World War Ⅱ," *Journal of Military History* 54, no. 1 (1990): 27.

92 Maclean, *Quiet Flows the Rhine: German General Officer Casualties in World War Ⅱ*, p.99. 전사한 장군 수가 더 적었다면 국방군이 더 효과적으로 싸웠을 것이라는 주장과 가설이 있지만 사실은 정확히 그 반대이다.

93 다음 책에서 인용했다. Oetting, *Auftragstaktik*, p,188.

94 Ibid., p.284.

95 다음 책에서 인용했다. van Creveld, *Fighting Power*, p.129.

96 Millett, "The United States Armed Forces in the Second World War," p.76.

97 Eiler, *Mobilizing America*, pp.165~166.

98 Gerald Astor, *Terrible Terry Allen: Combat General of World War Ⅱ: The Life of an American*

Soldier (New York: Presidio, 2003), p.270.

99 Van Creveld, *Fighting Power*, p.168.

100 Stouffer, Samuel A., et al., eds. *The American Soldier: Combat and its Aftermath*, 4 vols., Studies in Social Psychology in World War Ⅱ (Princeton, New Jersey: Princeton University Press, 1949), 2, p.124.

101 Stouffer et al., eds. *The American Soldier: Adjustment during Army Life*, p.273.

102 Astor, *Terrible Terry Allen*, p.257. 유감스럽게도 이 책은 수많은 미군 장군들의 자서전과 마찬가지로 앨런을 마치 성인처럼 묘사했다. 제2차 세계대전 당시 논란이 많았던 제1보병사단장 앨런은 음주 문제와 허풍 가득한 연설로 널리 알려져 있지만, 한편으로 그가 최전선에서 부하들과 함께했다는 것은 분명한 사실이다. 그는 수많은 문제를 일으켜 지휘권을 박탈당했지만 훗날 유럽에서 제104보병사단을 지휘했다.

103 *The American Field Officer*, Walter B. Smith Papers, Box 50, Folder Richardson Reports, 1944~1945, Dwight D. Eisenhower Library, Abilene, Kansas. 예비역 하사이자 종군기자인 리처드슨은 그가 중요하다고 판단한 최고위급의 문제를 다룬 짧은 평론들을 썼다. 아이젠하워의 참모장 월터 B. 스미스Walter B. Smith는 리처드슨을 철저히 신뢰했으므로 그가 쓴 글의 내용을 확인한 후 즉각 조치를 취하기도 했다. 이러한 과정은 민주주의적 군대의 강점을 보여 주며, 이는 국방군에서는 상상할 수 없는 일이었다.

104 *Morale*, Walter B. Smith Papers, Box 50, Folder Richardson Reports, 1944~1945, Dwight D. Eisenhower Library, Abilene, Kansas.

105 *Memorandum of Discussion with Subordinate Commanders, CG Matthew B. Ridgway, XVIII Airborne Corps, January 13, 1945*, Matthew B. Ridgway Papers, Box 59, Folder XVIII Airborne Corps War Diary, United States Army Military History Institute, Carlisle, Pennsylvania. 리지웨이가 제30보병사단장인 릴랜드 S. 홉스Leland S. Hobbs를 겨냥해 한 말이다. 홉스는 악천후부터 교통 문제까지 변명을 늘어놓았고 리지웨이는 그를 해임했다. 이처럼 부하 지휘관에게 가혹하고 결단력 있게 대응한 행동은 미군에서 드물었다. 다음 비망록에는 리더십 부족 문제가 반복해서 기록되어 있다. 이 같은 문제에 대해 Box 17과 21을 참조하라.

106 Letter from Jacob L. Devers to George C. Marshall, unreadable date [April/May 1944], Jacob L. Devers Papers, Box 1, Folder [Reel] 2, Dwight. D. Eisenhower Library, Abilene, Kansas. 디버스는 이 비평으로 인해 이탈리아 전구戰區와 작전 시 사령관이었던 마크 클라크의 영원한 적이 되었다. 역습 시 미군 장교의 무기력에 관해서는 월터 비델 스미스의 진술을 참조하라. Letter from Walter Bedell Smith to Thomas T. Handy, January 12, 1945, Thomas T. Handy Papers, Box 1, Folder Smith, Walter Bedell, 1944~1945, B-1/F-7, George C. Marshall Library, Lexington, Virginia.

107 미군은 제2차 세계대전 중에 육군이 가장 크게 팽창했을 때에 24개 군단을 보유했는데 그중 단 89개 사단을 투입했다.

108 Wilson A. Heefner, *Patton's Bulldog: The Life and Service of General Walton H. Walker* (Shippensburg, Pennsylvania: White Mane Books, 2001), p.91. 패튼의 군단 예하 지휘관이었던 워커는 패튼이 비판의 목소리를 낸 후 군단 내 연대장, 대대장들의 리더십에 대해 불만을 피력했다. 연대장급 지휘관의 능력 부족은 장군들의 보고서에서 지속적으로 제기된 주제였다. 벌지 전투의 이야기는 다음 책에 전개되어 있다. Charles Brown MacDon-

ald, *A Time for Trumpets: The Untold Story of the Battle of the Bulge* (Toronto, Ontario: Bantam Books, 1985). 맥도널드는 미군 역사가가 되기 전에 중대장으로 벌지 전투에 참전했기 때문에 그가 기술한 부분에 매우 주목할 만하다. 전쟁이 끝난 직후 그는 훗날 고전이 된 전시 회고록을 출간했다. Charles Brown MacDonald, *Company Commander* (Washington, D.C.: Infantry Journal Press, 1947).

109 *War Diary, XVIII Airborne Corps, 27 Dec., 1 1944, 0855hrs*, Matthew B. Ridgway Papers, Box 59, U.S. Army Military History Institute, Carlisle, Pennsylvania. 연대급 지휘관들의 지휘력 문제를 더 보려면 다음을 참조하라. *Letter from John E. Dahlquist to Brigadier General Clyde L. Hyssong, April 29, 1944,* John E. Dahlquist Papers, Box 1, U.S. Army Military History Institute, Carlisle, Pennsylvania.

110 Schifferle, "Anticipating Armageddon," pp.50~51.

111 Coffman, *The Regulars*, pp.396~397; Schifferle, "Anticipating Armageddon," p.153.

112 *Letter from George S. Patton to Thomas T. Handy, December 5, 1944*, Thomas T. Handy Papers, Box 1, George C. Marshall Library, Lexington, Virginia. 평상시에 그렇게 직설적이던 패튼도 자신이 아끼던 사단장인 존 셜리 'P' 우드John Shirley 'P' Wood(육사 1912년 졸업)를 보직 해임할 때에는 점잖은 용어를 사용했고, 그의 군 경력을 해치지 않으려고 노력했다. 우드는 오마 N. 브래들리Omar N. Bradley와 맨턴 S. 에디Manton S. Eddy를 포함해서 너무나 많은 적을 만들었기 때문에 2년간 훈련소 소장을 역임한 후 전역했다.

113 Astor, *Tarrible Terry Allen*, p.149.

114 Wolfgang Lotz, *Kriegsgerichtsprozesse des Siebenjährigen Krieges in Preußen. Untersuchungen zur Beurteilung militärischer Leistungen durch Friedrich den II* (Frankfurt a. M.; n.p., 1981).

115 Moncure, *Forging the King's Sword*, p.263.

116 1870년의 장교후보생 시험 과정에 대해서는 다음을 참조하라. Ibid., pp.236~237.

117 이 시험에서 질문의 더 많은 예문을 보려면 다음 문헌의 부록을 참조하라. Clemente, "Making of the Prussian Officer." 그러나 몬큐어의 사례처럼 이 예문들은 19세기의 것이다.

118 Unruh, *Ehe die Stunde schlug*, p.82. Charakterisiert는 장교후보생Fähnrich이 아직 정규 지휘계통에 귀속되어 있지 않음을 의미했다. 즉 아직 '견습생'이라는 뜻이다. 구 프로이센군에서는 대부분의 장교들 또는 군대에서 근무하는 공무원, 군법무관과 군의관까지도 군도 착용이 허용되었다. 포르테페Portepee는 손목에 걸 수 있는 고리 형태의 작은 수술 끈으로서 치열한 전투에서 군도를 잃어버리지 않기 위한 도구였다. 전투에 참가한 일선 장교들만이 포르테페를 사용했으며 이것으로 군복을 입은 공무원과 장교를 구별했다. 19세기에는 포르테페가 장교들의 신분을 나타내는 장식물, 특히 전투에 나가는 전사戰士를 의미했다.

몬큐어가 번역한 '장교후보생brevet ensign'이라는 단어로는 이 계급의 의미를 정확히 이해하기 어렵다. 미 육군에서는 생도가 장교로 명예 진급 시 부대를 지휘할 수 있었지만 독일에서는 중급 장교후보생이라도 부대를 지휘할 수 있는 권한을 주지 않았다. 다음을 참조하라. Moncure, *Forging the King's Sword*, p.16. 이 계급에 있어서 가장 중요한 사실은, 진지하게 장교가 되기를 원하는 —새롭고 독특한 제복을 입은— 생도임을 보여 준다는 것이다. 이 계급은 그가 부정한 짓을 저지르지 않았다면 미래에 장교가 될 사람임을 나타냈으며, 중급 장교후보생은 프러시아와 독일 사회에서 상당한 특권을 누릴 수 있었다.

119 매우 편향적이지만 독일 군사사회학 분야에서 최초의 논문들 중 하나이기에 매우 흥미롭다. Franz Carl Endres, "Soziologische Struktur und ihre entsprechenden Ideologien des deutschen Offizierkorps vor dem Weltkriege," *Archiv für Sozialwissenschaft und Sozialpolitik* 58 (1927). 최신 연구로 다음이 있다. Marcus Funck, "Schock und Chance: Der preußische Militäradel in der Weimarer Republik zwischen Stand und Profession," in *Adel und Bürgertum in Deutschland: Entwicklungslinien und Wendepunkte*, ed. Hans Reif (Berlin: Akademie, 2001). 생도 배치에 대한 자료로 다음도 참조하라. Moncure, *Forging the King's Sword*, pp.242~256. Johannes Hürter, *Hitlers Heerführer: Die deutschen Oberbefehlshaber im Krieg gegen die Sowjetunion 1941/1942* (München: Oldenbourg, 2007), pp.619~669.

120 Unruh, *Ehe die Stunde schlug*, pp.106~107.

121 Moncure, *Forging the King's Sword*, p.67.

122 Salomon, *Die Kadetten*, pp.243~248, pp.257~260.

123 Diedrich, *Paulus: Das Trauma von Stalingrad*, p.43.

124 Ibid., p.44.

125 Masuhr, *Psychologische Gesichtspunkte*, pp.22~24.

126 Brand and Eckert, *Kadetten*, vol. 1, p.183.

127 Unruh, *Ehe die Stunde schlug*.

128 Brand and Eckert, *Kadetten*, vol. 1, p.183, p.188.

129 Moncure, *Forging the King's Sword*, p.143, p.147. 독일 중앙군사학교에서 정규 아비투어 Abitur(대학 입학 자격 시험—옮긴이) 응시가 불가능했던 1870년대 초반에 업턴이 관찰한 결과임에 유의해야 한다. 일반 고등학교의 교육과정은 1877년에 재조정되었다. 이와 대조적으로 1912년에 모든 독일군 장교 지망생의 65퍼센트가 아비투어를 보유했는데 그 수준이 웨스트포인트의 이학사 학위보다 더 높았다. 교육의 질에 대한 훌륭한 논의가 몬큐어의 책 제5장에 기술되어 있다. 중앙군사학교 교수진이 웨스트포인트 교수진보다 수준이 훨씬 더 높았다.

130 이전 생도들의 진술을 비교하려면 다음을 참고하라. Markmann, *Kadetten*, passim. 동일한 단어들이 다음 저작의 서문에 등장한다. Brand and Eckert, *Kadetten*, vol. 1.; Unruh, *Ehe die Stunde* schlug, p.88; Manstein, *Soldatenleben*, p.22; Salomon, *Die Kadetten*, p.56.

131 Unruh, *Ehe die Stunde schlug*, p.98.

132 Brand and Eckert, *Kadetten*, vol. 1, pp.314~315.

133 Ibid., p.309.

134 Manstein, *Soldatenleben*, p.22.

135 Ibid., p16.

136 이러한 진술은 만슈타인이 훗날 비교적 젊은 장교였을 때까지도 모든 것을 회피할 수 있었다고 생각했다는 사실에 기인한다. Oliver von Wrochem, *Erich von Manstein: Vernichtungskrieg und Geschichtspolitik* (Paderborn: Schöningh, 2009), p.36. Manstein, *Soldatenleben*, pp.90~91, pp.114~115.

137 Brand and Eckert, *Kadetten*, vol. 1, p.177, p.186.

138 Salomon, *Die Kadetten*, p.249.

139 Unruh, *Ehe die Stunde schlug*, p.96.
140 Salomon, *Die Kadetten*, p.21, p.90.
141 Boog, "Civil Education, Social Origins, and the German Officer Corps," p.125.
142 Schmitz, *Militärische Jugenderziehung*, pp.149~150.
143 Salomon, *Die Kadetten*, pp.46~47.
144 Schmitz, *Militärische Jugenderziehung*, p.161.
145 Eisenhower, *Strictly Personal*, p.44.
146 Salomon, *Die Kadetten*, p.254.
147 Afflerbach, *Falkenhayn*, p.11.
148 Wiese, *Kadettenjahre*, p.41; Salomon, *Die Kadetten*, p.21. 흔히 지적된 문제점 중 하나는 10~12세의 생도들에게 혹독한 군기제도를 적용하는 것이 부적합했다는 점인데, 이는 의심할 여지 없이 옳았다. 어쨌든 장교가 되려는 청소년은 언제든지 유년군사학교와 중앙군사학교에 들어갈 수 있었으므로 너무 어릴 때 군사학교에 보낼 필요는 없었다.

오로지 비제(1876~1969)의 이야기만 완전히 부정적인 면을 부각했는데, 90페이지 남짓한 분량에 잔혹한 행위만 기술되어 있다. 비제는 유년군사학교에서 깊은 정신적 외상을 입었고 그러다 보니 그의 이야기에는 과장된 내용이 많다. 어린 레오폴드에게 최악의 상황은 학교 자체가 아니라 유년군사학교에서 자퇴하려고 어머니에게 애절한 편지를 보냈지만 어머니가 그의 생각을 귀담아듣지 않고 아들을 7년 반 동안 학교에 맡겼다는 것이었다. 친척들은 어릴 적부터 레오폴드가 '거짓말'을 잘하기로 유명했다는 이유로 어머니를 압박했다. 어쨌든 비제는 어머니의 사랑과 이해가 부족하다고 생각한 상황과 개인적 거부감으로 인해 자신의 생활을 일반적인 군사학교의 생활보다 훨씬 더 무겁게 받아들였다.

비제의 이야기가 여타 생도들의 경험을 대표한다고 간주하는 것은 유년군사학교에 대한 역사 기록의 문제점 중 하나이다. 비제의 글을 염두에 두지 않더라도 그들의 경험은 '사실적'이고 '신뢰할 만'하며 '편견이 없다'고 간주되었다. 다음을 참조하라. Schmitz, *Militärische Jugenderziehung*, p.2. 비제는 베르사유 조약에 따라 금지되었음에도 불구하고 유년군사학교의 재개교 문제가 논의된 1924년에 유년군사학교에 대해 쓴 첫 번째 책을 출간했다. 그가 재개교 문제에 맞섬으로써 대중의 주목을 받고 싶어 했음이 틀림없다. 그는 당시 경제학 교수였으며 훗날 '독일 사회학의 창시자'로 유명해졌다.
149 Salomon, *Die Kadetten*, p.9. 에른스트 폰 살로몬Ernst von Salomon(1902~1972)은 가정에서 '감당할 수 없을' 만큼 거친 소년이었고 카를스루에의 유년군사학교에 입교하자마자 '피부를 지켜야 한다defend your skin'는 점을 알아차렸다. 이는 독일식 표현으로 선배들의 허튼 짓을 용인하지 않겠다는 뜻이다. More "volunteers" in Moncure, *Forging the King's Sword*, pp.81~83. Clemente, "Making of the Prussian Officer," pp.204~206.
150 Schmitz, *Militärische Jugenderziehung*, p.131. 그러나 독일군 장교들 역시 웨스트포인트 졸업생들이 그랬듯이 호의적으로 서술할 때에조차 사람들의 이름을 바꾸었다.
151 *Letter of William R. Smith to Floyd. Parks, December 27, 1937*. 스미스가 엉터리라고 비난한 책은 Mott, *Twenty Years as Military Attache*이다. 토머스 벤틀리 모트(육사 1886년 졸업) 대령은 졸업한 지 몇 년 후 웨스트포인트의 훈육관이 되었고 해외 파병에서 복귀한 후에도 그가 사랑한 모교에서 발생한 모든 일을 자세히 기록했다. 웨스트포인트를 다룬 모트의 책 중 특히 2개 장은 동시대에 육사를 다룬 글들 중 최고로 꼽힐 만하다. 모트는 다음과 같이 사실을 신랄하게 표현했다. "첫 3년간 교실에서 군사 관련 과목을 거의 배우지 않았다. 그

기간 중 그들[생도]의 군사적 지식은 스펜스 여학교 학생들의 그것과 견줄 만했다." Ibid., p.38.

당시 비육사 출신 육군참모총장 레너드 우드Leonard Wood 소장은 모트와 사적으로 대화를 나눈 후 학교에 육사를 개선하라는 의견을 직접 전달했다. 이 의견은 —참모총장이 지지한 바였으므로— '정중히' 접수되었으나 곧바로 사장되었다. 모트는 그의 책과 기사에 대한 웨스트포인트의 반응을 정확히 예견했다. "만일 비육사 출신이 오류를 지적한다면 그들은 당신 영역에서나 잘하라고 말할 것이다." Ibid., p.330. 이와 비슷한 맥락에서 한 장교가 웨스트포인트의 선발과 교육 방법을 비판한 글을 썼다. Sanger, "The West Point Military Academy," p.134.

제2부 고등 교육과 진급

제4장 교리의 중요성과 관리 기법: 미국 지휘참모대학과 보병학교

1 Ridgway, *Soldier*, p.27.

2 Nenninger, *The Leavenworth Schools and the Old Army*, pp.23~24.

3 Schifferle, "Anticipating Armageddon," p.141.

4 Nenninger, *The Leavenworth Schools and the Old Army*, p.27.

5 Booth, *My Observations*, p.85, p.92. 항상 장교가 꿈이었던 부스는 장교 임관을 위해 성공적인 사업 경력을 포기했다. 그는 통과의례로 인식되던 지휘참모대학에 입교하지 않은 이들 중 한 명이었다. 부스는 1899년 필리핀에서 전투 중에 그 지역의 지도를 그릴 것을 명령받은 한 소위와 함께 전방으로 나갔다. 6시간 만에 작성된 지도를 본 부스는 그 정확성에 깜짝 놀랐다. 지도를 그린 소위에게 어디에서 기술을 배웠냐고 묻자 그는 보병 및 기병학교에서 배웠다고 대답했고, 부스는 그 학교에 입학하기로 결심했다. 부스는 미국-스페인전쟁 후 처음으로 교육을 개시한 1902년에 입교했다. 그는 우등으로 졸업하고 몇 년 후 교관으로 학교에 돌아왔다. 우등으로 졸업한 장교를 교관으로 임용하는 관행은 1920년대 중반에 폐지되었다.

6 Nenninger, *The Leaventworth Schools and the Old Army*, p.35.

7 Booth, *My Observations*, p.87.

8 Abrahamson, *America Arms for a New Century*, p.33.

9 와그너에 관해서는 T. R. 브레러턴T. R. Brereton의 편지를 참조하라. *Educating the U.S. Army: Arthur L. Wagner and Reform, 1875–1905* (Lincoln: University of Nebraska Press, 2000).

10 Nenninger, *The Leavenworth Schools and the Old Army*, p.45. 미군의 교육 방법이 30년이나 뒤처져 있다는 의견은 전직 교관들의 회고록에 지속적으로 나타난다. Mott, *Twenty Years*, p.18.

11 독일의 영향과 몇 가지 설명에 대해서는 다음을 참조하라. Christian E. O. Millotat, *Das preußisch–deutsche Generalstabssystem. Wurzeln–Entwicklung–Fortwirken*, Strategic und Konfliktforschung (Züruch: vdf, 2000), pp.87~88.

12 베르사유 조약으로 금지된 전쟁대학의 대체 교육기관을 1925년에 졸업한 쿠르트 브레네케

Kurt Brennecke 장군의 진술. Hackl, ed. *Generalstab*, pp.248~249에서 인용.

13 Jason P. Clark, "Modernization without Technology: U.S. Army Organizational and Educational Reform, 1901~1911" (paper presented at the Annual Society of Military History Conference, Ogden, Utah, April 18, 2008), p.2. 클라크 소령의 정확한 평가를 다소 부드럽게 표현했다.

14 Robert M. Citino, *The Path to Blitzkrieg: Doctrine and Training in the German Army, 1920–1939* (Boulder, Colorado: Lynne Rienner 1999), pp.64~67. 이 책의 부제에는 오해의 소지가 있는데, 독일군에는 미국적 세계관에 기인한 교리가 없기 때문이다. 이러한 사실은 독일 육군을 다룬 수많은 영미권 문헌들에서 간과되거나 오해되었다. 시티노는 독일 자료들을 전문성 있게 번역하고—영미권 학자들 사이에서 매우 드문 경우이다—. 지도상에 펼쳐진 문제들을 해결하는 전형적인 독일 전쟁연습Kriegsspiel을 분석했다. 『전쟁연습 *Kriegsspiel*』의 저자인 프리드리히 폰 코헨하우젠Friedrich von Cochenhausen 중령이 주장했듯이, 독일 훈련의 특징은 그가 이 책에서 제시한 해법이 과제를 푸는 유일한 방법이 아니라 여러 가지 방법 중 하나일 뿐이라는 것이다. 코헨하우젠은 이 장의 후반부에서 논의하는 정기간행물 『군관구 시험*Die Wehrkreis-Prüfung*』의 장교 편집자들 중 한 명이다.

15 Coffman, *The Regulars*, p.183.

16 *Letter from Captain Walter S. Wood to George C. Marshall, October 29, 1934, with enclosure of field problem for Reserve and National Guard officers,* George C. Marshall Papers, Box 1, Folder Illinois National Guard, Correspondence, General, 1 of 31, October 29~31, 1934, George C. Marshall Library, Lexington, Virginia. 우드는 일리노이 주방위군 제130보병연대의 교관이었다.

17 Cockrell, "Brown Shoes and Mortar Boards," p.172.

18 Clark, "Modernization without Technology," p.8.

19 Schifferle, "Anticipating Armageddon," pp.187~188.

20 Luvaas, "The Influence of the German Wars of Unification," p.611.

21 Pogue, *Education of a General*, p.96. 벨은 1903년부터 1906년까지 지휘참모대학 학장이었고 훗날 육군참모총장을 역임했다.

22 Simons, ed. *Professional Military Education in the United States: A Historical Dictionary*, pp.50~51.

23 Clark, "Modernization with out Technology," p.7.

24 Nye, "Era of Educational Reform," p.131. 다른 의견을 다음 문헌에서 볼 수 있다. Cockrell, "Brown Shoes and Mortar Boards," p.44. 코크럴은 "군사사 과목이 몇 년 동안 학교 수업 시간의 50퍼센트를 차지할 정도로 중시되었다."라고 주장했다. 지휘참모대학에 관해 이렇게 진술한 이는 그가 유일하다. 학자들과 졸업생들 모두 군사사가 경시되었다는 데 동의한다. 코크럴이 역사적 전투에 기반을 둔 도상훈련을 군사사로 간주했다면 그의 주장이 타당할 수도 있다. 하지만 나는 그런 주장에 동의할 수 없다. 코크럴의 논문은 전반적으로 묘사 위주의 글이지만 제2차 세계대전 때 이탈리아 전장에서 미군 지휘관들이 리븐워스의 교리를 어떻게 적용했는지를 평가한 부분만큼은 매우 독창적이고 가치 있다.

25 Cockrell, "Brown Shoes and Mortar Boards," p.79.

26 Miles, *Fallen Leaves*, p.229.

27 Mark Ethan Grotelueschen, *The AEF Way of War: The American Army and Combat in*

World War I (New York: Cambridge University Press, 2007), p.351. 저자는 미국원정군의 고위급 지휘관과 참모에 대해 언급했지만 그 진술은 리븐워스 교관들의 경우에도 해당한다.

28 Nenninger, *The Leavenworth Schools and the Old Army*, p.140. 다음 문헌에서 이러한 사실을 강조하고 있다. Grotelueschen, *The AEF Way of War*, p.350.

29 Nenninger, "Leavenworth and Its Critics," p.201.

30 Cited, in Schifferle, "Anticipating Armageddon," p.178.

31 William G. Pagonis and Jeffrey L. Cruikshank, *Moving Mountains: Lessons in Leadership and Logistics from the Gulf War* (Boston: Harvard Business School Press, 1992). 파고니스 중장은 노먼 슈워츠코프Norman Schwarzkopf 장군이 시행한 '사막의 폭풍' 작전에서 대규모 육군의 무장과 식량, 유류 보급을 책임졌다. 파고니스 장군의 책과 리더십 교훈은 경영학계에서 큰 인기를 끌었다. 이는 군수 보급도 리더십을 필요로 했다는 증거이다.

32 *Letter from J. H. Van Horn to George C. Marshall, May 16, 1938*, George C. Marshall Papers, Box 4, Folder Vancouver Barracks Correspondence, General, 1936~1938, May 8~16, 1938, George C. Marshall Library, Lexington, Virginia. 이와 유사한 우려가 다음 편지에 표현되어 있다. *Letter from John McAuley Palmer to George A. Lynch, May, 25, 1938.*

33 이와 다른 관점에 대해서는 다음을 참조하라. Nenninger, "Leavenworth and Its Critics," p.203. 다른 사람이 아니라 —당연히 긍정적으로 평가할— 과거 교관들이나 리븐워스 학교 참모들의 의견이라는 것이 중요하다.

34 Ibid., p.203.

35 Cockrell, "Brown Shoes and Mortar Boards," p.193.

36 Kirkpatrick, "The Very Model of a Modern Major General," p.271.

37 Schifferle, "Anticipating Armageddon," p.217.

38 *Letter from Walter B. Smith to Lucian K. Truscott, December 15, 1943*, Walter B. Smith Papers, Box 27, Folder 201 File, 1942~1943, Dwight D. Eisenhower Library, Abilene, Kansas.

39 "Does A Commander Need Intelligence or Information?," undated article draft, Bruce C. Clarke Papers, Box 1, Combined Arms Research Library, Fort Leavenworth, Kansas.

40 *Letter from Edward H. Brooks to Paul M. Robinett, January 2, 1942*, Paul M. Robinett Papers, Box 11, Folder General Military Correspondence, January 1942, B-11/F-35, George C. Marshall Library, Lexington, Virginia.

41 *Letter from Dan Hick [?] to Paul M. Robinett, July 23, 1941*, Paul M. Robinett Papers, Box 11, Folder General Military Correspondence, June-July 1941, B-11/F-40, George C. Marshall Library, Lexington, Virginia.

42 *Letter from Paul M. Robinett to Lieutenant-Colonel John A. Hettinger, December 23, 1940*, Paul M. Robinett Papers, Box 10, Folder General Military Correspondence, November-December 1940, B-10/F-11, George C. Marshall Library, Lexington, Virginia.

43 *Schedule for 1939~1940 -Regular Class* (Ft. Leavenworth, Kansas: Command and General Staff School Press, 1939), 페이지 표시 없음.

44 Schifferle, "Anticipating Armageddon," p.82.

45 Ibid., p.161. 리븐워스와 관련해 공개된 통계와 수치를 더 보려면 없어서는 안 될 Schifferle의 연구를 참고하라.

46 Timothy K. Nenninger, "Creating Officers: The Leavenworth Experience, 1920~1940," *Military Review* 69, no. 11 (1989): 66~67.

47 일례로 지휘참모대학과 육군대학을 다니지 않은 개리슨 '가' 홀트 데이비슨Garrison 'Gar' Holt Davidson(육사 1927년 졸업)이 있다. 그는 북아프리카와 시칠리아에서 패튼의 공병부장으로 명성을 떨친 후 제7군에서 공병참모부장을 지냈다. 한국전쟁에 참전한 데이비슨은 1954~1956년 지휘참모대학 학장, 1956~1960년 웨스트포인트 학교장을 역임했다. 육사에서 그는 절실히 필요한 대규모 커리큘럼 변화를 주도했고 생도들에게 학문을 공부할 기회를 제공했다. 데이비슨은 진급하려면 반드시 거쳐야 한다고 인식된 교육기관에서 단 한 번도 교육받지 않고도 중장으로 예편했다.

48 Bland and Ritenour, eds., *"The Soldierly Spirit,"* pp.516~517. Letter from General Malin Craig to George C. Marshall, December 1, 1936.

49 Booth, My Observations, pp.84~85.

50 Pogue, Education of a General, p.96.

51 Harmon, MacKaye, and MacKaye, *Combat Commander*, pp.52~53.

52 Larry I. Bland and Sharon R. Ritenour Stevens, eds., *The Papers of George Catlett Marshall: "The Right Man for the Job" –December 7, 1941~ May 31, 1943*, 6 vols. (Baltimore: Johns Hopkins University Press, 1991), 3, p.350. Letter from George C. Marshall to Major General Harold R. Bull, September 8, 1942.

53 Cockrell, "Brown Shoes and Mortar Boards," p.128.

54 Chynoweth, *Bellamy Park*, p.115.

55 Hofmann, *Through Mobility We Conquer*, p.90. 다음 문헌에 치노웨스의 성격과 문제점이 매우 정확하게 묘사되어 있다. Theodore Wilson, "Through the Looking Glass": Bradford G. Chynoweth as United States Military Attaché in Britain, 1939," in *The U.S. Army and World War II: Selected Papers from the Army's Commemorative Conferences*, ed. Judith L. Bellafaire (Washington, D.C.: Center of Military History, U.S. Army, 1998).

56 Schifferle, "Anticipating Armageddon," pp.142~144.

57 *Letter from Major General Stephen O. Fuqua, Chief of Infantry, to Lieutenant Colonel George C. Marshall, November 25, 1932*, George C. Marshall Papers, Box 1, Folder Fort Screven, Correspondence 1932, Nov 17~25, 1932, 1 of 4, George C. Marshall Library, Lexington, Virginia. 마셜은 포트베닝에서 부하로 근무한 몇몇 장교들을 추천했지만 그해에 '우수superior' 등급을 받은 장교들만 지휘참모대학에 입교했다는 사실을 알게 되었다. '훌륭함excellent' 등급은 입교하는 데 더 이상 충분하지 않았다.

58 *Letter from George C. Marshall to Captain Walter S. Wood, November 8, 1934,* George C. Marshall Papers, Box 1, Folder Illinois National Guard, Correspondence, General, 1 of 33, November 2~15, 1934, George C. Marshall Library, Lexington, Virginia.

59 *Letter from Major Clarke K. Fales to George C. Marshall, Sept. 25, 1934*, George C. Marshall Papers, Box 1, Folder Illinois National Guard, Correspondence, General, 1 of 28, September 1934, George C. Marshall Library, Lexington, Virginia.

60 *Letter from Malin "Danny" Craig Jr. to Paul M. Robinett, February 26, 1934*, Paul M. Robi-

nett Papers, Box 11, Folder General Military Correspondence, January 1934, B-11/ F-24, George C. Marshall Library, Lexington, Virginia.

61 Schifferle, "Anticipating Armageddon," p.147.

62 Ibid., p.95. 지휘참모대학의 교관단에 관해서는 이 논문의 제4장을 참조하라. 그러나 나는 저자와 수치를 약간 다르게 해석했다. 이 논문에서 교관단의 능력에 관한 인용문들은 대부분 교관단 또는 참모들의 것이다. 제2차 세계대전 때까지 교관단의 발전과 관련해 좀 더 가치 있는 수치와 통계를 보려면 이 논문의 4장을 참조하라.

63 Ibid., p.100에서 인용.

64 Cockrell, "Brown Shoes and Mortar Boards," p.80.

65 Allan Reed Millett and Peter Maslowski, *For the Common Defense: A Military History of the United States of America*, Rev. and expanded ed. (New York: Free Press, 1994), p.357.

66 다음에서 인용. Grotelueschen, *The AEF Way of War*, p.44.

67 Schifferle, "Anticipating Armageddon," p.164; Collins, *Lightning Joe*, p.56. 다른 관점을 보려면 다음을 참조하라. Nenninger, "Leavenworth and Its Critics," pp.203~207. 저자는 대표적인 리븐워스 전문가들 중 한 명이다. 그는 이 학교에 대해 긍정적인 의견을 인용했고, 일부 부정적인 의견, 이를테면 콜린스와 패튼의 생각도 인용했다. 또한 그 시대의 자료와 회고록, 그리고 훗날 리븐워스에서 교관을 맡고 '특정 부류'를 진급하도록 만든 장교들을 구별해야 한다. 이 점에 대해서는 결론 부분에서 논의할 것이다.

68 Harmon, MacKaye, and MacKaye, *Combat Commander*, p.50. 이와 관련해 다양한 이야기들을 다음 책에서 볼 수 있다. Coffman, *The Regulars*, pp.179~181.

69 Cockrell, "Brown Shoes and Mortar Boards," pp.99~101. 코크럴은 리븐워스 학생장교들의 스트레스와 관련해 좋은 논제를 제시하고, 많은 학자들과 리븐워스 졸업생들처럼 학생들이 압박감으로 인해 자살했다는 소문을 넌지시 비쳤다. 그러나 자살은 소문일 뿐이었던 듯하며, 훌륭한 논문에 기반을 둔 피터 시펄Peter Schifferle의 근간에서 이 부분을 상세히 다룰 것이다. 이 문제를 토론하는 데 시간을 내준 저자에게 감사드린다.

70 A Young Graduate [Dwight D. Eisenhower], "The Leavenworth Course," *Cavalry Journal* 30, no. 6 (1927).

71 Larry I. Bland, Sharon R. Ritenour, and Clarence E. Wunderlin, eds. *The Papers of George Catlett Marshall: "We Cannot Delay"–July 1, 1939–December 6, 1941*, 6 vols. (Baltimore: Johns Hopkins University Press, 1986), 2, p.65. 조지 C. 마셜은 이 점에 대해서만큼은 보병학교장의 의견에 동의했다.

72 Coffman, *The Regulars*, pp.176~177.

73 Lewis Sorley, *Thunderbolt: From the Battle of the Bulge to Vietnam and Beyond: General Creighton Abrams and the Army of His Times* (New York: Simon & Schuster, 1992), p.25.

74 Pogue, *Education of a General*, p.97.

75 *Letter from George S. Patton to Floyd L. Parks, January 26, 1933*, Floyd L. Parks Papers, Box 8, Dwight D. Eisenhower Library, Abilene, Kansas. 진한 글씨는 원본에서 강조한 부분이다. 지휘참모대학에 대한 패튼의 존경심이 국한되어 있음을 명확히 보여 준다. 문서 작성과 온전한 학습 스케줄을 완벽히 마치고 우수한 성적으로 졸업한 패튼은 이미 몇 년 전에 친구 아이젠하워에게 짧은 편지와 제언을 보낸 바 있다.

76 Holley, "Training and Educating Pre-World War I United States Army Officers," p.26.

77 Bland, Ritenour, and Wunderlin, eds., "*We Cannot Delay*," p.64. 1939년 9월 26일 동일한 비망록에서 마셜은 부참모장이자 작전부장(앤드루스Andrews)에 대해 언급하며 리븐워스의 옛 스승인 모리슨Morrison을 높이 평가했다. 모리슨은 마셜에게 깊은 인상을 남겼지만 그렇지 않다는 평가도 있다. 다음을 참조하라. Clark, "Modernization without Technology," p.13.

78 Bland, Ritenour, and Wunderlin, eds., "*We Cannot Delay*," p.192. Letter from George C. Marshall to Brigadier General Lesley J. McNair, April 9, 1940.

79 Ibid.. 훗날 마셜이 리븐워스에 대한 생각을 바꾸었다는 주장은 논거가 불충분하다. 다음을 참조하라. Nenninger, "Leavenworth and Its Critics," p.207.

80 Chynoweth, *Bellamy Park*, p.124.

81 Pogue, *Education of a General*, p.98.

82 Schifferle, "Anticipating Armageddon," p.239. 이런 설문은 드물게 시행되었고, 장교들이 설문의 익명성을 신뢰하지 않아 경력에 영향을 미칠 수 있다고 생각해 부정적 의견을 제시하기를 꺼렸기 때문에 우리는 이 설문의 결과를 주의 깊게 받아들일 필요가 있다. 지휘참모대학에 입교해 우수한 성적으로 졸업하는 것은 장교로서 출세하는 데 매우 중요한 조건이었다. 특히 "당신은 학교의 교리를 신뢰합니까?"라는 질문에 76퍼센트가 '예', 19퍼센트가 '타당하다,' 단 5퍼센트만이 '아니요'라고 답했다는 점에 주목할 만하다. 다음을 참조하라. Nenninger, "Creating Officers: the Leavenworth Experience, 1920~1940," p.64.

83 Hofmann, *Through Mobility We Conquer*, p.232.

84 How an Early Bird Got an "F," Bruce C. Clarke's Papers, Box 1, Combined Arms Research Library, Fort Leavenworth, Kansas. 이 글은 『엔지니어 매거진*Engineer Magazine*』 9페이지에 나오지만 클라크 문서의 같은 글에는 일자가 기록되어 있지 않다.

85 Ibid. 놀랍게도 미군의 기갑부대 교리는 60년 후에도 기본적으로 동일하게 기술되었다. David Zucckino, *Thunder Run: The Armored Strike to Capture Baghdad* (New York: Grove, 2004), p.65.

86 클라크는 고위급에 오른 자신의 대대장에게 감명을 받아 『아머*Armor*』지에 그에 관한 몇 가지 일화를 소개하며 자신의 부하였던 에이브럼스의 훌륭한 성품을 칭송했다.

87 *How an Early Bird Got an "F."*

88 Bland, Ritenour, and Wunderlin, eds., "*We Cannot Delay*," p.182.

89 Ibid., pp.181~182.

90 Ambrose, *Citizen Soldiers*, pp.166~167.

91 Citino, *The Path to Blitzkrieg*, p.58.

92 Porter B. Williamson, *Patton's Principles* (New York: Simon and Schuster, 1982), pp.10~11. 윌리엄슨 중위는 1941년 사우스캐롤라이나 기동훈련 시 패튼 1기갑군단의 임시 G-4(군수참모)였다. 그의 상관이 패튼을 상대하기가 벅차다며 보직을 거부해 이 젊은 장교가 중책을 맡게 되었다. 윌리엄슨은 『내셔널 지오그래픽』을 정기구독했고 지리적, 지형적 문제에 있어서 패튼과 동료 장교들보다 훨씬 뛰어났다.

93 Nenninger, "Creating Officers: The Leavenworth Experience, 1920~1940," p.63.

94 Schifferle, "Anticipating Armageddon," p.203.

95 Cockrell, "Brown Shoes and Mortar Boards," p.203.
96 Kirkpatrick, "Ortkodox Soldiers," p.113.
97 Ibid., p.103에서 인용. 이 구절은 해안포병학교Coast Artillery School의 문서철에서 찾을 수 있다.
98 Schifferle, "Anticipating Armageddon," pp.259~264. 저자가 학교 측 모범답안을 비교적 긍정적으로 논의했다는 점을 참조하라.
99 Major J. P. Cromwell, "Are The Methods of Instruction Used at this School Practical and Modern?," 1936. 다음 글에서 인용하고 논의를 참조했다. Cockrell, "Brown Shoes and Mortar Boards," pp.159~163.
100 Ibid., p.162.
101 Chynoweth, *Bellamy Park*, p.121. 치노웨스의 기억에 따르면 그는 몇몇 작은 부문에서 낙제했다. 그는 리븐워스의 용어로 '탈락'을 의미하는 'SX'를 받았다. Nenninger, "Creating Officers: The Leavenworth Experience, 1920~1940," p.61.
102 Chynoweth, *Bellamy Park*.
103 Collins, *Lightning Joe*, pp.56~57. 하인츨먼은 1929~1935년에 교장을 역임했다.
104 Ibid., p.57.
105 Nenninger, "Leavenworth and Its Critics," p.227.
106 A Young Graduate [Dwight D. Eisenhower], "The Leavenworth Course," p.591.
107 Schifferle, "Anticipating Armageddon," p.101.
108 포트 리븐워스의 제병협동연구도서관Combined Arms Research Library, CARL에서 법과 절차를 잘 모르는 일부 담당자들이 내 연구를 크게 방해했다. 나는 미리 연구계획을 설명하고 도움을 요청했음에도 불구하고 '민간인'이라는 이유로 갑자기 특별문서 열람 금지 통보를 받았다. 결국 드와이트 D. 아이젠하워 대통령 기념도서관에서 '개인적 친분'이 있는 기록보관원 데이비드 하이트David Haight 씨의 도움을 받아 문헌들을 살펴볼 수 있었다. 직무 범위를 넘어선 그의 지원과 도움에 깊이 감사드린다. 만일 포트 리븐워스를 방문했을 때 아무런 성과를 얻지 못했다면 가뜩이나 가난한 대학원생은 재정 파탄을 맞았을 것이다.
109 이와 관련된 동시대의 주제를 다룬 극소수의 문헌들이 있다. Cpt. J. L. Tupper, "The German Situation" (This is an orientation subject), Group Research Paper No. 42, Group VI, 1931~1932, G-2 File, CGSS; Lt. Col. Ulio, "Is the Present Russian Army an Efficient Fighting Force? Could Russia Prosecute a Long War Successfully?," Individual Research Paper, No. 78, 1931, G-2 File, CGSS; Cpt. Bonner F. Fellers, C.A.C., "The Psychology of the Japanese Soldier," Individual Research Paper No. 34, 1935, CGSS; Cpt. Hones, "The German Infantry School," Individual Research Paper No. 120, 1931, G-2 File, CGSS.
110 이 대작의 집필에 참여한 장교 15명 중에 훗날 이탈리아 전역에서 제5군사령관을 역임한 마크 웨인 클라크Mark Wayne Clark 소령과 제2차 세계대전 때 아이젠하워의 참모장인 월터 비덜 스미스Walter Bedell Smith 소령이 있었다.
111 원본에서 대문자로 강조했다.
112 Chynoweth, *Bellamy Park*, p.68.
113 성적 평가 제도는 해를 거듭하면서 수차례 변경되었다. 제1차 세계대전 후에는 문자로 등

급을 표시하는 방법이 유행했다. 다음을 참조하라. Nenninger, "Creating Officers: The Leavenworth Experience, 1920~1940," pp.61~62.

114 Pogue, *Education of a General*, p.96.

115 A Young Graduate [Dwight D. Eisenhower], "The Leavenworth Course," p.593.

116 Coffman, *The Regulars*, p.282.

117 Joseph W. Benderskey, *The "Jewish Threat": Anti-Semitic Politics of the U.S. Army* (New York: Basic Books, 2000), p.25. 벤더스키는 매우 중요한 책을 집필했으나 미군 장교들의 인종차별주의적 관점을 당시 사회의 일반적인 관점 및 믿음과 연결 짓는 데에 미흡했고 정보장교와 그 업무를 지나치게 강조했다. 일반적으로 정보장교가 미군에서 가장 똑똑하고 훌륭한 장교는 아니었다. 미군의 인종차별주의에 대해 더 보려면 다음을 참조하라. Coffman, *The Regulars*, pp.124~131, pp.295~298.

118 Brown, *Social Attitudes*, p.212. 추가 사례를 보려면 이 책의 제5장을 참조하라.

119 LeRoy Eltinge, *Psychology of War*, revised ed. (Ft. Leavenworth, Kansas: Press of the Army Service Schools, 1915), p.5. 엘팅은 제1차 세계대전에 참전했고 훗날 준장까지 올랐다. 본문에 인용된 예는 그의 폭언 중 '하이라이트'일 뿐이다.

120 Brown, *Social Attitudes*, p.213.

121 Eltinge, *Psychology of War*, p.43.

122 Ibid., p.43.

123 Ibid., Appendix "Causes of War," p.8.

124 Ibid., Appendix "Causes of War," p.32 + 23.

125 Joseph W. Bendersky, "Racial Sentinels: Biological Anti-Semitism in the U.S. Army Officer Corps, 1890~1950," *Militärgeschichtliche Zeitschrift* 62, no.2 (2003): 336~342.

126 Brown, *Social Attitudes*, p.213.

127 민간 엘리트들의 인종차별주의에 관한 간단하지만 수준 높은 논의를 보려면 다음을 참조하라. Allsep, "New Forms for Dominance," pp.230~236. 육군 내의 인종차별주의에 관해서는 다음을 참조하라. Coffman, *The Regulars*, pp.124~132.

128 Bendersky, *Jewish Threat*, p.7.

129 그 예로 다음을 참조하라. Collins, *Lightning Joe*, p.111, p.358. Miles, *Fallen Leaves*, pp.292~294. Albert C. Wedemeyer, *Wedemeyer Reports!* (New York: Holt, 1958). 제정신이 아니라 할 만큼 왜곡된 세계관을 보여 주는 웨더마이어의 서문 전체를 참조하라. 웨더마이어는 미군에서 수수께끼 같은 존재였다. 소령에 불과했던 웨더마이어는 유럽에서 발생 가능한 전쟁에서 전략적으로 승리할 계획을 작성하라는 과업을 부여받아 성공적으로 완수했다. 전쟁 기간 중에 그는 전체 미군 장교단에서 명석함과 용기로 탁월함을 인정받았다. 그는 자신의 계급—당시 계급은 준장—을 하향 조정해 달라고 요청한(준장에서 대령으로 조정되어 연대장이 되었다.—옮긴이) 극소수 미군 장교들 중 한 명으로서, 독일군에 대항한 전투에서 연대를 지휘했다.

130 Hürter, *Hitlers Heerführer: Die deutschen Oberbefehlshaber im Krieg gegen die Sowjetunion, 1941/1942,* passim. 독일군 장교단의 인종차별주의를 다룬 책들이 다수 있지만 휘르터의 저서는 실제 사례로 동시대의 장군들이 작성한 수많은 편지와 일기를 인용했다는 점에서 특별하다. 다음 문헌도 참조하라. Andreas Hillgruber, "Dass Russlandbild der führenden deutschen Militärs vor Beginn des Angriffs auf die Sowjetunion," in *Das Russlandbild*

im Dritten Reich, ed. Hans-Erick Volkmann (Köln: Böhlau, 1994). Wette, *The Wehrmacht*, pp.17~89; Mulligan, *The Creation of the Modern German Army*, pp.172~173, pp.208~209.

131 Coffman, *The Regulars*, pp.283~284.

132 Fröhlich, "Der vergessene Partner. Die militärische Zusammenarbeit der Reichswehr mit der U.S. Army 1918~1933," p.86.

133 Smelser and Davies, *The Myth of the Eastern Front*, pp.64~73. 이 연구서의 제1장도 참조하라.

134 *Letter from Paul M. Robinett to the Chief of Military History, Sept. 23, 1974*, Paul M. Robinett Papers, Box 5, Folder B-5/F-28, General Correspondence, Halder-Keating, 1962~1974, George C. Marshall Library, Lexington, Virginia.

135 Bernd Wegner, "Erschriebene Siege: Franz Halder, die 'Historical Division' und die Rekonstruktion des Zweiten Weltkrieges im Geiste des deutschen Generalstabes," in *Politischer Wandel, organisierte Gewalt und nationale Sicherheit, Festschrift für Klaus-Jürgen Müller*, eds. Ernst Willi Hansen, Gerhard Schreiber, and Bernd Wegner (München: Oldenbourg, 1995); Smelser and Davies, *The Myth of the Eastern Front*, p.56, pp.62~63.

136 보병학교의 이야기를 다음 책에서 볼 수 있다. Peggy A. Stelpflug and Richard Hyatt, *Home of the Infantry: The History of Fort Benning* (Macon, Georgia: Mercer University Press, 2007).

137 Collins, *Lightning Joe*, p.44.

138 Anonymous [A Lieutenant], "Student Impression at the Infantry School," *Infantry Journal* 18 (1921). 이 글에 따르면 보병학교는 학생들이 처음 들어와서 적응하기가 쉽지 않았지만 교풍은 지휘참모대학과 많이 달랐다. 실질적 훈련이 시행된 것이 그 이유 중 하나인 것 같다.

139 Coffman, *The Regulars*, p.263.

140 Bland and Ritenour, eds,, "The Soldierly Spirit," pp.583~585. Letter from George C. Marshall to Lieutenant-Colonel Guy W. Chipman, March 16, 1938. 치프먼(육사 1910년 졸업)과 마셜은 전쟁 전에 함께 근무했다. 치프먼이 일리노이 주방위군 교관이었을 때 마셜에게 교육과 관련해 조언을 구한 적이 있다. 다음 문헌도 참조하라. Bland, Ritenour and Wunderlin, eds., "*We Cannot Delay*," pp.190~192. Letter from George C. Marshall to Brigadier General Lesley J. McNair, April 19, 1940, [Washington, D.C.].

141 Bland, Ritenour, and Wunderlin, eds., "*We Cannot Delay*," pp.190~192. Letter from George C. Marshall to Brigadier General Lesley J. McNair, April 9, 1940 [Washington, D.C.].

142 Anders, *Gentle Knight*, p.122.

143 Bland and Ritenour, eds., "*The Soldierly Spirit*," p.583. Letter from George C. Marshall to Lieutenant-Colonel Guy W Chipman, March 16, 1938.

144 "젊음과 패기가 핵심 자산이다."는 마셜의 오랜 친구이자 멘토인 존 J. 퍼싱John J. Pershing 장군의 의견이기도 했다. 그는 제1차 세계대전에서 미국원정군의 총사령관이었다. Timothy K. Nenninger, "'Unsystematic as a Mode of Command': Commanders and

the Process of Command in the American Expeditionary Force, 1917~1918," *Journal of Military History* 64, no.3 (2000): 748. See also Simons, ed. *Professional Military Education in the United States: A Historical Dictionary*, p.350.

145 Bland, Ritenour, and Wunderlin, eds., "*We Cannot Delay*," pp.192~193. 마셜은 1940년 4월 8일에 상원 군사위원회에서 새로운 진급 지침을 주장하면서 이와 같이 증언했다. 그가 제안한 법안은 통과되었다.

146 Kirkpatrick, "The Very Model of a Modern Major General," p.262.

147 Pogue, *Education of a General*, p.248.

148 Ibid., p.249.

149 Omar Nelson Bradley, *A Soldier's Story* (New York: Holt, 1951), p.20.

150 Anders, *Gentle Knight*, p.122.

151 Bland and Ritenour, eds., "*The Soldierly Spirit*," p.320.

152 Pogue, *Education of a General*, p.260.

153 Ibid., pp.250~251.

154 Fröhlich, "'Der vergessene Partner,' Die miliärische Zusammenarbeit der Reichswehr mit der U.S. Army, 1918~1933," p.91.

155 Anders, *Gentle Knight*, p.131.

156 Adolf von Schell, *Battle Leadership: Some Personal Experiences of a Junior Officer of the German Army with Observations on Battle Tactics and the Psychological Reactions of Troops in Campaign* (Fort Benning, Georgia: Benning Herald, 1933).

157 Lanham, ed. *Infantry in Battle.*

158 Bland and Ritenour, eds., "*The Soldierly Spirit*," p.479, pp.489~490.

159 롬멜의 책은 영어판으로 다수가 출간되어 있다. Erwin Rommel, *Infantry Attacks* (London: Stackpole, 1995).

160 Hofmann, *Through Mobility We Conquer*, p.203; Adolf von Schell, *Kampf gegen Panzerwagen* (Berlin: Stalling, 1936).

161 *Letter from Lieutenant-Colonel Truman Smith to George C. Marshall, November 20, 1938*, George C. Marshall Papers, Box 43, Pentagon Office, 1938~1951, Correspondence, Skinner-Sterling, Folder Smith, Tom K.—Smith, W. Snowden, 43/1, George C. Marshall Library, Lexington, Virginia. 트루먼 스미스는 셸의 이름을 계속 '아돌프'라고 잘못 기재했다.

162 *Letter from Oberst Adolf von Schell to George C. Marshall, January 5, 1939*, George C. Marshall Papers, Box 47, Pentagon Office, 1938~1951, Correspondence, General, Usher-Wedge, Folder Von Neumann-Von Schilling, 47/24, George C. Marshall Library, Lexington, Virginia. 히틀러 집권 초기에 나치와 히틀러를 거부한 독일군 장교들은 히틀러를 제국 수상으로 칭하기를 거부했고 글을 쓸 때는 미스터 히틀러라고도 불렀다. 그러나 제2차 세계대전 초기에 정치적·군사적 승리를 거둔 후 상황이 뒤바뀌자 그들은 히틀러를 '총통'이라고 부르게 되었다.

163 Kroener, *Generaloberst Friedrich Fromm*, pp.250~251. 나치 관료주의의 전형적인 거만한 용어로 폰 셸의 직책은 교통수단에 대해 전권을 가진 장관이었고 이를 영어로 직역하면 '차량화 문제 전권장관'이었다.

164 Förster, "The Dynamics of *Volksgemeinschaften*," p.183.

165 Hofmann, *Through Mobility We Conquer*, pp.203~209. 폰 셸의 사진은 145페이지에 실려 있다.

166 Kroener, *Generaloberst Friedrich Fromm*, p.593.

167 *Correspondence regarding Help for Adolf von Schell*, George C. Marshall Papers, Box 138, Secretary of State, 1947~1949, Correspondence, General, Sun Li Jen–Webb, Folder Von Schell–Vroom, p.138~139, George C. Marshall Library, Lexington, Virginia. 아돌프 폰 셸은 마셜과 관계를 유지했으며 1959년 위대한 미군 장군이 사망할 때까지 진심을 담은 감사의 편지들을 보냈다.

168 Bland and Ritenour, eds., *"The Soldierly Spirit,"* p.552. Letter from George C. Marshall to Lieutenant–Colonel (Oberstleutnant) Adolf von Schell, July 7, 1937, Vancouver Barracks, Washington.

169 Ibid., p.321.

170 Ridgway, *Soldier*, p.199.

171 Collins, *Lightning Joe*, p.50.

172 Coffman, *The Regulars*, p.264.

173 Schifferle, "Anticipating Armageddon," pp.234~237.

174 Kirkpatrick, "Orthodox Soldiers," p.103. 관련 내용을 더 보려면 다음을 참조하라. Coffman, *The Regulars*, pp.264–265.

175 Bland and Ritenour Stevens, eds., *The Papers of George Catlett Marshall: "The Right Man for the Job" –December 7, 1941~May 31, 1943,* pp.349–350. Letter from Major General Harold Roe Bull to George C. Marshall, September 14 and October 1, 1942. 불은 마셜이 보병학교장으로 재직하던 시절 교관으로 근무했다. 따라서 미군의 문화적 특성상 그가 이 학교의 이미지를 미화했을 가능성도 있다. 그러나 그의 보고서에 진실성이 없다고 말할 수는 없다. 마셜은 말장난하는 사람을 싫어했으므로 당시 승승장구하던 불이 부정확한 이야기를 썼다면 불이익을 당했을 것이다. 또한 불은 몇몇 지휘관들이 부대에서 방출한 평범한 장교들로 가득 찬 지휘참모대학에 관한 보고서를 작성했는데, 이 학교에서는 실질적 학습이 지속적으로 감소하고 있었고 여전히 '유능한 교관'을 선발하는 데에, 특히 항공단에서 문제점이 있었다. 지휘참모대학에는 30년 전과 똑같은 문제들이 잔존해 있었다.

176 Eisenhower, *Strictly Personal*, p.74.

177 Collins, *Lightning Joe*, p.44.

178 *John A. Heintges interviewed by Jack A. Pellicci, transcript, 1974*, Senior Officers Oral History Program, Volume 2, U.S. Army Military History Institute, Carlisle, Pennsylvania. 헤인트지스는 독일인과 싸우기 위해 전장에 나간, 내가 아는 유일한 독일계 장교이다. 독일계 미군 장교 두 명이 제2차 세계대전 때 전쟁부 인사국에서 부대 지휘 능력을 갖춘 독일계 장교들을 모두 태평양 전쟁 지역으로 파견했다고 주장했다. 처음에는 이 주장을 믿기 어려웠으나 내가 아는 미군 장교들을 통해 확인한 결과 독일계 장교들은 실제로 모두 태평양 지역으로 파견되었다. 태평양 사령부에 고위급 지휘관과 참모들도 '맥아더의 독일인'으로 알려져 있다. 그러한 정책에 동의하지 않은 참모총장은 지속적으로 독일계 미군 장교들의 충성심을 의심하지 않는다는 입장을 표명했다. 헤인트지스만이 그러한 정책에 반해서 자신의 의지를 피력하는 남다른 끈기를 발휘해 북아프리카 전선에 투입되었다. 훗날 독

일계 장교들도 유럽으로 파견되었지만 이들은 전투부대 지휘자, 지휘관보다 정보장교나 통역관으로서 임무를 수행했다. 나치를 조금이라도 호의적으로 생각하는 젊은 미군 장교들은 대부분 후방에 남았다. Benjamin A. Dickson, *Algiers to Elbe– G–2 Journal*, Monk Dickson Papers (West Point, New York: West Point Library Special Archive, unpublished), pp.1~2.

179 Coffman, *The Regulars*, p.265.

180 의장인 해리 S. 트루먼의 이름을 딴 트루먼 위원회에서 1941년 3월 1일 조지 C. 마셜의 증언. Bland, Ritenour, and Wunderlin, eds., "*We Cannot Delay*," pp.482~483.

181 Pogue, *Education of a General*, p.249.

182 보병학교에 대해서도 시펄Schifferle이 지휘참모대학을 대상으로 발전시킨 고도의 대량 고속 처리 분석이 필요하다. 관련 자료들이 많이 폐기되었으므로 데이터를 산출할 때 매우 신중해야 할 것이다.

제5장 공격의 중요성과 지휘 방법: 독일의 전쟁대학

1 다음에서 인용. Hofmann, *Through Mobility We Conquer*, p.150. 호프먼은 이 책에서 자신의 주제를 탄탄하게 설명했다. 하지만 독일어 단어를 거의 매번 부정확하게 쓰거나 혼동한 점은 도저히 이해되지 않는다. 저자나 출판사가 외국어 표현이 정확한지를 확인하기 위해 소정의 비용을 지불하고 독일 학생에게 원고 검토를 의뢰해도 문제될 것이 전혀 없다. 이것은 저명한 저자와 대학 출판사가 표준적으로 진행하는 작업 절차이다. 이렇게 부주의한 경우는 안타깝게도 독일군을 다룬 미국 서적에서 드물지 않다.

2 Erfurth, *Die Geschichte des deutschen Generalstabes von 1918 bis 1945*, p.127. 에르푸르트는 장군 계급으로 역사학 박사 학위를 보유한 총참모부 일원이었다. 그는 전역한 독일군 장교들을 위해 설립된 미 육군 역사부서에서 제2차 세계대전사를 연구하는 데 조력했으며 초대 연구소장을 역임했다. 수천 편의 연구 논문이 발표되며 독일 장교들이 전쟁의 모든 책임을 히틀러에게 떠넘기는 데 성공함으로써 수십 년에 걸쳐 역사의 기록이 상당 부분 바뀌었다. 다음을 참조하라. Wegner, "Erschriebene Siege: Franz Halder, die 'Historical Division' und die Rekonstruktion des Zweiten Weltkrieges im Geiste des deutschen Generalstabes," Wette, *The Wehrmacht*, pp.229~235.

3 Nakata, *Der Grenz– und Landesschutz in der Weimarer Republik*, p.220.

4 다음에서 인용했다. Citino, *The Path to Blitzkrieg*, p.123.

5 Gordon, *The Reichswehr and the German Republic, 1919~1926*, p.175. 고든은 미군 예비역 장교로서 여러 독일군 장교들과 의견을 나누었다. 그들의 견해는 고든의 책 전반에 상당한 영향을 미쳤다. 고든은 장군참모장교 교육과 총참모부의 존재가 합법적이라고까지 주장했다(p.180). 그러나 베르사유 조약 제160조 Ⅲ항과 제175조, 제176조에는 명백히 이와 다르게 명시되어 있다.

6 Detlef Bald, *Der deutsche Generalstab 1859~1939. Reform und Restauration in Ausbildung und Bildung*, Schriftenreihe Innere Führung, Heft 28 (Bonn: Bundesministerium der Verteidigung, 1977), p.37.

7 Millotat, *Generalstabssystem*, pp.118~120.

8 Citino, *The Path to Blitzkrieg*, p.94.

9 Fröhlich, "'Der vergessene Partner,' Die militärische Zusammenarbeit der Reichswehr mit der U.S. Army 1918~1933," p.14.
10 Bucholz, *Delbrück's Modern Military History*, p.34.
11 Colonel A. L. Conger, Third Division Officers' School, March 7, 1928, 그리고 다음의 부록에서 인용. Citino, *The Path to Blitzkrieg*, pp.93~94, pp.102~103.
12 Ibid., p.98.
13 Model, *Generalstabsoffizier*, p.32. 모델의 저서에는 독일의 참모장교 교육에 대해 유용한 정보가 담겨 있다. 모델은 당시에 출간된 서적들뿐만 아니라 퇴역한 장군참모장교들과의 인터뷰, 미 육군 역사부서에서 독일군 장교들이 작성한 연구 논문 같은 원본 문건들을 참고했다. 모델의 책에 기록된 대로 독일군 장군참모장교들은 상당히 미화되었는데, 모델 자신이 장군참모장교였기 때문이다.
14 한스 젭트Hans Septh는 이를 독일어로 '인성적 결함charakterliche Fehler'이라고 기술했다. Hackl, ed.. *Generalstab*, p.261. 젭트는 1931년 제4군관구 시험 책임자였으며 통찰력이 탁월했으므로 그의 주장은 믿을 만하다.
15 다음 책에서도 같은 내용을 확인할 수 있다. Moncure, *Forging the Kings Sword*, pp.238~239.
16 Model, *Generalstabsoffizier*, p.27.
17 Citino, *The Path to Blitzkrieg*, p.74. 안타깝게도 시티노는 군관구 시험의 전술 영역이 아니라 무기 분야에 대해서만 논했다.
18 Bearbeitet von einigen Offizieren〔몇몇 장교들이 작성한〕, *Die Wehrkreis–Prüfung 1924* (Berlin: Offene Worte 1924). 서문을 참조하라. 이들은 군무청Truppenamt 소속이었다.
19 Teske, *Die silbernen Spiegel*, p.36. 테스케는 장군참모장교로서 독일에 운명적인 해였던 1936~1938년에 전쟁대학 학생이었다. 그는 역사적으로 중요한 사람들을 사귀면서 자신의 정체성을 깨달았다. 히틀러에게 대항한 주역들인 동기 클라우스 그라프 셴크 폰 슈타우펜베르크Claus Graf Schenk von Stauffenberg, 메르츠 폰 크비른하임Mertz von Quirnheim, 에버하르트 핑크Eberhard Fink와 미군 교환학생 앨버트 웨더마이어Albert Wedemeyer가 그들이다. 동료들에 비하면 그리 공정하지는 않았지만, 테스케는 전쟁대학 졸업 직전에 냉철하고 비판적인 저작을 출간했으며 히틀러와 나치 '만세'를 부르짖는 사상에 철저히 반대했다. Teske, *Wir marschieren für Großdeutschland*.
20 Afflerbach, *Falkenhayn*, p.14.
21 Teske, *Die silbernen Spiegel*, p.45.
22 Citino, *The Path to Blitzkrieg*, p.101.
23 Bearbeitet von einigen Offizieren〔몇몇 장교들이 작성한〕, *Die Wehrkreis–Prüfung 1924*, pp.18~19, p.22, p.24.
24 Williamson, *Patton's Principles*, p.22.
25 헤어는 1938년 3월 23일부터 1942년 3월 9일까지 기병 병과장을 역임했다. 그의 정신병에 가까운 몇 가지 발언과 파행적 영향에 대해서는 다음을 참조하라. Hofmann, *Through Mobility We Conquer*, p.236, p.289, p.293. Harmon, MacKaye, and MacKaye, *Combat Commander*, p.57. 헤어가 쓴 이상한 책도 참조할 만하다. John K. Herr and Edward S. Wallace, *The Story of the U.S. Cavalry, 1775~1942* (Boston: Little, Brown, 1953). 푸콰는 1928년 3월 28일부터 1933년 5월 5일까지 보병 병과장이었다. 그는 1936년부터 1939년까지 스페인 주재 국방무관으로서 파행을 거듭했다. 스페인 내전 당시 전투 상황을 거의

관찰하지 않은 채 전차 운용에 대하여 잘못된 내용을 담은 보고서를 작성했다. George F. Hofmann, "The Tactical and Strategic Use of Attaché Intelligence: The Spanish Civil War and the U.S. Army's Misguided Quest for a Modern Tank Doctrine," *Journal of Military History* 62, no. 1 (1998).

26 Bearbeitet von einigen Offizieren〔몇몇 장교들이 작성한〕, *Die Wehrkreis–Prüfung 1924*, pp.49~55. 무기체계와 장비Bewaffnung und Ausrüstung 영역은 훗날 무장Waffenlehre(weapons craft) 과목으로 명칭이 변경되었다.

27 Teske, *Die silbernen Spiegel*, p.37.

28 Bearbeitet von einigen Offizieren〔몇몇 장교들이 작성한〕, *Die Wehrkreis–Prüfung 1924*, p.56.

29 Bearbeitet von einigen Offizieren〔몇몇 장교들이 작성한〕, *Die Wehrkreis–Prüfung 1921* (Berlin: Offene Worte, 1921), p.52.

30 Bearbeitet von einigen Offizieren〔몇몇 장교들이 작성한〕, *Die Wekrkreis–Prüfung 1929* (Berlin: Offene Worte, 1930), p.66.

31 Bearbeitet von einigen Offizieren〔몇몇 장교들이 작성한〕, *Die Wehrkreis–Prüfung 1931* (Berlin: Offene Worte, 1932), p.81.

32 에리히 브란덴베르거Erich Brandenberger 장군의 진술을 참조하라. 다음에서 인용했다. Hackl, ed. *Generalstab*, p.211.

33 Bearbeitet von einigen Offizieren〔몇몇 장교들이 작성한〕, *Die Wehrkreis–Prüfung 1824*, p.66.

34 Bearbeitet von einigen Offizieren〔몇몇 장교들이 작성한〕, *Die Wekrkreis–Prüfung 1931*, p.81.

35 Bearbeitet von einigen Offizieren〔몇몇 장교들이 작성한〕, *Die Wehrkreis–Prüfung 1921*, p.76.

36 Teske, *Die silbernen Spiegel*, p.37.

37 Bearbeitet von einigen Offizieren〔몇몇 장교들이 작성한〕, *Die Wehrkreis–Prüfung 1929*, p.66.

38 Bearbeitet von einigen Offizieren〔몇몇 장교들이 작성한〕, *Die Wehrkreis–Prüfung 1930* (Berlin: Offene Worte, 1931), p.70.

39 Bearbeitet von einigen Offizieren〔몇몇 장교들이 작성한〕, *Die Wehrkreis–Prüfung 1924*, p.87.

40 Bearbeitet von einigen Offizieren〔몇몇 장교들이 작성한〕, *Die Wehrkreis–Prüfung 1933* (Berlin: Offene Worte, 1933), p.79.

41 *Handbuch für den Generalstabsdienst im Kriege*, 2 vols. (Berlin : n.p., 1939), 1, p.34.

42 Bearbeitet von einigen Offizieren〔몇몇 장교들이 작성한〕, *Die Wehrkreis–Prüfung 1937* (Berlin: Offene Worte, 1937), pp.4~6; Model, *Generalstabsoffizier*, p.73. 이 책에서 모델은 증강된 연대급 부대에 관한 시험이라고 기록했는데 이는 명백한 오류이다.

43 Model, *Generalstabsoffizier*, p.71.

44 Ibid., p.32, p.74. 대부분의 문헌들에서 이 수치를 주장하고 있다. 이와 대조적으로 에르푸르트는 1930년대 후반에 합격자 대 탈락자의 비율이 거의 역전되었다고 주장했다. 그러나 그 근거를 제시하지는 못했다. 일반학 시험 합격에 대한 총참모부 관련 연구는 존재하지

않는다. 더욱이 전쟁대학 입교자와 총참모부 요원 선발자의 최종 수는 알 수 없었고, 아마 선발 과정에 참여한 사람들만 알았을 것이다. 에르푸르트의 주장에 대해서는 다음을 참조하라. Erfurth, *Die Geschichte des deutschen Generalstabes von 1918 bis 1945*, pp.171~172. 호르스트 프라이헤르 트로이슈 폰 부틀라르-브란덴펠스Horst Freiherr Treusch von Buttlar-Brandenfels 소장의 연구에 따르면 1935년 이전에 30~40퍼센트가 탈락한 반면 1935년 이후에는 10~15퍼센트가 탈락했다고 한다. 이 수치는 전쟁대학을 성공적으로 수료하고 총참모부 요원으로 선발된 이들의 숫자와 관련이 있다. 다음을 참조하라. Hackl, ed. *Generalstab*, p.183. 페터 폰 그뢰벤Peter von Groeben 소장에 따르면 전쟁대학 입교 이후에 낙제한 학생 비율이 30~40퍼센트였으며 때로는 50퍼센트에 육박했다고 한다. 다음을 참조하라. Hackl, p.313. 전쟁대학에 다녔던 사람들도 나중에 다시 걸러져서 최종적으로 총참모부에 근무한 자들이 극소수였다는 점이 중요하다.

45 에리히 브란덴베르거 장군의 주장에 대해서는 다음을 참조했다. Hackl, ed., *Generalstab*, p.210. 미국 역사학자들은 프로이센과 바이에른의 군사 관계가 우호적이었다고 인식했다. 다음을 참조하라. David N. Spires, *Image and Reality: The Making of the German Officer, 1921~1933*, Contributions in Military History (Westport, Connecticut: Greenwood, 1984), xi.

46 아우구스트-빅토어 폰 크바스트August-Viktor von Quast 소장의 주장은 다음에서 참조했다. Hackl, ed., *Generalstab*, p.269; 한스 젭트 장군의 주장은 다음에서 참조했다. Hackl, p.261.

47 *Military Attaché Report, Subject: Visit to the German Armored (Panzer) Troop School at Wünsdorf, October 4, 1940*, RG 165, Records of the WDGS, Military Intelligence Division, Box 1113, Folder Correspondence 1917~1941, 2277-B-43, National Archives Ⅱ.

48 *M.I.D. Report, GERMANY (Combat), Subject: The German General Staff School* (Kriegsakademie), Record Group 165, Records of the WDGS, Military Intelligence Division, Box 1113, Folder 2277-B-44 [Hartness Report], National Archives Ⅱ, College Park, Maryland.

49 Harmon, MacKaye, and MacKaye, *Combat Commander*, pp.126~127. 사단장 하먼은 지각한 장교들에게 벌금 50달러를 내게 했다. 그는 회고록에서 자신의 소위 '엄중 처벌'이 실수였다고 말했다. 독일군 장교가 상황보고 회의에 지각하는 것은 강등의 이유가 될 수 있는 중대한 사안이었다.

50 Ibid., p.50.

51 Teske, *Die silbernen Spiegel*, p.50.

52 Model, *Generalstabsoffizier*, p.38.

53 Andreas Broicher, "Betrachtungen zum Thema 'Führen und Führer'," *Clausewitz-Studien* 1 (1996): 121.

54 *M.I.D. Report, GERMANY (Combat), Subject: The German General Staff School* (Kriegsakademie). 하트니스 대위는 독일군 교관들의 탁월한 교수 능력을 수차례 강조했다. 그의 동료 웨더마이어도 마찬가지였다.

55 Erfurth, *Die Geschichte des deutschen Generalstabes von 1918 bis 1945*, p.126.

56 한스 젭트 장군이 1936~1939년에 전쟁대학 담임교관으로 근무한 경험을 기술한 내용을 보려면 다음 문헌을 참조하라. Hackl, ed., *Generalstab*, pp.262~264. 또한 다음 문헌을

참조하라. Teske, *Die silbernen Spiegel*, p.45.

57 *M.I.D. Report, GERMANY (Combat) Subject: The German General Staff School* (Kriegsakademie).

58 Pogue, *Education of a General*, p.97.

59 페터 폰 그뢰벤의 주장과 관련해 다음 문헌을 참조했다. Hackl, ed.z Generalstab, p.308.

60 *Memorandum for the Adjudant General, Subject: German General Staff School* (Kriegsakademie), Record Group 165, Records of the WDGS, Military Intelligence Division, Box 1113, Folder 2277-B-48 [Wedemeyer Report], National Archives Ⅱ, College Park, Maryland.

61 Model, *Generalstabsoffizier*, pp.81~82.

62 Diedrich, *Paulus: Das Trauma von Stalingrad*, pp.96~97.

63 Chynoweth, *Bellamy Park*, p.123.

64 *M.I.D. Report, GERMANY (Combat), Subject: The German General Staff School* (Kriegsakademie).

65 Diedrich, *Paulus: Das Trauma von Stalingrad*, p.99. 1931~1932년에 교육받은 학생들이 작성한 간행물에 실린 전쟁사 교관에 대한 평가 중 일부가 이 문헌에 기술되어 있는데, 그 교관은 '우유부단한 자Cunctator'라는 별명을 가진 프리드리히 파울루스Friedrich Paulus 소령이다. 제2차 포에니 전쟁 때 한니발을 과감하게 공격하지 않은 로마 집정관 퀸투스 파비우스 막시무스Quintus Fabius Maximus에게서 따온 별명이다. 제6군사령관에 오른 파울루스는 모든 면에서 열세임을 충분히 알았음에도 불구하고 제6군을 이끌고 스탈린그라드를 탈취했지만 결국 소련군에게 포위되어 전멸하고 말았다. 그는 절체절명의 위기 상황을 상급부대에 명확하게 알리기 위해 포위망을 뚫고 반격하라는 명령을 내리지 못하고 주저함으로써 10년 전에 얻은 별명이 충분히 타당했음을 스스로 입증했다.

66 Model, *Generalstabsoffizier*, p.77.

67 Williamson Murray, "Werner Freiherr von Fritsch: Der tragische General," in *Die Militärelite des Dritten Reiches: 27 Biographische Skizzen*, eds. Ronald Smelser and Enrico Syring (Berlin: Ullstein, 1995), p.154.

68 Model, *Generalstabsoffizier*, pp.79~80.

69 Mark Frederick Bradley, "United States Military Attachés and the Interwar Development of the German Army" (master's thesis, Georgia State University, 1983), p.52.

70 Bald, *Der deutsche Generalstab, 1859~1939*, p.88.

71 Ibid., p.88.

72 Richard R. Muller, "Werner von Blomberg: Hitler's 'idealistischer' Kriegsminister," in *Die Militärelite des Dritten Reiches: 27 biographische Skizzen*, eds. Ronald Smelser and Enrico Syring (Berlin: Ullstein, 1997), p.56.

73 Bald, *Der deutsche Generalstab 1859~1939*, p.103.

74 *M.I.D. Report, GERMANY (Combat), Subject: The German General Staff School* (Kriegsakademie).

75 Citino, *The Path to Blitzkrieg*, p.184.

76 Ibid., p.18, p.24.

77 Teske, *Die silbernen Spiegel*, p.45.

78 Oetting, *Auftragstaktik*, p.263.

79 Teske, *Die silbernen Spiegel*, p.48.

80 한스 게오르크 리헤르트Hans Georg Richert 대령의 주장을 다음에서 인용했다. Hackl, ed., *Generalstab*, p.330.

81 Boog, "Civil Education, Social Origins, and the German Officer Corps," p.123.

82 Luvaas, "The Influence of the German Wars of Unification," p.618에서 인용. 명예 육군 소장 웨슬리 메리트Wesley Merrit(육사 1860년 졸업)의 주장이다.

83 그 같은 사례는 미국-스페인 전쟁부터 오늘날까지 무수히 많고 다양하다. *Transcript of telephone conversation with John McAuley Palmer, Oct. 15, 1947, OCMH (Office of the Chief of Military History) Collection*, Box 2, U.S. Army Military History Institute, Carlisle, Pennsylvania.

84 Stouffer et al., ed. *The American Soldier: Adjustment during Army Life*, p.57.

85 Ibid., p.259.

86 Ibid., p.264. 진한 글씨는 원본에서 강조한 부분이다. 이 문제를 집중적으로 다룬 「진급 '예약하기''Bucking' for Promotion」 장 전체를 참조하라.

87 Dwight D. Eisenhower, "A Tank Discussion," *Infantry Journal* (November 1920).

88 *Letter from Dwight D. Eisenhower to Bruce C. Clarke, September 17, 1967, Gettysburg, Pennsylvania*, Bruce C. Clarke Papers, Box 1, Combined Arms Research Library, Fort Leavenworth, Kansas.

89 Coffman, *The Regulars*, p.277.

90 Boog, "Civil Education, Social Origins, and the German Officer Corps," p.122.

91 군사사 연구와 여하의 참모 현지실습에서 학생들에게 페르벨린 전투는 특별한 의미가 있다. 군사사의 다양한 측면에서 교훈—지휘부의 결심부터 포병의 교묘한 운용에 이르기까지—이 담겨 있을 뿐만 아니라 페르벨린은 독일에서 유일하게 온전히 보존된 전장이었다. 독일에는 다른 국가들처럼 전투 지역 보존법이 존재하지 않았다.

92 Robert M. Citino, *The German Way of War: From the Thirty Year's War to the Third Reich* (Lawrence: University Press of Kansas, 2005), pp.14~22. 시티노는 다소 다른 형태의 전투를 기술했지만 그의 책에는 전투 지도와 브란덴부르크의 군사사가 상세히 설명되어 있다. 이 책은 '독일의 전쟁 수행 방식'을 이해하는 데 매우 소중한 자료이다.

93 시종무관은 수준 높은 교육을 받은 젊고 역동적인 참모장교로서 프리드리히 대왕에게 포괄적 책임과 권한을 위임받은 참모장교였다.

94 전설 같은 사건들에는 항상 그렇듯이 약간씩 다른 버전의 이야기들이 존재한다. 약간 다른 대답을 보려면 다음을 참조하라. Christopher Duffy, *The Military Life of Frederick the Great* (New York: Atheneum, 1986), p.167.

95 마르비츠가 스스로 사임하지 않았어도 아무런 사태도 벌어지지 않았을 가능성이 크다. 프리드리히 대왕은 성격이 불같았지만 일반적으로 장교들의 의견을 존중했다.

96 요르크는 백작도 아니고 '폰 바르텐부르크von Wartenburg'라는 귀족 호칭도 없었다. 그는 훗날 상황이 호전된 후 귀족 작위와 훈장을 받았다. 여기에서는 독자들의 이해를 돕기 위해 귀족 호칭을 사용한다.

97 Förster, "The Dynamics of *Volksgemeinschaft*," p.193.

98 Ibid., p.201.

99 Oetting, *Auftragstaktik*, p.198.

100 예를 들어 다음을 참고하라. Timothy A. Wray, "Standing Fast: German Defensive Doctrine on the Russian Front during World War Ⅱ–Prewar to March 1943." (Fort Leavenworth, Kansas: U.S. Army Command and General Staff College, 1986), http://purl.access.gpo.gov/GPO/LPS58744; Timothy T. Lupfer, *The Dynamics of Doctrine: The Changes in German Tactical Doctrine during the First World War*, Leavenworth Papers (Ft. Leavenworth, Kansas: Combat Studies Institute, U.S. Army Command and General Staff College, 1981); Citino, *The Path to Blitzkrieg*. 시티노의 책에서 교리라는 단어는 오로지 부제목("독일군의 교리와 훈련*Doctrine and Training in the Germany Army*")과 결코 교리를 중시하지 않았던 폰 젝트에 관한 장에서만 등장한다. 하지만 저자는 독일군의 발전 과정을 매우 유연하고 심도 있게 기술했다.

101 이에 대한 논의를 보려면 영원한 고전인 다음 책을 참조하라. Hans von Seeckt, ed. *Führung und Gefecht der verbundenen Waffen* (Berlin: Offene Worte, 1921). 저자의 의견에 따르면 이 저작은 카를 폰 클라우제비츠와 손자의 저작과 견줄 만하다.

102 Oetting, *Auftragstaktik*, p.283.

103 Millett, "The United States Armed Forces in the Second World War," p.65.

104 만슈타인의 직책을 작전참모부장Chief of Staff of Operations과 혼동하면 안 된다. 쿠르트 프라이헤르 폰 하머슈타인-에쿠오르트는 1930년부터 1934년까지 총참모장Chef der Heeresleitung이었다. 여기서 워게임이라고 언급된 것들—당시 부적절한 군무청 여행*Truppenamtsreisen*이라 불린—은 다음 문헌에 나와 있다. Karl-Volker Neugebauer, "Operatives denken zwischen dem Ersten und Zweiten Weltkrieg," in *Operatives Denken und Handeln in deutschen Streitkräften im 19. und 20. Jahrhundert*, ed. Günther Roth (Herford: Mittler, 1988). 워게임에서 체코슬로바키아, 폴란드, 프랑스를 적으로 상정했지만 모든 전쟁연습이 공세적 성격을 띠지는 않았다.

105 Manstein, *Soldatenleben*, p.109, p.127, p.241.

106 Wrochem, *Erich von Manstein*, p.41.

107 만슈타인의 리더십 문제와 작전적 능력의 재평가에 관해서는 다음을 참조하라. Muth, "Erich von Lewinski, called von Manstein: His Life, Character and Operations–A Reappraisal." 다음 저서도 참조할 만하다. Marcel Stein, *Field Marshal von Manstein, the Janus Head: A Portrait* (Solihull: Helion, 2007).

108 Nick van der Bijl and David Aldea, *5th Infantry Brigade in the Falklands* (Barnsley: Cooper, 2003), p.70. 저자들은 간단하지만 흥미로운 논제를 특징적으로 다룬다. '직접적 통제'가 부재하고, 그와 대비되는 '제한적 통제'를 적용함으로써 포클랜드 전역Falklands campaign에서 영국군 부대와 예하 지휘관들은 때때로 불필요한 어려움을 겪었다.

109 다음을 참조하라. Millotat, *Generalstabssystem*, p.41. 프랑스어와 영어로 번역하려는 시도가 대단히 많았다. 저자는 독일군 총참모부 체제와 그 구성원들에게 그리 비판적이지 않았다.

110 Oetting, *Auftragstaktik*, p.320.

111 Hofmann, *Through Mobility We Conquer*, p.149. 후자의 번역 용어는 조지아주 포트베닝의 보병학교에서 교육받고 강의도 한 독일군 교환학생 장교 아돌프 폰 셸이 제안한 것이다. 셸에 대해 더 알려면 그 이하 내용을 참조하라. 임무형 전술에 대한 간명하고 정확한 설명을 보려면 다음을 참조하라. Citino, *The Path to Blitzkrieg*, p.13. 그러한 지휘의 개념에 대한

다수의 추가 사례로 다음을 참조하라. Oetting, *Auftragstaktik*.

112 Van Creveld, *Fighting Power*, p.36. 반 크레벨드도 임무형 전술의 몇 가지 모범 사례를 제시했다.

113 Teske, *Die silbernen Spiegel*, p.71.

114 Stouffer et al., ed. *The American Soldier: Adjustment during Army Life*, p.65.

115 *Memorandum for the Adjudant General, Subject: German General Staff School* (Kriegsakademie).

116 Kielmansegg, "Bemerkungen zum Referat von Hauptmann Dr. Frieser aus der Sicht eines Zeitzeugen," p.152. 제1기갑사단의 군수참모였던 킬만스에크는 이 말을 현장에서 들었다. 킬만스에크는 프리저의 논문을 논평했고 프리저는 그 내용을 근거로 유명한 저서인 『전격전의 전설』을 집필했다.

117 Harmon, MacKaye, and MacKaye, *Combat Commander*, p.80.

118 Oetting, *Auftragstaktik*, p.246.

119 Hofmann, *Through Mobility We Conquer*, p.152.

120 Astor, *Terrible Terry Allen*, p.81; Van Creveld, *Fighting Power*, p.37.

121 할런 넬슨 하트니스Harlan Nelson Hartness(육사 1919년 졸업) 대위는 1935~1937년에, 앨버트 코디 웨더마이어Albert Coady Wedemeyer(육사 1919년 졸업) 대위는 1936~1938년에, H. F. 크래머H. F. Kramer 중령은 1937~1939년에, 리처드 클레어 파트리지Richard Clare Partridge(육사 1920년 졸업) 소령은 1938~1939년에 독일 전쟁대학에서 수학했다. 대부분 2년 과정을 수료했으나 파트리지는 전쟁이 발발하는 바람에 단기 과정만 마쳤다. 하트니스는 제2차 세계대전 때 준장이었고 1948~1950년에 지휘참모대학 부학장을 역임하고 소장으로 예편했다.

웨더마이어는 중장으로 1945년에 중국 주둔 미군을 지휘했고 대장까지 진급했다. 크래머는 소장으로 제2차 세계대전 때 제66보병사단을 지휘했다. 파트리지는 제2차 세계대전 때 제358보병연대를 지휘했고 훗날 소장으로 예편했다. 하트니스, 웨더마이어, 파트리지는 동료들 사이에서 출중한 장교라는 평판을 얻었으며 창의적 사고력을 지닌 탁월한 장교로 인정받았다. 그에 대한 예로 다음을 참조하라. Dickson, *Algiers to Elbe: G-2 Journal*, pp.5~6; Collins, *Lightning Joe*, p.185.

122 Wedemeyer, *Wedemeyer Reports!*, p.49. 미국의 대중국 정책에 반대하고 군이 지향하는 방향에 불만을 품은 웨더마이어는 결국 1951년에 다소 일찍 전역했다. 그의 언급은 이 같은 맥락에서 이해해야 한다. Nenninger, "Leavenworth and Its Critics," p.216. 네닝어는 늘 그렇듯이 매우 자세하게 서술했지만 이 경우에는 웨더마이어가 기록한 두 학교의 교육적 측면과 문화적 측면의 상이함을 간과했다.

123 Citino, *The Path to Blitzkrieg*, pp.157~164.

124 Nenninger, "Leavenworth and Its Critics," p.216.

125 Ibid., pp.215~216.

126 *Memorandum for the Adjudant General, Subject: German General Staff School* (Kriegsakademie). 당시 총참모부 정보참모부(G2)에 근무한 찰스 맨리 버스비Charles Manly Busbee(육사 1915년 졸업)의 편지를 참조하라. 이 편지에 총참모부로 이 보고서의 사본이 전달되었다고 진술되어 있다. '검토'를 위해 웨더마이어의 보고서가 육군대학에도 전달되어야 한다고 버스비가 '제안'한 것만으로도 이런 귀중한 보고서들이 평가절하되었음을 알 수 있다.

127 *M.I.D. Report, GERMANY(Combat), Subject: The German General Staff School* (Kriegsakademie). 하트니스는 교관들의 탁월한 능력과 학생들을 접촉한 결과를 2개 장에 상세히 기술했다. pp.17~19. 웨더마이어는 이렇게 기술했다. "매우 엄격한 과정을 거쳐 선발된 교관들은 군사적 경력이 출중했을 뿐만 아니라 탁월한 강의 능력이 입증된 인물들이었다."(p.2), "교관들은 능력이 출중한 장교들이었다."(p.12), "실질적으로 모든 교육 내용은 부대 지휘에 관한 문제였다."(p.12), "교관과 학생 간에는 강요나 간섭, 격이 없었다."(p.13), "일반적으로 독일군의 야전 명령은 미군처럼 구체적이지도, 체계적이지도 않았다."(p.78), "교과 지도에서 가장 중요한 것은 도상의 문제들을 해설하고 표현하는 것이라고 믿는다. 나는 그것이 실질적이고 실용적이라고 생각했다."(p.139), "학생들은 〔…〕 야전에서와 똑같이 훈련에 임했다."(p.139), "독일군은 지휘관이 **어떻게**뿐만 아니라 **언제** 결심해야 하는지를 알아야 한다고 강조한다"(p.139, 굵은 글씨는 원문에서 강조한 부분).

128 Ibid., p.8. 수많은 외국군 출신 장교들이 독일군의 전쟁연습에 참가한 후 마치 '실제' 같았다고 전했다. Citino, *The Path to Blitzkrieg*, p.66.

129 *M.I.D. Report, GERMANY (Combat), Subject: The German General Staff School* (Kriegsakademie). 하트니스는 보고서 24쪽의 결론부에서 '학교 측 모범답안이 없는' 독일군의 교육제도를 노골적으로 칭찬했다.

제3부 결론

제6장 교육, 문화 그리고 결론

1 Louis Abelly, *The Life of the Venerable Servant of God: Vincent de Paul,* 3 vols. (New York: New City Press, 1993), 2:375. 성 뱅상 드 폴은 17세기 가톨릭 수도사이다. 대부분의 동료 수도사들과 대조적으로 그는 철저히 검소하게 살았고 평생 동안 가난한 자들을 도왔다. 그는 평생 보여준 겸손과 지혜 덕분에 전설적 인물이 되었다. 이 인용문은 위에서 언급한 그의 전기에서 따온 것이다. 이 인용문을 찾는 데 도움을 준 너새니얼 미쇼Nathaniel Michaud 씨에게 감사드린다.

2 만슈타인의 글을 인용. 원문은 "교범은 멍청한 사람들을 위한 것이다Vorschriften sind für die Dummen."이다.

3 Afflerbach, *Falkenhayn*, p.105, p.134.

4 Bernhard R. Kroener, "Strukturelle Veränderungen in der militärischen Gesellschaft des Dritten Reiches," in *Nationalsozialismus und Modernisierung*, eds. Michael Prinz and Rainer Zitelmann (Darmstadt: Wissenschaftliche Buchgesellschaft, 1991); Bernhard R. Kroener, "Generationserfahrungen und Elitenwandel: Strukturveränderungen im deutschen Offizierkorps, 1933~1945," in *Eliten in Deutschland und Frankreich im 19. und 20. Jahrhundert: Strukturen und Beziehungen*, eds. Rainer Hudemann and Georges-Henri Soutu (Oldenbourg, 1994).

5 Dillard, "The Uncertain Years," p.339. 수업 기간의 제한 때문에 예외적으로 전시에 몇 개 기수의 1학년들을 초기부터 생도로 '인정'해 주었다.

6 Stephan Leistenschneider, "Die Entwicklung der Auftragstaktik im deutschen Heer

und ihre Bedeutung für das deutsche Führungsdenken" in *Führungsdenken in europäischen und nordamerikanischen Streitkräften im p.19. und p.20. Jahrhundert*, ed. Gerhard P. Groß (Hamburg: Mittler, 2001), p.177. 저자는 임무형 행동Auftragsverfahren, 자주적 행동Freies Verfahren, 임무형 전투Auftragskampf, 개인적 행동Individualverfahren, 훈령 전술Dispositionstaktik, 주도적 행동Initiativverfahren 등 다양한 명칭을 찾아냈다.

7 Ibid., p.189.

8 Clemente, "Making of the Prussian Officer," p.174.

9 Ibid., p.140. 클레멘트는 독일군 장교후보생들이 어떻게든 임관되었다고 주장하지만 독일군 장교들이 모든 면에서 학문적 능력과 자질을 명확히 입증했으므로 그의 주장은 근거가 없다.

10 Moncure, *Forging the King's Sword*, p.235.

11 Clemente, "Making of the Prussian Officer," p.172.

12 베르사유 조약에 의거해 중앙군사학교가 해체되는 바람에 교육과정을 끝까지 이수하지 못한 에른스트 폰 살로몬은 자유군단에서 기관총반의 반장이 되었고 어떠한 상황에서도 화기를 완벽하게 다룰 수 있었다. 당시 그의 나이는 17세였다. 좀 더 자세한 설명을 보려면 다음을 참조하라. Salomon, *Die Geächteten.*

13 Bland, Ritenour, and Wunderlin, eds., "*We Cannot Delay*," p.65. Marshall's memorandum to the assistant chief of staff G-3, September 26, 1939.

14 Schmitz, *Militärische Jugenderziehung*, pp.54~55.

15 Mott, *Twenty Years*, p.35.

16 Lori A. Stokam, "The Fourth Class System: 192 Years of Tradition Unhampered by Progress from Within (research paper submitted to the faculty of the United States Military Academy, History Department, West Point, New York: 1994), p.9.

17 Mott, *Twenty Years*, p.25. 모트보다 21년 후에 졸업한 조 로턴 콜린스는 이렇게 기술했다. "나는 웨스트포인트 생활을 즐긴 극소수의 생도 중 하나였다." Collins *Lightning Joe*, p.6.

18 Schmitz, *Militärische Jugenderziehung*, p.141. 이런 경우를 번역하기는 어렵지만, 독일어로는 '변화가 많은*abwechslungsreich*'이라고 쓴다.

19 Clemente, "Making of the Prussian Officer," p.168. 클레멘트는 교수법과 교육학적 측면을 간과하고 교과과정의 교육 시간만을 평가하는 오류를 범했다. 생도 교육에 관해 상세하고 균형 있는 내용을 보려면 다음을 참조하라. Moncure, *Forging the King's Sword*.

20 Nye, "Era of Educational Reform," pp.200~201.

21 John A. Logan, *The Volunteer Soldier of America* (New York: Arno, 1979), pp.441~458. 로건은 남북전쟁 당시 북군의 걸출한 육군 소장이었다. 육사 출신 동료들을 관찰한 로건은 그들이 받은 교육이 군인의 임무를 수행하는 데 전혀 도움이 되지 않았다고 지적했다. 또한 웨스트포인트 출신 장교들이 다른 군사학교 출신 장교들보다 더 훌륭한 능력을 보여 주지는 못했다고 기술했다. 이 책을 권해 준 마크 그림슬리Mark Grimsley 씨에게 감사드린다.

22 Nye, "Era of Educational Reform," p.233. 1908년 2월 3일 웨스트포인트 원로 교수들로 구성된 육사 교육개혁위원회의 보고서를 참조하라. 이 보고서는 교육과정을 개선하려는 노력을 또 한 번 좌절시켰다. Dillard, "The Uncertain Years," pp.290~291.

23 Unruh, *Ehe die Stunde schlug*, pp.147~148.

24 LaCamera, "Hazing: A Tradition too Deep to Abolish," p.12.

25 Mott, *Twenty Years*, p.44.

26 웨스트포인트에서 정신과 의사로 근무한 리처드 C. 우렌Richard C. U'Ren이 쓴 책의 결론부를 참조하라. U'Ren, *Ivory Fortress*.

27 Kenneth S. Davis, *Soldier of Democracy: A Biography of Dwight Eisenhower* (Garden City, New York: Doubleday, 1946), p.131.

28 Sorley, "Leadership," p.138.

29 Mullaney, *The Unforgiving Minute*, p.347. 저자는 2000년 졸업생이며 수많은 사례 중 하나일 뿐이다.

30 Clemente, "Making of the Prussian Officer," p.174.

31 Nye, "Era of Educational Reform," p.183.

32 *John A. Heintges interviewed by Jack A. Pellicci, transcript, 1974.* 헤인트지스는 웨스트포인트 출신이었으므로 선배 졸업생들을 비판한 그의 주장에 더욱 무게감이 실린다.

33 *Charles L. Boltě interviewed by Arthur J. Zoebelein, undated.* 볼테는 웨스트포인트 출신이 아니었지만 매우 성공적으로 군 생활을 한 장교였다. 그는 4성 장군으로 1953년에 유럽 주둔 미군사령관을 역임했다.

34 Nenninger, "Leavenworth and Its Critics."

35 Chynoweth, *Bellamy Park*, p.85.

36 Schifferle, "Anticipating Armageddon," p.79.

37 Cockrell, "Brown Shoes and Mortar Boards," p.360; Schifferle, "Anticipating Armageddon," p.61.

38 Williamson, *Patton's Principles*, p.103.

39 Mullaney, *The Unforgiving Minute*, p.23. '협력하여 졸업한다!'라는 모토는 2000년 웨스트포인트를 졸업한 어느 생도가 만들었지만 그보다 오래전부터 전해져 온 것으로 보인다.

40 Kirkpatrick, "The very Model of a Modern Major General."

41 Clemente, "Making of the Prussian Officer," p.262.

42 Oetting, *Auftragstaktik*, p.253.

43 Dirk Richhardt, "Auswahl und Ausbildung junger Offiziere 1930~1945: Zur sozialen Genese des deutschen Offizierkorps" (Ph.D. dissertation, University of Marburg, 2002), p.28. 리히하르트가 심혈을 기울여 연구 조사한 박사 학위 논문에서 독일군 장교단에 관한 수많은 통계 수치를 볼 수 있다.

44 Bland, Ritenour, and Wunderlin, eds., "*We Cannot Delay*," p.112. 당시 참모총장 마셜은 하원 세출위원회에서 1940년 회계연도에 12만 달러의 추가 예산 지출이 필요하다고 증언하면서 기동훈련과 실질적인 훈련을 더 많이 하겠다고 공언했다.

45 Ibid., p.611. 1941년 9월 15일 마셜의 밀워키, 위스콘신 연설 참조.

46 U.S. War Department, ed. German Military Forces, p.2. 스티븐 E. 앰브로즈Stephen E. Ambrose가 이 고전의 중쇄에 실은 서문에 쓴 말이다.

47 Leonard Mosley, *Marshall: Organizer of Victory* (London: Methuen, 1982).

48 *Letter from Walter Bedell Smith to Thomas T. Handy, February 9, 1945*, Thomas T. Handy Papers, Box 1, Folder Folder Smith, Walter Bedell, 1944~1945, B-1/F-7, George C. Marshall Library, Lexington, Virginia.

49 *George S. Patton Diary, September 17, 1943*, George S. Patton Library, West Point Li-

brary, Special Archives Collection, West Point, New York.

50 *Letter from John McAuley Palmer to George A. Lynch, May, 25, 1938.*

51 Chynoweth, *Bellamy Park*, p.296. 원본에서 강조한 부분이다.

52 Berlin, *U.S. Army World War II Corps Commanders*, pp.13~14. Memorandum to General Lesley McNair, December 1, 1942.

53 Ridgway, *Soldier*, p.160. *Letter from Matthew B. Ridgway to Robert T. Stevens, Secretary of the Army*, Matthew B. Ridgway Papers, Box 17, United States Army Military History Institute, Carlisle, Pennsylvania; *Letter from Jacob L. Devers to H. F. Shugg, March 21, 1942*, Jacob L. Devers Papers, Box 2, Folder [Reel] 10, Dwight D. Eisenhower Library, Abilene, Kansas.

54 Kent Roberts Greenfield and Robert R. Palmer, *Origins of the Army Ground Forces General Headquarters, United States Army, 1940~1942* (Washington D.C.: Historical Section–Army Ground Forces, 1946), p.26.

55 *Armistice Day Address to the American Legion by Paul M. Robinett, 1943, Mountain Grove, Missouri*, Paul M. Robinett Papers, Box 12, Folder Orders and Letters (bound), George. C. Marshall Library, Lexington, Virginia.

56 Chynoweth, *Bellamy Park*, p.186.

57 Dickson, *Algiers to Elbe: G–2 Journal*, p.37. 애송이라 불린 장교들의 나이는 30대 후반~40대 초반이었다. 프레덴덜의 나이는 59세였다. 그는 1905년 웨스트포인트에 입학했지만 수학과 다른 과목에서 두 번 낙제해 육사에서 퇴출되었다. 그럼에도 불구하고 그는 장교 자격 시험에 합격했고 1907년에 장교로 임관했다. 프레덴덜의 이름은 카세린 협곡 패전과 동의어가 되었다. 많은 이들에게 그는 불명확한 전략적 목표 제시와 지휘계통의 엄청난 문제를 은폐하는 데 '희생양'이 되었다. 그렇지만 프레덴덜이 기동전의 시대에 산악 지역에 지휘소를 구축하느라 엄청난 자원과 인력을 낭비한 것은 부인할 수 없는 사실이다.

58 *Letter from Walter B. Smith to Lucian K. Truscott, December 15, 1943.*

59 *Dwight D. Eisenhower's official assessment of Thomas T. Handy for the years 1945/1946*, Thomas T. Handy Papers, Box 2, Folder Handy, Thomas T., B–2/F–36, George C. Marshall Library, Lexington, Virginia.

60 핸디는 히로시마 원폭 투하 명령서에 서명한 것과, 1954년 유럽 주둔 미군사령관일 때 란츠베르크Landsberg의 수용소에 수감 중인 국방군 장군 다수를 사면한 일로 유명해졌다.

61 Omar Nelson Bradley and Clay Blair, *A General's Life: An Autobiography* (New York: Simon and Schuster, 1983), pp.108~109.

62 Messerschmidt, "German Military Effectiveness between 1919 and 1939."

63 Martin van Creveld, *The Training of Officers: From Military Professionalism to Irrelevance* (New York City: Free Press, 1990), p.25.

64 Clemente, "Making of the Prussian Officer," p.293.

65 Brown, *Social Attitudes*, p.83.

66 Ibid., pp.6~7.

67 Pogue, *Education of a General*, p.114.

68 Citino, *The Path to Blitzkrieg*, p.127.

69 Allsep, "New Forms for Dominance," p.200.

70 다음 문헌의 사진을 참조하라. Eisenhower, *Strictly Personal*. Bland, Ritenour, and Wunderlin, eds., "*We Cannot Delay*".

71 Bland, Ritenour, and Wunderlin, eds., "*We Cannot Delay*," p.452.

72 Clemente, "Making of the Prussian Officer," p.276.

73 뉴딜 법안에 의거해 만들어진 청년 고용 프로그램인 시민보호단Civilian Conservation Corps, CCC은 1933년부터 1942년까지 시행되었다. 육군 장교들은 전국의 각 캠프에 소집된 청년 지원자들을 관리했고 젊은이들은 국립공원과 국유림에서 작물의 씨뿌리기와 수확 작업에 배치되었다. 이 프로그램의 인력 동원 규모는 제1차 세계대전 때의 병력 동원 규모보다 더 컸다.

74 Letter from Colonel Morrison C. Stayer to George C. Marshall, December 16, 1939, 이 편지는 다음에서 찾을 수 있다. Bland, Ritenour, and Wunderlin, eds., "*We Cannot Delay*," p.130.

75 Chynoweth, *Bellamy Park*, p.80.

76 Mott, *Twenty Years*, p.355.

77 Citino, *The Path to Blitzkrieg*, pp.223~224; Oetting, *Auftragstaktik*, pp.182~183.

78 Michael W, Sherraden, "Military Participation in a Youth Employment Program: The Civilian Conservation Corps," *Armed Forces & Society* 7, no. 2 (1981): p.240. CCC 캠프와 주방위군에서 민간인과 장교의 관계, 장교들의 문제점을 더 보려면 Marshall Paper 1~3권과 Pogue, *Education of a General*을 참조하라.

독일의 제국 동원근무와 CCC를 비교한 연구작업으로 다음을 참조하라. *Reichsarbeitsdienst* (RDA): Kiran Klaus Patel, *Soldiers of Labor: Labor Service in Nazi Germany and New Deal America, 1933~1945* (Washington, D.C.: Cambridge University Press, 2005). 비교 연구는 언제나 흥미를 유발하지만 이 책의 제목에는 오해의 소지가 있다. 제목은 두 개의 대중 동원 프로그램을 비교할 수 없다는 점을 지적하고 있으며, 이는 저자 자신도 제목 외에는 그런대로 훌륭한 자신의 책에서 인정한 바였다(pp.153~181). CCC의 높은 탈영률과 1942년까지 군사훈련이 없었다는 점, CCC의 분위기가 악명 높을 정도로 엉성했다는 점, 독일 RDA의 강도 높은 준군사훈련이나 훗날 독일 정규군으로 완전히 통합되었다는 사실을 고려한다면 CCC의 군사화, 개개인의 군인화 수준은 매우 저급했다. 그러나 CCC는 대규모 인원 관리를 실습할 기회를 군에 제공했다는 점에서 의의가 있다. 다음의 문헌도 참조하라. Charles William Johnson, "The Civilian Conservation Corps: The Role of the Army" (Ph.D. dissertation, University of Michigan, 1968). 존슨의 연구는 CCC와 관련된 군의 내적 갈등을 다루었지만 유감스럽게도 그다지 비판적이지 않다. 게다가 저자는 국가기록원의 기록 그룹 전체를 통째로 인용했는데 이는 연구자로서 그다지 좋은 방식이 아니다. 그렇게 할 경우 필요한 자료를 찾으려면 엄청난 노력과 행운이 따라야 하기 때문이다.

79 Johnson, "The Civilian Conservation Corps: The Role of the Army," p.89.

80 *Memorandum from George C. Marshall to Chief of Staff, Sixth Corps Area, regarding officers' efficiency reports, May 31, 1934*, George C. Marshall Papers, Box 1, Folder Illinois National Guard, Correspondence, 1 of 24, May 15~31, 1934, George C. Marshall Library, Lexington, Virginia. 여기에 1933년 7월 1일부터 10월 20일까지 제8보병연대 시민보호단 중대장으로 근무한 필립 A. 헴볼드Philip A. Helmbold 대위의 근무평정표가 포함되어 있다.

81 Brown, *Social Attitudes*, p.323.

82 *Letter from Major Clarke K. Fales to George C. Marshall, Sept. 25, 1934*. 페일스는 이미 5년간 이나 주방위군에 '묶여' 있었다.

83 Pogue, *Education of a General*, pp.307~308.

84 Ibid., p.346.

85 Kirkpatrick, "Orthodox Soldiers," p.109.

86 Wette, *The Wehrmacht*, pp.2~3, p.23.

87 Diedrich, *Paulus: Das Trauma von Stalingrad*, p.134.

88 Förster, "The Dynamics of *Volksgemeinschaft*," p.180, 206.

89 Ibid., p.207.

90 Gerd R. Ueberschär, *Dienen und Verdienen: Hitlers Geschenke an seine Eliten*, 2nd ed. (Frankfurt a. M.: Fischer, 1999); Norman J. W. Goda, "Black Marks: Hitler's Bribery of His Senior Officers during World War Ⅱ," *The Journal of Modern History* 72 (2000).

91 Geoffrey P. Megargee, "Selective Realities, Selective Memories" (paper presented at the Society for Military History Annual Conference, Quantico, Virginia, April 2000).

92 Förster, "The Dynamics of *Volksgemeinschaft*," p.200.

93 Spires, *Image and Reality*, 2. 이런 진술은 기본적으로 바이마르공화국군을 다룬 모든 책에 기술되어 있다.

94 Oetting, *Auftragstaktik*, p.178.

95 Erfurth, *Die Geschichte des deutschen Generalstabes von l918 bis l945*, p.151.

96 이 점은 독일에서 전후에 가장 중요한 군사 저널에 익명으로 이미 제시된 바 있다. 당시 누가 새로운 독일군—서독 연방군—의 장군이 될 것인가, 그들을 어떻게 선발할 것인가를 한창 논의하던 중이었다. 과거에 장교 선발을 책임진 전직 총참모부 출신 장교들과 정신과 의사들의 강력한 주장이 반대의 목소리를 잠재웠다. 작자 미상, "Rechter Mann am rechten Platz: Versuch eines Beitrages zum Problem der 'Stellenbesetzung," *Wehrwissenschaftliche Rundschau* 1, no. 8 (1951); Voss and Simoneit, "Die psychologische Eignungsuntersuchung in der deutschen Reichswehr und später der Wehrmacht."

Kurt Weckmann, "Führergehilfenausbildung," *Wehrwissenschaftliche Rundschau* 4, no. 6 (1954); Otto Wien, "Letter to the Editor as Answer to the Critique of Theodor Busse on his Article 'Probleme der künftigen Generalstabsausbildung,'" *Wehrkunde* V, no. 1 (1956); Theodor Busse, "Letter to the Editor as Critique to the Article 'Probleme der künftigen Generalstabsausbildung,' by Otto Wien in WEHRKUNDE Ⅳ/11," *Wehrkunde* 5, no. 1 (1956).

97 다음의 훌륭한 저작에 수집된 내용을 참조하라. Hürter, *Hitlers Heerführer: Die deutschen Oberbefehlshaber im Krieg gegen die Sowjetunion 1941/1942*.

98 Yingling, "A Failure in Generalship."

99 다음의 훌륭한 논문에서 이 문장을 인용했다. John T. Kuehn, "The Goldwater-Nichols Fix: Joint Education is the Key to True Jointness." *Armed Forces Journal* 32 (April 2010).

100 Miles, *Fallen Leaves*, p.282. 이 격언의 독일어 버전도 번역하면 거의 동일하다. "아무리 훌

륭한 보고서라도 직접 관찰한 바를 대신할 수 없다." 다음에서 인용했다. Citino, *The Path to Blitzkrieg*, p.58.

101 Bland, and Ritenour Stevens, eds., *The Papers of George Catlett Marshall: "The Right Man for the Job"–December 7, 1941 ~ May 31, 1943*, p.62. Memorandum by George C. Marshall for Assistant Chief of Staff [Brig. Gen. John H. Hilldring], G–1, January 14, 1942 Washington, D.C.

102 Grotelueschen, *The AEF Way of War*, p.364.

103 Michael R. Gordon and Bernard E. Trainor, *Cobra Ⅱ: The Inside Story of the Invasion and Occupation of Iraq* (New York: Vintage, 2006), p.431.

104 Zucchino, *Thunder Run*, p.6.

105 Ibid., p.38.

106 Ibid., p.15.

107 Weigley, *Eisenhower's Lieutenants*, p.594.

108 Gordon and Trainor, *Cobra Ⅱ*, p.450.

109 Ibid., p.451.

110 Ibid., p.453.

111 Zucchino, *Thunder Run*, p.154.

112 Gordon and Trainor, *Cobra Ⅱ*, p.461.

113 Michael E. Fischer, "Mission–Type Orders in Joint Operations: The Empowerment of Air Leadership" (School of Advanced Air Power Studies, 1995).

114 Zucchino, *Thunder Run*, p.241. 이 인용문은 스파르탄 여단에 속한 대대의 작전장교인 로저 셔크Roger Shuck 소령의 말이다.

115 Correlli Barnett, "The Education of Military Elites," *Journal of Contemporary History* 2, no. 3 (1967): 35. 바넷은 "정통파 교리를 과도하게 중시하는 것, 그리고 표준 절차 안에서 자신의 책임 범위를 이탈하는 상황을 기피하는 성향"이라고 유화적으로 표현했다. 그는 40년 전에 미군 장교 교육의 수많은 결과들을 예측했다.

116 Grotelueschen, *The AEF Way of War*, p.352.

117 Mullaney, *The Unforgiving Minute*, p.189.

118 Gordon and Trainor, *Cobra Ⅱ*, p.354.

119 Ibid.

120 Ridgway, *Soldier*, pp.206~207.

지은이 후기

1 후기를 쓰라고 제안한 에드워드 M. 코프먼과 데니스 쇼월터Dennis Showalter에게 감사드린다. 매우 좋은 생각이었다.

2 10년 전 한 전문가가 이 점을 지적했으나 누구도 그의 말을 귀담아 듣지 않았다. Murray, "Does Military Culture Matter?," pp.145~149.

참고문헌

1. Archival Evidence/Documents

CARL (Combined Arms Research Library), Fort Leavenworth, Kansas

Course Material, Command and General Staff School
Regular Courses, 1939–1940, Misc., G–1, Vol. 1.
Regular Courses, 1939–1940, Misc., G–2, Vol. 11.
Regular Courses, 1939–1940, Misc., G–5, Vol. 19.
Individual Research Papers, 1934–1936.

Oral Histories
Armed Forces Oral Histories, World War Ⅱ Combat Interviews, 2nd Armored Division.

Senior Officers Oral History Program
Ennis, William Pierce. Transcript.
Grombacher, Gerd S. Transcript.

Personal Papers
Clarke, Bruce C. Papers.
Hoge, William M. Papers.
Warnock, Aln D. Papers.
U.S. Military Intelligence Reports, Combat Estimates: Europe, Bi–Weekly Intelligence Summaries 1919–1943

Dwight D. Eisenhower Presidential Library, Abilene, Kansas
Allen, Terry de la Mesa. Papers [fragments].
Bull, Harold R. Papers.
Collins, Joe Lawton. Papers.
Cota, Norman D. Papers.
Devers, Jacob L. Papers.
Eisenhower, Dwight D. Pre–Presidential Papers.
Norstad, Lauris. Papers.
Paul, Willard S. Papers.
Smith, Walter B. Papers.
Ryder, Charles W. Papers.
Woodruff, Roscoe B. Papers.

George C. Marshall Library, Lexington, Virginia

Interviews

Marshall, George C. Interview by Forrest Pogue, Nov. 15, 1956.
Smith, Truman. Interview by Forrest Pogue, Oct. 5, 1959.

Papers

Handy, Thomas T. Papers.
Marshall, George C. Papers.
McCarthy, Frank. Papers.
Robinett, Paul M. Papers.
Truscott, Lucian K. Papers.
Van Fleet, James A. Papers.
Ward, Orlando. Diary, March 25, 1938–Aug. 25, 1941.

Harry S. Truman Presidential Library, Independence, Missouri

Baade, Paul W. Papers.
Quirk, James T. Papers.

National Archives Ⅱ, College Park, Maryland

Collection of Twentieth-Century Military Records, 1918-1950

Series I—USAF Historical Studies

The Development of the German Air Force 1919–1939, German Air Force Operations in Support of the Army, The German Air Force General Staff, Box 38.
USAF Historical Studies: No. 174, Command and Leadership in the German Air Force, Box 39.

Record Groups

Record Group 38, (Chief of Naval Operations), Entry 99, Office of Naval Intelligence, Secret Naval Attache's Reports 1936–43. Estimate of Military Strength, Summaries War Diary Berlin, Probability of War Documents E, War Diary Naval Attaché Berlin, Vols. 1–2, Boxes 1–5.
Record Group 165, Records of the War Dept. General and Special Staffs, Entry 194, Office of the Director of Intelligence (G-2) 1906–1949, "Who's Who" data cards on German Military, Civilian, and Political Personalities, 1925–1945: Army Officers, foreign volunteers, Army, *Generalfeldmarschall*, *Generaloberst*, NM-84 E 194, Box 3.
Record Group 165, Entry 65, Military Intelligence Division Correspondence, 1917–41, 2657-G-830/16 to 2657-G-842/135, Boxes 1473, 1672.
Record Group 165, Entry 65, Microfilm Publication No. 1445, Correspondence of the

Military Intelligence Division relating to General, Political, Economical, and Military Correspondence in Spain, 1918–41, Rolls 6–12.
Record Group 165, Entry 65, Records of the WFGS [sic] [War Department General Staff], Military Intelligence Division, Correspondence, 1917–41, 2277–B–43 to 2277–C–22, Boxes 1113, 1177.
Record Group 218, Records of the U.S. Joint Chiefs of Staff, Chairman's File, Admiral Leahy, 1942–48, Folder 126, HM 1994, Memos to the President from General Marshall.
Record Group 226, Records of OSS, Research and Analysis Branch, Central Information Division, Name and Subject Card Indexes to Series 16, Alpha Name index (I) Sar–Jol, Box 18.
Record Group 226, Entry 14, Name Index (II), Boxes 22, 23.
Record Group 226, Entry 14, Records of the OSS, Research and Analysis Branch, Central Information Division, Name and Subject Card Indexes to Series 16, Country: Germany, Boxes 199, 200, 202, 228, 229, 230, 231, 232.
Record Group 226, Entry 16, Records of OSS, Research and Analysis Branch, Intelligence Reports ("Regular" Series) 1941–45, Boxes 1543, 1626, Interrog. Guderian.
Record Group 331, (Allied Operational and Occupation Headquarters, WW II), SHAEF, General Staff, G–2 Division, Intelligence Target ("T") Sub–Division, Decimal File 000.4 to 314.81, Box 156, no decimal file.
Record Group 331, (Allied Operational and Occupation Headquarters, WW II), Entry 12A, SHAEF, General Staff, G–2 Division, Operational Intelligence Sub–Division, Aug. 1944–May 1945, Decimal File 004.05–385.2.1, Box 15, G–2 Meetings, Personalities, Intelligence on Germany, Enemy Forces General.
Record Group 331, (Allied Operational and Occupation Headquarters, WW II), Entry 13, SHAEF, General Staff, G–2 Division, Operational Intelligence Sub–Division, Intelligence Reports 1942–45, Intelligence Notes 17 to 61, Boxes 25, 26, 29, 31, 30.
Record Group 331, Records of Allied Operational and Occupation Headquarters, WW II, Entry 13, Office of the Chief of Staff Secretary, General Staff, Decimal File Box 46, May 1943–Aug. 1945, 322.01 G–5 Vol. II to 322.01 PWD; Box 47, May 1943–Aug. 1945, 332.01 PS to 327.22.
Record Group 498, Records of the Headquarters, ETOUSA, Historical Division, Program Files, First U.S. Army, G–2 Periodic Reports, Reports, Memos, Instructions, Notes, Combat Operations, 1943–1945, Boxes 1–4 and Annexe.
Record Group 498, Records of the Headquarters, ETOUSA, U.S. Army (WW II), Entry ETO G–2 Handbook, Military Intelligence, Box 1.

U.S. Army: Unit Records, 1940–1950

2nd Infantry Division.
79th Infantry Division.
101st Airborne Division.

103rd Infantry Division.

U.S. Army Military History Institute, Carlisle, Pennsylvania

Army War College Curricular Archives

1939–1940, G–2 Course, File No. 2–1940A, 1–28, Lecture by Percy Black, Seminar Study on Germany, "The German Situation"; Lecture by Dr. W. L. Langer, Harvard.

OCMH (Office of the Chief of Military History) Collection

ID 2, Army General Staff Interviews.

Personal Papers

Dahlquist, John E. Papers.
Heintges, John A. Papers.
Koch, Oscar. Papers.
Ridgway, Matthew B. Papers.
Smith, Truman, and Katherine A. H. Papers.
Wedemeyer, Albert C. Papers [fragments].

Senior Officers Oral History Program

Bolté, Charles L. Transcript.

West Point Library Special Archives Collection, West Point, New York

Dickson, Benjamin Abbott "Monk." Papers.
Krueger, Walter. Papers.
Murphy, Audie. Collection.
Palmer, Williston Birkheimer. Papers.
Patton, George S., Jr. Patton Collection.

2. Dissertations, Research Papers, and Unpublished Literature

Alexander, David R., Ⅲ. "Hazing: The Formative Years." Research paper submitted to faculty of United States Military Academy, History Department, West Point, New York, 1994.

Allsep, L. Michael, Jr. "New Forms for Dominance: How a Corporate Lawyer Created the American Military Establishment." Ph.D. dissertation, University of North Carolina at Chapel Hill, 2008.

Appleton, Lloyd Otto. "The Relationship between Physical Ability and Success at the United States Military Academy." Ph.D. dissertation, New York University, 1949.

Atkinson, Rick. "Keynote: In the Company of Soldiers." Paper presented at Teaching about the Military in American History conference, Wheaton, Illinois, March 24–25,

2007.

Bernd, Hans Dieter. "Die Beseitigung der Weimarer Republik auf 'legalem' Weg: Die Funktion des Antisemitismus in der Agitation der Führungsschicht der DNVP('합법적' 방법으로 바이마르 공화국 무력화하기: 국가 인민당 지도부의 자극에 대응한 반유대주의의 기능)." Ph.D. dissertation, University of Hagen, 2004.

Boone, Michael T. "The Academic Board and the Failure to Progress at the United States Military Academy." Research paper submitted to faculty of United States Military Academy, History Department, West Point, New York, 1994.

Bradley, Mark Frederick. "United States Military Attaches and the Interwar Development of the German Army." Master's thesis, Georgia State University, 1983.

Clark, Jason P. "Modernization without Technology: U.S. Army Organizational and Educational Reform, 1901–1911." Paper presented at Society of Military History annual conference, Ogden, Utah, April 18, 2008.

Clemente, Steven Errol. "'Mit Gott! Für König und Kaiser!': A Critical Analysis of the Making of the Prussian Officer, 1860–1914." Ph.D. dissertation, University of Oklahoma, 1989.

Cockrell, Philip Carlton. "Brown Shoes and Mortar Boards: U.S. Army Officer Professional Education at the Command and General Staff School, Fort Leavenworth, Kansas, 1919–1940." Ph.D. dissertation, University of South Carolina, 1991.

"Combat Awards." Article draft, undated. Bruce C. Clarke Papers. Combined Arms Research Library, Fort Leavenworth, Kansas.

Combined British, Canadian and U.S. Study Group, ed. *German Operational Intelligence*, 1946.

Dickson, Benjamin A. *Algiers to Elbe: G-2 Journal*. Unpublished. Monk Dickson Papers. West Point Library Special Archive, West Point, New York.

Dillard, Walter Scott. "The United States Military Academy, 1865–1900: The Uncertain Years." Ph.D. dissertation, University of Washington, 1972.

"Does a Commander Need Intelligence or Information?" Article draft, undated. Bruce C. Clarke Papers, Box 1. Combined Arms Research Library, Fort Leavenworth, Kansas.

Elrod, Ronald P. "The Cost of Educating a Cadet at West Point." Research paper submitted to faculty of United States Military Academy, History Department, West Point, New York, 1994.

"Faith—It Moveth Mountains." Article Draft. John E. Dahlquist Papers, Box 2, Folder Correspondence, 1953–1956, 13. U.S. Army Military History Institute, Carlisle, Pennsylvania.

Fröhlich, Paul. "Der vergessene Partner': Die militärische Zusammenarbeit der Reichswehr mit der U.S. Army, 1918–1933(잊힌 파트너: 미 육군과 바이마르 공화국군의 군사적 협력, 1918–1933)." Master's thesis, University of Potsdam, 2008.

"The German General Staff Corps: A Study of the Organization of the German General Staff, prepared by a combined British, Canadian and U.S. Staff," 1946.

Grodecki, Thomas S. "[U.S.] Military Observers, 1815–1975." Center of Military Histo-

ry, Washington, D.C., 1989.
"History in Military Education." Paul M. Robinett Papers, Box 20, Folder: Articles by Brig. Gen. P. M. Robinett (bound). George C. Marshall Library, Lexington, Virginia.
Johnson, Charles William. "The Civilian Conservation Corps: The Role of the Army." Ph.D. dissertation, University of Michigan, 1968.
Jones, Dave. "Assessing the Effectiveness of "Project Athena": The 1976 Admission of Women to West Point." West Point, New York: Research Paper submitted to faculty of United States Military Academy, History Department, 1995.
Keller, Christian B. "Anti-German Sentiment in the Union Army: A Study in Wartime Prejudice." Paper presented at Society for Military History annual conference, Ogden, Utah, April 17–19, 2008.
Koch, Scott Alan. "Watching the Rhine: The U.S. Army Military Attaché Reports and the Resurgence of the German Army, 1933–1941." Ph.D. dissertation, Duke University, 1990.
LaCamera, Trese A. "Hazing: A Tradition too Deep to Abolish." Research paper submitted to faculty of United States Military Academy, History Department, West Point, New York, 1995.
Lebby, David Edwin. "Professional Socialization of the Naval Officer: The Effect of Plebe Year at the U.S. Naval Academy." Ph.D. dissertation, University of Pennsylvania, 1970.
Lovell, John Philip. "The Cadet Phase of the Professional Socialization of the West Pointer: Description, Analysis, and Theoretical Refinement." Ph.D. dissertation, University of Wisconsin, 1962.
Lucas, William Ashley. "The American Lieutenant: An Empirical Investigation of Normative Theories of Civil-Military Relations." Ph.D. dissertation, North Carolina at Chapel Hill, 1967.
Megargee, Geoffrey P. "Connections: Strategy, Operations, and Ideology in the Nazi Invasion of the Soviet Union." Paper presented at Society for Military History annual conference, Frederick, Maryland, 2007.
——. "Selective Realities, Selective Memories." Paper presented at Society for Military History annual conference, Quantico, Virginia, April 2000.
Muth, Jörg. "Gezeitenwechsel mit dem Machtwechsel?: Die Entwicklung der Bundeswehr bis zur Ära Brandt, und das Entscheidungsverhalten des ersten sozialdemokratischen Verteidigungsministers Helmut Schmidt an den Beispielen seines Krisenmanagements und der Reform der Offizierausbildung〔정권이 바뀐다고 조류潮流가 바뀌나?: 브란트 시대까지 독일 연방군의 발전, 헬무트 슈미트 사회민주당의 초기 국방장관 시절의 위기 관리와 장교 양성 과정의 혁명에 관한 의사결정 방식〕." Unpublished term paper, Universität Potsdam, 2000.
Nye, Roger H. "The United States Military Academy in an Era of Educational Reform, 1900–1925." Ph.D. dissertation, Columbia University, 1968.
"Observations on Military History." Paul M. Robinett Papers, Box 20, Folder: Articles by

Brig. Gen. P. M. Robinett (bound). George C. Marshall Library, Lexington, Virginia.
"Personnel Relations in the French, Swiss, Swedish, British, German, and Russian Armies." Folder R-15152, Intelligence Research Project No. 3199. Combined Arms Research Library, Fort Leavenworth, Kansas.
Richhardt, Dirk "Auswahl und Ausbildung junger Offiziere, 1930-1945: Zur sozialen Genese des deutschen Offizierkorps(초급 장교의 선발과 교육, 1930-1945: 독일군 장교단의 사회적 기원)." Ph.D. dissertation, University of Marburg, 2002.
Robertson, William Alexander, Jr. "Officer Selection in the Reichswehr, 1918-1926." Ph.D. dissertation, University of Oklahoma, 1978.
Robinett, Paul M. "The Role of Intelligence Officers." Lecture, Fort Riley, Kansas, March 17, 1951. Paul M. Robinett Papers, Box 20, Folder P. M. Robinett Lectures January, 11, 1943-January, 31, 1957. George C. Marshall Library, Lexington, Virginia.
———."Information Bulletins, GHQ, U.S. Army, December 18, 1941-March 7, 1942." Washington, D.C.
Schifferle, Peter J. "Anticipating Armageddon: The Leavenworth Schools and U.S. Army Military Effectiveness, 1919 to 1945." Ph.D. dissertation, University of Kansas, 2002.
———. "The Next War: The American Army Interwar Officer Corps Writes about the Future." Paper presented at Society for Military History annual conference, Ogden, Utah, April 17-19, 2008.
———. "The Prussian and American General Staffs: An Analysis of Cross-Cultural Imitation, Innovation and Adaption." Master's thesis, University of North Carolina at Chapel Hill, 1981.
Segal, David R. "Closure in the Military Labor Market: A Critique of Pure Cohesion." Paper presented at the annual meeting of the American Sociological Association, Anaheim, California, 2001.
Skirbunt, Peter D. "Prologue to Reform: The 'Germanization' of the United States Army, 1865-1898." Ph.D. dissertation, Ohio State University, 1983.
Stokam, Lori A. "The Fourth Class System: 192 Years of Tradition Unhampered by Progress from Within." Research paper submitted to faculty of United States Military Academy, History Department, West Point, New York, 1994.

3. Literature

Abelly, Louis. *The Life of the Venerable Servant of God: Vincent de Paul*. 3 vols. Vol. 2. New York: New City Press, 1993.
Abrahamson, James L. *America Arms for a New Century: The Making of a Great Military Power*. New York: Free Press, 1981.
Afflerbach, Holger. *Falkenhayn: Politisches Denken und Handeln im Kaiserreich*(팔켄하인: 제국의 정치적 사고와 행동). München: Oldenbourg, 1994.

Allendorf, Donald. *Long Road to Liberty: The Odyssey of a German Regiment in the Yankee Army; The 15th Missouri Volunteer Infantry*. Kent, Ohio: Kent State University Press, 2006.

Ambrose, Stephen E. *Citizen Soldiers: The U.S. Army from the Normandy Beaches to the Bulge to the Surrender of Germany, June 7, 1944–May 7, 1945*. New York: Simon & Schuster, 1997.

——. *Duty, Honor, Country: A History of West Point*. Baltimore: Johns Hopkins Press, 1966.

——. *Eisenhower: Soldier, General of the Army, President-elect, 1890–1950*. 2 vols. Vol. 1. New York: Simon & Schuster, 1983.

——. *Eisenhower: President, 1952–1969*. 2 vols. Vol. 2. New York: Simon & Schuster, 1984.

——. *The Supreme Commander: The War Years of General Dwight D. Eisenhower*. 1st ed. Garden City, New York: Doubleday, 1970.

Ancell, R. Manning, and Christine Miller. *The Biographical Dictionary of World War II Generals and Flag Officers: The U.S. Armed Forces*. Westport, Connecticut: Greenwood Press, 1996.

Andrae, Friedrich. *Auch gegen Frauen und Kinder: Der Krieg der deutschen Wehrmacht gegen die Zivilbevolkerung in Italien, 1943–1945*〔또한 여성과 어린이에 대한 범죄: 이탈리아 주민들에 대한 독일 국방군의 전쟁범죄, 1943–1945〕. 2nd ed. München: Piper, 1995.

Andreski, Stanislav. *Military Organization and Society*. 2nd ed. London: Routledge, 1968.

Annual Report of the Superintendent of the United States Military Academy. West Point, New York: USMA Press, 1914.

Anonymous. "Inbreeding at West Point." Editorial. *Infantry Journal* 16 (1919).

Anonymous. "Politisierung der Wehrmacht?〔국방군의 정치화?〕" Editorial. *Militär-Wochenblatt*〔주간군사〕 116, no. 1 (1931): 1–5.

Anonymous. "Rechter Mann am rechten Platz: Versuch eines Beitrages zum Problem der 'Stellenbesetzung〔적재적소에 인재 배치: '보직' 문제에 대한 타협 시도〕.'" *Wehrwissenschaftliche Rundschau*〔국방학술 동향〕 1, no. 8 (1951): 20–23.

Anonymous [A Lieutenant]. "Student Impression at the Infantry School." *Infantry Journal* 18 (1921): 21–25.

Anonymous. "'Versachlichte Soldaten'〔'전문직업군인'〕." *Militär-Wochenblatt*〔주간군사〕 116, no. 8 (1931): 287–290.

Astor, Gerald. *Terrible Terry Allen: Combat General of World War II; The Life of an American Soldier*. New York: Presidio, 2003.

Aufnahme-Bestimmungen und Lehrplan des Königlichen Kadettenkorps〔왕국 생도대의 입학규정과 교육계획〕. Berlin: Mittler, 1910.

Badsey, Stephen, Rob Havers, and Mark Grove, eds. *The Falklands Conflict Twenty Years On: Lessons for the Future*. London: Cass, 2005.

Bald, Detlef. *Der deutsche Generalstab, 1859–1939: Reform und Restauration in Ausbildung und Bildung*〔독일군 총참모부, 1859–1939: 교육훈련의 개혁과 복원〕, Schriftenreihe In-

nere Führung, Heft 28. Bonn: Bundesministerium der Verteidigung, 1977.
——. *Der deutsche Offizier: Sozial–und Bildungsgeschichte des deutschen Offizierkorps im 20. Jahrhundert*(독일군 장교: 20세기 독일군 장교단의 사회적, 교육의 역사). München: Bernard & Graefe, 1982.
Barnett, Correlli. "The Education of Military Elites." *Journal of Contemporary History* 2, no. 3 (1967): 15–35.
Bartov, Omer. *The Eastern Front, 1941–45: German Troops and the Barbarization of Warfare*. New York: St. Martin's Press, 1986.
——. "Extremfälle der Normalität und die Normalität des Außergewöhnlichen: Deutsche Soldaten an der Ostfront(보편성의 극대치와 비범함의 보편성: 동부전선의 독일 군인들)." In Über Leben im Krieg. Kriegserfahrungen *in einer Industrieregion 1939–1945*(전쟁 속의 삶. 어느 공업지대에서의 전쟁 경험, 1939–1945), edited by Ulrich Borsdorf and Mathilde Jamin, 148–161. Reinbek b. H.: Rowohlt, 1989.
——. *Hitler's Army: Soldiers, Nazis, and War in the Third Reich*. New York: Oxford University Press, 1991.
Bateman, Robert. "Soldiers and Warriors." *Washington Post*, Sept. 18, 2008.
Baur, Werner. "Deutsche Generale: Die militärischen Führungsgruppen in der Bundesrepublik und in der DDR(독일군 장군들: 독일연방국과 독일인민공화국의 군사 지도부)." In *Beiträge zur Analyse der deutschen Oberschicht*(독일 상위계층을 대상으로 분석한 기고문들), edited by Werner Baur and Wolfgang Zapf, 114–135. München: Piper, 1965.
Bearbeitet von einigen Offizieren(prepared by some officers). *Die Wehrkreis-Prüfung 1921*(1921년 군관구–시험). Berlin: Offene Worte, 1921.
——. *Die Wehrkreis–Prüfung, 1924*. Berlin: Offene Worte, 1924.
——. *Die Wehrkreis–Prüfung, 1929*. Berlin: Offene Worte, 1930.
——. *Die Wehrkreis–Prüfung, 1930*. Berlin: Offene Worte, 1931.
——. *Die Wehrkreis–Prüfung, 1931*. Berlin: Offene Worte, 1932.
——. *Die Wehrkreis–Prüfung, 1932*. Berlin: Offene Worte, 1932.
——. *Die Wehrkreis–Prüfung, 1933*. Berlin: Offene Worte, 1933.
——. *Die Wehrkreis–Prüfung, 1937*. Berlin: Offene Worte, 1937.
——. *Die Wehrkreis–Prüfung, 1938*. Berlin: Offene Worte, 1938.
Bellafaire, Judith L. *The U.S. Army and World War Ⅱ: Selected Papers from the Army's Commemorative Conferences*. Washington, D. C.: Center of Military History, U.S. Army, 1998.
Bender, Mark C. *Watershed at Leavenworth: Dwight D. Eisenhower and the Command and General Staff School*. Fort Leavenworth, Kansas: U.S. Army Command and General Staff College, 1990.
Bendersky, Joseph W. *The "Jewish Threat": Anti–Semitic Politics of the U.S. Army*. New York: Basic Books, 2000.
——. "Racial Sentinels: Biological Anti–Semitism in the U.S. Army Officer Corps, 1890–1950." *Militärgeschichtliche Zeitschrift*(군사사 잡지) 62, no. 2 (2003): 331–353.
Berger, Ed, et al. "ROTC, My Lai and the Volunteer Army." In *The Military and Society: A*

Collection of Essays, edited by Peter Karsten, 147–172. New York: Garland, 1998.

Berlin, Robert H. *U.S. Army World War II Corps Commanders: A Composite Biography*. Fort Leavenworth, Kansas: U.S. Army Command and General Staff College, 1989.

Betros, Lance A., ed. *West Point: Two Centuries and Beyond*. Abilene, Texas: McWhiney Foundation Press, 2004.

Bijl, Nick van der, and David Aldea. *5th Infantry Brigade in the Falklands*. Barnsley, UK: Cooper, 2003.

Biographical Register of the United States Military Academy: The Classes, 1802–1926. West Point, New York: West Point Association of Graduates, 2002.

Bird, Keith W. *Erich Raeder: Admiral of the Third Reich*. Annapolis, Maryland: Naval Institute Press, 2006.

Birtle, Andrew J. *Rearming the Phoenix: U.S. Military Assistance to the Federal Republic of Germany, 1950–1960*. Modern American History. New York: Garland, 1991.

Bland, Larry I., and Sharon R. Ritenour, eds. *The Papers of George Catlett Marshall: "The Soldierly Spirit," December 1880–June 1939*. 6 vols. Vol. 1. Baltimore: Johns Hopkins University Press, 1981.

Bland, Larry I., Sharon R. Ritenour, and Clarence E. Wunderlin, eds. *The Papers of George Catlett Marshall: "We Cannot Delay," July 1, 1939–December 6, 1941*. 6 vols. Vol. 2. Baltimore: Johns Hopkins University Press, 1986.

Bland, Larry I., and Sharon R. Ritenour Stevens, eds. *The Papers of George Catlett Marshall: "The Right Man for the Job," December 7, 1941–May 31, 1943*. 6 vols. Vol. 3. Baltimore: Johns Hopkins University Press, 1991.

Blank, Herbert. "Die Halbgötter: Geschichte, Gestalt und Ende des Generalstabes(반신半神들: 총참모부의 역사, 형상 그리고 종말)." *Nordwestdeutsche Hefte*(북서독일 간행물) 4 (1947): 8–22.

——. *Preußische Offiziere*(프로이센 장교들). Schriften an die Nation(국민에게 고하는 글글). Oldenburg: Stalling, 1932.

Blumenson, Martin. "America's World War Ⅱ Leaders in Europe: Some Thoughts." *Parameters* 19 (1989): 2–13.

Böhler, Jochen. *Auftakt zum Vernichtungskrieg: Die Wehrmacht in Polen, 1939*(섬멸전쟁을 향한 서막: 1939년 폴란드의 국방군). Frankfurt a. M.: Fischer, 2006.

Boog, Horst. "Civil Education, Social Origins, and the German Officer Corps in the Nineteenth and Twentieth Centuries." In *Forging the Sword: Selecting, Educating, and Training Cadets and Junior Officers in the Modern World*, edited by Elliot V. Converse, 119–134. Chicago: Imprint Publications, 1998.

Boog, Horst, Jurgen Förster, Joachim Hoffmann, Ernst Klink, Rolf-Dieter Müller, and Gerd R. Ueberschär. *Das Deutsche Reich und der Zweite Weltkrieg, Vol. IV: Der Angriff auf die Sowjetunion*(독일 제국과 제2차 세계대전 Vol.4: 소련 침공). 2nd ed. München: Deutsche Verlags-Anstalt, 1993.

Booth, Ewing E. *My Observations and Experiences in the United States Army*. Los Angeles: n.p., 1944.

Borsdorf, Ulrich, and Mathilde Jamin, eds. *Über Leben im Krieg. Kriegserfahrungen in einer Industrieregion, 1939–1945*〔전쟁 속의 삶. 어느 공업지대에서의 전쟁 경험, 1939–1945〕. Reinbek b. H.: Rowohlt, 1989.

Bradley, Omar Nelson. *A Soldier's Story*. New York: Holt, 1951.

Bradley, Omar Nelson, and Clay Blair. *A General's Life: An Autobiography*. New York: Simon & Schuster, 1983.

Braim, Paul F. *The Will to Win: The Life of General James A. Van Fleet*. Annapolis, Maryland: Naval Institute Press, 2001.

Brand, Karl–Hermann Freiherr von, and Helmut Eckert. *Kadetten: Aus 300 Jahren deutscher Kadettenkorps*〔생도들: 독일 생도대의 300년 역사〕. 2 vols. Vol. 1. München: Schild, 1981.

——. *Kadetten: Aus 300 Jahren deutscher Kadettenkorps*〔생도들: 독일 생도대의 300년 역사〕. 2 vols. Vol. 2. München: Schild, 1981.

Breit, Gotthard. *Das Staats–und Gesellschaftsbild deutscher Generale beider Weltkriege im Spiegel ihrer Memoiren*〔두 차례의 세계대전에서 독일 장교들의 기억에 투영된 국가관과 사회관〕. Wehrwissenschaftliche Forschungen/ Abteilung Militärgeschichtliche Studien 17〔국방학술 연구 /군사사 연구부 17호〕. Boppard a. R.: Boldt, 1973.

Brereton, T. R. *Educating the U.S. Army: Arthur L. Wagner and Reform, 1875–1905*. Lincoln: University of Nebraska Press, 2000.

Breymayer, Ursula, ed. *Willensmenschen: Über deutsche Offiziere. Fischer–Taschenbücher*〔의지의 인간들: 독일 장교들에 관하여. 피셔–소책자〕. Frankfurt a. M.: Fischer, 1999.

Brief Historical and Vital Statistics of the Graduates of the United States Military Academy, 1802–1952. West Point, New York: Public Information Office, United States Military Academy.

Broicher, Andreas. "Betrachtungen zum Thema 'Führen und Führer'〔'지휘와 지휘관'이란 주제에 관한 고찰〕." *Clausewitz–Studien*〔클라우제비츠 연구〕 1 (1996): 106–127.

Broicher, Andreas. "Die Wehrmacht in ausländischen Urteilen."〔국방군에 대한 외국의 평가〕 In *Die Soldaten der Wehrmacht*〔국방군의 군인들〕, edited by Hans Poeppel, Wilhelm Karl Prinz von Preußen and Karl–Günther von Hase, 405–460. München: Herbig, 1998.

Broszat, Martin, Klaus–Dietmar Henke, and Hans Woller, eds. *Von Stalingrad zur Währungsreform: Zur Sozialgeschichte des Umbruchs in Deutschland*〔스탈린그라드부터 화폐개혁까지: 독일의 격변의 사회사에 관해〕, Quellen und Darstellungen zur Zeitgeschichte 26〔시대사 36호〕. München: Oldenbourg, 1988.

Broszat, Martin, and Klaus Schwabe, eds. *Die deutschen Eliten und der Weg in den Zweiten Weltkrieg*〔제2차 세계대전의 독일 엘리트와 (그들이 지향한) 길〕. München: Beck, 1989.

Brown, John Sloan. *Draftee Division: The 88th Infantry Division in World War Ⅱ*. Lexington: University Press of Kentucky, 1986.

Brown, Richard Carl. *Social Attitudes of American Generals, 1898–1940*. New York: Arno Press, 1979.

Brown, Russell K. *Fallen in Battle: American General Officer Combat Fatalities from 1775*.

New York: Greenwood Press, 1988.
Bucholz, Arden. *Delbrück's Modern Military History*. Lincoln: University of Nebraska Press, 1997.
Burchardt, Lothar. "Operatives Denken und Planen von Schlieffen bis zum Beginn des Ersten Weltkrieges(제1차 세계대전 발발 이전까지 슐리펜의 작전적 사고와 계획들)." In *Operatives Denken und Handeln in deutschen Streitkräften im 19. und 20. Jahrhundert*(19, 20세기 독일군의 작전사고와 행동), edited by Günther Roth, 45-71. Herford: Mittler, 1988.
Burdick, Charles B. "Vom Schwert zur Feder. Deutsche Kriegsgefangene im Dienst der Vorbereitung der amerikanischen Kriegsgeschichtsschreibung über den Zweiten Weltkrieg(검에서 펜으로. 제2차 세계대전에 관한 미국의 전쟁사 기록 준비 임무에서 독일군 포로들)." *Militärgeschichtliche Mitteilungen* 10(군사사 보고서 10호) (1971): 69-80.
Burton, William L. *Melting Pot Soldiers: The Union's Ethnic Regiments*. New York: Fordham University Press, 1998.
Busch, Michael, and Jörg Hillman, eds. *Adel-Geistlichkeit-Militär*(귀족-정신-군사). Schriftenreihe der Stiftung Herzogtum Lauenburg(라우엔부르크 공작 재단의 시리즈물). Bochum: Winkler, 1999.
Busse, Theodor. "Letter to the Editor as Critique to the Article "Probleme der kunftigen Generalstabsausbildung," by Otto Wien in WEHRKUNDE Ⅳ/11." *Wehrkunde* 5, no. 1 (1956): 57-58.
Butcher, Harry C. *My Three Years with Eisenhower: The Personal Diary of Captain Harry C. Butcher, USNR, Naval Aide to General Eisenhower, 1942 to 1945*. New York: Simon & Schuster, 1946.
Campbell, D'Ann. "The Spirit Run and Football Cordon: A Case Study of Female Cadets at the U.S. Military Academy." In *Forging the Sword: Selecting, Educating, and Training Cadets and Junior Officers in the Modern World*, edited by Elliot V. Converse, 237-247. Chicago: Imprint Publications, 1998.
Caspar, Gustav Adolf, Ullrich Marwitz, and Hans-Martin Ottmer, eds. *Tradition in deutschen Streitkräften bis 1945*(1945년까지 독일군의 전통), Entwicklung deutscher militärischer Tradition 1(독일 군사적 전통의 발전 1). Herford: Mittler, 1986.
Chickering, Roger. "The American Civil War and the German Wars of Unification: Some Parting Shots." In *On the Road to Total War: The American Civil War and the German Wars of Unification, 1861-1871*, edited by Stig Förster and Jörg Nagler, 683-691. Washington, D.C.: German Historical Institute, 1997.
Chynoweth, Bradford Grethen. *Bellamy Park: Memoirs*. Hicksville, New York: Exposition Press, 1975.
Citino, Robert M. *The Path to Blitzkrieg: Doctrine and Training in the German Army, 1920-1939*. Boulder, Colorado: Lynne Rienner, 1999.
——, *The German Way of War: From the Thirty Year's War to the Third Reich*. Lawrence: University Press of Kansas, 2005.
Clark, Mark W. *Calculated Risk*. New York: Harper & Brothers, 1950.

Clausewitz, Carl von. *Vom Kriege*〔전쟁론〕. Reprint from the original. Augsburg: Weltbild, 1990.

Cocks, Geoffrey, and Konrad Jarausch, eds. *German Professions, 1800–1950*. New York: Oxford University Press, 1990.

Coffman, Edward M. *The Old Army: A Portrait of the American Army in Peacetime, 1784–1898*. New York: Oxford University Press, 1986.

——. *The Regulars: The American Army, 1898–1941*. Cambridge, Massachusetts: Belknap Press, 2004.

Collins, Joe Lawton. *Lightning Joe: An Autobiography*. Baton Rouge: Louisiana State University Press, 1979.

Connelly, Donald B. "The Rocky Road to Reform: John M. Schofield at West Point, 1876–1881." In *West Point: Two Centuries and Beyond*, edited by Lance A. Betros, 167–197. Abilene, Texas: McWhiney Foundation Press, 2004.

Commandants, Staff, Faculty, and Graduates of the Command and General Staff School, Fort Leavenworth, Kansas, 1881–1933. Ft. Leavenworth, Kansas: Command and General Staff School Press, 1933.

Conroy, Pat. *The Lords of Discipline*. Toronto: Bantam, 1982.

——. *My Losing Season*. New York: Doubleday, 2002.

Converse, Elliot V., ed. *Forging the Sword: Selecting, Educating, and Training Cadets and Junior Officers in the Modern World*. Chicago: Imprint Publications, 1998.

Cooper, Matthew. *The German Army, 1933–1945: Its Political and Military Failure*. London: Macdonald and Jane's, 1978.

Corum, James S., and Richard Muller. *The Luftwaffe's Way of War: German Air Force Doctrine, 1911–1945*. Baltimore: Nautical & Aviation, 1998.

Crackel, Theodore J. *The Illustrated History of West Point*. New York: H. N. Abrams, 1991.

——. *West Point: A Bicentennial History*. Lawrence: University Press of Kansas, 2002.

——. "The Military Academy in the Context of Jeffersonian Reform." In *Thomas Jefferson's Military Academy: Founding West Point*, edited by Robert M. S. McDonald, 99–117. Charlottesville: University of Virginia, 2004.

——. "West Point's Contribution to the Army and to the Professionalism, 1877 to 1917." In *West Point: Two Centuries and Beyond*, edited by Lance A. Betros, 38–56. Abilene, Texas: McWhiney Foundation Press, 2004.

"The Cream of the Crop: Selection of Officers for the Regular Army." *Quartermaster Review* (July–August 1946): 23–70.

Cullum, George W., and Wirt Robinson, eds. Biographical Register of the Officers and Graduates of the U. S. Military Academy at West Point, New York, since its Establishment 1802. Saginaw, Michigan: Seeman & Peters, 1920.

Daso, Dik Alan. "Henry. H. Arnold at West Point, 1903–1907." In *West Point: Two Centuries and Beyond*, edited by Lance A. Betros, 75–100. Abilene, Texas: McWhiney Foundation Press, 2004.

Dastrup, Boyd L. *The U.S. Army Command and General Staff College: A Centennial History*. Manhattan, Kansas: Sunflower University Press, 1982.

Davies, Richard G. Carl A. *Spaatz and the Air War in Europe*. Washington, D.C.: Center for Air Force History, 1993.

Davis, Kenneth S. *Soldier of Democracy: A Biography of Dwight Eisenhower*. Garden City, New York: Doubleday, 1946.

Deist, Wilhelm. "Remarks on the Preconditions to Waging War in Prussia-Germany, 1866-71." In *On the Road to Total War: The American Civil War and the German Wars of Unification, 1861-1871*, edited by Stig Förster and Jörg Nagler, 311-325. Washington, D.C.: German Historical Institute, 1997.

Deist, Wilhelm, Manfred Messerschmidt, Hans-Erich Volkmann, and Wolfram Wette. *Das Deutsche Reich und der Zweite Weltkrieg, Vol. I: Ursachen und Voraussetzungen der deutschen Kriegspolitik*(독일 제국과 제2차 세계대전 Vol.1: 원인과 독일 전쟁 정책의 조건). München: Deutsche Verlags-Anstalt, 1979.

———. *Das deutsche Offizierkorps in Gesellschaft und Staat, 1650-1945*(1650-1945년의 사회와 국가에서의 독일 장교단). 4th ed. Frankfurt a. M.: Bernard & Graefe, 1965.

Demeter, Karl. *Das deutsche Heer und seine Offiziere*(독일 육군과 장교들). Berlin: Reimar Hobbing, 1935.

———. *Das deutsche Offizierkorps in Gesellschaft und Staat, 1650-1945*. 4th ed. Frankfurt a. M.: Bernard & Graefe, 1965.

Department of Military Art and Engineering, United States Military Academy, ed. *Jomini, Clausewitz and Schlieffen*. West Point, New York: Department of Military Art and Engineering, United States Military Academy, 1945.

D'Este, Carlo. "General George S. Patton, Jr., at West Point, 1904-1909." In *West Point: Two Centuries and Beyond*, edited by Lance A. Betros, 59-74. Abilene, Texas: McWhiney Foundation Press, 2004.

Dhünen, Felix. *Als Spiel begann's: Die Geschichte eines Munchener Kadetten*(게임이 시작되었을 때: 뮌헨 생도들의 역사). München: Beck, 1939.

Dickerhof, Harald, ed. *Commemorative Publication to the 60th Birthday of Heinz Hürten*. Frankfurt a. M.: Lang, 1988.

Diedrich, Torsten. *Paulus: Das Trauma von Stalingrad*(파울루스: 스탈린그라드의 트라우마). Paderborn: Schöningh, 2008.

Diehl, James M. *Paramilitary Politics in Weimar Germany*. Bloomington: Indiana University Press, 1977.

Doepner, Friedrich. "Zur Auswahl der Offizieranwärter im 100.000 Mann-Heer(10만 병력 육군의 장교후보생 선발)." *Wehrkunde* 22(군사과학 22호) (1973): 200-204, 259-263.

Doorn, Jacques van. *The Soldier and Social Change: Comparative Studies in the History and Sociology of the Military*. Sage Series on Armed Forces and Society. Beverly Hills, California: Sage, 1975.

Doughty, Robert A., and Theodore J. Crackel. "The History of History at West Point." In

West Point: Two Centuries and Beyond*, edited by Lance A. Betros, 390–434. Abilene, Texas: McWhiney Foundation Press, 2004.

Duffy, Christopher. *The Military Life of Frederick the Great*. New York: Atheneum, 1986.

Dupuy, Trevor Nevitt. *A Genius for War: The German Army and General Staff, 1807–1945*. Englewood Cliffs, New Jersey: Prentice-Hall, 1977.

———. *Understanding War: History and the Theory of Combat*. New York: Paragon, 1987.

Eells, Walter Crosby, and Austin Carl Cleveland. "Faculty Inbreeding: Extent, Types and Trends in American Colleges and Universities." *Journal of Higher Education* 6, no. 5 (1935): 261–269.

Ehlert, Hans, Michael Epkenhans, and Gerhard P. Groß, eds. *Der Schlieffenplan. Analysen und Dokumente*(슐리펜 계획: 분석과 관련 문서들), Zeitalter der Weltkriege(세계대전의 시대), Bd. 2. Paderborn: Schöningh, 2006.

Eiler, Keith E. *Mobilizing America: Robert P. Patterson and the War Effort, 1940–1945*. Ithaca, New York: Cornell University Press, 1997.

Eisenhower, Dwight D. *Crusade in Europe*. Garden City, New York: Doubleday, 1947. Reprint, 1948.

[Eisenhower, Dwight D.]. A Young Graduate. "The Leavenworth Course." *Cavalry Journal* 30, no. 6 (1927): 589–600.

———. "A Tank Discussion." *Infantry Journal* (November 1920): 453–458.

Eisenhower, Dwight D., and Stephen E. Ambrose. *The Wisdom of Dwight D. Eisenhower: Quotations from Ike's Speeches & Writings, 1939–1969*. New Orleans, Louisiana: Eisenhower Center, 1990.

Eisenhower, Dwight D., and Robert H. Ferrell. *The Eisenhower Diaries*. New York: Norton, 1981.

Eisenhower, Dwight D., Daniel D. Holt, and James W. Leyerzapf. *Eisenhower: The Prewar Diaries and Selected Papers, 1905–1941*. Baltimore: Johns Hopkins University Press, 1998.

Eisenhower, Dwight D., George C. Marshall, and Joseph Patrick Hobbs. *Dear General: Eisenhower's Wartime Letters to Marshall*. Baltimore: Johns Hopkins Press, 1971.

Eisenhower, John S. D. *Strictly Personal*. New York: Doubleday, 1974.

Ellis, John. *Brute Force: Allied Strategy and Tactics in the Second World War*. New York: Viking, 1990.

———. *Cassino: The Hollow Victory*. New York: McGraw-Hill, 1984.

Eltinge, LeRoy. *Psychology of War*. Revised ed. Ft. Leavenworth, Kansas: Press of the Army Service Schools, 1915.

Endres, Franz Carl. "Soziologische Struktur und ihre entsprechenden Ideologien des deutschen Offizierkorps vor dem Weltkriege(세계대전 직전의 사회 구조와 그에 상응하는 독일 장교단의 이념)." *Archiv für Sozialwissenschaft und Sozialpolitik* 58(사회학과 사회정치 문헌) (1927): 282–319.

Epkenhans, Michael, Stig Förster, and Karen Hagemann, eds. *Militärische Erinnerungskultur: Soldaten im Spiegel von Biographien, Memoiren und Selbstzeugnissen*(군사적 기억

문화: 자서전, 회고록, 비망록에서 거울 속의 군인들). Paderborn: Schöningh, 2006.
Epkenhans, Michael, and Gerhard P. Groß, eds. *Das Militär und der Aufbruch in die Moderne 1860 bis 1890: Armeen, Marinen und der Wandel von Politik, Gesellschaft und Wirtschaft in Europa, den USA sowie Japan*(1860–1890년까지 군대와 근대화에 대한 각성: 유럽과 미국, 일본의 육군, 해군과 정치, 사회와 경제의 변화). Beiträge zur Militärgeschichte 60(군사사 제60호의 기고문). München: Oldenbourg, 2003.
Erfurth, Waldemar. *Die Geschichte des deutschen Generalstabes von 1918 bis 1945*(1918–1945년까지 독일군 총참모부의 역사). 2nd ed. Studien und Dokumente zur Geschichte des Zweiten Weltkrieges(제2차 세계대전사에 관한 연구와 문헌들). Göttingen: Musterschmidt, 1957.
Ernst, Wolfgang. *Der Ruf des Vaterlandes: Das höhere Offizierskorps unter Hitler; Selbstanspruch und Wirklichkeit*(조국의 부름: 히틀러 휘하의 고위급 장교단; 그들의 주장과 실상). Berlin: Frieling, 1994.
Exton, Hugh M., and Frederick Bernays Wiener. "What is a General?" *Army* 8, no. 6 (1958): 37–47.
Farago, Ladislas. *The Last Days of Patton*. New York: McGraw–Hill, 1981.
Feld, Maury D. "Military Self–Image in a Technological Environment." In *The New Military: Changing Patterns of Organization*, edited by Morris Janowitz, 159–188. New York: Russell Sage Foundation, 1964.
Ferris, John. "Commentary: Deception and 'Double Cross' in the Second World War." In *Exploring Intelligence Archives: Enquiries into the Secret State*, edited by R. Gerald Hughes, Peter Jackson and Len Scott, 98–102. London: Routledge, 2008.
Finlan, Alistair. "How Does a Military Organization Regenerate its Culture?" In *The Falklands Conflict Twenty Years On: Lessons for the Future*, edited by Stephen Badsey, Rob Havers and Mark Grove, 193–212. London: Cass, 2005.
Fischer, Michael E. "Mission–Type Orders in Joint Operations: The Empowerment of Air Leadership." School of Advanced Air Power Studies, 1995.
Foerster, Roland G., ed. *Generalfeldmarschall von Moltke: Bedeutung und Wirkung*(폰 몰트케 원수: 중요성과 효과). Beiträge zur Militärgeschichte 33(군사사 제33호의 기고문). München: Oldenbourg, 1991.
Foerster, Wolfgang. "Review of 'Der deutsche Generalstab: Geschichte und Gestalt' by Walter Görlitz." *Wehrwissenschaftliche Rundschau* 1, no. 8 (1951): 7-20.
Foertsch, Hermann. *Der Offizier der deutschen Wehrmacht: Eine Pflichtenlehre*(독일 국방군의 장교: 의무교육). 2nd ed. Berlin: Eisenschmidt, 1936.
Foley, Robert T. *German Strategy and the Path to Verdun: Erich von Falkenhayn and the Development of Attrition, 1870-1916*(독일의 전략과 베르됭을 향한 길: 에리히 폰 팔켄하인과 소모전의 발전, 1870–1916). Cambridge, UK: Cambridge University Press, 2005.
Folttmann, Josef, and Hans Möller–Witten. *Opfergang der Generale*(장군들의 희생). 3rd ed, Schriften gegen Diffamierung und Vorurteile(명예훼손과 편견에 반대하는 글). Berlin: Bernard & Graefe, 1957.
Förster, Jürgen E. "The Dynamics of Volksgemeinschaft: The Effectiveness of the Ger-

man Military Establishment." In *Military Effectiveness: The Second World War*, edited by Allan Reed Millett and Williamson Murray, 180–220. Boston: Allen & Unwin, 1988.

———, ed. *Stalingrad: Ereignis–Wirkung–Symbol*〔스탈린그라드: 사건–효과–상징〕. 2nd ed. München: Piper, 1993.

———. *Stalingrad: Risse im Bundnis, 1942/43*〔스탈린그라드: 동맹의 균열〕. Freiburg i. Br.: Rombach, 1975.

Förster, Stig. "The Prussian Triangle of Leadership in the Face of a People's War: A Reassessment of the Conflict between Bismarck and Moltke, 1870–1871." In *On the Road to Total War: The American Civil War and the German Wars of Unification, 1861–1871*, edited by Stig Förster and Jörg Nagler, 115–140. Washington, D.C.: German Historical Institute, 1997.

Förster, Stig, and Jörg Nagler, eds. *On the Road to Total War: The American Civil War and the German Wars of Unification, 1861–1871*. Washington, D.C.: German Historical Institute, 1997.

Freeman, Douglas Southall. *Lee's Lieutenants: A Study in Command*. New York: Scribner, 1942.

Friedrich, Jörg. *Das Gesetz des Krieges: Das deutsche Heer in Rußland, 1941 bis 1945; Der Prozeß gegen das Oberkommando der Wehrmacht*〔전쟁법 또는 전쟁의 법칙: 1941–1945년 러시아의 독일 육군: 국방군 총사령부에 대한 재판〕. Paperback ed. München: Piper, 2003.

Frieser, Karl–Heinz. *The Blitzkrieg Legend: The 1940 Campaign in the West*. Annapolis, Maryland: Naval Institute Press, 2005.

———. *Blitzkrieg–Legende. Der Westfeldzug 1940*. Operationen des Zweiten Weltkrieges 2〔전격전의 전설: 1940년 서부전역. 제2차 세계대전의 작전들〕. München: Oldenbourg, 1995.

Funck, Marcus. "In den Tod gehen: Bilder des Sterbens im 19. und 20. Jahrhundert〔사지死地로 가다: 19, 20세기의 죽음의 그림/사진들〕." In *Willensmenschen: Über deutsche Offiziere*〔의지의 인간들: 독일 장교들에 관하여〕, edited by Ursula Breymayer, 227–236. Frankfurt a. M.: Fischer, 1999.

———. "Schock und Chance: Der preußische Militäradel in der Weimarer Republik zwischen Stand und Profession〔지위와 전문성 사이에서, 바이마르 공화국의 프로이센 군벌〕." In *Adel und Bürgertum in Deutschland: Entwicklungslinien und Wendepunkte*〔독일의 귀족과 시민: 발전과정과 전환점〕, edited by Hans Rief, 69–90. Berlin: Akademie, 2001.

Fussell, Paul. "The Real War, 1939–1945." *Atlantic Online* (August 1989). http://www.theatlantic.com/unbound/bookauth/battle/fussell.htm.

———. *Wartime: Understanding and Behavior in the Second World War*. New York: Oxford University Press, 1989.

Gabriel, Richard A., and Paul L. Savage. *Crisis in Command*. New York: Hill & Wang, 1978.

Ganoe, William Addleman. *MacArthur Close-Up: Much Then and Some Now*. New York: Vantage, 1962.

Gat, Azar. "The Hidden Sources of Liddell Hart's Strategic Ideas." *War in History* 3, no. 3 (1996): 292–308.

Geffen, William E., ed. *Command and Commanders in Modern Military History: The Proceedings of the Second Military History Symposium, U.S. Air Force Academy, May 2–3, 1968*. Washington, D.C.: Office of Air Force History, 1971.

Genung, Patricia B. "Teaching Foreign Languages at West Point." In *West Point: Two Centuries and Beyond*, edited by Lance A. Betros, 507–532. Abilene, Texas: McWhiney Foundation Press, 2004.

Geyer, Michael. "The Past as Future: The German Officer Corps as Profession." In *German Professions, 1800–1950*, edited by Geoffrey Cocks and Konrad Jarausch, 183–212. New York: Oxford University Press, 1990.

Goda, Norman J. W. "Black Marks: Hitler's Bribery of His Senior Officers during World War Ⅱ." *Journal of Modern History* 72 (2000): 411–452.

——. "Justice and Politics in Karl Donitz's Release from Spandau." In *The Impact of Nazism: New Perspectives on the Third Reich and Its Legacy*, edited by Alan E. Steinweis and Daniel E. Rogers, 199–212. Lincoln: University of Nebraska Press, 2003.

Gordon, Harold J., Jr. *The Reichswehr and the German Republic, 1919–1926*. Princeton, New Jersey: Princeton University Press, 1957.

Gordon, Michael R., and Bernard E. Trainor. *Cobra Ⅱ: The Inside Story of the Invasion and Occupation of Iraq*. New York: Vintage, 2006.

Görlitz, Walter. *Der deutsche Generalstab: Geschichte und Gestalt*(독일군 총참모부: 역사와 형상). 2nd ed. Frankfurt a. M.: Frankfurter Hefte, 1953.

——. *Generalfeldmarschall Keitel: Verbrecher oder Offizier?: Erinnerungen, Briefe, Dokumente des Chefs OKW*(카이텔 원수: 범죄자인가, 장교인가?: 국방군 총참모장의 회고록, 편지, 문건). Göttingen: Musterschmidt, 1961.

Görlitz, Walter. *Der deutsche Generalstab: Geschichte und Gestalt*. 2nd ed. Frankfurt a. M.: Frankfurter Hefte, 1953.

——. *Generalfeldmarschall Keitel: Verbrecher oder Offizier?: Erinnerungen, Briefe, Dokumente des Chefs OKW*. Göttingen: Musterschmidt, 1961.

Gortemaker, Manfred. *Bismarck und Moltke. Der preußische Generalstab und die deutsche Einigung*(비스마르크와 몰트케. 독일군 총참모부와 독일 통일). Friedrichsruher Beiträge. Friedrichsruh: Otto-von-Bismarck-Stiftung, 2004.

——. "Helmuth von Moltke und das Führungsdenken im 19. Jahrhundert(헬무트 폰 몰트케와 19세기의 지휘관념)." In *Führungsdenken in europäischen und nordamerikanischen Streitkräften im 19. und 20. Jahrhundert*(19, 20세기 유럽과 북미 군대의 지휘관념), edited by Gerhard P. Groß, 19–41. Hamburg: Mittler, 2001.

Gortemaker, Manfred. *Bismarck und Moltke. Der preußische Generalstab und die deutsche Einigung*. Friedrichsruher Beiträge. Friedrichsruh: Otto-von-Bismarck-Stiftung, 2004.

——. "Helmuth von Moltke und das Führungsdenken im 19. Jahrhundert." In *Führungsdenken in europäischen und nordamerikanischen Streitkräften im 19. und 20. Jahrhundert*, edited by Gerhard P. Groß, 19–41. Hamburg: Mittler, 2001.

Greenfield, Kent Roberts, and Robert R. Palmer. *Origins of the Army Ground Forces General Headquarters, United States Army, 1940–1942*. Washington, D. C.: Historical Division, Army Ground Forces, 1946.

Greenfield, Kent Roberts, Robert R. Palmer, and Bell I. Wiley. *The Army Ground Forces: The Organization of Ground Combat Troops*. The United States Army in World War Ⅱ. Washington, D.C.: Historical Division, Department of the Army, 1947.

Grier, David. "The Appointment of Admiral Karl Donitz as Hitler's Successor." In *The Impact of Nazism: New Perspectives on the Third Reich and Its Legacy*, edited by Alan E. Steinweis and Daniel E. Rogers, 182–198. Lincoln: University of Nebraska Press, 2003.

Groß, Gerhard P., ed. *Führungsdenken in europäischen und nordamerikanischen Streitkräften im 19. und 20. Jahrhunder*(19, 20세기 유럽과 북미 군대의 지휘관념). Hamburg: Mittler, 2001.

Grotelueschen, Mark Ethan. *The AEF Way of War: The American Army and Combat in World War I*. New York: Cambridge University Press, 2007.

Guderian, Heinz. *Erinnerungen eines Soldaten*(한 군인의 회고). Heidelberg: Vowinckel, 1951.

Günther, Hans R. G. *Begabung und Leistung in deutschen Soldatengeschlechtern*(독일군 병사의 기질과 능력). Wehrpsychologische Arbeiten 9(국방심리연구 제9호). Berlin: Bernard & Graefe, 1940.

Hackl, Othmar, ed. *Generalstab, Generalstabsdienst und Generalstabsausbildung in der Reichswehr und Wehrmacht, 1919–1945*(바이마르공화국군과 국방군의 장군참모(또는 총참모부), 장군참모보직과 장군참모교육, 1919–1945). Studien deutscher Generale und Generalstabsoffiziere in der Historical Division der U.S. Army in Europa(유럽 주재 미육군 군사연구소의 독일 장군과 장군참모장교의 연구서들), 1946–1961. Osnabrück: Biblio, 1999.

Handbuch für den Generalstabsdienst im Kriege(전쟁에서 장군참모보직에 관한 지침서). 2 vols. Vol. 1. Berlin, 1939.

Harmon, Ernest N., Milton MacKaye, and William Ross MacKaye. *Combat Commander: Autobiography of a Soldier*. Englewood Cliffs, New Jersey: Prentice–Hall, 1970.

Hartmann, Christian, et al., eds. *Verbrechen der Wehrmacht: Bilanz einer Debatte*(국방군의 범죄: 논쟁의 결과물). München: Beck, 2005.

Hazen, William Babcock. *The School and the Army in Germany and France*. New York: Harper & Brothers, 1872.

Heefner, Wilson A. *Patton's Bulldog: The Life and Service of General Walton H. Walker*. Shippensburg, Pennsylvania: White Mane Books, 2001.

——. *Dogface Soldier: The Life of General Lucian K. Truscott, Jr.* Columbia: University of Missouri Press, 2010.

Heer, Hannes, ed. *Vernichtungskrieg: Verbrechen der Wehrmacht, 1941 bis 1944*〔섬 멸 전: 1914-1944년까지 국방군의 범죄행위〕. Hamburg: Hamburger Edition, 1995.
Heiber, Helmut, ed. *Lagebesprechungen im Fuhrerhauptquartier: Protokollfragmente aus Hitlers militärischen Konferenzen, 1942-1945*〔총통 지휘본부의 상황회의: 히틀러 주관 군사회의 기록 문건들 일부〕. München: DTV, 1964.
Heider, Paul. "Der totale Krieg: Seine Vorbereitung durch Reichswehr und Wehrmacht〔총력전: 바이마르공화국군과 국방군을 통한 총력전 준비〕." In *Der Weg der deutschen Eliten in den zweiten Weltkrieg*〔제2차 세계대전의 독일군 엘리트의 길(선택한 것)〕, edited by Ludwig Nestler, 35-80. Berlin, 1990.
Heinl, R.D. "They Died with Their Boots on." *Armed Forces Journal* 107, no. 30 (1970).
Heller, Charles E., and William A. Stofft, eds. *America's First Battles, 1776-1965*. Modern War Studies. Lawrence: University Press of Kansas, 1986.
Herr, John K., and Edward S. Wallace. *The Story of the U.S. Cavalry, 1775-1942*. Boston: Little, Brown, 1953.
Herwig, Holger H. "Feudalization of the Bourgeoisie: The Role of the Nobility in the German Naval Officer Corps, 1890-1918." In *The Military and Society: A Collection of Essays*, edited by Peter Karsten, 44-56. New York: Garland, 1998.
——. "'You are here to learn how to die': German Subaltern Officer Education on the Eve of the Great War." In *Forging the Sword: Selecting, Educating, and Training Cadets and Junior Officers in the Modern World*, edited by Elliot V. Converse, 32-46. Chicago: Imprint Publications, 1998.
Hesse, Kurt. "Militärisches Erziehungs- und Bildungswesen in Deutschland〔독일의 군사 교육, 훈련제도〕." In *Die Deutsche Wehrmacht, 1914-1939. Rückblick und Ausblick*〔독일 국방군, 1914-1939. 회고와 전망〕, edited by Georg Wetzell, 463-483. Berlin Mittler, 1939.
Heuer, Uwe. *Reichswehr—Wehrmacht—Bundeswehr. Zum Image deutscher Streitkräfte in den Vereinigten Staaten von Amerika. Kontinuitat und Wandel im Urteil amerikanischer Experten*〔바이마르공화국군-국방군-연방군. 미국의 독일군 이미지에 대하여. 미국 전문가들의 판단에서의 연관성과 변화〕. Frankfurt a. M.: Lang, 1990.
Heuser, Beatrice. *Reading Clausewitz*. London: Pimlico, 2002.
Heusinger, Adolf. *Befehl im Widerstreit: Schicksalsstunden der deutschen Armee, 1923-1945*〔저항 속의 명령: 1923-1945년, 독일군의 운명의 시간〕. Tübingen: Wunderlich, 1957.
Higginbotham, Don. "Military Education before West Point." In *Thomas Jefferson's Military Academy: Founding West Point*, edited by Robert M. S. McDonald, 23-53. Charlottesville: University of Virginia, 2004.
Hillebrecht, Georg, and Andreas Eckl. *"Man wird wohl später sich schämen mussen, in China gewesen zu sein": Tagebuchaufzeichnungen des Assistenzarztes Dr. Georg Hillebrecht aus dem Boxerkrieg, 1900-1902*〔"중국에 갔던 것에 대해 훗날 반드시 부끄럽게 여겨야 할 것이다." 1900-1902년 북청사변 당시 게오르크 힐레브레히트 인턴의사의 일기〕. Essen: Eckl, 2006.
Hillgruber, Andreas. "Dass Russlandbild der führenden deutschen Militärs vor Beginn

des Angriffs auf die Sowjetunion〔대소련 공세 개시 직전 독일 군부의 대러시아 관념〕." In *Das Russlandbild im Dritten Reich*〔제3제국의 대러시아 관념〕, edited by Hans-Erich Volkmann, 125-140. Köln: Böhlau, 1994.

Hillman, Jörg. "Die Kriegsmarine und ihre Großadmirale: Die Haltbarkeit von Bildern der Kriegsmarine〔독일 해군과 대제독들: 독일 해군의 최고지휘관들의 인내심〕." In *Militärische Erinnerungskultur: Soldaten im Spiegel von Biographien, Memoiren und Selbstzeugnissen*〔군사적 기억문화: 자서전, 회고록, 비망록에서 거울 속의 군인들〕, edited by Michael Epkenhans, Stig Förster and Karen Hagemann, 291-328. Paderborn: Schöningh, 2006.

Hofmann, George F. "The Tactical and Strategic Use of Attaché Intelligence: The Spanish Civil War and the U.S. Army's Misguided Quest for a Modern Tank Doctrine." *Journal of Military History* 62, no. 1 (1998): 101-134.

———. *Through Mobility We Conquer: The Mechanization of U.S. Cavalry*. Lexington: University of Kentucky, 2006.

Hofmann, Hans Hubert, ed. *Das deutsche Offizierkorps, 1860-1960*〔독일군 장교단, 1860-1960〕. Boppard a. R.: Boldt, 1980.

Hogan, Michael J. *A Cross of Iron: Harry S. Truman and the Origins of the National Security State, 1945-1954*. Cambridge, UK: Cambridge University Press, 1998.

Holden, Edward S. "The Library of the United States Military Academy, 1777-1906." *Army and Navy Life June*, (1906): 45-48.

Holley, I. B., Jr. "Training and Educating Pre-World War I United States Army Officers." In *Forging the Sword: Selecting, Educating, and Training Cadets and Junior Officers in the Modern World*, edited by Elliot V. Converse, 26-31. Chicago: Imprint Publications, 1998.

Horne, Alistair. *The Price of Glory*. New York: Penguin, 1993.

Hovland, Carl I., et al., ed. *Experiments on Mass Communication. 4 vols. Vol. 3. Studies in Social Psychology in World War Ⅱ*. Princeton, New Jersey: Princeton University Press, 1949.

Hubatsch, Walther, ed. *Hitlers Weisungen für die Kriegführung, 1939-1945: Dokumente des Oberkommandos der Wehrmacht*〔전쟁 수행에 관한 히틀러의 지시들: 국방군 총사령부 문건, 1939-1945〕. Frankfurt a. M.: Bernard & Graefe, 1962.

Hughes, Daniel J. "Occupational Origins of Prussia's Generals, 1870-1914." *Central European History* 13, no. 1 (1980): 3-33.

Hughes, David Ralph. *Ike at West Point. Poughkeepsie*. New York: Wayne Co., 1958.

Hughes, R. Gerald, Peter Jackson, and Len Scott, eds. *Exploring Intelligence Archives: Enquiries into the Secret State*. London: Routledge, 2008.

Hughes, R. Gerald, and Len Scott. "'Knowledge is Never Too Dear': Exploring Intelligence Archives." In *Exploring Intelligence Archives: Enquiries into the Secret State*, edited by R. Gerald Hughes, Peter Jackson, and Len Scott, 13-39. London: Routledge, 2008.

Huntington, Samuel P. The Soldier and the State: The Theory and Politics of Civil-Mili-

tary Relations. Cambridge, Massachusetts: Belknap, 1957.
Hurter, Johannes. *Hitlers Heerführer: Die deutschen Oberbefehlshaber im Krieg gegen die Sowjetunion, 1941/1942*〔히틀러의 육군지도부: 대소련 전쟁의 독일군 사령관들, 1941/1942〕. München: Oldenbourg, 2007.
Hymel, Kevin, ed. *Patton's Photographs: War as He Saw It*. 1st ed. Washington, D.C.: Potomac Books, 2006.
Ilsemann, Carl–Gero von. "Das operative Denken des Älteren Moltke〔대몰트케의 작전적 사고〕." In *Operatives Denken und Handeln in deutschen Streitkräften im 19. und 20. Jahrhundert*〔19, 20세기 독일군의 작전적 사고와 행동〕, edited by Günther Roth, 17–44. Herford: Mittler, 1988.
"It Just Happened: Review of Ernst von Salomon's book The Questionnaire." *Time*, Jan. 10, 1955.
Jackson, Peter. "Introduction: Enquiries into the 'Secret State'." In *Exploring Intelligence Archives: Enquiries into the Secret State*, edited by R. Gerald Hughes, Peter Jackson, and Len Scott, 1–11. London: Routledge, 2008.
——. "Overview: A Look at French Intelligence Machinery in 1936." In *Exploring Intelligence Archives: Enquiries into the Secret State*, edited by R. Gerald Hughes, Peter Jackson, and Len Scott, 59–79. London: Routledge, 2008.
Janda, Lance. "The Crucible of Duty: West Point, Women, and Social Change." In *West Point: Two Centuries and Beyond*, edited by Lance A. Betros, 344–367. Abilene, Texas: McWhiney Foundation Press, 2004.
——. *Stronger than Custom: West Point and the Admission of Women.* Westport, Connecticut: Praeger, 2002.
Janowitz, Morris. "Changing Patterns of Organizational Authority: The Military Establishment." In *The Military and Society: A Collection of Essays*, edited by Peter Karsten, 237–257. New York: Garland, 1998.
——, ed. *The New Military: Changing Patterns of Organization*. New York: Russell Sage Foundation, 1964.
——. *The Professional Soldier: A Social and Political Portrait*. New York: Free Press, 1974.
Kaltenborn, Rudolph Wilhelm von. Briefe eines alten Preußischen Officiers〔한 프로이센 노장의 편지들〕. 2 vols. Vol. 1. Braunschweig: Biblio, 1790. Reprint, 1972.
Kaplan, Fred. "Challenging the Generals." *New York Times Magazine*, August 26, 2007.
Karsten, Peter, ed. *The Military and Society: A Collection of Essays*. New York: Garland, 1998.
——. "Ritual and Rank: Religious Affiliation, Father's 'Calling,' and Successful Advancements in the U.S. Officer Corps of the Twentieth Century." In *The Military and Society: A Collection of Essays*, edited by Peter Karsten, 77–90. New York: Garland, 1998.
Keegan, John. *The Battle for History: Re–fighting World War Ⅱ*. New York: Vintage Books, 1996.

———, ed. *Churchill's Generals*. 1st American ed. New York: Grove Weidenfeld, 1991.
———. *Die Kultur des Krieges*. Berlin: Rowohlt, 1995.
———. *The First World War*. New York: Knopf, 1999.
Keller, Christian B. *Chancellorsville and the Germans: Nativism, Ethnicity, and Civil War Memory*. New York: Fordham University Press, 2007.
Kerns, Harry N. "Cadet Problems." *Mental Hygiene* 7 (1923): 688–696.
Kielmansegg, Johann Adolf Graf von. "Bemerkungen zum Referat von Hauptmann Dr. Frieser aus der Sicht eines Zeitzeugen〔한 시대의 산 증인의 관점에서 박사 프리저 대위의 연구서에 대한 보충설명〕." In *Operatives Denken und Handeln in deutschen Streitkräften im 19. und 20. Jahrhundert*〔19, 20세기 독일군의 작전적 사고와 행동〕, edited by Günther Roth, 149–159. Herford: Mittler, 1988.
Kindsvatter, Peter S. *American Soldiers: Ground Combat in the World Wars, Korea and Vietnam*. Lawrence: University Press of Kansas, 2003.
Kirkpatrick, Charles E. "Orthodox Soldiers: U.S. Army Formal School and Junior Officers between the Wars." In *Forging the Sword: Selecting, Educating, and Training Cadets and Junior Officers in the Modern World*, edited by Elliot V. Converse, 99–116. Chicago: Imprint Publications, 1998.
———. "'The Very Model of a Modern Major General': Background of World War Ⅱ American Generals in V Corps." In *The U.S. Army and World War Ⅱ: Selected Papers from the Army's Commemorative Conferences*, edited by Judith L. Bellafaire, 259–276. Washington, D.C.: Center of Military History, U.S. Army, 1998.
Kitchen, Martin. *The German Officer Corps, 1890–1914*. Oxford: Clarendon, 1968.
Klein, Friedhelm. "Aspekte militärischen Führungsdenkens in Geschichte und Gegenwart〔역사와 현재에서 독일군 지휘사상의 관점들〕." In *Führungsdenken in europäischen und nordamerikanischen Streitkräften im 19. und 20. Jahrhundert*〔19, 20세기 유럽과 북미 군대의 지휘관념〕, edited by Gerhard P. Groß, 11–17. Hamburg: Mittler, 2001.
Kopp, Roland. "Die Wehrmacht feiert. Kommandeurs-Reden zu Hitlers 50. Geburtstag am 20. April 1939〔국방군이 축하하다. 1939년 4월 20일 히틀러의 50번째 생일에 지휘관들의 메시지〕." *Militärgeschichtliche Zeitschrift* 62〔군사사 잡지〕 (2003): 471–534.
Kosthorst, Erich. *Die Geburt der Tragödie aus dem Geist des Gehorsams: Deutschlands Generäle und Hitler; Erfahrungen und Reflexionen eines Frontoffiziers*〔복종심에서 비롯된 비극의 시작: 독일 장군들과 히틀러: 한 전선에서 장교의 경험과 반성〕. Bonn: Bouvier, 1998.
Krammer, Arnold. "American Treatment of German Generals during World War Ⅱ." *Journal of Military History* 54, no. 1 (1990): 27–46.
Krassnitzer, Patrick. "Historische Forschung zwischen 'importierten Erinnerungen' und Quellenamnesie: Zur Aussagekraft autobiographischer Quellen am Beispiel der Weltkriegserinnerung im nationalsozialistischen Milieu〔'입수된 기억들'과 출처에 대한 미궁 사이에서의 역사 연구: 국가사회주의 환경에서 세계대전의 역사적 기록(기억)의 사례에 관한 자서전적 출처에 대한 설명〕." In *Militärische Erinnerungskultur: Soldaten im Spiegel von Biographien, Memoiren und Selbstzeugnissen*〔군사적 기억문화: 자서전, 회고록, 비망

록에서 거울 속의 군인들〕, edited by Michael Epkenhans, Stig Förster and Karen Hagemann, 212–222. Paderborn: Schöningh, 2006.

Kroener, Bernhard R. "Auf dem Weg zu einer 'nationalsozialistischen Volksarmee': Die soziale Öffnung des Heeresoffizierkorps im Zweiten Weltkrieg〔국가사회주의식 국민의 군대로의 길에서: 제2차 세계대전 시 육군 장교단의 사회적 개방〕." In *Von Stalingrad zur Währungsreform: Zur Sozialgeschichte des Umbruchs in Deutschland*〔스탈린그라드부터 화폐개혁까지: 격변의 독일 사회사에 관해〕, edited by Martin Broszat, Klaus-Dietmar Henke, and Hans Woller, 651–682. München: Oldenbourg, 1988.

———. *Generaloberst Friedrich Fromm: Der starke Mann im Heimatkriegsgebiet; Eine Biographie*〔프리드리히 프롬 상급대장: 조국의 전쟁 지역에서 강한 남자; 전기〕. Paderborn: Schöningh, 2005.

———. "Generationserfahrungen und Elitenwandel: Strukturveränderungen im deutschen Offizierkorps, 1933–1945〔세대의 경험과 엘리트의 변화: 독일군 장교단의 구조 변화, 1933–1945〕." In *Eliten in Deutschland und Frankreich im 19. und 20. Jahrhundert: Strukturen und Beziehungen*〔19, 20세기 독일과 프랑스의 엘리트: 구조와 관계〕, edited by Rainer Hudemann and Georges-Henri Soutu, 219–233: Oldenbourg, 1994.

———. "'Störer' und 'Versager': Die Sonderabteilungen der Wehrmacht. Soziale Disziplinierung aus dem Geist des Ersten Weltkrieges〔'방해자'와 '패배자': 국방군의 특수부서들. 제1차 세계대전의 정신에서 비롯된 사회적 규율〕." In *Adel-Geistlichkeit-Militär*〔귀족-정신-군사〕, edited by Michael Busch and Jörg Hillman, 71–90. Bochum: Winkler, 1999.

———. "Strukturelle Veränderungen in der militärischen Gesellschaft des Dritten Reiches〔제3제국 군국주의 사회의 구조적 변화〕." In *Nationalsozialismus und Modernisierung*〔국가사회주의와 근대화〕, edited by Michael Prinz and Rainer Zitelmann, 267–296. Darmstadt: Wissenschaftliche Buchgesellschaft, 1991.

Kroener, Bernhard R., Rolf-Dieter Müller, and Hans Umbreit. *Das Deutsche Reich und der Zweite Weltkrieg*〔독일 제국과 제2차 세계대전〕, Vol. V/1: Organisation und Mobilisierung des deutschen Machtbereichs, 1939–1941〔독일 세력권의 조직과 동원, 1939–1941〕. München: Deutsche Verlags-Anstalt, 1988.

Kroener, Bernhard R., Rolf-Dieter Müller, and Hans Umbreit. *Das Deutsche Reich und der Zweite Weltkrieg*〔독일 제국과 제2차 세계대전〕, Vol. V/2: Organisation und Mobilisierung des deutschen Machtbereichs, 1942–1945〔독일 세력권의 조직과 동원, 1942–1945〕. München: Deutsche Verlags-Anstalt, 1999.

Kuehn, John T. "The Goldwater-Nichols Fix: Joint Education is the Key to True 'Jointness'." *Armed Forces Journal* 32 (April 2010).

Lanham, Charles T., ed. *Infantry in Battle*. Washington, D.C: Infantry Journal, 1934.

Larned, Charles W. "West Point and Higher Education." *Army and Navy Life and The United Service* 8, no. 12 (1906): 9–22.

Latzel, Klaus. *Deutsche Soldaten: nationalsozialistischer Krieg? Kriegserlebnis; Kriegserfahrung, 1939–1945*〔독일 군인: 국가사회주의적 전쟁? 참전 경험; 전쟁 숙달〕. Paderborn et al.: Schöningh, 1998.

Leistenschneider, Stephan. *Auftragstaktik im preußisch-deutschen Heer, 1871 bis 1914*〔프로이센-독일 육군의 임무형 전술, 1871년부터 1914년까지〕. Hamburg: Mittler, 2002.

———. "Die Entwicklung der Auftragstaktik im deutschen Heer und ihre Bedeutung für das deutsche Führungsdenken."〔독일 육군의 임무형 전술의 발전과 독일 지휘관념에 있어 임무형 전술의 의의〕 In *Führungsdenken in europäischen und nordamerikanischen Streitkräften im 19. und 20. Jahrhundert*〔19, 20세기 유럽과 북미 군대의 지휘관념〕, edited by Gerhard P. Groß, 175-190. Hamburg: Mittler, 2001.

Leon, Philip W. *Bullies and Cowards: The West Point Hazing Scandal, 1898-1901*. Contributions in Military Studies. Westport, Conneticut: Greenwood Press, 2000.

Lettow-Vorbeck, Paul von. *Mein Leben*〔나의 인생〕. Biberach a. d. Riss: Koehler, 1957.

Liddell Hart, Basil Henry. *The Other Side of the Hill: Germany's Generals, Their Rise and Fall, with Their Own Account of Military Events, 1939-1945*. Enlarged and rev. ed. London, 1951.

———. *Strategy*. 2nd rev. ed. New York: Meridian Books, 1991.

———. *Why Don't We Learn from History?* New York: Hawthorn, 1971.

Lingen, Kerstin von. *Kesselrings letzte Schlacht: Kriegsverbrecherprozesse, Vergangenheitspolitik und Wiederbewaffnung; Der Fall Kesselring*〔케셀링의 최후의 회전: 전범 재판, 과거 정치와 재무장: 케셀링 사건〕. Paderborn: Schöningh, 2004.

Linn, Brian McAllister. "Challenge and Change: West Point and the Cold War." In *West Point: Two Centuries and Beyond*, edited by Lance A. Betros, 218-247. Abilene, Texas: McWhiney Foundation Press, 2004.

Lipsky, David. *Absolutely American: Four Years at West Point*. Boston: Houghton Mifflin, 2003.

Little, Roger W. "Buddy Relations and Combat Performance." In *The New Military – Changing Patterns of Organization*, edited by Morris Janowitz, 195-223. New York: Russell Sage Foundation, 1964.

Logan, John A. *The Volunteer Soldier of America*. New York: Arno, 1979.

Lonn, Ella. *Foreigners in the Union Army and Navy*. Baton Rouge: Louisiana State University Press, 1951.

Loßberg, Bernhard von. *Im Wehrmachtführungsstab: Bericht eines Generalstabsoffiziers*〔국방군 지휘참모부에서: 한 장군참모장교의 보고〕. Hamburg: Nölke, 1950.

Lotz, Wolfgang. *Kriegsgerichtsprozesse des Siebenjährigen Krieges in Preußen*〔프로이센에서 7년 전쟁 시 군사재판들〕. Untersuchungen zur Beurteilung Militärischer Leistungen durch Friedrich den II〔프리드리히 II세의 군사적 능력 평가에 대한 연구〕. Frankfurt a. M., 1981.

Loveland, Anne C. "Character Education in the U.S. Army, 1947-1977." *Journal of Military History* 64 (2000): 795-818.

Lovell, John Philip. "The Professional Socialization of the West Point Cadet." In *The New Military: Changing Patterns of Organization*, edited by Morris Janowitz, 119-157. New York: Russell Sage Foundation, 1964.

Lüke, Martina G. *Zwischen Tradition und Aufbruch: Deutschunterricht und Lesebuch im deutschen Kaiserreich*〔전통과 각성 사이: 독일 제국 시대의 독일어 수업과 읽을거리〕. Frankfurt a. M.: Lang, 2007.

Lupfer, Timothy T. *The Dynamics of Doctrine: The Changes in German Tactical Doctrine during the First World War*. Leavenworth Papers. Ft. Leavenworth, Kansas: Combat Studies Institute, U.S. Army Command and General Staff College, 1981.

Luvaas, Jay. "The Influence of the German Wars of Unification on the United States." In *On the Road to Total War: The American Civil War and the German Wars of Unification, 1861–1871*, edited by Stig Förster and Jörg Nagler, 597–619. Washington, D.C.: German Historical Institute, 1997.

Lynn, John A. *Battle: A History of Combat and Culture*. Boulder, Colorado: Westview Press, 2003.

MacArthur, Douglas. *Reminiscences*. New York City: McGraw-Hill, 1964.

MacDonald, Charles Brown. *Company Commander*. Washington, D.C.: Infantry Journal Press, 1947.

———. *A Time for Trumpets: The Untold Story of the Battle of the Bulge*. Toronto: Bantam Books, 1985.

Macksey, Kenneth. *Guderian: Panzer General*. London: Greenhill Books, 2003.

———. *Why the Germans Lose at War: The Myth of German Military Superiority*. London: Greenhill, 1996.

Maclean, French L. *Quiet Flows the Rhine: German General Officer Casualties in World War Ⅱ*. Winnipeg: Fedorowicz, 1996.

Manchester, William Raymond. *American Caesar: Douglas MacArthur, 1880–1964*. Boston: Little, Brown, 1978.

Manstein, Erich von. *Aus einem Soldatenleben, 1887–1939*〔한 군인의 일생에서, 1887–1939〕. Bonn: Athenäum, 1958.

———. *Lost Victories*. Novato, California: Presidio, 1982.

Manstein, Rüdiger von, and Theodor Fuchs. *Manstein: Soldat im 20. Jahrhundert*〔만슈타인: 20세기의 군인〕. Bonn: Bernard & Graefe, 1981.

Mardis, Jamie. *Memos of a West Point Cadet*. New York: McKay, 1976.

Markmann, Hans-Jochen. *Kadetten: Militärische Jugenderziehung in Preußen*〔생도들: 프로이센의 청소년 대상 군사교육〕. Berlin: Pädagogisches Zentrum, 1983.

Marshall, George C. "Profiting by War Experiences." *Infantry Journal* 18 (1921): 34–37.

Marwedel, Ulrich. *Carl von Clausewitz: Persönlichkeit und Wirkungsgeschichte seines Werkes bis 1918*〔카를 폰 클라우제비츠: 그의 개성과 1918년까지 그의 저작이 미친 영향의 역사〕. Militärgeschichtliche Studien 25〔군사사 연구 25호〕. Boppard a. R.: Boldt, 1978.

Maslov, Aleksander A. *Fallen Soviet Generals: Soviet General Officers Killed in Battle, 1941–1945*. London: Cass, 1998.

Masuhr, H. *Psychologische Gesichtspunkte für die Beurteilung von Offizieranwärtern*〔장교후보생 평가를 위한 심리학적 특성〕. Wehrpsychologische Arbeiten 4〔국방심리연구 제4호〕. Berlin: Bernard & Graefe, 1937.

McCain, John, and Mark Salter. *Faith of My Fathers*. New York: Random House, 1999.

McCoy, Alfred W. "'Same Banana': Hazing and Honor at the Philippine Military Academy." In *The Military and Society: A Collection of Essays*, edited by Peter Karsten, 91–128. New York: Garland, 1998.
McDonald, Robert M. S., ed. *Thomas Jefferson's Military Academy: Founding West Point*. Charlottesville: University of Virginia, 2004.
McMaster, H. R. *Dereliction of Duty: Lyndon Johnson, Robert McNamara, the Joint Chiefs of Staff, and the Lies that Led to Vietnam*. New York: HarperCollins, 1997.
Megargee, Geoffrey P. *Inside Hitler's High Command*. Modern War Studies. Lawrence: University Press of Kansas, 2000.
Meier-Welcker, Hans. *Aufzeichnungen eines Generalstabsoffiziers, 1939–1942*〔한 장군참모장교의 기록, 1939–1942〕. Einzelschriften zur militärischen Geschichte des Zweiten Weltkrieges〔제2차 세계대전 군사사에 관한 단편 기록물〕. Freiburg i. Br.: Rombach, 1982.
Mellenthin, Friedrich Wilhelm von. *Deutschlands Generale des Zweiten Weltkriegs*〔제2차 세계대전의 독일 장군들〕. Bergisch Gladbach: Lübbe, 1980.
Messerschmidt, Manfred. *Die Wehrmacht im NS-Staat: Zeit der Indoktrination*〔나치 국가의 국방군: 교화주의의 시대〕. Truppe und Verwaltung 16〔부대와 행정 16호〕. Hamburg: Decker, 1969.
———. "German Military Effectiveness between 1919 and 1939." In *Military Effectiveness: The Interwar Period*, edited by Allan Reed Millett and Williamson Murray, 218–255. Boston: Allen & Unwin, 1988.
———. "The Prussian Army from Reform to War." In *On the Road to Total War: The American Civil War and the German Wars of Unification, 1861-1871*, edited by Stig Förster and Jörg Nagler, 263–282. Washington, D.C.: German Historical Institute, 1997.
Messerschmitt, Manfred. "Die Wehrmacht: Vom *Realitätsverlust* zum Selbstbetrug〔국방군: 현실감각 상실에서 자기부정 행위로〕." In *Ende des Dritten Reiches: Ende des Zweiten Weltkriegs; Eine perspektivische Rückschau*〔제3제국의 종말: 제2차 세계대전의 종식; 원근법적 회고〕, edited by Hans-Erich Volkmann, 223–259. München: Piper, 1995.
Meyer, Georg. *Adolf Heusinger: Dienst eines deutschen Soldaten, 1915 bis 1964*〔아돌프 호이징어: 어느 독일 군인의 복무, 1915–1964〕. Hamburg: Mittler, 2001.
Miles, Perry L. *Fallen Leaves: Memories of an Old Soldier*. Berkeley, California: Wuerth, 1961.
Millett, Allan Reed. *The General: Robert L. Bullard and Officership in the United States Army, 1881–1925*. Westport, Connecticut: Greenwood Press, 1975.
———. "The United States Armed Forces in the Second World War." In *Military Effectiveness: The Second World War*, edited by Allan Reed Millett and Williamson Murray, 45–89. Boston: Allen & Unwin, 1988.
Millett, Allan Reed, and Peter Maslowski. *For the Common Defense: A Military History of the United States of America*. Rev. and expanded ed. New York: Free Press, 1994.
Millett, Allan Reed, and Williamson Murray, eds. *Military Effectiveness: The Interwar Period*. 3 vols. Vol. 2. Mershon Center Series on Defense and Foreign Policy. Boston:

Allen & Unwin, 1988.
———, eds. *Military Effectiveness: The Second World War*. 3 vols. Vol. 3. Mershon Center Series on Defense and Foreign Policy. Boston: Allen & Unwin, 1988.
Millotat, Christian E. O. *Das preußisch-deutsche Generalstabssystem. Wurzeln-Entwicklung-Fortwirken*〔프로이센-독일의 장군참모제도: 기원-발전-효과〕. Strategie und Konfliktforschung〔전략과 분쟁 연구〕. Zürich: vdf, 2000.
Möbius, Sascha. *Mehr Angst vor dem Offizier als vor dem Feind? Eine mentalitätsgeschichtliche Studie zur preußischen Taktik im Siebenjährigen Krieg*〔적보다 장교가 더 많이 두렵다? 7년 전쟁에서 프로이센의 전술에 대한 멘탈의 역사적 연구〕. Saarbrücken: VDM, 2007.
Model, Hansgeorg. *Der deutsche Generalstabsoffizier: Seine Auswahl und Ausbildung in Reichswehr, Wehrmacht und Bundeswehr*〔독일군 장군참모장교: 바이마르공화국군, 국방군과 연방군의 선발과 교육〕. Frankfurt a. M.: Bernard & Graefe, 1968.
Model, Hansgeorg, and Jens Prause. *Generalstab im Wandel: Neue Wege bei der Generalstabsausbildung in der Bundeswehr*〔변화 속의 총참모부: 장군참모교육에 대한 연방군의 새로운 길〕. München: Bernard & Graefe, 1982.
Möller-Witten, Hans. "Die Verluste der deutschen Generalität, 1939-1945〔1939-1945, 독일군의 장군 사상자들〕." *Wehrwissenschaftliche Rundschau* 4〔국방학술 동향 4호〕 (1954): 31-33.
Moncure, John. *Forging the King's Sword: Military Education between Tradition and Modernization; The Case of the Royal Prussian Cadet Corps, 1871-1918*. New York City: Lang, 1993.
Montgomery of Alamein, Bernard Law. *The Memoirs of Field Marshal Montgomery*. Barnsley: Pen & Sword, 2005.
Morelock, Jerry D. *Generals of the Ardennes: American Leadership in the Battle of the Bulge*. Washington, D.C.: National Defense University Press, 1994.
Morrison, James L. "The Struggle between Sectionalism and Nationalism at Ante-Bellum West Point, 1830-1861." In *The Military and Society: A Collection of Essays*, edited by Peter Karsten, 26-36. New York: Garland, 1998.
Mosley, Leonard. *Marshall: Organizer of Victory*. London: Methuen, 1982.
Mott, Thomas Bentley. *Twenty Years as Military Attaché*. New York: Oxford University Press, 1937.
———. "West Point: A Criticism." *Harper's* (March 1934): 466-479.
Mullaney, Craig M. *The Unforgiving Minute: A Soldier's Education*. New York: Penguin.
Muller, Richard R. "Werner von Blomberg: Hitler's 'idealistischer' Kriegsminister〔베르너 폰 블롬베르크: 히틀러의 이상주의적인 전쟁부장관〕." In *Die Militärelite des Dritten Reiches: 27 biographische Skizzen*〔제3제국의 군사 엘리트: 27인의 짧은 전기〕, edited by Ronald Smelser and Enrico Syring, 50-65. Berlin: Ullstein, 1997.
Müller, Rolf-Dieter. "Die Wehrmacht: Historische Last und Verantwortung; Die Historiographie im Spannungsfeld von Wissenschaft und Vergangenheitsbewältigung〔국방군: 역사적 부담과 책임; 학문과 과거 극복의 긴장 상태의 역사학〕." In *Die Wehrmacht: Mythos und Realität*〔국방군: 신화와 현실〕, edited by Rolf-Dieter Müller, 3-35.

München: Oldenbourg, 1999.
——, ed. *Die Wehrmacht: Mythos und Realität*(국방군: 신화와 현실). München: Oldenbourg, 1999.

Muller-Hillebrand, Burkhart. *Das Heer, 1933-1945. Entwicklung des organisatorischen Aufbaues*(육군, 1933-1945. 조직적 구조의 발전). 3 vols. Darmstadt: Mittler, 1954-1969.

Mulligan, William. *The Creation of the Modern German Army: General Walther Reinhardt and the Weimar Republic, 1914-1930*. New York: Berghahn, 2005.

Murphy, Audie. *To Hell and Back*. New York: Holt, 1949.

Murray, Williamson. "Does Military Culture Matter?" In *America the Vulnerable: Our Military Problems and How to Fix Them*, edited by John F. Lehman and Harvey Sicherman, 134-151. Philadelphia: Foreign Policy Research Institute, 1999.

Murray, Williamson. "Werner Freiherr von Fritsch: Der tragische General(베르너 폰 블롬베르크: 히틀러의 이상주의적인 전쟁부장관)." In *Die Militärelite des Dritten Reiches: 27 Biographische Skizzen*(제3제국의 군사 엘리트: 27인의 짧은 전기), edited by Ronald Smelser and Enrico Syring, 153-170. Berlin: Ullstein, 1995.

Muth, Jörg. "Erich von Lewinski, Called von Manstein: His Life, Character and Operations—A Reappraisal." http://www.axishistory.com/index.php?id=7901.

——. *Flucht aus dem militärischen Alltag: Ursachen und individuelle Ausprägung der Desertion in der Armee Friedrichs des Großen*(군사적 일상에서의 탈출: 프리드리히 대왕의 군대에서 탈영의 원인과 개인의 의사표현). Freiburg i. Br.: Rombach, 2003.

Myrer, Anton. *Once an Eagle*. New York: HarperTorch, 2001.

Official Register of the Officers and Cadets of the U.S. Military Academy. West Point, New York: USMA Press, 1905.

Nakata, Jun. *Der Grenz- und Landesschutz in der Weimarer Republik, 1918 bis 1933: Die geheime Aufrüstung und die deutsche Gesellschaft*(바이마르 공화국의 국경수비대 및 지역방위대, 1918-1933: 비밀리에 진행된 군비 증강과 독일 사회). Freiburg i. Br.: Rombach, 2002.

Nenninger, Timothy K. "Creating Officers: The Leavenworth Experience, 1920-1940." *Military Review* 69, no. 11 (1989): 58-68.

——. "Leavenworth and Its Critics: The U.S. Army Command and General Staff School, 1920-1940." *Journal of Military History* 58, no. 2 (1994): 199-231.

——. *The Leavenworth Schools and the Old Army: Education, Professionalism, and the Officer Corps of the United States Army, 1881-1918*. Westport: Greenwood, 1978.

——. "'Unsystematic as a Mode of Command': Commanders and the Process of Command in the American Expeditionary Force, 1917-1918." *Journal of Military History* 64, no. 3 (2000): 739-768.

Neugebauer, Karl-Volker. "Operatives denken zwischen dem Ersten und Zweiten Weltkrieg(제1차, 제2차 세계대전 사이의 작전적 사고)." In *Operatives Denken und Handeln in deutschen Streitkräften im 19. und 20. Jahrhundert*(19, 20세기 독일군의 작전적 사고와 행동), edited by Günther Roth, 97-122. Herford: Mittler, 1988.

Niedhart, Gottfried, and Dieter Riesenberger, eds. *Lernen aus dem Krieg? Deutsche Nachkriegszeiten, 1918 und 1945*(전쟁으로부터 학습하다. 1918년과 1945년 독일의 전후시대). Beiträge zur historischen Friedensforschung(역사적 평화연구에 관한 기고문들). München: Beck, 1992.

Norris, Robert S. "Leslie R. Groves, West Point and the Atomic Bomb." In *West Point: Two Centuries and Beyond*, edited by Lance A. Betros, 101–121. Abilene, Texas: McWhiney Foundation Press, 2004.

Nuber, Hans. *Wahl des Offiziersberufs: Eine charakterologische Untersuchung von Persönlichkeit und Berufsethos*(장교라는 직업의 선발: 개성과 직업윤리의 성격학적 조사). Zeitschrift für Geopolitik(지정학 잡지), Beiheft Wehrwissenschaftliche Reihe 1(국방학술 시리즈 1호 부록). Heidelberg: Vowinckel, 1935.

Nutter, Thomas E. "Mythos Revisited: American Historians and German Fighting Power in the Second World War." *Military History Online* (2004). http://www.militaryhistoryonline.com/wwii/armies/default.aspx.

Nye, Roger H. *The Patton Mind: The Professional Development of an Extraordinary Leader*. Garden City Park, New York: Avery, 1993.

Oetting, Dirk W. *Auftragstaktik: Geschichte und Gegenwart einer Führungskonzeption*(임무형 전술: 지휘개념의 역사와 현재). Frankfurt a. M.: Report, 1993.

O'Neill, William D. *Transformation and the Officer Corps: Analysis in the Historical Context of the U.S. and Japan between the World Wars*. Alexandria, Virginia: CNA, 2005.

Ossad, Stephen L. "Command Failures." *Army* (March 2003).

Overmans, Rüdiger. *Deutsche militärische Verluste im Zweiten Weltkrieg*(제2차 세계대전 시 독일의 군사적 사상자 또는 손실). München: Oldenbourg, 1999.

Overy, Richard. *Why the Allies Won*. New York City: Norton, 1995.

Owen, Gregory L. *Across the Bridge: The World War Ⅱ Journey of Cpt. Alexander M. Patch Ⅲ*. Lexington, Virginia: George C. Marshall Foundation, 1995.

Pagonis, William G., and Jeffrey L. Cruikshank. *Moving Mountains: Lessons in Leadership and Logistics from the Gulf War*. Boston: Harvard Business School Press, 1992.

Paret, Peter, Gordon Alexander Craig, and Felix Gilbert, eds. *Makers of Modern Strategy: From Machiavelli to the Nuclear Age*. Princeton, New Jersey: Princeton University Press, 1986.

Parker, Jerome H., Ⅳ. "Fox Conner and Dwight Eisenhower: Mentoring and Application." *Military Review* (July–August 2005): 89–95.

Patel, Kiran Klaus. *Soldiers of Labor: Labor Service in Nazi Germany and New Deal America, 1933–1945*. Washington, D.C.: Cambridge University Press, 2005.

Patton, George S., and Paul D. Harkins. *War As I Knew It*. Boston: Houghton Mifflin, 1995.

Patton, George S., and Kevin Hymel. *Patton's Photographs: War as He Saw It*. 1st ed. Washington, D.C.: Potomac Books, 2006.

Pennington, Leon Alfred, et al. *The Psychology of Military Leadership*. New York: Prentice-Hall, 1943.

Pogue, Forrest C. *George C. Marshall: Education of a General, 1880–1939*. 3 vols. Vol. 1. New York: Viking Press, 1963.

Preradovitch, Nikolaus von. *Die militärische und soziale Herkunft der Generalität des deutschen Heeres, 1. Mai 1944*〔1944년 5월 1일, 독일 육군 장군단의 군사적 그리고 사회적 출신〕. Osnabrück: Biblio, 1978.

Prinz, Michael, and Rainer Zitelmann, eds. *Nationalsozialismus und Modernisierung*〔국가사회주의와 현대화〕. Darmstadt: Wissenschaftliche Buchgesellschaft, 1991.

Purpose and Preparation of Efficiency Reports. 4th revised ed. Infantry School Mailing List. Fort Benning, Georgia: The Infantry School, 1940.

Rass, Christoph. *"Menschenmaterial": Deutsche Soldaten an der Ostfront -Innenansichten einer Infanteriedivision, 1939-1945*. Krieg in der Geschichte〔'인적자원': 동부전선의 독일 장병들 –어느 보병사단의 내부 실상, 1939–1945. 역사 속의 전쟁〕. Paderborn: Schöningh, 2003.

———. "Neue Wege zur Sozialgeschichte der Wehrmacht〔국방군의 사회사에 관한 새로운 길〕." In *Militärische Erinnerungskultur: Soldaten im Spiegel von Biographien, Memoiren und Selbstzeugnissen*〔군사적 기억문화: 자서전, 회고록, 비망록에서 거울 속의 군인들〕, edited by Michael Epkenhans, Stig Förster and Karen Hagemann, 188–211. Paderborn: Schöningh, 2006.

Rass, Christoph, René Rohrkamp, and Peter M. Quadflieg. *General Graf von Schwerin und das Kriegsende in Aachen: Ereignis, Mythos, Analyse. Aachener Studien zur Wirtschafts- und Sozialgeschichte*〔그라프 폰 슈베린 장군과 아헨의 전쟁 종식: 사실, 신화, 분석. 경제 및 사회사에 관한 아헨 연구〕. Aachen: Shaker, 2007.

Raugh, Harold E., Jr. "Command on the Western Front: Perspectives of American Officers." *Stand To!* 18, (Dec. 1986): 12–14.

Reeder, Red. *West Point Plebe*. Boston: Little, Brown, 1955.

Regulations for the United States Military Academy. Washington, D.C.: U.S. Government Printing Office, 1916.

Rickard, John Nelson. *Patton at Bay: The Lorraine Campaign, September to December, 1944*. Westport, Connecticut: Praeger, 1999.

Ridgway, Matthew B. *Soldier: The Memoirs of Matthew B. Ridgway*. New York: Harper & Brothers, 1956.

Ritter, Gerhard. *The Schlieffen Plan: Critique of a Myth*. New York: Praeger, 1958.

Rohl, John C. G. *Young Wilhelm: The Kaiser's Early Life, 1859–1888*. Cambridge: Cambridge University Press, 1998.

Rommel, Erwin. *Infantry Attacks*. London: Stackpole, 1995.

Rommel, Erwin, and Basil Henry Liddell Hart. *The Rommel Papers*. 14th ed. New York: Harcourt, Brace, 1953.

Roth, Günther, ed. *Operatives Denken und Handeln in deutschen Streitkräften im 19. und 20. Jahrhundert*〔19, 20세기 독일군의 작전적 사고와 행동〕. Herford: Mittler, 1988.

Salmond, John. *The Civilian Conservation Corps, 1933–1942: A New Deal Case Study*. Durham, North Carolina: Duke University Press, 1967.

Salomon, Ernst von. *Die Geächteten*〔추방자들〕. Berlin: Rowohlt, 1930.
——. *Die Kadetten*〔생도들〕. Berlin: Rowohlt, 1933.
Samet, Elizabeth D. "Great Men and Embryo-Caesars: John Adams, Thomas Jefferson, and the Figure in Arms." In *Thomas Jefferson's Military Academy: Founding West Point*, edited by Robert M. S. McDonald, 77-98. Charlottesville: University of Virginia, 2004.
Sanger, Joseph P. "The West Point Military Academy: Shall its Curriculum Be Changed as a Necessary Preparation for War?" *Journal of Military Institution* 60 (1917).
Sassman, Roger W. "Operation SHINGLE and Major General John P. Lucas." Carlisle, Pennsylvania: U.S. Army War College, 1999.
Schedule for 1939-1940: Regular Class. Ft. Leavenworth, Kansas: Command and General Staff School Press, 1939.
Schell, Adolf von. *Battle Leadership: Some Personal Experiences of a Junior Officer of the German Army with Observations on Battle Tactics and the Psychological Reactions of Troops in Campaign*. Fort Benning, Georgia: Benning Herald, 1933.
——. "Das Heer der Vereinigten Staaten〔미국의 육군〕." *Militär-Wochenblatt* 28〔주간군사 28호〕 (1932): 998-1001.
——. *Kampf gegen Panzerwagen*〔대對장갑차 전투〕. Berlin: Stalling, 1936.
Schieder, Theodor. *Friedrich der Große: Ein Königtum der Widersprüche*〔프리드리히 대왕: 반항의 왕가〕. Frankfurt a. M.: Propyläen, 1983.
Schild, Georg, ed. *The American Way of War*. Paderborn: Schöningh, 2010.
Schmitz, Klaus. *Militärische Jugenderziehung: Preußische Kadettenhäuser und Nationalpolitische Erziehungsanstalten zwischen, 1807 und 1936*〔청소년 군사교육: 프로이센 유년군사학교와 국가정치적 교육기관, 1807년과 1936년〕. Köln: Böhlau, 1997.
Schröder, Hans Joachim. *Kasernenzeit: Arbeiter erzählen von der Militärausbildung*〔병영의 시간: 노동자가 군사교육에 대해 설명하다〕. Frankfurt: Campus, 1985.
——, ed. *Max Landowski, Landarbeiter: Ein Leben zwischen Westpreußen und Schleswig-Holstein*〔막스 란도프스키: 서프로이센과 슐레비히-홀슈타인 간의 생활〕. Berlin: Reimer, 2000.
Schüler-Springorum, Stefanie. "Die Legion Condor in (auto-)biographischen Zeugnissen〔자서전적 증언 속의 콘도르 군단〕." In *Militärische Erinnerungskultur: Soldaten im Spiegel von Biographien, Memoiren und Selbstzeugnissen*〔군사적 기억문화: 자서전, 회고록, 비망록에서 거울 속의 군인들〕, edited by Michael Epkenhans, Stig Förster, and Karen Hagemann, 223-235. Paderborn: Schöningh, 2006.
Schwan, Theodore. *Report on the Organization of the German Army*. Washington, D.C.: U.S. Government Printing Office, 1894.
Schwinge, Erich. *Die Entwicklung der Mannszucht in der deutschen, britischen und französischen Wehrmacht seit 1914*〔1914년 이래 독일, 영국, 프랑스 군대의 규율 발전〕. Tornisterschrift des OKW, Abt. Inland, H. 46. Berlin: Oberkommando der Wehrmacht, 1941.
Scott, Len. "Overview: Deception and Double Cross." In *Exploring Intelligence Archives:*

Enquiries into the Secret, edited by R. Gerald Hughes, Peter Jackson, and Len Scott, 93–98. London: Routledge, 2008.

Searle, Alaric. "Nutzen und Grenzen der Selbstzeugnisse in einer Gruppenbiographie(집단적 전기에서 비망록의 유용성과 한계)." In *Militärische Erinnerungskultur: Soldaten im Spiegel von Biographien, Memoiren und Selbstzeugnissen*(군사적 기억문화: 자서전, 회고록, 비망록에서 거울 속의 군인들), edited by Michael Epkenhans, Stig Förster, and Karen Hagemann, 268–290. Paderborn: Schöningh, 2006.

——. "A Very Special Relationship: Basil Liddell Hart, Wehrmacht Generals and the Debate on West German Rearmament, 1945–1953." *War in History* 5, no. 3 (1998): 327–357.

Seeckt, Hans von, ed. *Führung und Gefecht der verbundenen Waffen*(제병협동 지휘와 전투). Berlin: Offene Worte, 1921.

Sherraden, Michael W. "Military Participation in a Youth Employment Program: The Civilian Conservation Corps." *Armed Forces & Society* 7, no. 2 (1981): 227–245.

Showalter, Dennis E. "From Deterrence to Doomsday Machine: The German Way of War, 1890–1914." *Journal of Military History* 63, no. 2 (2000): 679–710.

——. *The Wars of Frederick the Great*. Modern Wars in Perspective. London: Longman, 1996.

——. *The Wars of German Unification*. Modern Wars Series. London: Arnold, 2004.

Simoneit, Max. *Grundriss der charakterologischen Diagnostik auf Grund heerespsychologischer Erfahrungen*(육군의 심리학적 경험을 근거로 한 성격진단 개요). Leipzig: Teubner, 1943.

——. *Leitgedanken über die psychologische Untersuchung des Offizier-Nachwuchses in der Wehrmacht*(국방군에서 장교 후속세대의 심리검사에 관한 주요 개념). Wehrpsychologische Arbeiten 6(국방심리연구 제6호). Berlin: Bernard & Graefe, 1938.

——. *Wehrpsychologie: Ein Abriss ihrer Probleme und praktischen Folgerungen*(국방심리학: 문제 해소와 실제적 결과물). 2nd ed. Berlin: Bernard & Graefe, 1943.

——. *Wehrpsychologische Willensuntersuchungen*(국방심리학적 의지에 대한 연구). Friedrich Mann's pädagogisches Magazin 1430(프리드리히 만의 교육학 매거진 1430). Langensalza: Beyer, 1937.

Simons, William E., ed. *Professional Military Education in the United States: A Historical Dictionary*. Westport, Connecticut: Greenwood, 2000.

Skelton, William B. *An American Profession of Arms: The Army Officer Corps, 1784–1861*. Lawrence: University Press of Kansas, 1992.

——. "West Point and Officer Professionalism, 1817–1877." In *West Point: Two Centuries and Beyond*, edited by Lance A. Betros, 22–37. Abilene, Texas: McWhiney Foundation Press, 2004.

Smelser, Ronald. "The Myth of the Clean Wehrmacht in Cold War America." In *Lessons and Legacies VIII: From Generation to Generation*, edited by Doris L. Bergen, 247–269. Evanston, Illinois: Northwestern University Press, 2008.

Smelser, Ronald, and Edward J. Davies. *The Myth of the Eastern Front: The Nazi–Soviet*

War in American Popular Culture. New York: Cambridge University Press, 2007.
Smelser, Ronald, and Enrico Syring, eds. *Die Militärelite des Dritten Reiches: 27 Biographische Skizzen*(제3제국의 군사엘리트: 27인의 짧은 전기). Paperback ed. Berlin: Ullstein, 1995.
Smith, Walter Bedell. *Eisenhower's Six Great Decisions: Europe, 1944–1945*. New York: Longmans, 1956.
Sokolov, Boris. "How to Calculate Human Losses during the Second World War." *Journal of Slavic Military Studies* 22, no. 3 (2009): 437–458.
Sorley, Lewis. "Principled Leadership: Creighton Williams Abrams, Class of 1936." In *West Point: Two Centuries and Beyond*, edited by Lance A. Betros, 122–141. Abilene, Texas: McWhiney Foundation Press, 2004.
Sösemann, Bernd. "Die sogenannte Hunnenrede Wilhelms Ⅱ: Textkritische und interpretatorische Bemerkungen zur Ansprache des Kaisers vom 27. Juli 1900 in Bremerhaven(빌헬름 Ⅱ세의 유명한 약탈 연설: 브레머하펜에서 1900년 7월 27일 황제의 연설 내용 비평과 해석상의 의견들)." *Historische Zeitschrift*(역사 잡지) 222 (1976): 342–358.
Spector, Ronald. "The Military Effectiveness of the U.S. Armed Forces, 1919–1939." In *Military Effectiveness: The Interwar Period, edited by Allan Reed Millett and Williamson Murray, 70–97*. Boston: Allen & Unwin, 1988.
Spires, David N. *Image and Reality: The Making of the German Officer, 1921–1933*. Contributions in Military History. Westport, Connecticut: Greenwood, 1984.
"'Splendid, Wonderful,' Says Joffre Admiring the West Point Cadets." *New York Times*, May 12, 1917.
Stahlberg, Alexander. *Die verdammte Pflicht: Erinnerungen, 1932–1945*(빌어먹을 의무: 회고, 1932–1945). Berlin: Ullstein, 1987.
Stanton, Martin. *Somalia on $5 a Day: A Soldier's Story*. New York: Ballantine, 2001.
Stein, Hans-Peter. *Symbole und Zeremoniell in deutschen Streitkräften: Vom 18. bis zum 20. Jahrhundert*(독일군의 상징과 의식: 18세기부터 20세기까지). Entwicklung deutscher militärischer Tradition 3(독일의 군사적 전통의 발전 3). Herford: Mittler, 1984.
Stein, Marcel. *Die 11. Armee und die "Endlösung" 1941/42: Eine Dokumentensammlung mit Kommentaren*(1941/42년 제11군과 '최종 해결': 관련 내용이 담긴 문서 모음집). Bissendorf: Biblio, 2006.
———. *Field Marshal von Manstein: the Janus Head; A Portrait*. Solihull: Helion, 2007.
———. *Generalfeldmarschall Erich von Manstein: Kritische Betrachtungen des Soldaten und Menschen*(에리히 폰 만슈타인 원수: 군인과 인간의 비판적 고찰). Mainz: Hase & Koehler, 2000.
Steinbach, Peter. "Widerstand und Wehrmacht(저항과 국방군)." In *Die Wehrmacht: Mythos und Realität*(국방군: 신화와 현실), edited by Rolf-Dieter Müller, 1150–1170. München: Oldenbourg, 1999.
Steinweis, Alan E., and Daniel E. Rogers, eds. *The Impact of Nazism: New Perspectives on the Third Reich and Its Legacy*. Lincoln: University of Nebraska, 2003.
Stelpflug, Peggy A., and Richard Hyatt. *Home of the Infantry: The History of Fort Benning*.

Macon, Georgia: Mercer University Press, 2007.

Stouffer, Samuel A., et al., eds. *The American Soldier: Adjustment during Army Life*. 4 vols. Vol. 1. Studies in Social Psychology in World War Ⅱ. Princeton, New Jersey: Princeton University Press, 1949.

——, eds. *The American Soldier: Combat and its Aftermath*. 4 vols. Vol. 2. Studies in Social Psychology in World War Ⅱ. Princeton, New Jersey: Princeton University Press, 1949.

——, eds. *Measurement and Prediction*. 4 vols. Vol. 4. Studies in Social Psychology in World War Ⅱ. Princeton, New Jersey: Princeton University Press, 1949.

Strachan, Hew. "Die Vorstellungen der Anglo-Amerikaner von der Wehrmacht(국방군의 앵글로-아메리카인에 대한 사고)." In *Die Wehrmacht: Mythos und Realität*(국방군: 신화와 현실), edited by Rolf-Dieter Müller, 92-104. München: Oldenbourg, 1999.

Streit, Christian. *Keine Kameraden: Die Wehrmacht und die sowjetischen Kriegsgefangenen, 1941-1945*(동료는 없다: 국방군과 소련의 전쟁포로, 1941-1945), Studien zur Zeitgeschichte(시대사에 관한 연구). Stuttgart: DVA, 1978.

Strum, Philippa. *Women in the Barracks: The VMI Case and Equal Rights*. Lawrence: University Press of Kansas, 2002.

Stumpf, Reinhard. *Die Wehrmacht-Elite: Rang-und Herkunftsstruktur der deutschen Generale und Admirale, 1933-1945*(국방군의 엘리트: 독일 장군과 제독의 계급과 출신 구조, 1933-1945). Wehrwissenschaftliche Forschungen(국방학술 연구), Abteilung Militärgeschichtliche Studien 29. Boppard a. R.: Boldt, 1982.

Sumida, Jon Tetsuo. *Decoding Clausewitz: A New Approach to 'On War'*. Lawrence: University Press of Kansas, 2008.

Taylor, John M. *General Maxwell Taylor: The Sword and the Pen*. New York: Doubleday, 1989.

Taylor, Telford. *Die Nurnberger Prozesse: Hintergründe, Analysen und Erkenntnisse aus heutiger Sicht*(뉘른베르크 전범재판: 오늘날의 관점에서 본 배경, 분석과 통찰력). 3rd ed. München: Heyne, 1996.

Teske, Hermann. *Die silbernen Spiegel: Generalstabsdienst unter der Lupe*(은빛 거울: 확대경 아래의 장군참모직위(의역하면 장군참모직위에 대한 세밀한 고찰)). Heidelberg: Vowinckel, 1952.

——. *Wir marschieren für Großdeutschland: Erlebtes und Erlauschtes aus dem großen Jahre, 1938*(우리는 위대한 독일을 위해 행진한다. 위대한 해, 1938년의 경험자와 도청자). Berlin: Die Wehrmacht, 1939.

Thomas, Kenneth H., Jr. *Images of America: Fort Benning*. Charleston, South Carolina: Arcadia, 2003.

Trommler, Frank, and Joseph McVeigh, eds. *America and the Germans: An Assessment of a Three-Hundred-Year History*. 2 vols. Vol. 2. Philadelphia: University of Pennsylvania Press, 1985.

Tuchman, Barbara W. *The Guns of August*. New York: Macmillan, 1962.

Tzu, Sun. *The Art of War*. Translated by Samuel B. Griffith. New York: Oxford University

Press, 1971.
U'Ren, Richard C. *Ivory Fortress: A Psychiatrist Looks at West Point*. Indianapolis: Bobbs-Merrill, 1974.
Ueberschär, Gerd R. "Die deutsche Militär-Opposition zwischen Kritik und Würdigung. Zur neueren Geschichtsschreibung über die Offiziere gegen Hitler(비판과 인정 사이에서 독일 군부의 반대세력. 히틀러에게 저항한 장교들에 대한 새로운 역사기술에 대해)." *Jahresbibliographie Bibliothek für Zeitgeschichte* 62(시대사에 대한 연도별 자료집 62호) (1990): 428-442.
———. *Dienen und Verdienen: Hitlers Geschenke an seine Eliten*(군 복무와 성과물: 히틀러의 자신의 엘리트에 대한 선물). 2nd ed. Frankfurt a. M.: Fischer, 1999.
Ueberschär, Gerd R., and Rainer A. Blasius, eds. *Der Nationalsozialismus vor Gericht: Die alliierten Prozesse gegen Kriegsverbrecher und Soldaten, 1943-1952*(법정의 국가사회주의: 전범과 군인에 대한 연합국의 재판, 1943-1952). Frankfurt a. M.: Fischer, 1999.
Unruh, Friedrich Franz von. *Ehe die Stunde schlug: Eine Jugend im Kaiserreich*(그 시간이 다가오기 전에: 제국 시대의 청년들). Bodensee: Hohenstaufen, 1967.
Upton, Emory. *The Armies of Europe and Asia*. London: Griffin & Co., 1878.
U.S. War Department, ed. *Handbook on German Military Forces*. Baton Rouge: Louisiana State University Press, 1990.
Van Creveld, Martin. *The Culture of War*. New York: Presidio, 2008.
———. *Fighting Power: German and U.S. Army Performance, 1939-1945*, Contributions in Military History. Westport, Connecticut: Greenwood, 1982.
———. "On Learning from the Wehrmacht and Other Things." *Military Review* 68 (1988): 62-71.
———. *The Training of Officers: From Military Professionalism to Irrelevance*. New York City: Free Press, 1990.
Vaux, Nick. *Take that Hill!: Royal Marines in the Falklands War*. Washington, D.C.: Pergamon, 1986.
Volkmann, Hans-Erich, ed. *Das Rußlandbild im Dritten Reich*(제3제국의 대러시아 관념). Köln: Böhlau, 1994.
Voss, Hans von, and Max Simoneit. "Die psychologische Eignungsuntersuchung in der deutschen Reichswehr und spater der Wehrmacht(독일 바이마르공화국군과 훗날 국방군의 심리학적 적합성 연구)." *Wehrwissenschaftliche Rundschau* 4(국방학술 동향 4호), no. 2 (1954): 138-141.
Walton, Frank J. "The West Point Centennial: A Time for Healing." In *West Point: Two Centuries and Beyond*, edited by Lance A. Betros, 198-247. Abilene, Texas: McWhiney Foundation Press, 2004.
Warlimont, Walter. *Im Hauptquartier der deutschen Wehrmacht, 1939-1945: Grundlagen, Formen, Gestalten*(독일 국방군 총사령부에서, 1939-1945: 기초, 형태, 형상). Frankfurt a. M.: Bernard & Graefe, 1962.
Weber, Thomas. *Hitler's First War: Adolf Hitler, the Men of the List Regiment, and the First World War*. London: Oxford University Press, 2010.

Weckmann, Kurt. "Fuhrergehilfenausbildung(지휘관 보좌요원 교육)." *Wehrwissenschaftliche Rundschau* 4(국방학술 동향 4호), no. 6 (1954): 268–277.

Wedemeyer, Albert C. *Wedemeyer Reports!* New York: Holt, 1958.

Wegner, Bernd. "Erschriebene Siege: Franz Halder, die "Historical Division" und die Rekonstruktion des Zweiten Weltkrieges im Geiste des deutschen Generalstabes(글로 기술된 승리: 프란츠 할더, '역사 연구팀'과 독일군 총참모부의 정신으로 재구성한 제2차 세계대전)." In *Politischer Wandel, organisierte Gewalt und nationale Sicherheit*(정치적 변화, 구조화된 폭력과 국가 안보), Festschrift für Klaus–Jürgen Müller, edited by Ernst Willi Hansen, Gerhard Schreiber and Bernd Wegner, 287–302. München: Oldenbourg, 1995.

——, ed. *Zwei Wege nach Moskau: Vom Hitler–Stalin–Pakt bis zum "Unternehmen Barbarossa"*(모스크바로 가는 두 개의 길: 히틀러–스탈린 조약부터 '바바로사 작전'까지). Serie Piper. München: Piper, 1991.

Weigley, Russell Frank. *The American Way of War: A History of the United States Military Strategy and Policy*. London: Macmillan, 1973.

——. *Eisenhower's Lieutenants: The Campaign of France and Germany, 1944–1945*. Bloomington: Indiana University Press, 1981.

——. "The Elihu Root Reforms and the Progressive Era." In *Command and Commanders in Modern Military History: The Proceedings of the Second Military History Symposium, U.S. Air Force Academy, 2–3 May 1968*, edited by William E. Geffen, 11–27. Washington, D.C.: Office of Air Force History, 1971.

Weinberg, Gerhard L. "Die Wehrmacht und Verbrechen im Zweiten Weltkrieg(제2차 세계대전의 국방군과 범죄)." *Zeitgeschichte* 4(시대사 4호) (2003): 207–209.

——. "From Confrontation to Cooperation: Germany and the United States, 1933–1945." In *America and the Germans: An Assessment of a Three–Hundred–Year History*, edited by Frank Trommler and Joseph McVeigh, 45–58. Philadelphia: University of Pennsylvania Press, 1985.

——. "Rollen– und Selbstverständnis des Offizierkorps der Wehrmacht im NS–Staat(나치 국가에서 국방군 장교단의 역할 이해 및 자기 이해)." In *Die Wehrmacht: Mythos und Realität*(국방군: 신화와 현실), edited by Rolf–Dieter Müller, 66–74. München: Oldenbourg, 1999.

——. *A World at Arms: A Global History of World War Ⅱ*. Cambridge: Cambridge University Press, 1994.

Weniger, Erich. *Wehrmachtserziehung und Kriegserfahrung*(국방군의 교육과 전쟁 경험). Berlin: Mittler, 1938.

West, Bing. *No True Glory: A Frontline Account of the Battle for Fallujah*. New York: Bantam, 2005.

Westemeier, Jens. *Joachim Peiper: Zwischen Totenkopf und Ritterkreuz, Lebensweg eines SS-Führers*(요아힘 파이퍼: 해골과 기사십자훈장 사이, SS–지휘관의 생활방식). 2nd revised and enhanced ed. Bissendorf: Biblio, 2006.

Westphal, Siegfried. *Der deutsche Generalstab auf der Anklagebank: Nürnberg, 1945–1948*

〔피고석에 앉은 독일군 총참모부: 뉘른베르크 1945–1948〕. Mainz: Hase und Koehler, 1978.

Wette, Wolfram. *Deserteure der Wehrmacht: Feiglinge—Opfer—Hoffnungsträger? Dokumentation eines Meinungswandels*〔국방군의 탈영병: 겁쟁이–희생자–희망자? 생각의 변화에 관한 문건〕. Essen: Klartext, 1995.

———. *Die Wehrmacht: Feindbilder, Vernichtungskrieg, Legenden*〔국방군: 적에 대한 관념, 섬멸전, 전설〕. Frankfurt a. M.: Fischer, 2002.

———. *The Wehrmacht: History, Myth, Reality*. Cambridge, Massachusetts: Harvard University Press, 2006.

Wette, Wolfram, and Sabine R. Arnold, eds. *Stalingrad: Mythos und Wirklichkeit einer Schlacht*〔스탈린그라드: 한 회전의 신화와 진실〕. Frankfurt a. M.: Fischer, 1992.

Wien, Otto. "Letter to the Editor as Answer to the Critique of Theodor Busse on his Article 'Probleme der kunftigen Generalstabsausbildung'." *Wehrkunde* 5, no. 1 (1956): 110–111.

Wiese, Leopold von. *Kadettenjahre*〔생도 시절〕. Ebenhausen: Langewiesche, 1978.

Wilhelm, Hans–Heinrich. *Die Einsatzgruppe A der Sicherheitspolizei und des SD, 1941/42*〔보안경찰과 보안대의 작전부대 A, 1941/42년〕. Frankfurt a. M.: Lang, 1996.

Wilkinson, Spenser. *The Brain of an Army*. Westminster, UK: A. Constable, 1890. Reprint, 1895.

Willems, Emilio. *A Way of Life and Death: Three Centuries of Prussian–German Militarism; An Anthropological Approach*. Nashville, Tennessee: Vanderbilt University Press, 1986.

Williamson, Porter B. *Patton's Principles*. New York: Simon & Schuster, 1982.

Wilson, Theodore. "'Through the Looking Glass': Bradford G. Chynoweth as United States Military Attache in Britain, 1939." In *The U.S. Army and World War Ⅱ: Selected Papers from the Army's Commemorative Conferences*, edited by Judith L. Bellafaire, 47–71. Washington, D.C.: Center of Military History, U.S. Army, 1998.

Wilt, Alan F. "A Comparison of the High Commands of Germany, Great Britain, and the United States during World War Ⅱ." In *The Impact of Nazism: New Perspectives on the Third Reich and Its Legacy*, edited by Alan E. Steinweis and Daniel E. Rogers, 151–166. Lincoln: University of Nebraska Press, 2003.

Wood, Gordon S. *The Radicalism of the American Revolution*. New York: Knopf, 1992.

Woodruff, Charles E. "The Nervous Exhaustion Due to West Point Training." *American Medicine* 1, no. 12 (1922): 558–562.

Wray, Timothy A. "Standing Fast: German Defensive Doctrine on the Russian Front during World War Ⅱ, Prewar to March 1943." Fort Leavenworth, Kansas: U.S. Army Command and General Staff College, 1986.

Wrochem, Oliver von. *Erich von Manstein: Vernichtungskrieg und Geschichtspolitik*〔에리히 폰 만슈타인: 섬멸전과 역사정책〕. Paderborn: Schöningh, 2009.

Wünsche, Dietlind. *Feldpostbriefe aus China. Wahrnehmungs- und Deutungsmuster deutscher Soldaten zur Zeit des Boxeraufstandes, 1900/1901*〔중국에서 온 군사우편. 북청사변 시대

독일군 병사들의 현실 인식 및 의미 해석 패턴, 1900/1901〕. Berlin: Links 2008.
Yarbrough, Jean M. "Afterword to Thomas Jefferson's Military Academy: Founding West Point." In *Thomas Jefferson's Military Academy: Founding West Point*, edited by Robert M. S. McDonald, 207–221. Charlottesville: University of Virginia, 2004.
Y'Blood, William T., ed. *The Three Wars of Lt. Gen. George Stratemeyer: His Korean War Diary*. Washington, D.C.: Air Force History and Museum Program, 1999.
Yingling, Paul. "A Failure in Generalship." *Armed Forces Journal* (May 2007).
A Young Graduate [Eisenhower, Dwight D.]. "The Leavenworth Course." *Cavalry Journal* 30, no. 6 (1927): 589–600.
Zald, Mayer N., and William Simon. "Career Opportunities and Commitments among Officers." In *The New Military: Changing Patterns of Organization*, edited by Morris Janowitz, 257–285. New York: Russell Sage Foundation, 1964.
Zickel, Lewis L. *The Jews of West Point: In the Long Gray Line*. Jersey City, New Jersey: KTAV, 2009.
Ziemann, Benjamin "Sozialmilitarismus und militärische Sozialisation im deutschen Kaiserreich, 1870–1914: Desiderate und Perspektiven in der Revision eines Geschichtsbildes〔독일 제국의 사회적 군국주의와 군사적 사회화, 1870–1914: 역사관 변경의 필요성과 관점〕." *Geschichte in Wissenschaft und Unterricht* 53〔학문과 교육의 역사〕 (2002): 148–164.
Zuber, Terence. *Inventing the Schlieffen Plan: German War Planning, 1871–1914*. Oxford: Oxford University Press, 2002.
Zucchino, David. *Thunder Run: The Armored Strike to Capture Baghdad*. New York: Grove, 2004.

옮긴이의 말

법정에서 변호해 본 적 없는 변호사, 환자를 치료해 본 적 없는 의사, 전쟁에 참전해 본 적 없는 장교에게는 한 가지 공통점이 있다. 국가로부터 법률에 따라 소정의 자격증을 획득했지만 실전 경험이 없다는 것이다. 변호사가 법정에서 처음 변호를 맡거나 의사가 처음으로 환자를 치료하게 되었을 때 패소하거나 치료에 실패할 수도 있다. 그러한 경험은 쓰라린 실패로 남겠지만 주변의 격려와 도움으로 반면교사가 되기도 한다. 그러나 장교의 경우는 다르다. 언제 발발할지도 모를, 어느날 갑자기 벌어진 전쟁에서 우리 군대가 패배한다면 국민은 군과 장교단을 절대로 용서하지 않을 것이다. 그래서 장교는 사명감을 가지고 항상 전쟁에서 승리하기 위해 용병술을 익히고, 부하와 자신의 부대를 싸울 수 있는 군대로 만들기 위해 노력해야 한다. 그렇다면 지금 우리의 한국군, 육군의 장교 수준은 어떠한가?

저자는 1901년부터 1940년까지의 미국 웨스트포인트와 독일 유년군사학교를, 미군 지휘참모대학과 독일군 전쟁대학을 비교했지만 본인은 번역하면서 줄곧 그 학교들과 나의 육군 사관생도 시절, 육군대학 학생장교 시절을 비교했다. 물론 웨스트포인트와 미군 지휘참모대학을 롤 모델로 우리 육군사관학교와 육군대학을 창설하고 현재까지 운영하고 있음은 주지의 사실이다. 만일 저자의 주장이 옳다면, 그의 논리대로라면 미군의 장교 교육, 그리고 지휘문화에 문제가 있다는 것인데, 그렇다면 우리 한국군의 장교 교육 시스템과 지휘 문화에 관해서 한 번쯤 깊이 성찰해 볼 필요가 있다.

본인도 한국의 육군사관학교 졸업생으로서 웨스트포인트에 대한 저자의 비판에 전적으로 공감한다. 물론 과거부터 2021년도인 현재까지 육군사관학교에 많은 변화가 있었고, 생도 생활의 분위기도 많이 달라졌을 것이다. 그러나 적어도 나와 내 선배들의 생도 생활은 저자가 기술한 1940년대까지 웨스트포인트의 그것과 다르지 않았다. 물론 현재 한국의 사관생도 교육 체계는 지속적으로 발전하고 있으며 이는 매우 고무적인 현상이라고 본다.

현재 육군대학의 교관으로서 고급장교 교육에 관하여 한 가지만은 언급하고자 한다. 현재 미 육군과 독일 연방군의 지휘참모대학에는 전 세계, 특히 선진국 군대에서 엄선된 우수한 장교들이, 한국군에서도 치열한 경쟁을 통해 선발된 장교들이 입교하고 있다. 이 학교들에서 세계 최고 수준의 교육을 받을 수 있기 때문이다. 우리 육군에도 세계 최고의 군사대학을 지향하는 육군대학이 1951년에 창설되어 올해로 어느덧 70주년을 맞았다. 하지만 외국군 장교들의 입교 현황을 보면 다소 아쉬운 측면이 있다. 현재까지 동남아, 아프리카 국가의 장교들이 지속적으로 들어오고 있지만 한때는 두세 명의 미군 장교들이 보였다. 하지만 요즘은 들어오지 않고 있으며, 독일 연방군의 경우에는 1999년 카르스텐 알러스Carsten Ahlers 중령이 유일무이한 한국 육군대학 졸업생이다. 세계 군사력 6위에 상응하고 대한민국의 국격에 걸맞은 육군, 해군, 공군 대학이 되어야 한다. 세계 선진국 군대에서 우리 육군, 해군, 공군대학에 들어오기 위해 치열한 경쟁을 펼치는, 명실상부 세계 최고의 군사대학들로 우뚝 서게 될 그날을 기대해 본다.

이 저작을 번역, 출간하는 데 도움을 주신 많은 분들께 감사드린다. 번역을 허락해 주신 저자 외르크 무트 박사께, 번역을 의뢰해 주신 일조각 사장님과 출간에 도움을 주신 편집부 여러분께 감사드린다. 졸역에 흔쾌히 추천사를 주신 정홍용, 주은식, 김선호 장군님, 중앙대학교 정치국제학과 최영진 교수님께도 감사의 말씀을 드린다. 마지막 감수에 도움을 준 육군대학의 이동민, 이제영, 최순림 교관에게도 고마움을 전한다. 책 한 권을 번역할 때마다 본인의 무능함과 부족함, 어려움을 더욱 크게 느낀다. 만일 오역이 있다면 전적으로 역자의 책임이며 현명한 독자들의 지적을 겸허히, 감사히 수용할 것이다. 아무쪼록 이 졸역이 한국 육군, 나아가 해군, 공군 장교단 발전에, 지휘 문화의 변화와 발전에 조금이나 도움이 되기를 간절히 바란다.

자운대에서

옮긴이

찾아보기

인명 찾아보기

ㅂ

ㅅ

ㅇ

ㅈ

ㅊ

ㅎ

군사교육과
지휘문화

미국과 독일의 장교교육 그리고 제2차 세계대전에 미친 영향

1판 1쇄 펴낸날 2021년 5월 31일
1판 2쇄 펴낸날 2023년 9월 25일

지은이 | 외르크 무트
옮긴이 | 진중근
펴낸이 | 김시연

펴낸곳 | (주)일조각
등록 | 1953년 9월 3일 제300-1953-1호(구 : 제1-298호)
주소 | 03176 서울시 종로구 경희궁길 39
전화 | 02-734-3545 / 02-733-8811(편집부)
02-733-5430 / 02-733-5431(영업부)
팩스 | 02-735-9994(편집부) / 02-738-5857(영업부)
이메일 | ilchokak@hanmail.net
홈페이지 | www.ilchokak.co.kr

ISBN 978-89-337-0792-0 03390

값 25,000원